高等学校酿酒工程专业教材

酿酒分析与检测

肖冬光　主　编
范文来　马立娟　副主编

中国轻工业出版社

图书在版编目（CIP）数据

酿酒分析与检测/肖冬光主编. —北京：中国轻工业出版社，2024.11

普通高等教育“十三五”规划教材　高等学校酿酒工程专业教材

ISBN 978-7-5184-2052-0

Ⅰ. ①酿…　Ⅱ. ①肖…　Ⅲ. ①酿酒-食品分析-教材②酿酒-食品检验-教材　Ⅳ. ①TS261.7

中国版本图书馆 CIP 数据核字（2018）第 171421 号

责任编辑：江　娟　　文字编辑：狄宇航
策划编辑：江　娟　　责任终审：劳国强　　封面设计：锋尚设计
版式设计：锋尚设计　　责任校对：吴大朋　　责任监印：张　可

出版发行：中国轻工业出版社（北京鲁谷东街 5 号，邮编：100040）
印　　刷：河北鑫兆源印刷有限公司
经　　销：各地新华书店
版　　次：2024 年 11 月第 1 版第 6 次印刷
开　　本：787×1092　1/16　印张：19.75
字　　数：450 千字
书　　号：ISBN 978-7-5184-2052-0　定价：48.00 元
邮购电话：010-85119873
发行电话：010-85119832　010-85119912
网　　址：http://www.chlip.com.cn
Email：club@chlip.com.cn

版权所有　侵权必究
如发现图书残缺请与我社邮购联系调换

242197J1C106ZBQ

全国高等学校酿酒工程专业教材
编委会

主　任　徐　岩（江南大学）

副主任　李　崎（江南大学）

石贵阳（江南大学）

李　华（西北农林科技大学）

张文学（四川大学）

肖冬光（天津科技大学）

段长青（中国农业大学）

宋全厚（中国食品发酵工业研究院）

顾　问　王延才（中国酒业协会）

宋书玉（中国酒业协会）

金征宇（江南大学）

顾国贤（江南大学）

章克昌（江南大学）

赵光鳌（江南大学）

夏文水（江南大学）

委　员（按姓氏拼音排序）

白艳红（郑州轻工业学院）

陈忠军（内蒙古农业大学）

杜金华（山东农业大学）

范文来（江南大学）

付桂明（南昌大学）

龚国利（陕西科技大学）

何　惠（茅台学院）

黄名正（贵州理工学院）
蹇华丽（华南农业大学）
李宪臻（大连工业大学）
李　艳（河北科技大学）
廖永红（北京工商大学）
刘世松（滨州医学院）
刘新利（齐鲁工业大学）
罗惠波（四川轻化工大学）
毛　健（江南大学）
邱树毅（贵州大学）
单春会（石河子大学）
孙厚权（湖北工业大学）
孙西玉（河南牧业经济学院）
王　栋（江南大学）
王　君（山西农业大学）
文连奎（吉林农业大学）
贠建民（甘肃农业大学）
赵金松（四川轻化工大学）
张　超（宜宾学院）
张军翔（宁夏大学）
张惟广（西南大学）
周裔彬（安徽农业大学）
朱明军（华南理工大学）

本书编写人员

主　编　肖冬光（天津科技大学）

副主编　范文来（江南大学）

　　　　　马立娟（天津科技大学）

参　编　黄治国（四川理工学院）

　　　　　李　艳（河北科技大学）

前　言

到目前为止，酿酒工业仍是世界生物工业中最大的产业。在我国，生物工业年总产值约为 35000 亿元，其中酿酒工业（包括酒精）占 30%以上。酒是一种食品饮料，与人们的生活质量和国家经济的发展密切相关，而酿酒分析与检测技术是维护酿酒生产正常进行和食品质量安全的重要工具。

本书定位为酿酒工程等专业的实验课教材，教材编写内容以实验为主，对实验原理做了适当介绍，而实验操作注意事项和有关实验方法适应性的讨论在本教材中有比较详细的叙述。酿酒种类包括白酒、啤酒、葡萄酒、黄酒和酒精等，本书内容涉及原料分析、半成品分析、发酵过程检测与分析和成品分析等。限于篇幅，本书不可能把所有与酿酒有关的分析方法都罗列进教材，而是按实验方法分类进行编写，编入了酿酒分析的主要实验方法和代表性的分析技术，学生可通过代表性的分析实验掌握酿酒分析的基本原理和操作技能。有关实验理论部分内容学生可参阅《分析化学》和《仪器分析》等先修课程。微生物检测的内容也是酿酒生产过程中分析与检测技术的重要内容，鉴于其内容在《微生物学实验》中有详细介绍，而这门课是生物类专业的必修课，因而在本书中没有编入。

长期以来，在各种酿酒分析书刊中，酸度、总酸、总酯的定义不统一，常引起混乱。在本书中“酸度”的定义为：酸度 1 度表示为 10mL 液体样品（或 10g 固相样品）滴定消耗氢氧化钠的毫摩尔数，以“mmol/10mL”或“mmol/10g”表示。总酸、总酯的单位在不同酒种中往往表示不同的含义，在本书中一律以“mmol/L”表示。请读者在参阅时注意，以免引起误解。

本书第一、四、七章由马立娟编写，第二章由李艳编写，第三章由黄治国编写，第五章由范文来编写，第六章由肖冬光编写，全书由肖冬光负责最后统稿。

由于作者水平有限，错误和不足之处在所难免，诚恳希望读者批评指正。

肖冬光
2018 年 6 月

目　录

第一章

样品的采集与处理

第一节 概述

样品的采集与处理是酿酒分析与检测技术的基础，在整个酿造过程中至关重要。供分析与检测用的试样应保证具有足够的代表性，才能使得分析结果符合大量物料的真实成分。分析试样的处理是一个非常复杂的问题，这是由发酵中的原料、半成品、成品的多样性所致，不同的样品其采集和处理方式大不相同，本章将分别介绍。

酿造过程中的样品就物态而言，主要分为固体和液体两大类。液体样品由于本身一般比较均匀，其采集取样的方法较为简单，只需将其混合均匀即可取样。固体样品的采集，应从各个位置对称取样，经过破碎、过筛、混匀、缩分四个步骤，获得所需的分析试样。

需要注意的是，在样品的采集中，有时还需要考虑到杂菌的污染、微生物的继续活动以及温度、时间、水分等的影响。对特殊的方法，在本章中也会有详细介绍。

第二节 固体样品采集及处理

一、 酿酒原料

袋装原料用取样器在袋中取样 2%~5%。成堆原料，在堆的 4 个对角和中心的上、中、下层取样。取样数量，如表 1-1 所示。取样后用四分法（即将样品混合后，平铺成圆形，分为四等份，取相对的两份混合，然后再平分，直至达到自己所需的试剂量）进行缩分，获得平均试样，谷物或薯干 0.5~1kg，薯干片 1~2kg。将 200~250g 装入密闭玻璃容器留样以备复查。剩余部分经过粉碎，全部通过 40 目筛，混匀后用四分法缩分，获得 100~250g 分析用试样。

表 1-1 取样数量

原料量/t	取样量/kg		
	谷物或薯干	粉碎原料	鲜薯
30 以下	10	4	20
30~60	15	5	30
60 以上	20	6	40

二、 酒花和酒花制品

（一）取样工具

采样器一般由工厂自制，取一根直径 70～80mm、长度 200～250mm 的钢管，一头磨尖，边缘呈锯齿状；另一头开口并焊上两个与管子成直角的把手。另取一根带有把手的直径比钢管稍小，但长度比钢管稍长的圆钢棍，插入管内，使其可以在管内滑动，如图 1-1 所示。当管子插入酒花包内取样后，用此圆钢棍将试样顶出。采集酒花粉试样时，可用一相似而较小的采样器。

图 1-1　酒花取样器

用带护挡的不锈钢制刀，采集颗粒酒花样品。

所采集得到的酒花样品的盛放容器为带严密盖子的、干净的金属筒或不透气的塑料袋。

（二）取样方法

1. 压缩酒花取样

从同一批产品的堆垛上下内外部位随机抽取件数。每批次量不得少于 600g，件数较少时，可适当加大每件的取样量。取样前，对照检验单，核实产品批次、数量、包装等，然后在压缩酒花包的任一侧面选取两个点，点距不小于 250mm，用不锈钢刀（带护挡）切口，掀开包装材料，从切口下 50～100mm 深处取一块不少于 30g 的样品，迅速装入备妥的容器中。取样时，随时注意产品的外观、香气、有害夹杂物、包与包间的差异，并做好记录。

2. 颗粒酒花取样

取样前对照检验单，核实产品批次、数量、包装等，然后拆封包装箱（桶）、每箱（桶）抽取一袋或一盒，用小铲任意铲取 25～50g 样品，迅速装入备妥的容器中，取样时，随时注意产品的外观、香气、匀整度，并做好记录。

3. 酒花浸膏的取样

酒花浸膏，特别是带水溶性物质的酒花浸膏，容易分层。为了防止样品不均，取样前应将原罐浸膏放入 40℃ 水浴加热 30min，然后用坚固的金属勺彻底搅匀，再取样。

（三）样品的处理

1. 压缩酒花

在实验室，将采取的全部压缩酒花平均分成两份，各约 300g，一份装入取样容器中密封保存备查，另一份做试样，试样再均分成两份，各约 150g，一份供色泽、香气、褐色花片、夹杂物分析用；另一份 6~8g 做水分分析实验，再取 15g 粉碎做 α-酸分析实验用。

2. 颗粒酒花

在实验室，将采集的全部颗粒酒花平均分成两份，各约 300g，一份装入取样容器中密封保存备查，另一份做试样，试样再均分成两份，各约 150 g，一份供色泽、香气、匀整度、硬度、崩解时间分析用；另一份则均匀地摄取 30 g，粉碎后做水分、α-酸分析实验用。

三、 固体曲

大曲小曲的采样，从每批生产的曲坯中采取试样 4 块，即在上下层的中间和接近边上各取一块。每块曲坯从中间横向切开，将曲坯分成两半，再将每个半块切成四块，取其对角两块做试样。然后用木榔头敲碎，再在铁船上磨细。生产用曲，可直接采取粉碎后均匀的曲粉。

麸曲在出曲前取样，如盒子曲应从 1% 的曲盒中取样，混合，四分法缩分。箱曲的取样点应为对角线上 1/4、3/4 及重心点（共五点）采取，采样时刮去表面稻皮，每点的取样量应大致相同，并注意使曲层的上、中、下都能均匀取到，混合均匀，用四分法缩分。

取约 0. 5kg 的试样装于具磨砂玻璃塞的广口瓶中用于分析。

四、 窖泥

取回的泥样（包括人工培窖的黄泥、发酵泥、复壮泥）因水分大，不宜长期贮存，应立即平摊在瓷盘、木板或洁净的地面上，厚度约 2cm，风干 3~5 个昼夜，间隔翻拌，使之均匀风干。在半干时，将大块土捣碎，以免完全干后成硬块，不易粉碎。

泥样风干后，用四分法缩分取 250g，研磨成粉，并通过 60 目筛，保存在磨口瓶中。

液态氮在风干过程中容易发生变化，因此需要用新鲜的泥样测定，同时测定水分，以换算为绝干样的含量。

五、 酒醅

酒醅中各成分分布不均匀，取样应具有代表性。

（一）入池醅的取样

入池前，从堆的四周和中间采集试样 10~15kg；最好在入池过程中，每次相隔一定时间，分次采集相同数量的试样，迅速混匀后，以四分法取出 0.5~1kg 装入有玻璃磨口塞的广口瓶中，注明取样时间、班次、池号。

（二）出池酒醅

在酒醅上、中、下各层的 3~4 处，采集试样 10~15kg 左右，迅速混合均匀，用四分法取出 0.5~1kg，装入具玻璃磨口塞的广口瓶中。

第三节 液体样品采集及处理

一、 酿造用水

（一）水样采集

取样瓶一般为容量为 2~3L 的带有无色磨口塞的硬质玻璃细口瓶或聚乙烯塑料瓶，充分洗涤瓶与塞后，再用样品水充分洗涤 2~3 次。如做细菌检查，则选用无色玻璃瓶，先用蒸馏水充分洗涤 2~3 次，放在 120℃或 150℃的干燥箱中杀菌 1h。测定微量金属离子，以塑料瓶取样较好，因塑料瓶对金属离子的吸附性较小，如测定二氧化硅，则必须用塑料瓶取样。

打开水阀放水 5~10min 后取样，取样量 2L。

（二）试样处理

水样采集好后立即塞好瓶塞，若需长途运输瓶口则应蜡封，贴上标签，注明取样时间、地点、来源、周围环境、取样人等。

水样采集后应立即分析，若不能马上分析，水样应放在不受日光直接照射的阴凉处，供物理化学分析用的水样允许存放时间如下所述。

泉水和没有污染的井水	72h
清洁的河水和其他稍受污染的水	48h
受污染的水	12h

当部分项目无法及时分析时，应加入适当试剂保存。

检测硫化物的水样，每升水加 5mL 20%醋酸锌溶液和适当数量的 4%的氢氧化钠溶液，使水样 pH 在 9~10，塞紧瓶塞保存。

检测酚、氰化物的水样，每升水加 1mL 5%的氢氧化钠溶液，摇匀，塞紧瓶塞保存。

检测溶解氧的水样，应用溶解氧取样瓶取样，取样时不要在瓶内留有空气泡。取样后立即加入 1mL 硫酸锰和 3mL 碱性碘化钾溶液，塞紧瓶塞，使溶解氧固定，保存时间越短越好。

检测各种形式化合氮的水样，每升水加 2mL 硫酸（1：3），摇匀，塞紧瓶塞保存。

检测铜、锌、铅的水样，每升水加 5mL 硫酸（1：1），摇匀。

天然水中的铁，通常以酸式碳酸亚铁盐的形式存在，能水解并易被氧化而生成氢氧化铁沉淀析出。因此，在每升水样中应加 30~50mL pH 为 4 的醋酸-醋酸盐缓冲溶液，防止亚铁盐氧化为沉淀析出，也可在每 100mL 水样中加 2mL 盐酸。

检测总固体和悬浮固体的水样，每升加 2mL 氯仿，充分混匀后，塞紧瓶塞保存。

二、 发酵醪液

发酵醪液的试样在发酵罐中采取。采取前，用 75%酒精或新吉尔灭消毒液将取样阀、取样杯或取样勺仔细擦净或浸洗，然后开动搅拌器将醪液搅拌均匀。如果用取样勺取样，先用发酵醪液将取样勺洗涤一次再取样，取样约 200mL。如果通过取样阀取样，则应先弃去其中积存的醪液后再采样，试样用取样杯接取，取样前先用少量的醪液将取样杯洗涤一次，然后接取约 200mL。

发酵醪液试样，在采集后必须立即分析，否则会因酵母继续繁殖而使试样失去原来所代表的醪液的意义。试样分析前，用布袋、双层纱布或脱脂棉过滤，取澄清液进行测定。

三、 白酒成品

（一）取样

1. 瓶装酒

批量在 5t 以下的，任选 5 箱，每箱取样一瓶。批量在 5t 以上的，任选 6 箱，每箱取样一瓶。

2. 散装酒

每批均匀取样 2kg。

（二）试样的制备

将采取的全部试样，放于干燥洁净的玻璃或瓷质器皿中，充分混匀后，取 2kg（散装酒用原样即可），分装于 4 个经洗净干燥的玻璃试样瓶中，严格密封，贴标签封口，注明厂名、品名、批号、批量、取样日期等。

四、麦芽汁

每锅麦芽汁冷却 30min 后添加酵母进行发酵之前取样，为了了解糖化方法与成分的关系，也可以在加酒花前从煮沸锅取热麦芽汁。

取冷却热麦芽汁时，先打开取样阀，放掉阀中残存的水或麦芽汁，排出 2～3L 后，再用洁净干燥的三角瓶或有严密封盖的聚乙烯塑料瓶取样，取样量约 700mL。

取未加酒花的麦芽汁时，用一干燥、洁净的长柄勺或小不锈钢吊桶于煮沸锅中央麦芽汁深处取样，不带泡沫，取样量约 700mL，装入容器内备用。

取样完成后立即严密加盖或塞以棉塞，静置，待麦芽汁的温度与室温平衡后用中速滤纸过滤，初始部分滤液（约 100mL）弃去，收集滤液于一洁净、干燥的试剂瓶或聚乙烯塑料瓶中，备用。

五、啤酒发酵液

（一）前酵液取样

用一杀过菌的胶管，深入发酵池液面下 20cm 处，用虹吸法使发酵液流出。用开始流出的发酵液除去管中空气，再弃去少量流出液，然后用一洁净干燥的 1000mL 三角瓶接取 300～500mL 发酵液作试样。

（二）后酵液取样

从后酵罐取样孔或取样阀采集。开启开关，放出少量发酵液，弃去。然后用一洁净干燥的 1000mL 三角瓶接取 300～500mL 发酵液作试样。

除少数特殊要求的测定项目外，发酵液取样后应该用清洁干燥的大玻璃杯以细流注入另一玻璃杯中，往返倾倒 50 次以上，以除去发酵液的二氧化碳。然后用干滤纸过滤，透明滤液置洁净干燥的三角瓶中，塞以棉塞，备用。

对工艺过程中的发酵液抽样时，要使试样能够代表取样时间的发酵液成分，除必须取样外，取样后必须立即处理试样并进行项目的测定。否则，取样后试样会继续变化，测定中即使再仔细操作，也将是没有意义的。

六、 啤酒成品

（一）取样

1. 瓶（听）装啤酒的取样

凡同原料、同配方、同工艺所生产的啤酒，经混合过滤，同一清酒罐、同一包装线当天包装出厂（或入库）的，具有同样质量检验报告单的为一批。按批抽样检验，瓶（听）装啤酒抽样时应对不同的基数抽取数量不同的分析样品，如表 1-2 所示。

瓶（听）装啤酒从每批产品中随机抽取 n 箱，再从 n 箱中各抽取 1 瓶（听），作为该批产品的样品进行分析检测。

表 1-2　不同批量范围（基数）时啤酒产品的抽样量

批量范围（基数）/箱	抽取样品数/箱	抽取单位样品数瓶（听）/箱
50 以下	4	1
50~1458	8	1
1458 以上	13	1

2. 啤酒桶（罐）取样

用啤酒桶（罐）装的散装啤酒取样时，按表 1-2 的要求从同一批产品中随机抽取 2 桶（罐），从每桶（罐）中分装一瓶。分装的方法是将桶（罐）打开，然后将酒液注入洁净干燥的啤酒瓶中，作为酒液的分析样品。

（二）样品处理

成品样品因本身已经过滤，样品处理的目的是除去本身溶解的二氧化碳，以便于分析操作。若样品是发酵液，在采集后应立即处理（过滤、排气）和测定，以防某些组分在放置过程中发生变化。

1. 摇动排气法

将恒温至 15~20℃的酒样约 300mL 倒入 750mL 锥形瓶中，盖塞（橡皮塞），在恒温室内，轻轻摇动，开塞放气（开始有“砰砰”声），盖塞。反复操作，直至无气体溢出为止，用单层中速滤纸过滤，漏斗上面要盖表面玻璃。

2. 采用超声波或磁力搅拌法除气

将恒温至15~20℃的酒样约300mL移入带排气塞的瓶中，置于超声波水槽中（或搅拌器上），超声（或搅拌）一定时间后，用单层中速滤纸过滤，漏斗上面要盖表面玻璃。

除气后的酒样要收集于具塞的三角瓶中，温度保持在20±1℃，密封保存，限在2h内使用。

七、葡萄酒发酵液

（一）前发酵液

试样必须均匀，含皮、籽比例应符合实际生产，并能代表每一池或每一桶的情况。

取样后，将试样在沸水浴中煮沸3h，然后加水至原体积。过滤，弃去皮、籽，备用。红葡萄酒及白兰地的发酵液应在去皮、籽后备用。

（二）后发酵液

从每桶发酵液中取代表性试样，注意不应将酒脚混入。取样时用已杀菌的橡皮管插入尚未开始发酵的木桶或水泥池的中部，用试样洗涤3~4次。然后用虹吸的方法采集试样500mL，待自然澄清或过滤后备用。

八、葡萄酒成品

（一）取样

1. 瓶装酒

批量在5t以下的，任选5箱，每箱取样一瓶。批量在5t以上的，任选6箱，每箱取样一瓶。

2. 散装酒

每批均匀取样2kg。

（二）试样的制备

将采集得到的全部试样，放于干燥洁净的玻璃或瓷质器皿中，充分混匀后，取2 kg（散装酒用原样即可），分装于4个经洗净干燥的玻璃试样瓶中，严格密封，贴标签封口，注明厂名、品名、批号、批量、取样日期等。

起泡酒（例如香槟酒等），除测定二氧化碳及个别特殊物质外，测定前应按啤酒的方法排气。

九、 黄酒成品

（一）生酒

在生酒池取样时，先用木耙将生酒搅拌均匀，然后用取样瓶采样约 500mL。若在高位槽取样时，则需先将高位槽下面的取样阀门打开，放掉管内存的残酒后，再取样。

（二）熟酒

用 1 L 磨口试剂瓶取样，取样后马上塞上瓶塞，以防止酒精挥发。因试样温度较高，应迅速用水冷却至室温后进行分析。

（三）坛中取样

每批在 500 坛以上的抽样 3 坛，500 坛以下的抽样 2 坛。取样时，在坛盖上打开一小洞，用已杀菌的橡皮管吸取上清液两瓶，混匀后供分析用。取样完毕，用纸封好坛盖小洞，必要时在封洞前加入少许酒精覆盖，以防止酒变质。

（四）瓶装酒

每批在 2000 瓶以上的取样 4 瓶，2000 瓶以下的取样 2 瓶。

第二章

物理分析

根据产品及原料的相对密度、折射率、旋光度、熔点、沸点等物理常数与组成分含量之间的关系进行检测的方法称为物理分析法。物理分析法是酒类及食品工业生产中常用的检测方法之一。物理分析法便捷、快速，在酒类及其他食品生产中常用作原料品质、工艺指标、产品质量的控制，甚至用于市场和流通领域的产品防伪和鉴别等监管。

第一节 水分测定

水是酒类生产原料和产品及其他食品中的重要组成，其含量直接影响食品原料和产品的感官性状、结构及对腐败的敏感性，与原料和产品的品质及保存关系甚大。水分过高，原料在贮藏过程中容易发霉变质，影响原料的利用价值和加工产品的质量，例如，白酒生产中如果入池酒醅的水分过高或过低都将影响白酒的质量。

水分的测定一般采用干燥法，即在100~105℃烘箱中直接干燥或在红外灯下干燥。对在此温度下和加热过程中容易分解或含有较多挥发性物质的试样，可采用减压低温干燥法。对样品中含有较多胶态物质，很难通过直接干燥法排除水分的样品要采取相应措施。

烘干法测定水分的原理是依据原料中水分的物理性质，在101. 3kPa（一个大气压），温度101~105℃下采用挥发方法测定样品中干燥减失的重量，包括吸湿水、部分结晶水和该条件下能挥发的物质，再通过干燥前后的称量数值计算出水分的含量。

一、 淀粉质原料

发酵工业常用的淀粉质原料有高粱、玉米、大麦、小麦、大米、薯干、木薯等。试样经粉碎过40目筛后进行水分测定。

1. 测定步骤

准确称取约2g试样，置入经100~105℃干燥恒重后的称量瓶中，在100~105℃烘箱中干燥3~4h，取出，置入干燥器中冷却至室温，恒重，称重。再于相同温度下干燥1h左右，同上操作，直至恒重。

2. 水分计算

水分计算如式（2-1）所示。

$$水分(\%) = \frac{W_1 - W_2}{W_1 - W_0} \times 100\% \qquad 式（2-1）$$

式中 W_0——称量瓶重，g

W_1——干燥前试样与称量瓶重，g

W_2——干燥后试样与称量瓶重，g

3. 讨论

（1）原料的水分测定一般需采用100~105℃烘箱中直接干燥，其结果较为准确。对生产过程中的水分测定，如麸曲、酒醅等，可采用更高温度下干燥（120~140℃）或红外灯下干燥，以缩短分析时间，利于指导生产。

（2）当原料水分大于16%时，在原料粉碎过程中水分有显著损失，因此需要在低温下（60℃左右）预先干燥至水分为12%~14%，此时测得的水分称为前水分。然后将原料粉碎，准确测定其水分，此时测得的水分称为后水分。原料总水分如式（2-2）、式（2-3）所示。

$$总水分(\%) = [1 - (1 - 后水分\%)(1 - 前水分\%)] \times 100\% \qquad 式（2-2）$$

或

$$总水分(\%) = 前水分 + \left(后水分 \times \frac{100 - 前水分}{100}\right) \qquad 式（2-3）$$

必要时尚需考虑原料粉碎时空气湿度校正。校正方法为：准确称取5g已粉碎试样，置入已恒重的称量瓶中，在空气中暴露与试样处理时间相同的时间，盖好称重。如式（2-4）、式（2-5）所示。

$$空气湿度增减量(\%) = \frac{试样重 - 放置后试样重}{试样重} \times 100\% \qquad 式（2-4）$$

$$校正原试样重 = 试样重 \times \frac{水分}{水分 + 空气湿度增减量} \qquad 式（2-5）$$

二、固体发酵酒醅

水分是固态发酵酒醅的主要控制指标。适当的水分是微生物生长的重要因素之一，有利于酒醅缓慢发酵，不但出酒率高，而且酒质好。水分的测定对判断发酵是否正常，寻找出现问题的原因，采取补救措施有一定的意义。水分如果过高，糖化发酵速度快，升酸猛，发酵进行不彻底，一旦来火，升温迅猛，升酸幅度大，出酒率低，酒质差；如果水分过低，酒醅发干，影响微生物的生长繁殖和发酵的正常进行，发酵不易进行，造成残余淀粉高，酸度低，产量低。总之，在正常生产时，应力求入池酒醅水分的稳定，切忌猛加水或猛扣水。

固态发酵酒醅中存在大量醇酯类可挥发性物质，特别是出池酒醅中水分以外挥发性物质含量就更多，它们对检测结果的影响与酒醅组成、白酒类型和生产工艺等多种因素有关。目前，国内白酒企业和多数研究者，对于固态发酵酒醅中水分的测定是采用直接干燥法。

1. 酒醅样品的采集

固态发酵酒醅成分不十分均匀，即使同一甑（或同一层）酒醅各部分间也有差异，所以采样要求有代表性。入窖酒醅可在摊晾完毕时取样，从四周及中间（晾糟棚、床）取；出窖酒醅应上、中、下层分别取样，混匀后为混合样。同时，为了使分析结果有对比价值，减少误差，防止酒精挥发和其他物质的变化，取样后应迅速把样品装入磨口广口瓶中，并及时检验。

2. 测定步骤

称取酒醅 10.0g（准确至 0.1g），置于清洁并恒重的铝盒或培养皿中，放入恒温 105℃的电热恒温箱中烘 3h 后取出，放在干燥器中冷却 20min 以上至恒重，称重。

在实际生产中，为迅速测定酒醅水分，可将恒温箱温度提高到 130±2℃，开始计时，烘 40~45min 后取出放在干燥器内冷却至恒重，称重。

3. 水分及挥发性物质计算

水分及挥发性物质计算如式（2-6）所示。

$$X = \frac{m_1 - m_2}{m_1 - m_3} \times 100\% \qquad 式（2-6）$$

式中　X——试样中水分及挥发物的含量，g/100g

m_1——称量瓶和试样的质量，g

m_2——称量瓶和试样干燥后的质量，g

m_3——称量瓶的质量，g

当水分含量≥1g/100g 时，计算结果保留三位有效数字；当水分含量<1/100g 时，结果保留两位有效数字。

三、 酒花

酒花中含有一部分易挥发的芳香油，用通常的烘干法测定水分，不可避免地将部分挥发性成分连同水分一起失去，造成分析上的误差。此外，酒花中的 α-酸等在烘干过程中，部分地发生氧化等化学反应，这也是造成误差的因素之一。但生产中常用的较简便的快速法仍然是烘干法，只是在烘干温度以及烘干时间上有所不同。

1. 常规烘干法

准确称取酒花试样 2~3g，置入已烘干称重的称量瓶中，于 80~85℃烘箱中，烘干 4h，取出，置于干燥器中冷却，称重，计算出水分百分含量。两次平行实验相差不应大于 0.2%。酒花中正常水分为 10%~13%。

2. 快速烘干法

准确称取酒花试样 2~3g，置入已烘干称重的铝制小盒或扁形称量瓶中，于 106℃烘箱中烘 1h，取出，置于干燥器中冷却，称重。或者于 95~98℃干燥 1.5h，取出，置于干燥器中冷却，称重，计算出水分百分含量。两次平行实验相差不应大于 0.5%，否则需补做一次或两次，最后取这些数据的平均值。本方法为“欧洲啤酒酿造协会”推荐法（European Brewery Convention，简称“欧啤协”，E. B. C.）。

四、 废糖蜜

废糖蜜含糖分高而且黏稠，测定水分时如将样品直接加热干燥，会由于表面形成干燥硬壳妨碍水分挥发，烘干时间需要很长，且容易因局部过热而烘焦，因此一般多采用红外灯干燥法。红外线穿透力强，能射入物质内部并转变为热能，使水分充分汽化逸出，这样可大大缩短干燥时间。但此法如条件控制不好则精密度较低。

为准确测定废糖蜜水分，可将样品与6~8倍的精制海砂、石英砂或石棉混合，使其增加水分蒸发点及防止过热。先在较低温度下加热除去大部分水分，然后升温烘至恒重，此法需要时间长，但可测出准确的真固形物含量，精密度较高。

1. 红外线干燥法

准确称取试样约10g，置入已烘干称重的直径10cm的表面玻璃上，用事先与表面玻璃一同烘干称重的小玻璃棒将试样铺成薄层。打开500W红外线灯，待5min后将盛有试样的表面玻璃连同小玻璃棒一起放在灯下，距离为15~20cm。烘干12min后，用小玻璃棒把边层试样翻至中央，再烘干12min，取出，置于干燥器中冷却16~20min，即可称重。再置入红外线灯下5min，冷却直至恒重，称重。

2. 烘箱干燥法

准确称取试样5~10g，置入已烘干至恒重的称量瓶中，再准确称取重量为试样6~8倍的已烘干至恒重的精制海砂（石英砂或石棉），用一根已烘干恒重的小玻璃棒将海砂与试样充分拌和，置入70℃烘箱中，烘约1h，然后升温至105℃，烘3~4h，取出，于干燥器中冷却，称重。再放入105℃烘箱中，烘约1h，冷却，直至恒重，称重。

海砂的预处理：取用水洗去泥土的海砂或河砂，先用盐酸溶液（6mol/L）煮沸0. 5h，用水洗至中性，再用氢氧化钠溶液（6mol/L）煮沸0. 5h，用水洗至中性，经105℃干燥备用。

盐酸溶液（6mol/L）：量取50mL盐酸，加水稀释至100mL。

氢氧化钠溶液（6mol/L）：称取24g氢氧化钠，加水溶解并稀释至100mL。

3. 计算

设称量瓶（或表面玻璃）连同小玻璃棒，若加入海砂，则连同海砂总重量为 W_0，加入试样后重量为 W_1，干燥至恒重后的重量为 W_2。如式（2-7）所示。

$$\text{水分}(\%) = \frac{W_1 - W_2}{W_1 - W_0} \times 100\% \qquad \text{式（2-7）}$$

第二节　比重法

物质的比重是指在某一温度下，一定体积的物质重量与同体积在某一温度下水的重量比，通常以 $d_{t_1}^{t_2}$ 表示，脚注中右下角 t_1 表示水的温度，右上角 t_2 表示物质的温度。比重分为真比重与视比重，物质在 t℃时的重量与同体积 4℃水的重量比称为真比重，以 d_4^t 表示。物质的重量与同体积同温度水的重量比称为视比重，以 d_t^t 表示。由于水在 4℃时密度最大，故视比重总是大于真比重，即

$$d_t^t > d_4^t$$

真比重与视比重的关系如式（2-8）所示。

$$d_4^t = r \times d_t^t \qquad \text{式（2-8）}$$

式中，r 为 t℃水的密度。不同温度下水的 r 值，如表 2-1 所示。

表 2-1　不同温度下水的 r 值

t/℃	0	4	12.5	15	17.5	18	20	25	28	30
r	0.999868	1.0000	0.999466	0.99126	0.998713	0.998622	0.998230	0.997071	0.996259	0.995673

温度升高，体积增大，比重减少。温度降低，体积缩小，比重增大。在精密的测量中，测量比重的同时，需同时测量温度，若测量时温度高于或低于仪器的规定温度（如比重计刻制时的温度）时，测得的比重数值应进行温度校正。为减少测定误差，最好使被测液体温度与仪器的规定温度相同。工业中采用的规定温度一般为 15℃或 20℃。

测定液体比重的仪器有比重计、比重瓶和比重天平（即韦氏天平）等。其中比重瓶测得的结果准确，但费时。比重计则简易迅速，但结果准确度较差。

一、 酒精度

酒精度是酒类产品及生产过程中必须检测和控制的重要指标之一，一般采用密度瓶法和酒精计法进行检测。也可采用气相色谱法和仪器法（如啤酒自动分析仪等）。这里介绍密度瓶法和酒精计法。

（一）密度瓶法

1. 原理

以蒸馏法去除样品中的不挥发性物质，用密度瓶法测定馏出液（酒精水溶液）20℃时的密度，并计算出 20℃时酒精水溶液与同体积纯水质量之比（即相对密度，以

d_{20}^{20} 表示），再根据酒精水溶液的密度或相对密度查附录 2-1、附录 2-2、附录 2-3 即可求得 20℃时试样的酒精度（体积分数），用“%vol”表示。

2. 仪器

（1）分析天平 感量 0.0001g。

（2）天平 感量 0.1g。

（3）全玻璃蒸馏器 500mL。

（4）恒温水浴 控温精度±0.1℃。

（5）附温度计密度瓶 25mL 或 50mL。

（6）容量瓶 100mL。

3. 试样预处理

（1）啤酒或含气葡萄酒 啤酒或含气葡萄酒样品在检测前需进行排气处理。在保证样品有代表性，不损失或少损失酒精的前提下，用振摇、超声波或搅拌等方式除去酒样中的 CO_2 气体。

第一法：将恒温至 15～20℃的酒样约 300mL 倒入 1000mL 锥形瓶中，盖塞（橡皮塞），在恒温室内，轻轻摇动、开塞放气（开始有“砰砰”声），盖塞。反复操作，直至无气体逸出为止。用单层中速干滤纸（漏斗上面盖表面玻璃）过滤。

第二法：采用超声波或磁力搅拌法除气，将恒温至 15～20℃的酒样约 300mL 移入带排气塞的瓶中，置于超声波水槽中（或搅拌器上），超声（或搅拌）一定时间后，用单层中速干滤纸过滤（漏斗上面盖表面玻璃）。

在采用第二法时，要通过与第一法的比对，使其酒精测定结果相似，以确定超声（或搅拌）时间和温度。

试样的保存：将除气后的酒样收集于具塞锥形瓶中，温度保持在 15～20℃，密封保存，限制在 2h 内使用。

（2）固态酒醅和酒糟 固态酒醅和酒糟中酒精含量的测定是要确保取样具有代表性，入池酒醅从堆的四个对角部位及中间的上、中、下层取样。出池酒醅在窖池内窖壁，窖中的上、中、下层等量取样，用四分法缩分后，取供试样品 250g。

（3）其他样品 对于不含气的葡萄酒、黄酒、蒸馏酒、配制酒、发酵液等液态样品一般可直接取样蒸馏。

4. 分析步骤

（1）容量法

①蒸馏 用一洁净、干燥的 100mL 容量瓶，准确量取预处理后的试样（液温 20℃）100mL，置于 500mL 蒸馏瓶中，用 50mL 水分三次冲洗容量瓶，洗液并入蒸馏瓶中。如果是酒醅或酒糟等固态样品，则精准称取 100g 样品，于 500mL 蒸馏烧瓶中，加水 200mL，加几颗沸石、碎瓷片或数粒玻璃珠，连接蛇型冷凝管，以取样用的原 100mL 容

量瓶作接收器（外加冰浴），开启冷却水（冷却水温度宜低于15℃），缓缓加热蒸馏（冷凝管出口水温不得超过20℃，沸腾后蒸馏时间应控制在30~40min内完成），收集馏出液约96mL，取下容量瓶，盖塞，于20℃水浴中保温30min，再补加水定容，混匀，备用。

②蒸馏水质量的测定　将密度瓶洗净并干燥，带温度计和侧孔罩称量，反复直至恒重（m）。将煮沸冷却至15℃的蒸馏水注入恒重的密度瓶中，插上带温度计的瓶塞（瓶中应无气泡）。将密度瓶浸于20±1℃的恒温水浴中，待内容物温度达20℃，并保持5min不变后取出。用滤纸吸去溢出侧管的水，使侧管中的液面与测管管口齐平，盖好侧孔小帽，擦干后，称量（m_1）。

③试样质量的测定　将密度瓶中的水倒出，用试样（蒸馏所得馏出液）反复冲洗密度瓶3~5次，然后装满，按蒸馏水同样操作，称量（m_2）。

④结果计算　试样馏出液在20℃时的相对密度按式（2-9）计算，密度按式（2-10）计算。

$$d_{20}^{20}=\frac{m_2-m}{m_1-m} \quad \text{式（2-9）}$$

$$d_{20}=\frac{m_2-m}{m_1-m}\times 998.2 \quad \text{式（2-10）}$$

式中　d_{20}^{20}——试样馏出液20℃时的相对密度

m——密度瓶的质量，g

m_1——20℃时密度瓶与水的质量，g

m_2——20℃时密度瓶与试样的质量，g

d_{20}——试样馏出液20℃时的密度，g/L

998.2——20℃时水的密度，g/L

成品啤酒根据试样馏出液的相对密度d_{20}^{20}查附录2-1求得酒精度，成品白酒根据试样馏出液的相对密度d_{20}^{20}查附录2-2求得酒精度，葡萄酒及其他根据试样馏出液的密度d_{20}查附录2-3求得酒精度。

（2）重量法　啤酒发酵液和产品中的酒精含量也可用质量分数表示，因此也可用重量法测得酒精度。

①试样的制备　称取预处理后的试样100g（精确至0.1g），全部移入500mL已知质量的蒸馏瓶中，加水50mL和数粒玻璃珠或碎瓷片，连接蛇型冷凝器（或冷却部分的长度不短于400mm的直管型冷凝器），开启冷却水，用已知质量的100mL容量瓶接收馏出液（外加冰浴），缓缓加热蒸馏（冷凝管出口水温不得超过20℃），收集约96mL馏出液（蒸馏应在30~60min内完成），取下容量瓶，调液温至20℃，然后补加水，使馏出液质量为100.0g（此时总质量为100.0g+容量瓶质量），混匀，备用（蒸馏后的残液可

保存用于检测啤酒的真正浓度）。

②蒸馏水质量的测定，同容量法。

③试样质量的测定，同容量法。

④结果计算，同容量法。

根据相对密度 d_{20}^{20} 查附录 2-1，得到试样馏出液酒精含量的质量分数，即试样的酒精度。所得结果表示至一位小数。

5. 精密度

在重复性条件下获得的两次独立测定结果的绝对差值不得超过算术平均值的 1%（白酒标准要求为 0.5%）。

6. 讨论

（1）密度瓶法要求操作严格，准确度较高，多用于成品酒分析。目前国家标准中成品啤酒、葡萄酒和白酒酒精度测定的第一法都为密度瓶法。

（2）用容量瓶测定蒸馏水和试样馏出液的质量时，水和试样的温度及定量的准确性对酒精度的检测结果影响很大，要注意严格操作。

（二）酒精计法

1. 原理

以蒸馏法去除样品中的不挥发性物质，用精密酒精计测得酒精体积分数示值，按附录 2-4 进行温度校正，求得 20℃时乙醇含量的体积分数，即为酒精度。下面以白酒固态发酵酒醅为例介绍用酒精计测定酒精含量的方法。

2. 仪器

（1）精密酒精计　分度值为 0.1%vol。

（2）全玻璃蒸馏器　500mL。

（3）容量瓶　100mL。

3. 试样的制备

称取白酒固态发酵酒醅 100g，于 500mL 蒸馏烧瓶中，加水 200mL，连接蒸馏装置，蒸出馏出液 100mL，于 100mL 量筒中，搅匀。

4. 测定方法

将量筒中馏出液搅拌均匀，静置数分钟，排除气泡，放入洗净、擦干的酒精计。再轻轻按一下，不要让酒精计接触量筒壁，水平观测，读取与弯月面相切处的刻度示值。同时插入温度计，并记录温度数据。根据测得的酒精计示值和温度，查附录 2-4，换算成 20℃时样品的酒精度。所得结果表示至小数点后一位。

5. 精密度

在重复性条件下获得的两次独立测定结果的绝对差值不得超过算术平均值的 5%。

6. 讨论

（1）酒精计法操作简单，由于酒精计的分度值为 0.1%vol，当试样的酒精度较低时相对误差较大。对于酒精度较低的试样，除可采用密度瓶法外，还可采用气相色谱法（见第五章第二节三啤酒中乙醇的测定）和重铬酸钾氧化法（见第三章第五节八酒糟中残余酒精含量的测定）。

（2）除白酒固态酒醅外，酒精计法常用于酒精、液态法白酒、葡萄酒、黄酒、果酒等的发酵醪液中酒精含量的测定。发酵醪液中酒精含量测定的注意事项如下。

①试样制备时，用 100mL 容量瓶准确量取发酵醪 100mL，注入 500mL 蒸馏烧瓶中，用 100mL 水分三次洗涤容量瓶并注入蒸馏烧瓶中，加热蒸馏，馏出液收集于 100mL 的容量瓶中，待馏出液接近刻度时，取下，加水至刻度，摇匀。测定方法同白酒固态酒醅。

②如果发酵醪液中的挥发酸含量较高，则应用 NaOH 溶液中和挥发酸，使之变成不挥发的钠盐，以消除挥发酸的馏出对酒精度测定的影响。

③蒸馏时有时会有泡沫带入馏出液中，致使整个分析失败。这是由于发酵醪液糖度较高、胶体含量多或残留淀粉浓度较高所致。为了避免这类现象的发生，应注意在开始蒸馏时，加热升温速度不可过快，此外在蒸馏烧瓶内加 2 滴消泡剂可有效防止泡沫溢出。

（3）在国家标准中，酒精计法也可用于白酒、黄酒、葡萄酒和配制酒（露酒）等成品酒的分析。其试样馏出液的制备方法同比重瓶法，测定方法同白酒固态酒醅。

二、 啤酒原麦汁浓度

密度瓶法测定啤酒的原麦汁浓度是国家标准规定的第一法，此外也可采用仪器法，这里仅介绍密度瓶法。

1. 原理

以密度瓶法测出 20℃时啤酒或麦芽汁试样中的真正浓度和酒精度。按经验公式计算啤酒试样的原麦汁浓度。或用仪器法直接自动测定、计算、打印出试样的真正浓度及原麦汁浓度。

2. 仪器

（1）全玻璃蒸馏器 500mL。

（2）恒温水浴 精度±0.1℃。

（3）容量瓶 100mL。

（4）移液管 100mL。

（5）分析天平 感量 0.1mg。

（6）天平 感量 0.1g。

（7）附温度计密度瓶 25mL 或 50mL。

3. 分析步骤

（1）真正浓度的测定

①试样的准备：将在密度瓶法测定酒精时蒸馏去除酒精后的残液（在已知质量的蒸馏瓶中），冷却至 20℃，准确补加水使残液至 100.0g，混匀。或用已知质量的蒸发皿称取试样 100.0g（精确至 0.1g），于沸水浴上蒸发，直至原体积的三分之一，取下冷却至 20℃，加水恢复至原质量，混匀。

②测定：用密度瓶或密度计测定出残液的相对密度。查附录 2-5，求得 100g 试样中浸出物的克数（g/100g）。即为啤酒的真正浓度，以柏拉图度或质量分数（°P 或%）表示。

（2）酒精度的测定　同重量法测定酒精度。

4. 结果计算

根据测得的酒精度和真正浓度，按式（2-11）计算试样的原麦汁浓度：

$$X_1 = \frac{(A \times 2.0665 + E) \times 100}{100 + A \times 1.0665} \qquad 式（2-11）$$

式中　X_1——试样的原麦汁浓度，°P 或%

A——试样的酒精度质量分数，%

E——试样的真正浓度质量分数，%

或者查附录 2-6，按式（2-12）计算试样的原麦汁浓度：

$$X = 2A + E - b \qquad 式（2-12）$$

式中　X——试样的原麦汁浓度，°P 或%

A——试样的酒精度质量分数，%

E——试样的真正浓度质量分数，%

b——校正系数。

所得结果表示至一位小数。

5. 精密度

在重复性条件下获得的两次独立测定结果的绝对差值不得超过算术平均值的 1%。

三、葡萄酒干浸出物

1. 原理

用密度瓶法测定样品或蒸出酒精后样品的密度，然后用其密度值查附录 2-7，求得总浸出物的含量，再从中减去总糖的含量，即得干浸出物的含量。

2. 仪器

（1）瓷蒸发皿　200mL。

（2）恒温水浴　精度±0.1℃。

（3）附温度计密度瓶　25mL或50mL。

3. 试样的制备

用100mL容量瓶量取100mL样品（液温20℃），倒入200mL瓷蒸发皿中，于水浴上蒸发至约为原体积的三分之一取下，冷却后，将残液小心地移入原容量瓶中，用水多次荡洗蒸发皿，洗液并入容量瓶中，于20℃定容至刻度。也可使用测定酒精时蒸出酒精后的残液，在20℃时以水定容至100mL。

4. 分析步骤

方法一：吸取试样，并按密度瓶法测定酒精时的方法，计算出脱醇样品20℃时的密度ρ_1。以$\rho_1 \times 1.00180$的值，查附录2-7，得出总浸出物含量（g/L）。

方法二：直接吸取未经处理的样品，按密度瓶法测定酒精时同样操作，计算出该样品20℃时的密度ρ_B。按式（2-13）计算出脱醇样品20℃时的密度ρ_2，以ρ_2查附录2-7，得出总浸出物含量（g/L）。

$$\rho_2 = 1.00180(\rho_B - \rho) + 1000 \qquad 式（2-13）$$

式中　ρ_2——脱醇样品20℃时的密度，g/L

ρ_B——含醇样品20℃时的密度，g/L

ρ——与含醇样品含有同样酒精度的酒精水溶液在20℃时的密度（该值可用密度瓶法测出的酒精密度代入，也可用气相色谱法或酒精计法测出的酒精含量反查附录2-3得出的密度代入），g/L

1.00180——20℃时密度瓶体积的修正系数

所得结果表示至一位小数。

5. 精密度

在重复性条件下获得的两次独立测定结果的绝对差值不得超过算术平均值的2%。

四、糖度

糖度计，是用于快速测定含糖溶液以及其他非糖溶液浓度或折射率的仪器。广泛应用于制糖、食品、饮料（酒）等工业部门及农业生产和科研中。适用于酒类、酱油、番茄酱等各种酱类（调味料）产品的浓度测量，也适用于果酱、糖稀、液糖等含糖分较多产品的糖度测量，又适用在果汁、清凉饮料及碳酸饮料生产线上的品质管理及发货前检验等，还适用于水果从种植直至销售的过程中，测定准确的收采时期和做甜度分级分类。此外，糖度计在纺织工业浆料的浓度测定中也得到普遍的应用。还可用来控制各种工业溶液的浓度（如切削液和磨削液）。

1. 原理

光线从一种介质进入另一种介质时会产生折射现象，且入射角正弦之比恒为定值，此比值称为折射率。饮料酒和果蔬汁液中可溶性固形物含量与折射率在一定条件下（同一温度、压力）成正比例，故测定饮料酒和果蔬汁液的折光率，可求出饮料酒和果蔬汁液的浓度（含糖量的多少）。

2. 使用方法

常用仪器是手持式折光仪，也称糖镜、手持式糖度计，通过测定饮料酒和果蔬汁可溶性固形物含量（含糖量），了解其品质，大约估计果实和酿酒原料的成熟度。手持糖度计一般是圆柱形的，将待测的液体放入后面可打开的槽中，抹均匀，关上盖子，然后将糖度计对着光，从前面的孔中看，就可以读数。

第三节　其他物理分析法

一、 啤酒色度的测定

（一）EBC 比色计法

1. 原理

将除气后的试样注入 EBC 比色计的比色皿中，与标准 EBC 色盘比较，目视读取或自动数字显示出试样的色度，以色度单位 EBC 表示。

2. 仪器

EBC 比色计（或使用同等分析效果的仪器）：具有 2～27EBC 单位的目视色盘或自动数据处理与显示装置。

3. 试剂和溶液

哈同（Hartong）基数溶液：称取重铬酸钾（$K_2Cr_2O_7$）0.1g（精确至 0.001 g）和亚硝酰铁氰化钠{$Na_2[Fe(CN)_5NO]\cdot 2H_2O$}3.5g（精确至 0.001g），用水溶解并定容至 1000mL，贮于棕色瓶中，于暗处放置 24h 后使用。

4. 分析步骤

（1）仪器校正　哈同溶液注入 40mm 比色皿中，用色度计测定。其标准色度应为 15EBC 单位；若使用 25mm 比色皿，其标准色度应为 9.4EBC。仪器的校正应每月一次。

（2）测定　将试样注入 25mm 比色皿，然后放到比色盒中，与标准色盘进行比较，当两者色调一致时直接读数。或使用自动数字显示色度计，自动显示、打印其结果。

5. 计算

（1）试样的色度按式（2-14）计算 如使用其他规格的比色皿，则需要换算成 25mm 比色皿的数据，计算其结果。

$$S_1 = \frac{S_2}{H} \times 25 \quad \text{式（2-14）}$$

式中 S_1——试样的色度，EBC

S_2——实测色度，EBC

H——使用比色皿厚度，mm

25——换算成标准比色皿的厚度，mm

（2）测定浓色或黑色啤酒时，需要将酒样稀释至合适的倍数，然后将测定结果乘以稀释倍数。所得结果表示至一位小数。

6. 精密度

在重复性条件下获得的两次独立测定值之差，色度为 2～10EBC 时，不得大于 0. 5EBC。色度大于 10EBC 时，稀释样平行测定值之差不得大于 1EBC。

（二）分光光度法

1. 原理

啤酒的色度越深，则在一定波长下的吸光值越大，因此可直接测定吸光度，然后转换为 EBC 单位表示色度。

2. 仪器

（1）可见分光光度计。

（2）玻璃比色皿 10mm。

（3）离心机 4000r/min。

3. 分析步骤

将试样注入 10mm 玻璃比色皿中，以水为空白调整零点，分别在波长 430 nm 和 700nm 处测定试样的吸光度。

若 A_{430}×0. 039>A_{700}表示试样是透明的，按式（2）计算。若 A_{430}×0. 039<A_{700}表示试样是浑浊的，需要离心或过滤后，重新测定。当 A_{430}的吸光度值在 0. 8 以上时，需用水稀释后，再测定。

4. 计算

试样的色度按式（2-15）计算。

$$S_3 = A_{430} \times 25 \times n \quad \text{式（2-15）}$$

式中 S_3——试样的色度，EBC

A_{430}——试样在波长 430nm、10mm 玻璃比色皿测得的吸光度

25——换算成标准比色皿的厚度，mm

n——稀释倍数

所得结果表示至一位小数。

5. 精密度

在重复性条件下获得的两次独立测定值之差，不得大于 0.5EBC。

二、 啤酒黏度的测定

黏度为流体内部阻碍相对流动的一种特性。一般有绝对黏度（又称动力黏度或动力学黏度）和运动黏度（又称运动学黏度）等。

绝对黏度指流体以每秒流动 1cm 时在每 1cm^2 平面上需要切向力的大小。单位为“泊（P）”。

$$1P=100cP=1\ 达因\times s/cm^2=g/(cm\times s)$$

运动黏度指流体密度除该流体绝对黏度得到的商数，单位为“淹”（或司）

$$1\ 淹=100\ 厘淹（厘司）=泊\times cm^3/g$$

黏度大小随温度变化，温度越高，黏度越小，纯水在 20℃时的绝对黏度为 1cP。

协定法麦汁的黏度可以表示麦芽的溶解程度，在一般情况下还可借以预示麦汁过滤的情况。

（一）落球计黏度法（Hoppler 黏度计法）

1. 原理

Hoppler 黏度计如图 2-1 所示，测定方法是在一充满麦汁或啤酒的柱体中，将一适宜比重的球体放入被测溶液中，球体从柱体上线落至底线，记录上下落球时间（s），结合被测溶液的比重、球体比重和球体系数，即可计算出溶液的黏度。

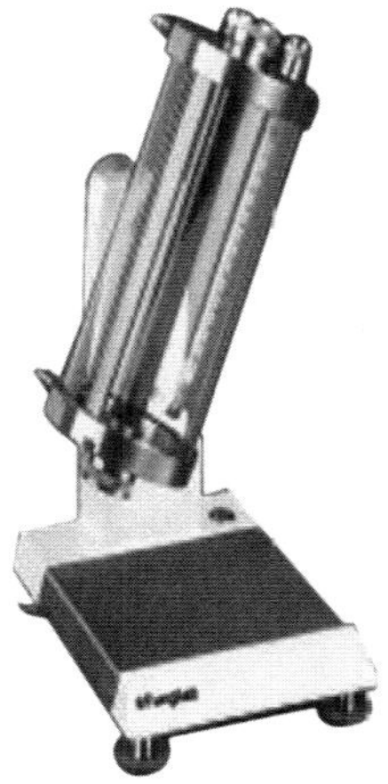

图 2-1 Hoppler 黏度计

2. 仪器

（1）Hoppler 黏度计及附件。

（2）超级恒温水浴 20±0.01℃。

（3）吸管 40mL。

（4）秒表。

3. 操作步骤

（1）将 Hoppler 黏度计与超级恒温水浴联接，

调节水浴温度，使黏度计水夹套流出水温准确控制在 20±0. 01℃。

（2）用麦汁或去除二氧化碳的啤酒清洗黏度计的下落柱体。

（3）用吸管将预先调温至 20℃的被测样品注入柱体管内至边缘，不应存有气泡。

（4）调节黏度计支柱上的水珠水平仪至水平位置上。

（5）根据说明书的要求，根据试液的比重，采用适宜比重的球体，放入被测试液中。

（6）关上柱体的盖子。

（7）当球体落至球体上线（红线）时，用秒表开始计时，直至球体落至柱体下线（红线）时为止，准确记录下落时间。

（8）将黏度计玻璃柱体倒转 180°，再一次像上述方法测球落时间，比较两次的时间，重复测定，求平均值。

4. 计算

黏度（η）= 球体下落时间（s）×（球体相对密度-试液相对密度）×球体系数

为了更好地对比分析结果，须把试液浓度换算至规定的浓度，对麦汁来说，将浓度换算至 8. 6% 或 12%；对啤酒来说，换算至 12%原麦汁。但浓度的变化并不和试液黏度的变化成直线关系，应根据 Zurcher 的换算方法进行换算，计算公式如式（2-16）所示。

$$E_4 = E_1 \times \frac{E_2}{E_3} \qquad \text{式（2-16）}$$

式中　E_1——根据测定的黏度要求换算的试液浓度或原麦汁浓度，%

E_2——根据被测定试液的黏度，查表求得的试液的浓度或原麦汁浓度，%

E_3——实际试液的浓度或原麦汁浓度，%

E_4——换算成与要求换算的试液浓度或原麦汁浓度相对应的试液浓度，由此查附录 2-8 或 2-9，所求出的试液黏度即为换算试液浓度或原麦汁浓度的麦汁黏度

举例：

实测的麦汁浓度：8. 76（E_3）

实测的麦汁黏度：1. 282cP

换算至 12%（E_1）

根据实测黏度查表求得的麦汁浓度 8. 53%（E_2）

$$E_4\text{（\%）} = 12 \times 8.53 / 8.76 = 11.68$$

通过查表浓度 11. 86%的对应黏度为 1. 900cP，由此通过实测浓度 8. 76%和黏度 1. 582cP，可以换算浓度为 12%时的黏度为 1. 900cP。

5. 结果表示方法

以厘泊（cP）表示，取三位小数。

正常范围值

实验室麦汁（换算为8.6%）= 1.51~1.63cP

11%~14%完成麦汁（换算为12%）= 1.73~2.27cP

（二）毛细管黏度计法

1. 原理

由试液通过一定规格的毛细管所需的时间求得试液的黏度。

2. 仪器

（1）毛细管黏度计　毛细管内径0.4cm，黏度计附有黏度计常数。

（2）水银温度计　分度0.1℃。

（3）秒表。

3. 试剂

（1）石油醚（60~90℃）或汽油。

（2）乙醇。

（3）铬酸洗液。

4. 操作步骤

（1）将内径符合要求的黏度计用石油醚或汽油洗净。如果黏度计沾有污垢，就用铬酸洗液、自来水、蒸馏水或乙醇依次洗涤。然后放入烘箱中烘干或用通过棉花过滤的热空气吹干。

（2）在黏度计支管套上橡皮管，并用手指堵住管身的管口，同时倒置黏度计，然后将管身插入装着试样的容器中，这时利用橡皮球、水流泵或其他真空泵将试样吸到标线，同时注意不要使管身扩张部分的液体发生气泡或裂隙。当液面达到标线时，就从容器里提起黏度计，并迅速恢复其正常状态，同时将管身的管端外壁所黏着的多余试样擦去，并从支管取下橡皮管套在管身上。

（3）将装有麦芽汁试样的黏度计浸入事先准备妥当的恒温水中，并用夹子将黏度计固定在支架上，使其扩张部分浸入一半。利用沿垂线从两个相互垂直的方向检查毛细管的垂直情况，将黏度计调整成垂直状态。

（4）将温度计用另一夹子固定，使其水银球位置接近黏度计毛细管中央点的水平面，并使温度计上20℃刻度位于恒温水浴的液面上10mm处。保持水浴温度20±0.1℃，一直到试验完毕。

（5）恒温10min后，利用黏度计管身所套着的橡皮管将麦芽汁试样吸入扩张部分，使液面稍高于上标线，并且注意不要让毛细管或扩张部分中的液体产生气泡或裂隙。

（6）观察试样在管身中的流动情况，当液面正好达到上标线时，开动秒表，当液面正好流到下标线时，停止秒表。

（7）用秒表记录下来的流动时间，应重复测定至少四次，其中各次流动时间与其算术平均值的差数不应超过算术平均值的±0.5%，然后取不少于三次流动时间所得的算术平均值，作为试样的平均流动时间。

5. 计算

在20℃时，麦芽汁的运动黏度 v_{20}（厘泡）按式（2-17）计算。

$$v_{20} = cT_{20} \quad \text{式（2-17）}$$

式中 c——黏度计常数，厘泡/s

T_{20}——试样的平均流动时间，s

示例：

黏度计常数为0.478厘泡/s，麦芽汁试样在20℃的流动时间为318.0、322.4、322.6、321.0s，因此流动时间的算术平均值为：

$$T_{20} = (318.0+322.4+322.6+321.0)/4=321.0\text{s}$$

各次流动时间与平均流动时间的允许差数等于：

$$321.0\times0.5/100=1.6\text{s}$$

因为318.0s与平均流动时间之差，已超过1.6s（0.5%），所以这个读数弃去。计算平均流动时间时，只采用322.4、322.6、321.0s的观测读数

平均流动时间为：

$$T_{20} = (322.4+322.6+321.0)/3=322.0\ (\text{s})$$

试样运动黏度的测定结果为：

$$v_{20} = cT_{20} = 0.478\times322 = 154\ (\text{厘泡})$$

6. 精准度

（1）用上述步骤测定麦芽汁或啤酒的运动黏度时，每一实验应进行两次测定。在两次测定中，每次测定结果与算术平均值的差值不应超过±0.7%。

（2）用符合上述要求的平行测定的算术平均值，作为样品的运动黏度。

三、 啤酒浊度的测定

1. 原理

利用福尔马肼（Formazin）标准浊度溶液校正浊度计，直接测定啤酒样品的浊度，以浊度单位EBC表示。

2. 仪器

（1）浊度计 测量范围0~5EBC，分度值0.01EBC。

（2）分析天平 感量0.1mg。

（3）具塞锥形瓶 100mL。

（4）吸管 25mL。

3. 试剂和溶液

（1）硫酸肼溶液（10g/L） 称取硫酸肼 1g（精确至 0.001g），加水溶解，并定容至 100mL。静置 4h 使其完全溶解。

（2）六次甲基四胺溶液（100g/L） 称取六次甲基四胺 10g（精确至 0.001g），加水溶解，并定容至 100mL。

（3）福尔马肼标准浊度储备液 吸取 25.0mL 六次甲基四胺溶液于一个具塞锥形瓶中，边搅拌边用吸管加入 25.0mL 硫酸肼溶液，摇匀，盖塞，于室温下放置 24h 后使用。此溶液为 1000EBC 单位，在 2 个月内可保持稳定。

（4）福尔马肼标准浊度使用液 分别吸取标准浊度液 0mL、0.2mL、0.5mL、1.0mL 于 4 个 1000mL 容量瓶中，加重蒸水稀释至刻度，摇匀。该标准浊度使用液的浊度分别为 0EBC、0.2EBC、0.5EBC、1.0EBC。该溶液应当天配制与使用。

4. 分析步骤

（1）按照仪器使用的说明书安装与测试。用标准浊度使用液校正浊度计。

（2）取除气但未经过滤，温度在 20±0.1℃ 的试样导入浊度计的标准杯中，将其放入浊度计中测定，直接读数（该法为第一法，应在试样脱气后 5min 内测定完毕）。

或者将整瓶酒放入仪器中，旋转一周，取平均值（该法为第二法，预先在瓶盖上划一个十字，手工旋转 4 个 90°，读数，取四个读数的平均值报告其结果）。

所得结果表示至一位小数。

5. 精密度

在重复性条件下获得的两次独立测定结果的绝对差值不得超过算数平均值的 10%。

四、 白酒固形物的测定

1. 原理

白酒经蒸发、烘干后，不挥发性物质残留于皿中，用称量法测定。

2. 仪器

（1）电热干燥箱 温度控制±2℃。

（2）分析天平 感量 0.1mg。

（3）瓷蒸发皿 100mL。

（4）干燥器 用变色硅胶作干燥剂。

3. 分析步骤

吸取样品 50.0mL，注入已烘干至恒重的 100mL 瓷蒸发皿内，置于沸水浴上，蒸发至干，然后将蒸发皿放入 103±2℃ 电热干燥箱内，烘 2h，取出，置于干燥器内 30min，称量。再放入 103±2℃电热干燥箱内，烘 1h，取出，置于干燥器内 30min，称量。重复上述操作，直至恒重。

4. 结果计算

样品中的固形物含量按式（2-18）计算。

$$X = \frac{m - m_1}{50} \times 1000 \quad 式（2-18）$$

式中 X——样品中固形物的质量浓度，g/L

m——固形物和蒸发皿的质量，g

m_1——蒸发皿的质量，g

50. 0——吸取样品的体积，mL

所得结果表示至两位小数。

5. 精密度

在重复条件下获得的两次独立测定结果的绝对差值，不超过平均值的 2%。

五、 黄酒非糖固形物的测定

1. 原理

试样经 100~105℃加热，其中的水分、乙醇等可挥发性物质被蒸发，剩余的残留物即为总固形物。总固形物减去总糖即为非糖固形物。

2. 仪器

（1）天平　感量 0. 0001g。

（2）电热干燥箱　温度控制±1℃。

（3）干燥器　内装盛有效干燥剂。

3. 分析步骤

吸取试样 5mL（干、半干黄酒直接取样，半甜黄酒稀释 1~2 倍后取样，甜黄酒稀释 2~6 倍后取样）于已知干燥至恒重的蒸发皿（或直径为 50mm、高 30mm 称量瓶）中，放入 103±2℃电热干燥箱中烘干 4h ，取出称量。

4. 计算

试样中总固形物含量按式（2-19）计算。

$$X_1 = (m_1 - m_2) \times \frac{n}{V} \times 1000 \quad 式（2-19）$$

式中 X_1——试样中总固形物的含量，g/L

m_1——蒸发皿（或称量瓶）和试样烘干至恒重的质量，g

m_2——蒸发皿（或称量瓶）烘干至恒重的质量，g

n——试样稀释倍数

V——吸取试样的体积，mL

试样中非糖固形物含量按式（2-20）计算。

$$X = X_1 - X_2 \quad \text{式（2-20）}$$

式中　X——试样中非糖固形物的含量，g/L

X_1——试样中总固形物的含量，g/L

X_2——试样中总糖含量，g/L

所得结果表示至一位小数。

5. 精密度

在重复条件下获得的两次独立测定结果的绝对差值不得超过算数平均值的5%。

六、　废糖蜜中总胶体的测定

废糖蜜中的胶体主要是多缩树胶糖和焦糖分解产物与氨基酸聚合而成的黑蛋白胶。胶体含量过高妨碍酵母菌的增殖，故以废糖蜜为发酵原料时应测定其总胶体含量。

1. 原理

利用乙醇能够除去使亲水胶体稳定的水膜，而使胶体凝聚。一般废糖蜜略呈碱性，加入乙醇之前应先将样品调至酸性，一方面避免在碱性溶液中蔗糖盐与胶体一同沉出，另一方面把溶液调节至胶体的等电点（pH为4~4.5），使胶体更易沉淀出来。

测定前必须先将样品稀释后过滤除去不溶性悬浮物，以免与胶体一同沉出，使结果偏高。

沉淀出来的胶体表面吸附有糖分，须用乙醇充分洗涤，直至洗液对α-萘酚不起反应为止。

2. 试剂

（1）95%精馏乙醇。

（2）90%乙醇。

（3）浓硫酸。

（4）0.1mol/L盐酸溶液。

（5）α-萘酚溶液（莫氏试剂）：称取5g α-萘酚，溶于100mL 95%乙醇中，于棕色瓶中暗处保存。

3. 测定步骤

精确称取10g试样，用水稀释定容至200mL，过滤。吸取5mL滤液于三角瓶中，用0.1mol/L盐酸溶液调节pH为4.5。加95%精馏乙醇45mL，于沸水浴上加热15min。用已称重的干燥滤纸过滤，沉淀用90%乙醇充分洗涤至滤液与α-萘酚不起反应为止（试验方法见“讨论”），沉淀物连同滤纸在100℃烘箱中烘干，直至恒重。

4. 计算

计算公式如式（2-21）。

$$\text{总胶体}(\%) = (W_2 - W_1) \times \frac{200}{5} \times \frac{1}{W} \times 100\% \qquad \text{式（2-21）}$$

式中 W——试样重量，g

W_1——滤纸重量，g

W_2——胶体与滤纸重量，g

5. 讨论

糖的测定检验——莫氏（Molish）反应：α-萘酚是鉴别糖类的试剂，戊糖、己糖、聚戊糖及聚己糖等，在浓盐酸存在下脱水生成糖醛或其衍生物，再与α-萘酚反应生成紫色化合物，可用以鉴别糖类存在。

实验方法：取滤液约3mL于试管中，加3滴α-萘酚溶液，摇匀后将试管倾斜，沿管壁缓缓加入1~2mL浓硫酸，两液面接触生成紫色环证明有糖类存在。

第三章

化学分析

第一节 糖类的测定

一、 还原糖的测定

还原糖是指具有还原性的糖类。在糖类中，分子中含有游离醛基或酮基的单糖和含有游离醛基的双糖都具有还原性。葡萄糖分子中含有游离醛基，果糖分子中含有游离酮基，乳糖和麦芽糖分子中含有游离的半缩醛羟基，因而都具有还原性，可以用各种氧化剂进行滴定。还原糖测定的方法有很多，其中最常用的方法有直接滴定法、高锰酸钾法、萨氏法、碘量法等。

（一）直接滴定法

用此法测定还原糖，是目前普遍采用的方法之一。其特点是试剂用量少，操作和计算都比较简单、快速，滴定终点明显。

1. 原理

甲液含硫酸铜和亚甲基蓝（氧化还原指示剂）；乙液含氢氧化钠、酒石酸钾钠和亚铁氰化钾。将一定量的甲液和乙液等体积混合时，硫酸铜与氢氧化钠反应，生成氢氧化铜沉淀，在碱性溶液中，所生成的氢氧化铜沉淀与酒石酸钾钠反应，生成可溶性配合物酒石酸钾钠铜，反应生成的氧化亚铜沉淀与斐林试剂中的亚铁氰化钾（黄血盐）反应生成可溶性复盐，便于观察滴定终点。

滴定时以亚甲基蓝为氧化-还原指示剂。因为亚甲基蓝氧化能力比二价铜弱，待二价铜离子全部被还原后，稍过量的还原糖可使蓝色的氧化型亚甲基蓝还原为无色的还原型的亚甲基蓝，即为滴定终点。根据样液量可计算出还原糖的含量。

2. 仪器与设备

（1）电炉。

（2）碱式滴定管。

（3）移液管。

（4）容量瓶。

（5）锥形瓶。

3. 试剂

除特殊说明外，实验用水为蒸馏水，试剂为分析纯。

（1）斐林甲液　称取 15g 硫酸铜（$CuSO_4 \cdot 5H_2O$）、0.05g 亚甲基蓝，用水溶解并

稀释至1000mL。

（2）斐林乙液　称取50g酒石酸钾钠与75g氢氧化钠，溶于水中，再加入4g亚铁氰化钾，完全溶解后，用水稀释至1000mL。贮存于橡胶塞玻璃瓶内。

（3）乙酸锌溶液　称取21.9g乙酸锌，加3mL冰乙酸，加水溶解并稀释至100mL。

（4）亚铁氰化钾溶液（106g/L）　称取10.6g亚铁氰化钾，用水溶解并稀释至100mL。

（5）氢氧化钠溶液（40g/L）　称取氢氧化钠4g，加水溶解后，放冷，并定容至100mL。

（6）葡萄糖标准溶液（1.0mg/mL）　准确称取在98~100℃烘箱中干燥2h后的葡萄糖1g，加水溶解后加入盐酸溶液5mL，并用水定容至1000mL。此溶液每毫升相当1.0mg葡萄糖（注：加盐酸的目的是防腐）。

4. 分析步骤

（1）试样制备

①酒类样品：称取混匀后的试样100g（精确至0.01g），置于蒸发皿中，用氢氧化钠溶液中和至中性，在水浴上蒸发至原体积的1/4后，移入250mL容量瓶中，缓慢加入乙酸锌溶液5mL和亚铁氰化钾溶液5mL，加水至刻度，混匀，静置30min，用干燥滤纸过滤，弃去初滤液，取后续滤液备用。

②含淀粉样品：称取粉碎或混匀后的试样10~20g（精确至0.001g），置250mL容量瓶中，加水200mL，在45℃水浴中加热1h，并时时振摇，冷却后加水至刻度，混匀，静置，沉淀。吸取200.0mL上清液置于另一250mL容量瓶中，缓慢加入乙酸锌溶液5mL和亚铁氰化钾溶液5mL，加水至刻度，混匀，静置30min，用干燥滤纸过滤，弃去初滤液，取后续滤液备用。

③其他样品：称取粉碎后的固体试样2.5~5g（精确至0.001g）或混匀后的液体试样5~25g（精确至0.001g），置于250mL容量瓶中，加50mL水，缓慢加入乙酸锌溶液5mL和亚铁氰化钾溶液5mL，加水至刻度，混匀，静置30min，用干燥滤纸过滤，弃去初滤液，取后续滤液备用。

（2）斐林溶液的标定　吸取斐林甲液5.0mL和斐林乙液5.0mL，置于150mL锥形瓶中（注意：甲液与乙液混合可生成氧化亚铜沉淀，应将甲液加入乙液，使开始生成的氧化亚铜沉淀重溶），加水10mL，加入玻璃珠2~4粒，从滴定管中加葡萄糖标准溶液约9mL，控制在2min中内加热至沸，趁沸以1滴/2s的速度继续滴加葡萄糖标准溶液，直至蓝色刚好褪去并出现淡黄色为终点，记录消耗葡萄糖标准溶液的总体积，平行操作三份，取其平均值，按式3-1所示计算每10mL斐林试剂相当于葡萄糖的质量（mg）（注意：还原的亚甲基蓝易被空气中的氧氧化，恢复成原来的蓝色，所以滴定过程中必须保持溶液呈沸腾状态，并且避免滴定时间过长）。计算如式（3-1）所示。

$$F = cV \quad \text{式 (3-1)}$$

式中 F——10mL 斐林溶液相当于葡萄糖的质量，mg

c——葡萄糖标准溶液的浓度，mg/mL

V——标定时消耗葡萄糖标准溶液的总体积，mL

（3）样品溶液预测 吸取斐林甲液 5.0mL 和斐林乙液 5.0mL，置于 150mL 锥形瓶中，加水 10mL，加入玻璃珠 2~4 粒，控制在 2min 内加热至沸，保持沸腾以先快后慢的速度，从滴定管中滴加试样溶液，并保持沸腾状态，待溶液颜色变浅时，以 1 滴/2s 的速度滴定，直至溶液蓝色刚好褪去为终点，如果样品颜色较深，滴定终点则为蓝色褪去出现明亮颜色（如亮红），记录样品溶液消耗的总体积（如果滴定液的颜色变浅后复又变深，说明滴定过量，需要重新滴定）。

（4）样品溶液测定 吸取斐林甲液 5.0mL 和斐林乙液 5.0mL，置于 150mL 锥形瓶中，加水 10mL，加入玻璃珠 2~4 粒，控制在 2min 内加热至沸，快速从滴定管中滴加比预测体积少 1mL 的样品溶液，然后继续以 1 滴/2s 的速度滴定至终点。记录消耗样品溶液的总体积，同法平行操作两至三份，得出平均消耗体积。

5. 结果计算

还原糖含量（以葡萄糖计,%）计算如式（3-2）所示。

$$\omega = \frac{F}{m \times \frac{V}{250} \times 1000} \times 100\% \quad \text{式 (3-2)}$$

式中 m——样品的质量，g

F——10mL 斐林溶液相当于葡萄糖的质量，mg

V——测定时平均消耗样品溶液的体积，mL

250——样品溶液的总体积，mL

6. 注意事项

（1）本方法测定的是一类具有还原性质的糖，包括葡萄糖、果糖、乳糖、麦芽糖等，只是结果用葡萄糖或其他转化糖的方式表示，所以不能误解为还原糖等于葡萄糖或其他糖。但如果已知样品中只含有某一种糖，如乳制品中的乳糖，则可以认为还原糖等于某糖。

（2）分别用葡萄糖、果糖、乳糖、麦芽糖标准品配制标准溶液分别滴定等量已标定的斐林液，所消耗标准液的体积有所不同。这证明即便同是还原糖，在物化性质上仍有差别，所以还原糖的结果只是反映样品整体情况，并不完全等于各还原糖含量之和。如果已知样品只含有某种还原糖，则应以该还原糖作标准品，结果为该还原糖的含量。如果样品中还原糖的成分未知，或为多种还原糖混合物，则以某种还原糖作标准品，结果以该还原糖计，但不代表该糖的真实含量。

（3）斐林甲液和乙液要分别贮存，用时混合。否则，酒石酸钾钠铜配合物长时间在碱性条件下会分解析出氧化亚铜沉淀，使试剂有效浓度降低。

（4）预备滴定和正式滴定的反应条件应一致。还原糖的浓度和体积、热源强度、煮沸时间和滴定速度应严格控制，保持一致，否则对测定结果影响很大。

（5）滴定必须在沸腾的条件下进行，不能随意摇动锥形瓶，更不能把锥形瓶从热源上取下来滴定，以免空气进入反应液中，使亚甲基蓝和氧化亚铜被氧化而增加耗糖量。

（6）发酵醪中还原糖含量的测定与直接滴定法基本相似，不同点是斐林试剂甲液中硫酸铜的量较少，适用于含糖量较少的试样。另外，斐林乙液中加入亚铁氰化钾，使红色氧化亚铜沉淀生成浅黄色的可溶性复盐，反应终点更为明显。斐林试剂的配制及测定方法参见第六章第一节二糖化酶活力的测定。

（二）高锰酸钾滴定法

本法适用于样品中还原糖的测定以及通过酸水解或酶水解转化成还原糖的非还原性糖类物质的测定。这种方法准确性高，重现性好，但操作复杂、费时，且需要查阅有关高锰酸钾法糖类检索表。

1. 原理

样品经除去蛋白质后，其中还原糖在碱性环境下将铜盐还原为氧化亚铜，加硫酸铁后，氧化亚铜被氧化为铜盐，以高锰酸钾溶液滴定氧化作用后生成的亚铁盐，根据高锰酸钾消耗量计算氧化亚铜含量，再查表得还原糖的量。

2. 仪器与设备

（1）滴定管。

（2）25mL 古氏坩埚或 G4 垂融坩埚。

（3）真空泵。

（4）水浴锅。

3. 试剂

除特殊说明外，实验用水为蒸馏水，试剂为分析纯。

（1）甲基红指示剂　称取 10mg 甲基红，用 100mL 乙醇溶解。

（2）斐林甲液　称取 34.639g 硫酸铜（$CuSO_4 \cdot 5H_2O$），加适量水溶解，加 0.5mL 硫酸，再加水稀释至 500mL，用精制石棉过滤。

（3）斐林乙液　称取 173g 酒石酸钾钠与 50g 氢氧化钠，加适量的水溶解，并稀释至 500mL，用精制石棉过滤，贮存于橡胶塞玻璃瓶中。

（4）精制石棉　取石棉先用 3mol/L 盐酸浸泡 2～3d，用水洗净，再加 2.5mol/L 氢氧化钠溶液浸泡 2～3d，倾去溶液，再用斐林乙液浸泡数小时，用水洗净。再以 3mol/L 盐酸浸泡数小时，以水洗至不呈酸性。然后加水振摇，使成微细的浆状，用水浸泡并贮存于玻璃瓶中，即可用于填充古氏坩埚。

（5）0.1000mol/L 高锰酸钾标准溶液。

（6）硫酸铁溶液　称取 50g 硫酸铁，加入 200mL 水溶解后，慢慢加入 100mL 硫酸，冷却后加水稀释至 1L。

（7）氢氧化钠溶液（40g/L）　称取氢氧化钠 4g，加水溶解后，放冷，并定容至 100mL。

4. 分析步骤

（1）试样的制备

①含淀粉样品：称取粉碎或混匀后的试样 10~20g（精确至 0.001g），置 250mL 容量瓶中，加水 200mL，在 45℃水浴中加热 1h，并时时振摇，冷却后加水至刻度，混匀，静置，沉淀。吸取 200.0mL 上清液置于另一 250mL 容量瓶中，加斐林甲液 10mL 及氢氧化钠溶液 4mL，加水至刻度，混匀。静置 30min，用干燥滤纸过滤，弃去初滤液，取后续滤液备用。

②酒类样品：称取 100g（精确至 0.01g）混匀后的试样，置于蒸发皿中，用氢氧化钠溶液中和至中性，在水浴上蒸发至原体积的 1/4 后，移入 250mL 容量瓶中。加水 50mL，混匀。加斐林甲液 10mL 及氢氧化钠溶液 4mL，加水至刻度，混匀。静置 30min，用干燥滤纸过滤，弃去初滤液，取后续滤液备用。

③其他样品：称取粉碎后的固体试样 2.5~5.g（精确至 0.001g）或混匀后的液体试样 25~50g（精确至 0.001g），置 250mL 容量瓶中，加水 50mL，摇匀后加碱性酒石酸铜甲液 10mL 及氢氧化钠溶液 4mL，加水至刻度，混匀。静置 30min，用干燥滤纸过滤，弃去初滤液，取后续滤液备用。

（2）样品的测定　吸取处理后的试样溶液 50.0mL，于 500mL 烧杯内，加入斐林甲液、乙液各 25mL，烧杯上盖一表面皿，加热，控制在 4min 内沸腾，再精确煮沸 2min，趁热用铺好精制石棉的古氏坩埚（或 G4 垂融坩埚）抽滤，并用 60℃热水洗涤烧杯及沉淀，至洗液不呈碱性为止（注：还原糖与斐林试剂反应一定要在沸腾的状态下进行，沸腾时间需严格控制。煮沸的溶液应保持蓝色，如果蓝色消失，说明还原糖的含量过高，应将样品溶液稀释后重做）。将古氏坩埚（或 G4 垂融坩埚）放回原 500mL 烧杯中，加硫酸铁溶液 25mL、水 25mL，用玻棒搅拌使氧化亚铜完全溶解，以 0.1000mol/L 高锰酸钾标准溶液滴定至微红色为终点，记录消耗 0.1000mol/L 高锰酸钾标准溶液的体积 V。

同时吸取水 50mL，加入与测定试样时相同量的斐林甲液、乙液、硫酸铁溶液及水，按同一方法做试剂空白试验，记录空白消耗高锰酸钾标准溶液的体积 V_0。

5. 结果计算

（1）氧化亚铜　根据消耗高锰酸钾标准溶液的量，计算与样品中还原糖质量相当的氧化亚铜的量 X，如式（3-3）所示。

$$X = 71.54 \times (V - V_0) c \qquad \text{式（3-3）}$$

式中　X——与样品中还原糖质量相当的氧化亚铜的质量，mg

V——测定用样品液消耗高锰酸钾标准液的体积，mL

V_0——试剂空白消耗高锰酸钾标准液的体积，mL

c——高锰酸钾标准溶液（1/5$KMnO_4$）的浓度，mol/L

71.54——与 1mL 1mol/L 高锰酸钾溶液相当的氧化亚铜的质量，mg

（2）还原糖含量　由所得氧化亚铜的量查附表 3-1 得到相对应的还原糖量，再按照下式计算试样中还原糖的含量，如式（3-4）所示。

$$\text{还原糖含量}(g/100mL) = \frac{W}{1000 \times V \times \frac{V_2}{V_1}} \times 100 \qquad \text{式（3-4）}$$

式中　W——查表得到的与氧化亚铜质量相当的还原糖的含量，mg

V——所取试样的体积，mL

V_2——测定用样品处理液的体积，mL

V_1——样品处理后的总体积，mL

6. 注意事项

（1）加入斐林甲液、乙液后，应控制在 4min 内煮沸，沸腾 2min 也要准确，否则会引起较大的误差。可先取 50mL 水按样品测定方法操作，调节好活力后再处理样品。

（2）煮沸后的溶液显红色不显蓝色，则表示糖量高，可减少取样体积。

（3）在洗涤 Cu_2O 的整个过程中应使沉淀上层保持一层水层，以隔绝空气，避免 Cu_2O 被空气中的氧所氧化。

（4）此法适用于各类食品中还原糖的测定，有色样液不受限制，准确度高，重现性好。准确性和重现性都优于直接滴定法，但操作复杂、费时，需使用特制的高锰酸钾法糖类检索表。

二、 总糖的测定

（一）黄酒

样品中的总糖通常是指具有还原性的糖（葡萄糖、果糖、乳糖、麦芽糖等）和在测定条件下能水解为还原性单糖的蔗糖的总量。根据总糖（以葡萄糖计）含量可将黄酒分为干黄酒、半干黄酒、半甜黄酒、甜黄酒。

GB/T 13662—2008《黄酒》规定了黄酒总糖的测定有两种方法：廉-爱农法和亚铁氰化钾法。总糖含量大于 40g/L 时采用廉-爱农法，总糖含量小于 40g/L 时采用亚铁氰化钾法。

根据工作中的经验，亚铁氰化钾法终点呈现亮黄色，而廉-爱农法的终点呈现暗红色或紫红色，不易观察判断终点，导致结果不准。在含糖量较高时，可以少吸取试样或增大稀释水解液的倍数而采用亚铁氰化钾法，以便准确判断终点，确保检验结果的准确度，故黄酒的总糖及其他食品的总糖测定均可采用亚铁氰化钾法。根据亚铁氰化钾法测定黄酒总糖过程中反应液碱度、煮沸时间和滴定速度等对测定结果的影响，按预滴定样品溶液消耗量的体积，调整水解前样品溶液的吸取量和确定测定样品时吸取水解液的体积，以便有效保证滴定样品时溶液消耗量与标定时标准葡萄糖消耗量一致，从而大大提高了检验的准确性和可操作性。

1. 廉-爱农法

适用于甜酒和半甜酒。

（1）原理　斐林溶液与还原糖共沸，生成氧化亚铜沉淀。以亚甲基蓝为指示剂，用试样水解液滴定沸腾状态下的斐林溶液。达到终点时，稍过量的还原糖将亚甲基蓝还原成无色为终点，依照试样水解液的消耗体积，计算总糖含量。

（2）仪器设备

①电炉。

②分析天平。

（3）试剂

①斐林甲液：称取 69. 28g 硫酸铜（$CuSO_4 \cdot 5H_2O$），加水溶解并稀释至 1000mL。

②斐林乙液：称取 346g 酒石酸钾钠及 100g NaOH，加水溶解并稀释至 1000mL。

③2. 5g/L 葡萄糖标准溶液：称取 2. 5000g 经 103～105℃烘干至恒重的无水葡萄糖（准确至 0. 0001g），加水溶解，并加 5mL 浓盐酸，再用水定容至 1000mL。

④10g/L 亚甲基蓝指示剂：称取 1. 0g 亚甲基蓝，加水溶解并稀释至 100mL。

⑤HCl 溶液（1+1）：量取 50mL 浓盐酸，加水稀释至 100mL。

⑥1g/L 甲基红指示剂：称取 0. 10g 甲基红，溶于乙醇并稀释至 100mL。

⑦200g/L NaOH 溶液：称取 20gNaOH，溶于水稀释至 100mL。

（4）分析步骤

①标定斐林溶液的预滴定　吸取斐林甲液和乙液 5mL 于 250mL 三角瓶，加 30mL 水，混合后电炉上加热至沸腾。滴入葡萄糖标准溶液，保持沸腾，待试液蓝色即将消失时，加入两滴亚甲基蓝指示剂，继续用葡萄糖标准溶液滴定至蓝色消失为终点。记录消耗葡萄糖标准溶液的体积。

②斐林溶液的标定　吸取斐林甲液和乙液 5mL 于 250mL 锥形瓶内，加 30mL 水。混匀后加入比预定体积少 1mL 的葡萄糖标准溶液，置于电炉上加热至沸腾，保持沸腾两分钟，加入两滴亚甲基蓝指示剂，继续用葡萄糖标准溶液标定至蓝色刚好消失为止，记录消耗葡萄糖标准溶液的总体积。全部操作须在 3min 内完成。

斐林溶液的浓度计算，如式（3-5）所示。

$$F = \frac{m}{1000} \times V_1$$ 式（3-5）

式中 F——与斐林甲液和乙液各5mL相当的葡萄糖的质量，g

M——称取葡萄糖的质量，g

V_1——正式标定时，消耗葡萄糖标准溶液的总体积，mL

③试样的测定：吸取2~10mL试样（控制水解液总糖含量为1~2g/L）于500mL容量瓶中，加50mL水和5mL HCl溶液（1+1），在68~70℃水浴中加热15min。冷却后，加入2滴甲基红指示剂，用200g/L NaOH溶液中和至红色消失（近似于中性）。加水定容至刻度，摇匀，用滤纸过滤后备用。

测定时，以水解液代替葡萄糖标准溶液，同上操作。同一操作两次滴定之差不得超过0.1mL。

（5）计算 计算公式如式（3-6）所示。

$$总糖的含量(g/L) = 500F \times \frac{1}{V_2} \times \frac{1}{V_3} \times 1000$$ 式（3-6）

式中 F——与斐林甲液和乙液各5mL相当的葡萄糖的质量，g

V_2——滴定时消耗试样稀释液的体积，mL

V_3——吸取试样的体积，mL

2. 亚铁氰化钾滴定法

亚铁氰化钾滴定法，适用于干黄酒和半干黄酒。

（1）原理 斐林溶液与还原糖共沸，在碱性溶液中将铜离子还原成亚铜离子，并与溶液中的亚铁氰化钾络合呈黄色。以亚甲基蓝为指示剂，到达终点时，稍过量的还原糖将亚甲基蓝还原为无色为终点。依据试样水解液的消耗体积，计算总糖含量。

（2）试剂

①斐林甲液：称取15.0g的硫酸铜（$CuSO_4 \cdot 5H_2O$）及0.05g亚甲基蓝，加水溶解稀释1000mL。

②斐林乙液：称取50g酒石酸钾钠，54g氢氧化钠，4g亚铁氰化钾。加水溶解并稀释至1000mL。

③1g/L葡萄糖标准溶液：称取1.0000g经103~105℃烘干至恒重的无水葡萄糖加水溶解，并加5mL浓盐酸，用水定容至1000mL。

（3）分析步骤

①空白试验：吸取5mL斐林甲液、5mL斐林乙液于100mL锥形瓶，加入9mL葡萄糖标准溶液，混匀后置于电炉上加热，在两分钟内沸腾，然后以1滴/4~5s的速度继续滴入葡萄糖标准溶液，直至蓝色消失立即呈现黄色为终点，记录消耗葡萄糖标准溶液的总量。

②试样的测定

a. 试样水解：吸取2~10mL试样（控制水解液含糖量在1~2g/L）于100mL容量瓶内，加入30mL水和5mL HCl溶液（1+1），在68~70℃水浴中加热水解15min。冷却后，加入2滴1g/L甲基红酒精液，用200g/L的NaOH溶液中和至红色消失（近似于中性）加水定容至100mL，摇匀，用滤纸过滤后，作为试样水解液备用。

b. 预滴定：吸取5mL斐林甲液、5mL斐林乙液和试样水解液各5mL于100mL三角瓶中，摇匀后置于电炉上加热至沸腾，用葡萄糖标准溶液滴定至终点，记录消耗葡萄糖标准溶液的体积。

c. 滴定：准确吸取斐林甲液、乙液和试样水解液各5mL于100mL三角瓶中，加入比预定量少1mL的葡萄糖标准溶液，摇匀后置于电炉上加热至沸腾，继续用葡萄糖标准溶液滴定至终点。记录消耗葡萄糖标准溶液的体积。同一试样两次滴定结果之差，不得超过0.1mL。

（4）计算　计算公式如式（3-7）所示。

$$总糖含量(g/L) = (V_0 - V) \times c \times n \times \frac{1}{5} \times 1000 \qquad 式（3-7）$$

式中　V_0——空白实验时，消耗葡萄糖标准溶液的体积，mL

V——试样测定时，消耗葡萄糖标准溶液的体积，mL

c——葡萄糖标准溶液的浓度，g/mL

5——吸取试样水解液的体积，mL

n——试样的稀释倍数

（5）讨论

①还原糖与斐林试剂的反应复杂，还原糖的氧化产物和反应程序取决于试剂的浓度、碱浓度、加热温度、加热时间等，因此，测定时必须严格按照操作规程进行，并力求平行测定一致，在采用亚铁氰化钾滴定法时，须采用100mL或150mL同种锥形瓶以保证受热面积一致。同时加2粒玻璃珠保证反应的均匀性，加热温度应控制在2min内至沸，可使用调压电炉，先调好火力，同时注意总沸腾时间为3min。

②碱性酒石酸铜甲液和乙液混合后应及时使用，否则，酒石酸钾钠铜络合物长期在碱性条件下慢慢地分解析出氧化亚铜沉淀，使试剂有效浓度降低，测定结果偏高。

③滴定过程中，当亚甲基蓝被还原糖还原至无色时，表示达到终点，但当无色的亚甲基蓝隐色体与空气接触后又会恢复原来的颜色，因此，整个滴定过程必须在沸腾的溶液中进行，液面覆盖着水蒸气以避免亚甲基蓝与空气接触。

④单糖在碱性条件下不稳定，易发生异构物和分解反应，因此调整样品提取液的酸度时，若加入碱溶液过量，应立即用盐酸回调至微酸性。

（二）葡萄酒

葡萄酒中的主要糖类是葡萄糖和果糖，成熟葡萄的果糖含量较高，葡萄中只有极少的蔗糖。生产过程中添加的蔗糖在酸和酵母转化酶的作用下水解成葡萄糖和果糖后被酵母利用，称为可发酵性糖，不能被酵母利用的称为非发酵性糖或残糖。根据还原斐林试剂的能力，又可分为还原糖和非还原糖。在葡萄酒中残糖主要由戊糖（如阿拉伯糖、鼠李糖、木糖及少量的未发酵的葡萄糖和果糖，含量为 0.1~0.2g/L）组成。

1. 原理

利用斐林溶液与还原糖共沸，生成氧化亚铜沉淀的反应，以次甲基蓝为指示液，以样品或经水解后的样品滴定煮沸的斐林溶液，达到终点时，稍微过量的还原糖将蓝色的次甲基蓝还原为无色，以示终点。根据样品消耗量求得总糖的含量。

2. 仪器与设备

（1）电炉。

（2）碱式滴定管。

（3）移液管。

（4）容量瓶。

（5）锥形瓶。

3. 试剂

除特殊说明外，实验用水为蒸馏水，试剂为分析纯。

（1）斐林甲液　称取硫酸铜（$CuSO_4 \cdot 5H_2O$）69.27g，用水溶解并稀释至 1000mL。

（2）斐林乙液　称取酒石酸钾钠 346g，氢氧化钠 100g，溶于水中并稀释至 1000mL。贮存于橡胶塞玻璃瓶内。

斐林试剂的标定：

①预备试验：吸取斐林甲液、乙液各 5mL 于 250mL 三角瓶中，加 50mL 水，摇匀，在电炉上加热至沸，在沸腾状态下用制备好的标准葡萄糖溶液滴定，当溶液的蓝色将要消失呈红色时，加 2 滴亚甲基蓝指示剂，继续滴定至蓝色消失，记录消耗的葡萄糖标准溶液的体积。

②正式试验：吸取斐林甲液、乙液各 5mL 于 250mL 三角瓶中，加 50mL 水和比预备试验量少 1mL 的葡萄糖标准溶液，加热至沸，并保持微沸 2min，加 2 滴亚甲基蓝指示剂，在沸腾状态下于 1min 内用葡萄糖标准溶液滴至蓝色消失，记录消耗的葡萄糖标准溶液的体积。

③计算：计算公式如式（3-8）所示。

$$F = \frac{m}{1000} \times V \qquad \text{式（3-8）}$$

式中　F——与斐林甲、乙液各 5mL 相当的葡萄糖的克数，g

m——称取葡萄糖的质量，g

V——消耗葡萄糖标准溶液的总体积，mL

（3）（1+1）HCl 溶液　取 50mL 浓盐酸，加水稀释至 100mL。

（4）200g/L NaOH 溶液。

（5）2. 5g/L 葡萄糖标准溶液　准确称取 2. 5000g 已在 105～110℃烘箱内烘干 3h、并将干燥器中冷却的无水葡萄糖，用水溶解，加约 5mL 浓盐酸（防腐），并用水定容至 1000mL。

（6）10g/L 亚甲基蓝指示剂　称取 1. 0g 亚甲基蓝，用水溶解并稀释至 100mL。

4. 分析步骤

（1）试样的制备　吸取一定量的样品（V_1）于 100mL 容量瓶中（使之所含总糖量为 0. 2～0. 4g），加 5mL（1+1）HCl 溶液，加水至 20mL，摇匀。于 68±1℃水浴上水解 15min，取出，冷却。用 200g/L NaOH 溶液中和至 pH 为 6～7，调温至 20℃，加水定容至刻度。

（2）样品的测定　以测总糖试样分别代替葡萄糖标准溶液，按标定斐林甲乙液的方法同样操作，记录消耗试样的体积（V_3）。

测定干型葡萄酒可直接以酒样代替葡萄糖，按标定斐林甲乙液的方法同样操作，结果按式 3-9 所示计算。

5. 结果计算

计算公式如式（3-9）所示。

$$X_1 = F \times \frac{1}{V_3} \times V_2 \times \frac{1}{V_1} \times 1000 \qquad \text{式（3-9）}$$

式中　X_1——总糖的含量（以葡萄糖计），g/L

F——斐林甲乙液各 5mL 相当于葡萄糖的质量，g

V_1——吸取样品的体积，mL

V_2——样品稀释后或水解后定容的体积，mL

V_3——消耗试样的体积，mL

（三）糖化醪

1. 原理

糖化醪中非还原性糖经盐酸溶液在加热的条件下，水解为葡萄糖。将一定量的斐林试剂甲液、乙液等体积混合，硫酸铜与 NaOH 作用，生成天蓝色的氢氧化铜沉淀，立即与酒石酸钾钠起反应，生成可溶性酒石酸钾钠络合物。在加热沸腾的条件下，以亚甲基蓝作为指示剂，样液中的还原糖与酒石酸钾钠反应，生成红色的氧化亚铜沉淀，达到终点时稍过量的还原糖把亚甲基蓝还原，溶液由蓝色变为无色，即为滴定终点。根据样液消耗量可计算出总糖含量。

2. 仪器与设备

（1）电炉。

（2）碱式滴定管。

（3）移液管。

（4）容量瓶。

（5）锥形瓶。

3. 试剂

（1）2%（质量分数）HCl 溶液　吸取 4.5mL 浓盐酸（相对密度为 1.19），缓慢倒入适量水中，并用水稀释至 100mL。

（2）200g/L NaOH 溶液。

（3）10g/L 亚甲基蓝指示剂。

（4）2.5g/L 葡萄糖标准溶液　准确称取 2.5000g 已在 105～110℃烘箱内烘干 3h、并在干燥器中冷却的无水葡萄糖，用水溶解，加约 5mL 浓盐酸（防腐），用水定容至 1000mL。

（5）斐林试剂

斐林甲液：称取 34.639g 硫酸铜（$CuSO_4 \cdot 5H_2O$），用适量水溶解，并用水稀释至 500mL。

斐林乙液：称取 173g 酒石酸钾钠，50g NaOH，加适量的水溶解，并稀释至 500mL，贮存于橡皮塞玻璃瓶中。

斐林试剂的标定：

①预备实验：吸取斐林试剂甲液、乙液各 5mL 于 250mL 三角瓶中，加 20mL 水，摇匀，在电炉上加热沸腾，加 2 滴亚甲基蓝指示剂，在沸腾状态下用制备好的葡萄糖标准溶液滴定至溶液蓝色消失，记录消耗的葡萄糖标准溶液的体积。

②正式试验：吸取斐林试剂甲液、乙液各 5mL 于 250mL 三角瓶中，加 20mL 水和比预备实验少 1mL 的葡萄糖标准溶液，加热至沸，并保持微沸 2min，加 2 滴亚甲基蓝指示剂，在沸腾状态下于 1min 内用葡萄糖标准溶液滴定至溶液蓝色刚好消失，即为终点。记录消耗的葡萄糖标准溶液的总体积，并做平行实验。两次滴定结果之差在 0.1mL 以内。

计算公式如式（3-10）所示。

$$F = \frac{m}{1000} \times V_0 \qquad 式（3-10）$$

式中　F——斐林试剂甲液、乙液各 5mL 相当于葡萄糖的质量，g

m——称取葡萄糖的质量，g

V_0——正式试验时消耗的葡萄糖标准溶液的总体积，mL

4. 测定步骤

称取糖化醪试样10.0g于250mL三角瓶中，加水70mL和20%（质量分数）HCl溶液20mL，将三角瓶瓶口塞上具有1m长玻璃管置沸水浴中转化60min，取出冷却，用200g/L NaOH溶液中和至微酸性，定容至250mL，用脱脂棉过滤。取滤液5mL，用直接滴定法测定还原糖。

5. 计算

同直接滴定法测定还原糖的计算。

6. 讨论

水解过程中酸的浓度和水解时间的关系极大。有报道加水45mL和20%（质量分数）HCl 20mL，水解35min即可；也有报道加水30mL和6mol/L HCl溶液10min，水解30min即可。读者可以通过实验来确定最低水解时间。

（四）发酵成熟醪

1. 原理

同糖化醪中总糖的测定。

2. 试剂

同糖化醪中总糖的测定。

3. 测定步骤

吸取发酵醪50mL，用45mL水洗入250mL三角瓶中，加入20%（质量分数）HCl溶液10mL，瓶口装上约1m长的玻璃管，在沸水浴中转化60min取出冷却，以200g/L NaOH溶液中和至微酸性（用pH试纸检查），用脱脂棉过滤于250mL容量瓶中，用水多次洗涤残渣，然后定容至刻度，摇匀备用。

吸取滤液10mL加入盛有斐林甲液、乙液各5mL和水20mL的三角瓶内，以2.5g/L的葡萄糖标准溶液滴定。同时以2.5g/L葡萄糖标准溶液滴定10mL水代替滤液做空白试验。具体方法参照还原糖的测定。

4. 计算

计算公式如式（3-11）所示。

$$\text{总糖含量(以葡萄糖计，g/100mL)} = (A - B) \times 0.0025 \times \frac{1}{50} \times \frac{250}{10} \times 100 \quad \text{式（3-11）}$$

式中 A——空白试验消耗葡萄糖标准溶液的体积，mL

B——加入10mL样品水解液后消耗葡萄糖标准溶液的体积，mL

10——吸取滤液的体积，mL

0.0025——葡萄糖标准溶液的浓度，g/mL
250——滤液总体积，mL
50——吸取发酵醪体积，mL

三、 粗淀粉的测定

淀粉是一种多糖，它广泛存在于植物的根、茎、叶、种子等组织当中。淀粉是由葡萄糖单位构成的聚合体，按聚合形式不同，可分为两种不同的淀粉分子即直链淀粉和支链淀粉。直链淀粉是由糖残基以 α-1，4 糖苷键结合构成的，分子呈直链状。支链淀粉是葡萄糖残基以 α-1，4 糖苷键结合构成直链主干，而支链通过第六碳原子以 β-1，6 糖苷键与主链相连，形成“树枝”状支叉结构。由于两种淀粉分子的结构不同，性质上也有一定差异。不同来源的淀粉，其直链淀粉和支链淀粉的比例是不同的，因而也有不同的性质和用途。

淀粉的主要性质如下。

（1）水溶性 直链淀粉不溶于冷水，可溶于热水；支链淀粉通常不溶于水，只有在加热并加压时才能溶解于水。

（2）醇溶性 不溶于浓度在 30%以上的乙醇溶液。

（3）水解性 在酸或酶的作用下可水解，最终产物是葡萄糖。

（4）旋光性 淀粉水溶液具有右旋性。

粮谷类发酵原料都含有淀粉，淀粉含量是发酵原料的重要指标，是生产管理中经常进行的分析项目。

淀粉的测定方法有很多种，都是根据淀粉的理化性质建立的。常用的方法有：根据淀粉在酸或酶的作用下水解为葡萄糖，通过测定还原糖进行定量的酸水解法和酶水解法；根据淀粉具有旋光性建立的旋光法；根据淀粉不溶于酒精的性质而建立的酸化酒精沉淀法。

（一）酸水解法

1. 原理

样品经乙醚除去脂肪，乙醇除去可溶性糖类后，用酸水解淀粉为葡萄糖，按还原糖测定方法测定还原糖含量，再折算为淀粉含量。

2. 特点

该法操作简单，应用广泛，但选择性和准确性不及酶法。

3. 试剂

（1）乙醚。

（2）85%乙醇。

（3）6mol/L 盐酸溶液。

（4）40%氢氧化钠。

（5）10%氢氧化钠。

（6）0.2%甲基红乙醇溶液。

（7）精密 pH 试纸。

（8）20%中性乙酸铅溶液。

（9）10%硫酸钠溶液。

其余试剂同测定还原糖的高锰酸钾滴定法或直接滴定法。

4. 测定方法

（1）样品处理

①曲药、麦芽、粮谷类等较干燥、易研细的样品：称取 2~5g（含淀粉 0.5g 左右）磨碎，过 40 目筛的样品，置于铺有慢速滤纸的漏斗中，用 30mL 乙醚分三次洗去样品中的脂肪，再用 150mL 85%乙醇分数次洗涤残渣以除去可溶性糖类。以 100mL 水把漏斗中残渣全部转移到 250mL 锥形瓶中。

②糟醅、块茎、醪液等水分较多、不易研细、分散的样品：先按 1∶1 加水在组织捣碎机中捣成匀浆。称取 5~10g（含淀粉 0.5g 左右）匀浆于 250mL 锥形瓶中，加 30mL 乙醚振荡提取脂肪，滤纸过滤除去乙醚，再用 30mL 乙醚分两次洗涤滤纸上的残渣，然后以 150mL 85%乙醇分数次洗涤残渣，以除去可溶性糖类。以 100mL 水把残渣转移到 250mL 锥形瓶中。

（2）水解　于上述 250mL 锥形瓶中加入 30mL 6mol/L 盐酸，装上冷凝管置于沸水浴中回流 2h。回流完毕，立即用流动水冷却。待样品水解液冷却后，加入两滴甲基红，先用 40%氢氧化钠调到黄色，再用 6mol/L 盐酸调到刚好变为红色，再用 10%氢氧化钠调到红色褪去。若水解颜色较深，可用精密 pH 试纸测试，使样品水解液的 pH 约为 7。然后加入 20mL 20%乙酸铅，摇匀后放置 10min，以沉淀蛋白质、果胶等杂质。再加入 20mL 10%硫酸钠溶液，以除去过多的铅。摇匀后用水转移至 500mL 容量瓶中，加水定容，过滤，弃去初滤液，收集滤液供测定用。

空白实验：取 100mL 水和 30mL 6mol/L 盐酸于 250mL 锥形瓶中，按上述方法操作，得试剂空白液。

（3）测定　按还原糖测定法中的高锰酸钾法或直接测定法进行。

5. 结果计算

（1）计算公式如式（3-12）所示。

$$淀粉(\%)=\frac{(A-A_0)\times 0.9}{m\times\frac{V}{500}\times 1000}\times 100\% \qquad 式（3-12）$$

式中 A——查附表 3-A 得出的测定用样品水解液中还原糖含量，mg

A_0——查附表 3-A 得出的测定用空白液中还原糖含量，mg

m——样品质量，g

V——测定用样品水解液的体积，mL

500——样品水解液总体积，mL

0.9——还原糖换算为淀粉的系数

（2）直接滴定法 直接滴定法，如式（3-13）所示。

$$\text{淀粉}(\%) = \frac{F \times 500 \times 0.9}{m \times 1000}\left(\frac{1}{V} - \frac{1}{V_0}\right) \times 100\% \qquad \text{式（3-13）}$$

式中 F——与 10mL 碱性酒石酸铜相当的葡萄糖量，mg

V——滴定时样品水解液消耗量，mL

V_0——滴定时空白溶液消耗量，mL

其他同上。

6. 说明与讨论

（1）样品中加入乙醇溶液后，混合液中乙醇的质量分数应在 80% 以上，以防止糊精随可溶性糖类一起被洗掉。如果要求测定结果不包括精糊，则用 10%乙醇洗涤。

（2）因水解时间较长，应采用回流装置，以保证水解过程中盐酸的浓度不会发生太大的变化。

（3）水解条件要严格控制，要保证淀粉水解完全，并避免因加热时间过长对葡萄糖产生影响形成糠醛聚合体，失去还原性。对于水解时取样液量、所用酸的浓度及加入量、水解时间等条件，各方法规定有所不同。常见的还有：混合液中的盐酸质量分数达 1%，100℃水解 4h；混合液中盐酸质量分数达 2%，100℃水解 2.5h。本法条件下，混合液中盐酸的质量分数为 5%。

（二）酶水解法

1. 原理

样品经除去脂肪和可溶性糖类后，在淀粉酶的作用下，使淀粉水解为麦芽糖和低分子糊精，再用盐酸进一步水解为葡萄糖，然后按还原糖测定法测定其还原糖含量，并折算成淀粉含量。

2. 适用范围及特点

因为淀粉酶有严格的选择性，它只水解淀粉而不会水解其他糖，水解后可通过过滤除去其他多糖。所以该法不受半纤维素、缩戊糖、果胶质等多糖的干扰，适用于这类多糖含量高的样品，分析结果准确可靠，但操作复杂费时。

3. 试剂

（1）乙醚。

（2）85%乙醇。

（3）0.5%淀粉酶溶液　称取0.5g淀粉酶加100mL水溶解，加入数滴甲苯或三氯甲烷（防止长霉），贮存于冰箱冷藏室中。

（4）碘溶液　称取3.6g碘化钾溶于20mL水中，加入1.3g碘，溶解后加水稀释至100mL。

（5）0.2%甲基红乙醇溶液　其余试剂同测定还原糖的高锰酸钾滴定法或直接滴定法。

4. 测定方法

（1）样品处理　称取2~5g样品（含淀粉0.5g左右），置于铺有折叠滤纸的漏斗内，先用50mL乙醚分五次洗涤以除去脂肪。再用100mL 85%乙醇分次洗去可溶性糖类。用50mL水将残渣移至250mL烧杯中。

（2）酶水解　将烧杯置于沸水浴上加热15min，使淀粉糊化，放冷至60℃以下，加入20mL淀粉酶溶液，在55~60℃保温1h，并不时搅拌取1滴此液于白色点滴板上，加1滴碘液应不呈蓝色。若呈蓝色，加热糊化，冷却至60℃以下，再加20mL淀粉酶溶液，继续保温，至酶解液加碘液后不呈蓝色为止。加热至沸使酶失活，冷却后移入250mL容量瓶中，加水定容。混匀后过滤，弃去初滤液，收集滤液用。

（3）酸水解　取50mL上述滤液于250mL锥形瓶中，加5mL 6mol/L盐酸，装上回流装置，在沸水浴中回流1h，冷却后加2滴甲基红指示剂，用20%氢氧化钠溶液中和至红色刚好消失，把溶液移入100mL容量瓶中，洗涤锥形瓶，洗涤液并入100mL容量瓶中，加水定容，摇匀，供测定用。

（4）测定　按还原糖测定法的高锰酸钾或直接滴定法进行。同时取50mL水及与样品处理时相同量的淀粉酶溶液，按同一方法做试剂空白实验。

5. 结果计算

同酸水解法。

6. 说明与讨论

（1）脂肪的存在会妨碍酶对淀粉的作用及可溶性糖类的除去，故应用乙醚脱脂。若样品中的脂肪含量较少，可省略此步骤。

（2）淀粉粒具有晶格结构，淀粉酶难以作用，加热糊化破坏了淀粉酶的晶格结构，使其易于被淀粉酶作用。

（3）使用淀粉酶前，应确定其活力及水解时加入量。可用已知浓度的淀粉溶液少许，加入一定量的淀粉酶溶液，置于55~60℃水浴中保温1h，用碘液检验淀粉是否水解完全，以确定酶的活力及水解时的用量。

（三）旋光法

1. 原理

淀粉具有旋光性，在一定条件下旋光度的大小与淀粉的浓度成正比。用氯化钙溶液提取淀粉，使之与其他成分分离，用氯化锡沉淀提取液中的蛋白质后，测定旋光度，即可计算出淀粉含量。

2. 适用范围及特点

本法适用于淀粉含量较高，而可溶性糖类很少的粮谷类样品。操作简单、快速。

3. 试剂

（1）氯化钙溶液　溶解 546g $CaCl_2 \cdot 2H_2O$ 于水中并稀释至 1000mL。调整相对密度为 1.30（20℃），再用 1.6%乙酸调整 pH 为 2.3~2.5，过滤后备用。

（2）氯化锡溶液　溶解 2.5g $SnCl_4.5H_2O$ 于 75mL 上述氯化钙液中。

4. 仪器

旋光仪，附钠光灯。

5. 测定方法

把样品研磨并通过 40 目以上的标准筛，称取 2g 样品，置于 250mL 烧杯中，加水 10mL，搅拌使样品湿润，加入 70mL 氯化钙溶液盖上表面皿，在 5min 内加热至沸并继续加热 15min。加热时随时搅拌以防止样品附在烧杯壁上。如泡沫过多可加入 1~2 滴辛醇消泡。匀速冷却后，移入 100mL 容量瓶中，用氯化钙溶液洗涤烧杯上附着的样品，洗涤液并入容量瓶中。加 5mL 氯化锡溶液，用氯化钙溶液定容到刻度，混匀、过滤，弃去初滤液，收集滤液装入测量管内，测定旋光度。

6. 计算结果

计算公式如式（3-14）所示。

$$淀粉(\%) = \frac{\alpha \times 100}{L \times 203 \times m} \times 100\% \qquad 式（3-14）$$

式中　α——旋光度读数，°

L——观测管长度，dm

m——样品质量，g

203——淀粉的比旋光度，°

7. 说明与讨论

（1）氯化钙溶液可以作为淀粉的提取剂，是因为钙能与淀粉分子上的羟基形成配合物，使淀粉与水有较高的亲和力而易溶于水中。

（2）淀粉溶液加热后必须迅速冷却，以防止淀粉老化，形成高度晶化的不溶性淀粉分子微束。

（3）氯化锡溶液的作用是沉淀蛋白质，因为蛋白质也具有旋光性（左旋性）。蛋白质含量较高的样品，如高蛋白营养米粉，用旋光法测定时结果偏低，误差较大。

（4）淀粉的比旋光度一般按203°计，但不同来源的淀粉也略有不同，如玉米、小麦淀粉为203°，豆类淀粉为200°。

（5）由于可溶性糖类的比旋光度（蔗糖+66.5°，葡萄糖+52.5°，果糖-92.5°）比淀粉的比旋光度低得多，因此，对于可溶性糖类含量不高的谷物样品，其影响可忽略不计。但糊精的比旋光度较高（+195°），对实验结果影响较大，实际上此法结果包括糊精。

四、 粗纤维的测定

植物性样品中含有不溶于稀酸、稀碱、醇、醚的物质，这主要是纤维素、木质素、多缩戊糖等，它们并非纯粹的纤维素，所以称为粗纤维。我国是饮料酒生产和消费的大国，每年都要排放大量的酒糟。酒糟生物质中主要是粗纤维、淀粉、残糖，利用酒糟来生产生物酒精具有巨大的潜力。

1. 原理

在硫酸作用下，试样中的糖、淀粉、果胶质和半纤维素经水解去除后，再用碱处理，除去蛋白质及脂肪酸，剩余的残渣为粗纤维。如其中含有不溶于酸碱的杂质，可灰化后除去。

2. 适用范围及特点

本法适用于植物类食品中粗纤维含量的测定，该法操作简单、应用广泛。

3. 试剂

（1）1.25%硫酸。

（2）1.25%氢氧化钾溶液。

（3）石棉　加5%氢氧化钠溶液浸泡石棉，在水浴上回流8h以上，再用热水充分洗涤。然后用20%盐酸在沸水浴上回流8h以上，再用热水充分洗涤，干燥。在600~700℃中灼烧后，加水使成混悬物，贮存于玻璃瓶中。

4. 分析步骤

称取20~30g捣碎的试样（或5.0g干试样），移入500mL锥形瓶中，加入200mL煮沸的1.25%硫酸，加热使微沸，保持体积恒定，维持30min，每隔5min摇动锥形瓶一次，以充分混合瓶内的物质。

取下锥形瓶，立即用亚麻布过滤后，用沸水洗涤至洗液不呈酸性。

再用200mL煮沸的1.25%氢氧化钾溶液，将亚麻布上的残留物洗入原锥形瓶内加热微沸30min后，取下锥形瓶，立即以亚麻布过滤，以沸水洗涤2~3次后，移入已干燥称量的 G2 垂融坩埚或同型号的垂融漏斗中，抽滤，用热水充分洗涤后，抽干。再依次用乙醇和乙醚洗涤一次，将坩埚和内容物在 105℃烘箱中烘干后称量，重复操作，直至恒量。

如试样中含有较多的不溶性杂质，则可将试样移入石棉坩埚，烘干称量后，再移入 550℃高温炉中灰化，使含碳的物质全部灰化，置于干燥器内，冷却至室温称重，所损失的量即为粗纤维素的含量。

5. 结果计算

计算公式如式（3-15）所示。

$$X = \frac{G}{M} \times 100\% \qquad 式（3-15）$$

式中 X——试样中粗纤维素的含量

G——残余物的质量（或经高温炉损失的质量），g

M——试样的质量，g

计算结果表示到小数点后 3 位。

6. 精密度

在重复性条件下获得的两次独立测定结果的绝对差值不得超过算术平均值的 10%。

第二节 含氮量的测定

一、粗蛋白质的测定

蛋白质是复杂的有机化合物，尚无直接的测定方法，蛋白质的定量是基于测定总有机氮，蛋白质的量是按照总氮量乘以一个合适的蛋白质换算系数来求得的，这个系数取决于物质中存在的蛋白质的含氮量，一般常用的蛋白质换算系数为 6.25。酒类产品中的含氮化合物主要来源于原料，原料中蛋白质含量的高低不仅影响微生物的生长繁殖，还直接影响产品的质量，如啤酒酿造中，若原料麦芽中蛋白质含量高，会导致啤酒浑浊，发酵过程中形成副产品双乙酰、高级醇多，蛋白质含量低，会导致啤酒的泡持久性及营养性差等；只有了解原料中的蛋白质含量，才有利于对原料的选取。因此在酒类生产分析检验中，总氮的测定具有十分重要的意义。

蛋白质测定通常采用凯氏定氮法。凯氏定氮法是测定总有机氮量较为准确，操作较为简单的方法之一，凯氏定氮法通常分为常量法、微量法和半微量法。常量法装置简单，准确度高，但试剂耗量较多，适用于含氮量为 15~40mg 的试样的测定；微量法和半微量法操作简单、快速，但需要特殊仪器，微量法适用于含氮量为0.05~1mg的试样的测定，半微量法适用于含氮量为2~5mg的试样的测定。它们的测定原理是相同的。

（一）常量凯氏定氮法

1. 原理

常量凯氏定氮法是利用硫酸及催化剂与试样一同加热消化，使蛋白质分解，其中的C、H形成CO_2及H_2O逸去，而氮以氨的形式与硫酸作用，形成硫酸铵留在酸液中。将消化液碱化，蒸馏，使氨游离，随水蒸气蒸出，被硼酸吸收。用盐酸标准液滴定所生成的四硼酸铵，从消耗盐酸标准液的量计算出总氮量。

2. 仪器与试剂

（1）定氮蒸馏装置。

（2）硫酸铜。

（3）硫酸钾。

（4）硫酸。

（5）40g/L 硼酸溶液。

（6）混合指示剂　1g/L甲基红乙醇溶液与1g/L亚甲基蓝乙醇溶液，临用时按2∶1的比例混合。或用1g/L甲基红乙醇溶液与1g/L溴甲酚绿乙醇溶液，临用时按1∶5的比例混合。

（7）400g/L NaOH溶液。

（8）0.1mol/L HCl标准溶液　量取浓盐酸9mL，加水稀释至1000mL。

标定：准确称取于270~300℃灼烧至恒重的基准无水碳酸钠0.17g（准确至0.0002g）。溶于50mL水中，加5滴溴甲酚绿-甲基红混合指示液，用配制好的盐酸溶液滴定至绿色变为暗红色，煮沸2min，冷却后继续滴定至溶液再呈暗红色。同时做空白试验。

计算公式如式（3-16）所示。

$$C_{HCl}(mol/L) = \frac{m}{(V_1 - V_2) \times 0.05299} \qquad 式（3-16）$$

式中　m——无水碳酸钠的质量，g

V_1——试样消耗HCl溶液的体积，mL

V_2——空白试验消耗HCl溶液的体积，mL

0.05299——消耗1mL 1mol/L HCl标准溶液的无水碳酸钠的质量，g/mmol

3. 测定步骤

（1）样品消化　准确称取粉碎样品1~2g，移入干燥的250mL凯氏烧瓶中。加入1g硫酸铜、10g硫酸钾及25mL浓硫酸，小心摇匀后，于瓶口置一小漏斗，瓶颈45°角倾斜置电炉上，在通风橱内加热消化（若无通风橱可于瓶口倒插入一口径适宜的干燥管，用胶管与水力真空管相连接，利用水力抽除消化过程所产生的烟气）。先以小火缓慢加热，待内容物完全炭化、泡沫消失后，加大火力，消化至溶液透明呈蓝绿色。取下漏斗，继续加热 0.5h，冷却至室温。

（2）蒸馏、吸收　安装好蒸馏装置，冷凝管下端浸入接收瓶液面之下（瓶内预先装有 50mL 40g/L 硼酸溶液及混合指示剂 5~6 滴）。在凯氏烧瓶内加入 100mL 水，玻璃珠数粒，从安全漏斗中缓慢加入 70mL 400g/L NaOH 溶液，溶液呈蓝褐色。将定氮球接好，用直火加热蒸馏 30min，然后将蒸馏装置出口离开液面继续蒸馏 1min，用水淋洗尖端后停止加热。

（3）滴定　将接收瓶内的硼酸液用 0.1mol/L HCl 标准溶液滴定至终点。同时做一试剂空白（除不加样品外，从消化开始操作完全相同）。

4. 计算

计算公式如式（3-17）所示。

$$蛋白质含量 = (V - V_0) \times c \times 0.014 \times \frac{1}{m} \times F \times 100\% \qquad 式（3-17）$$

式中　c——HCl 标准溶液的浓度，mol/L

V_0——空白滴定消耗 HCl 标准溶液的体积，mL

V——试样滴定消耗 HCl 标准溶液的体积，mL

m——样品质量，g

0.014——消耗 1mL 1mol/L HCl 标准溶液的氮的质量，g/mmol

F——蛋白质系数（6.25）

5. 讨论

（1）所用试剂应用无氨水配制。

（2）消化过程应注意转动凯氏烧瓶，利用冷凝酸液将附在瓶上的炭粒冲下，以促进消化完全。

（3）若样品消化液不易澄清透明，可将凯氏烧瓶冷却，加入 2~3mL 30%过氧化氢后再加热。

（4）消化时硫酸与硫酸钾作用生成硫酸氢钾，可提高沸点达 400℃，从而加快消化速度。

（5）硫酸铜起到催化作用，加速氧化分解。硫酸铜也是蒸馏时样品液碱化的指示剂，若所加碱量不足，分解液呈蓝色不生成氢氧化铜沉淀，需再增加 NaOH 用量。

（6）一般消化至呈透明后，继续消化 30min，使杂环氨基酸上的氮分解释放。

（7）蒸馏过程应注意接头处无松漏现象，蒸馏完毕，先将蒸馏出口离开液面，继续蒸馏 1min，将附着在尖端的吸收液完全洗入吸收瓶内，再将吸收瓶移开，最后关闭电源，绝不能先关闭电源，否则吸收液将发生倒吸。

（二）微量凯氏定氮法

1. 原理

微量凯氏定氮法的原理与操作方法，与常量法基本相同，所不同的是样品质量及试剂用量较少，且具有一套适于微量测定的定型仪器——微量凯氏定氮器。

2. 仪器与试剂

（1）微量凯氏定氮器。

（2）试剂　同常量凯氏定氮法。

3. 测定步骤

（1）样品消化　准确称取均匀固体样品 0.2～0.5g，或半固体样品 2～5g，置入 100mL 干燥的凯氏烧瓶中。向瓶内加入 0.2g 硫酸铜、3g 硫酸钾及 10mL 浓硫酸，瓶口置一小漏斗，45°倾斜置于电炉上。同常量法消化至透明呈蓝绿色，继续加热 0.5h，冷却至室温。

取 20mL 水，徐徐加入烧瓶中，待样品冷却至室温，移入 100mL 容量瓶中，用水冲洗烧瓶数次，洗液并入容量瓶，放冷，用水定容至刻度。

（2）蒸馏　安装好定氮蒸馏装置。于水蒸气发生瓶内装水至 2/3 容积处，加甲基橙指示剂数滴及硫酸数毫升，以保持水呈酸性，加入数粒玻璃珠，加热煮沸水蒸气发生瓶内的水。

在接收瓶内加入 25mL 20g/L 硼酸溶液及 2 滴混合指示剂，将冷凝管下端插入液面以下。

吸收 10mL 样品消化稀释液，由进样漏斗进入反应室，以少量水冲洗进样漏斗，并流入反应室。再从进样口加入 10mL 的 400g/L NaOH 溶液使其缓慢进入反应室，立即将进样口堵塞严密，并加入少量水于进样漏斗密封，以防漏气。夹紧废液排出口的螺旋夹，开始蒸馏。

从第 1 滴馏液滴下开始计时，蒸馏 5min。移动接收瓶，使冷凝管下端离开液面，再蒸馏 1min，用少量水冲洗冷凝管下端外部。

（3）滴定　取下接收瓶，以 0.01mol/L HCl 标准溶液滴定至微红色为终点。同时做空白试验。

4. 计算

计算公式如式（3-18）所示。

$$\text{蛋白质含量} = (V - V_0) \times c \times 0.014 \times \frac{1}{V_1} \times 100 \times \frac{1}{m} \times 100\% \times F \qquad \text{式（3-18）}$$

式中　V_0——空白蒸馏液消耗 HCl 标准液体积，mL

V——样品蒸馏液消耗 HCl 标准液体积，mL

V_1——蒸馏时吸取样品稀释液体积，mL

c——HCl 标准液的浓度，mol/L

0. 014——消耗 1mL 1mol/L HCl 标准溶液的氮的质量，g/mmol

100——样品稀释液总体积，mL

F——蛋白质系数（6. 25）

m——样品质量，g

二、 氨基氮的测定

氨基酸态氮也称氨基氮，氨基酸态氮指的是以氨基酸形式存在的氮元素的含量。

1. 原理

利用氨基酸的两性作用，加入甲醛以固定氨基的碱性，使羧基显示出酸性，用氢氧化钠标准溶液滴定后定量，以酸度计测终点。

2. 仪器与设备

（1）酸度计（附磁力搅拌器）。

（2）10mL 微量碱式滴定管。

（3）分析天平　感量 0. 1mg。

3. 试剂

除非另有说明，本方法所用试剂均为分析纯，水为 GB/T 6682—2008 规定的三级水。

（1）甲醛（36%~38%）　应不含有聚合物（没有沉淀且溶液不分层）。

（2）邻苯二甲酸氢钾（$HOOCC_6H_4COOK$）　基准物质。

（3）酚酞指示液　称取酚酞 1g 溶于 95%的乙醇中，用 95%的乙醇稀释至 100mL。

（4）氢氧化钠溶液［氢氧化钠标准滴定溶液 c（NaOH）= 0. 05mol/L］　称取 110g 氢氧化钠于 250mL 的烧杯中，加 100mL 的水，振摇使之溶解成饱和溶液，冷却后置于聚乙烯的塑料瓶中，密塞，放置数日，澄清后备用。取上层清液 2. 7mL，加适量新煮沸过的冷蒸馏水至 1000mL，摇匀。

（5）氢氧化钠标准滴定溶液的标定　准确称取约 0. 36g 在 105~110℃干燥至恒重的基准邻苯二甲酸氢钾，加 80mL 新煮沸过的水，使之尽量溶解，加 2 滴酚酞指示液（10g/L），用氢氧化钠溶液滴定至溶液呈微红色，30s 不褪色。记下耗用氢氧化钠溶液体积。同时做空白试验。

（6）计算　氢氧化钠标准滴定溶液的浓度按式（3-19）计算。

$$c = \frac{m}{(V_1 - V_2) \times 0.2042} \qquad 式(3-19)$$

式中 c——氢氧化钠标准滴定溶液的实际浓度，mol/L

m——基准邻苯二甲酸氢钾的质量，g

V_1——氢氧化钠标准溶液的用量体积，mL

V_2——空白试验中氢氧化钠标准溶液的用量体积，mL

0.2042——与1.00mL氢氧化钠标准溶液［c（NaOH）＝1.000mol/L］相当的基准邻苯二甲酸氢钾的质量，g

4. 分析步骤

（1）液体试样　称量5.0g试样于50mL的烧杯中，用水分数次洗入100mL容量瓶中，加水至刻度，混匀后吸取20.0mL置于200mL烧杯中，加60mL水，开动磁力搅拌器，用氢氧化钠标准溶液［c（NaOH）＝0.050mol/L］滴定至酸度计指示pH为8.2，记下消耗氢氧化钠标准滴定溶液的体积，可计算总酸含量。加入10.0mL甲醛溶液，混匀。再用氢氧化钠标准滴定溶液继续滴定至pH为9.2，记下消耗氢氧化钠标准滴定溶液的体积。同时取80mL水，先用氢氧化钠标准溶液［c（NaOH）＝0.050mol/L］调节至pH为8.2，再加入10.0mL甲醛溶液，用氢氧化钠标准滴定溶液滴定至pH为9.2，做试剂空白试验。

（2）固体试样　将样品搅拌均匀后，放入研钵中，在10min内迅速研磨至无肉眼可见颗粒，装入磨口瓶中备用。用已知质量的称量瓶称取搅拌均匀的样品5.0g，用50mL 80℃左右的蒸馏水分数次洗入100mL烧杯中，冷却后，转入100mL容量瓶中，用少量水分次洗涤烧杯，洗液并入容量瓶中，并加水至刻度，混匀后过滤。吸取滤液10.0mL，置于200mL烧杯中，加60mL水，开动磁力搅拌器，用氢氧化钠标准溶液［c（NaOH）＝0.050mol/L］滴定至酸度计指示pH为8.2，记下消耗氢氧化钠标准滴定溶液的体积，可计算总酸含量。加入10.0mL甲醛溶液，混匀。再用氢氧化钠标准滴定溶液继续滴定至pH为9.2，记消耗氢氧化钠标准滴定溶液的体积。同时取80mL水，先用氢氧化钠标准溶液［c（NaOH）＝0.050mol/L］调节至pH为8.2，再加入10.0mL甲醛溶液，用氢氧化钠标准滴定溶液滴定至pH为9.2，做试剂空白试验。

5. 结果计算

计算如式（3-20）所示。

$$X = \frac{(V_1 - V_2) \times c \times 0.014}{m \times V_3 / V_4} \times 100 \qquad 式(3-20)$$

式中 X——试样中氨基酸态氮的含量，g/100g

V_1——测定用试样稀释液加入甲醛后消耗氢氧化钠标准滴定溶液的体积，mL

V_2——试剂空白试验加入甲醛后消耗氢氧化钠标准滴定溶液的体积，mL

c——氢氧化钠标准滴定溶液的浓度，mol/L

0.014——与1.00mL氢氧化钠标准滴定溶液［c（NaOH）＝1.000mol/L］相当的氮的质量，g

m——称取试样的质量，g

V_3——试样稀释液的取用量，mL

V_4——试样稀释液的定容体积，mL

100——单位换算系数。

计算结果保留两位有效数字。

6. 精密度

在重复性条件下获得的两次独立测定结果的绝对差值不得超过算术平均值的10%。

第三节 酸的测定

一、 酸度的测定

（一）固体酒醅

酸度是衡量发酵是否正常的主要依据之一，酸度过高或过低都会影响产质。酸度的测定，对判断发酵是否正常，寻找出现问题原因，采取补救措施有一定的意义。

1. 原理

利用酸碱中和法测定。酸度定义：对于固体酒醅或曲，酸度1度表示为10g物料滴定消耗氢氧化钠的毫摩尔数（以“mmol/10g”表示） 即1g物料滴定消耗0.1mol/L氢氧化钠的体积，以度表示。对于各酒种的发酵液、种子液，酸度1度表示为10mL醪液滴定消耗氢氧化钠的毫摩尔数（以“mmol/10mL”表示），也即1mL醪液滴定消耗0.1mol/L氢氧化钠的体积，以度表示。

2. 仪器与设备

（1）电热干燥箱。

（2）电子天平 感量0.1mg。

（3）25mL或50mL碱式滴定管。

（4）干燥器（变色硅胶作干燥剂）。

（5）磁力搅拌器。

（6）容量瓶1000mL。

3. 试剂

（1）10g/L 酚酞指示剂　称取 1.0g 酚酞，溶于 100mL 95%的乙醇中。

（2）0.1mol/L NaOH 标准溶液　标定：准确称取邻苯二甲酸氢钾（预先于 105℃烘 2h）0.5~0.6g（准确至 0.0002g），置于 250mL 三角瓶中，加 50mL 水溶解后，再加 2 滴酚酞指示剂，用 NaOH 溶液滴定至微红色。如式（3-21）所示。

$$c_{NaOH}(mol/L) = \frac{m}{204.2 \times V} \times 1000 \qquad 式（3-21）$$

式中　m——称取邻苯二甲酸氢钾质量，g

204.2——邻苯二甲酸氢钾摩尔质量，g/mol

V——消耗 NaOH 标准溶液的体积，mL

4. 分析步骤

称取固体酒醅或曲醅 20.0g 试样于 250mL 烧杯中，加水 200mL，用玻棒搅拌 30s，5min 后再搅拌一次，浸泡 30min 用脱脂棉过滤，弃去初滤液 15mL，然后接取滤液备用。

吸取 20mL 滤液于 150mL 三角瓶中，加 10mL 去二氧化碳的蒸馏水，加 2 滴酚酞指示剂，摇匀，用氢氧化钠标准溶液滴定至微红色为终点，记下耗用氢氧化钠标准溶液的体积 V。

5. 结果计算

结果以 10g 试样含酸的毫摩尔数表示，计算式如式（3-22）所示。

$$S = \frac{200cV}{20m} \times 10 = \frac{100cV}{m} \qquad 式（3-22）$$

式中　S——酸度，mmol/10g

c——NaOH 标准溶液的浓度，mol/L

V——滴定消耗 NaOH 溶液体积，mL

m——试验称取的实际质量，g

20——测定时吸取滤液的体积，mL

所得结果应表示至两位小数。

6. 讨论

（1）搅拌速度为 1r/s，用力均匀，尽量把酸溶解出来。

（2）滴定终点以试样颜色变化进行判断，注意观察，不可过量。两次测定结果之差，不应超过平均值的 5%。

（二）糖化醪

1. 原理

糖化醪酸度包括糊化醪的酸度和糖化剂本身的酸度以及糖化过程可能产生的酸度。生产原料不同，产生不同的酸度。一般甘薯原料酸度为 0.35mmol/10mL，玉米则为

0.4mmol/10mL。酸度可判断糖化过程中杂菌污染的情况。

根据酸碱中和原理，用10mL粗滤液，以酚酞为指示剂，用0.1mol/L NaOH标准溶液进行滴定。

2. 仪器与设备

同固体酒醅酸度的测定。

3. 试剂

同固体酒醅酸度的测定。

4. 分析步骤

吸取糖化醪过滤液10mL，置入150mL三角瓶中，加水50mL，加酚酞指示剂2滴，用0.1mol/L NaOH标准溶液进行滴定，滴定至溶液呈微红色并在30s内不褪色为终点。

5. 结果计算

计算公式如式（3-23）所示。

$$S = \frac{cV}{V_1} \times 10 \qquad 式（3-23）$$

式中　S——酸度，mmol/10mL

c——NaOH标准溶液的物质的量浓度，mol/L

V——滴定试样时，消耗NaOH溶液的体积，mL

V_1——测定时吸取滤液的体积，mL

（三）发酵醪

各种发酵醪液酸度的测定同糖化醪，只是发酵醪的酸度一般大于糖化醪，吸取滤液体积（V_1）改为1.0mL即可。

二、总酸的测定

（一）白酒总酸的测定

1. 指示剂法

（1）原理　白酒中有机酸主要是乙酸，还含有少量的甲酸、丙酸、丁酸等，在计算总酸含量时，以酚酞为指示剂，采用氢氧化钠溶液进行中和滴定，以消耗氢氧化钠标准滴定溶液的量计算总酸的含量。

（2）仪器与设备

①电热干燥箱。

②电子天平：感量0.1mg。

③25mL 或 50mL 碱式滴定管。

④干燥器（变色硅胶作干燥剂）。

⑤磁力搅拌器。

⑥容量瓶 1000mL。

（3）试剂

①10g/L 酚酞指示剂。

②0. 1mol/L NaOH 标准溶液。

配制：称取 110g 氢氧化钠，溶于 100mL 无二氧化碳的水中，摇匀，注入聚乙烯容器中，密闭放置至清亮后使用。吸取 5. 4mL 氢氧化钠饱和溶液注入 1000mL 已装有除去二氧化碳水的容量瓶中，定容至 1000mL，摇匀。

标定：称取 0. 750g 于 105～110℃烘干至恒重的工作基准试剂邻苯二甲酸氢钾于 250mL 三角瓶中，加水 50mL 溶解后，加酚酞指示剂 2 滴，用新配制的氢氧化钠溶液滴定至溶液呈粉红色，并保持 30s。同时做空白分析。

结果计算如式（3-24）所示。

$$c = \frac{m}{(V - V_1) \times 204.22} \times 1000 \qquad 式（3-24）$$

式中　c——NaOH 标准滴定溶液的浓度，mol/L

m——邻苯二甲酸氢钾的质量，g

V——测定时消耗氢氧化钠溶液的体积，mL

V_1——空白分析消耗氢氧化钠溶液的体积，mL

204. 22——邻苯二甲酸氢钾的摩尔质量，g/mol

（4）分析步骤　吸取样品 50. 0mL 于 250mL 锥形瓶中，加入酚酞指示剂 2 滴，以氢氧化钠标准滴定溶液滴定至微红色，即为其终点。

（5）结果计算

计算公式如式（3-25）所示。

$$X = \frac{c \times V}{50.0} \times 1000 \qquad 式（3-25）$$

式中　X——样品中总酸的含量，mmol/L

c——氢氧化钠标准滴定溶液的实际浓度，mol/L

V——测定时消耗氢氧化钠标准滴定溶液的体积，mL

50. 0——吸取样品的体积，mL

所得结果应保留两位小数。

（6）精密度

在重复性条件下获得的两次独立测定结果的绝对差值不应超过平均值的 2%。

2. 电位滴定法

（1）原理　白酒中的有机酸，以酚酞为指示剂，采用氢氧化钠溶液进行中和滴定，当滴定接近等当点时，利用 pH 变化指示终点。

（2）仪器与设备　电位滴定仪（或酸度计）：精度为 2mV。

（3）试剂　同指示剂法。

（4）分析步骤　按使用说明书安装调试仪器，根据液温进行校正定位。

吸取样品 50.0mL（若用复合电极可酌情增加取样量）于 100mL 烧杯中，插入电极，放入一枚转子，置于电磁搅拌器上，开始搅拌，初始阶段可快速滴加氢氧化钠标准滴定溶液，当样液 pH＝8.00 后，放慢滴定速度，每次滴加半滴溶液，直至 pH＝9.00 为其终点，记录消耗氢氧化钠标准滴定溶液的体积。

（5）结果计算　同指示剂法。

（6）精密度　同指示剂法。

（二）葡萄酒总酸的测定

1. 电位滴定法

葡萄酒中的可滴定酸为挥发性酸和固定酸之和。葡萄中的酒石酸和苹果酸占固定酸的 90%以上。葡萄酒进行苹果酸-乳酸发酵后，苹果酸被口味柔和的乳酸代替，可降低总酸含量。发酵过程中还产生其他有机酸，如柠檬酸、异柠檬酸、延胡索酸、琥珀酸等，由于这些有机酸的存在，在酒中可形成稳定的芳香成分。

（1）原理　利用酸碱中和的原理，用氢氧化钠标准滴定溶液直接滴定样品中的有机酸，以 pH＝8.2 为电位滴定终点，根据消耗氢氧化钠标准滴定溶液的体积，计算试样的总酸含量。

（2）仪器与设备

①自动电位滴定仪（或酸度计）：精度 0.01pH，附电磁搅拌器。

②恒温水浴：精度 0.1℃，带振荡装置。

（3）试剂

①氢氧化钠标准溶液［c（NaOH）＝0.05mol/L］。

②酚酞指示液（10g/L）。

（4）分析步骤

①试样的制备：吸取约 60mL 样品于 100mL 烧杯中，将烧杯置于 40±0.1℃振荡水浴中恒温 30min，取出，冷却至室温（注：试样的制备只针对起泡葡萄酒和葡萄气酒，目的是排出二氧化碳）。

②按仪器说明书校正仪器。

③测定：吸取 10.00mL 样品（液温 20℃）于 100mL 烧杯中，加 50mL 水，插入电

极，放入一枚转子，置于电磁搅拌器上，开始搅拌，用氢氧化钠标准滴定溶液滴定。开始时滴定速度可稍快，当样液 pH=8.0 后，放慢滴定速度，每次滴加半滴溶液直至 pH=8.2 为其终点，记录消耗氢氧化钠标准滴定溶液的体积。同时做空白试验。

（5）结果计算　样品中总酸含量按式（3-26）计算。

$$X=\frac{c\times(V_1-V_0)\times1000}{V_2} \quad \text{式（3-26）}$$

式中　X——样品中总酸的含量，mmol/L

c——氢氧化钠标准滴定溶液的浓度，mol/L

V_0——空白试验消耗氢氧化钠标准滴定溶液的体积，mL

V_1——样品滴定时消耗氢氧化钠标准滴定溶液的体积，mL

V_2——吸取样品的体积，mL

所得结果表示至一位小数。

（6）精密度　在重复性条件下获得的两次独立测定的绝对差值不得超过算术平均值的 3%。

2. 指示剂法

（1）原理　利用酸碱滴定原理，以酚酞作指示剂，用碱标准溶液滴定，根据碱的用量计算总酸含量。

（2）试剂和材料　同电位滴定法。

（3）分析步骤　吸取样品 2～5mL（液温 20℃；取样量可根据酒的颜色深浅而增减），置于 250mL 三角瓶中，加入 50mL 水，同时加入 2 滴酚酞指示液，摇匀后，立即用氢氧化钠标准滴定溶液滴定至终点，并保持 30s 内不变色，记下消耗氢氧化钠标准滴定溶液的体积（V_1）。同时做空白试验。

（4）计算结果　同电位滴定法。

（5）精密度　在重复性条件下获得的两次独立测定结果的绝对差值不得超过算术平均值的 5%。

（三）黄酒总酸、氨基酸态氮的测定

1. 原理

氨基酸是两性化合物，分子中的氨基与甲醛反应后失去碱性，而使羧基呈酸性。用氢氧化钠标准溶液滴定羧基，通过氢氧化钠标准溶液消耗的量可以计算出氨基酸态氮的含量。

2. 仪器与设备

（1）酸度计或自动电位滴定仪　精度 pH 0.01。

（2）磁力搅拌器。

（3）电子天平 感量0.1mg。

3. 试剂

（1）甲醛溶液 36%~38%（无缩合沉淀）。

（2）无二氧化碳的水。

（3）氢氧化钠标准滴定溶液（0.1mol/L）。

4. 分析步骤

按仪器使用说明书调试和校正酸度计。

吸取试样10mL于150mL烧杯中，加入无二氧化碳的水50mL。烧杯中放入磁力搅拌器，置于电磁搅拌器上，开启搅拌，用氢氧化钠标准滴定溶液滴定，开始时可快速滴加氢氧化钠标准滴定溶液，当滴定至pH=7.00时，放慢滴定速度，每次加半滴氢氧化钠标准滴定溶液，直至pH=8.20为终点。记录消耗0.1mol/L氢氧化钠标准滴定溶液的体积（V_1）。加入甲醛溶液10mL，继续用氢氧化钠标准滴定溶液滴定至pH=9.20，记录加甲醛后消耗氢氧化钠标准滴定溶液的体积（V_2）。同时做空白试验，分别记录不加甲醛溶液及加入甲醛溶液时，空白试验所消耗氢氧化钠标准滴定溶液的体积（V_3、V_4）。

5. 结果计算

试样中总酸含量按式（3-27）计算。

$$X_1 = \frac{(V_1 - V_3) \times c}{V} \times 1000 \qquad \text{式（3-27）}$$

式中 X_1——试样中总酸的含量，mmol/L

V_1——测定试样时，消耗0.1mol/L氢氧化钠标准滴定溶液的体积，mL

V_3——空白试验时，消耗0.1mol/L氢氧化钠标准滴定溶液的体积，mL

c——氢氧化钠标准滴定溶液的浓度，mol/L

V——吸取试样的体积，mL

试样中氨基酸态氮含量按式（3-28）计算。

$$X_2 = \frac{(V_2 - V_4) \times c \times 0.014}{V} \times 1000 \qquad \text{式（3-28）}$$

式中 X_2——试样中氨基酸态氮的含量，g/L

V_3——加甲醛后，测定试样时消耗0.1mol/L氢氧化钠标准滴定溶液的体积，mL

V_4——加甲醛后，空白试验时消耗0.1mol/L氢氧化钠标准滴定溶液的体积，mL

c——氢氧化钠标准滴定溶液的浓度，mol/L

0.014——氮的摩尔质量的数值，g/mol

V——吸取试样的体积，mL

所得结果表示至一位小数。

6. 精密度

在重复性条件下获得的两次独立测定结果的绝对差值不得超过算术平均值的5%。

（四）啤酒总酸的测定

1. 电位滴定法

（1）原理 酸碱中和原理。用氢氧化钠标准溶液直接滴定啤酒试样中的总酸，以 pH = 8.2 为电位滴定终点。根据消耗氢氧化钠标准溶液的体积计算出啤酒中总酸的含量。

（2）仪器与设备

①自动电位滴定仪：精密度±0.02，附电磁搅拌器。

②恒温水浴：精度±0.5℃，带振荡装置。

（3）试剂和溶液

①氢氧化钠标准滴定溶液 [c（NaOH）= 0.1mol/L]。

②标准缓冲溶液：现用现配。

（4）分析步骤

①试样的准备

方法一：将恒温至 15~20℃ 的酒样约 300mL 倒入 1000mL 锥形瓶中，盖塞（橡皮塞），在恒温室内，轻轻摇动，开塞放气（开始有“砰砰”声），盖塞。反复操作至无气体逸出为止。用单层中速干滤纸（漏斗上面盖表面玻璃）过滤。将除气后的酒样收集于具塞锥形瓶中，保持温度在 15~20℃，密封保存，限制在两小时内使用。

方法二：采用超声波或磁力搅拌法除气，将恒温至 15~20℃ 的酒样约 300mL 移入带排气管的瓶中，置于超声波水槽中（或搅拌器上），超声（或搅拌）一定时间后，用单层中速干滤纸（漏斗上面盖表面玻璃）过滤（注：要通过与第一法对比，使其酒精度测定结果相似，以确定超声（或搅拌）时间和温度）。

②试样的保存：将除气后的酒样收集于具塞锥形瓶中，保持温度在 15~20℃，密封保存，限制在两小时内使用。

③测定

a. 按仪器使用说明书安装和调试仪器。

b. 用标准缓冲溶液校正自动电位滴定仪。用水清洗电极，并用滤纸吸干附着电极的液珠。

c. 取试样约 100mL 于 250mL 烧杯中，置于 40±0.5℃ 振荡水浴中恒温 30min，取出，冷却至室温。吸取试样 50mL 于烧杯中，插入电极，开启电磁搅拌器，用氢氧化钠标准滴定溶液滴定至 pH = 8.2 为其终点，记录消耗氢氧化钠标准溶液的体积。

（5）结果计算 试样中的总酸量（即 100mL 试样消耗氢氧化钠标准滴定溶液 [c（NaOH）] = 1.0mol/L 的毫升数）按式（3-29）计算。

$$X_2 = 2 \times c_1 \times V_1 \qquad \text{式（3-29）}$$

式中 X_2——试样的总酸含量，mL/100mL

c_1——氢氧化钠标准滴定溶液的浓度，mol/L

V_1——消耗氢氧化钠标准滴定溶液的体积，mL

2——换算成100mL，试样的系数

所得结果表示至一位小数。

（6）精密度 在重复性条件下获得的两次独立测定结果的绝对差值不得超过算术平均值的4%。

2. 指示剂法

（1）原理 用酚酞作指示剂进行酸碱中和滴定。

（2）仪器

①锥形瓶：250mL。

②移液管：10mL。

③滴定管。

（3）试剂和溶液

①酚酞指示液（5g/L）。

②氢氧化钠标准滴定溶液［c（NaOH）= 0.1mol/L］。

（4）分析步骤 于250mL锥形瓶中装入100mL水，加热煮沸2min。然后加入试样10.0mL，继续加热1min，控制加热温度使其在最后的30s内再次沸腾。放置5min后，用自来水迅速冲冷装样的锥形瓶至室温。加入0.50mL酚酞指示液，用氢氧化钠标准滴定溶液滴定至淡粉色为其终点。记录消耗氢氧化钠标准滴定溶液的体积。

（5）结果计算 试样的总酸含量（即100mL试样消耗氢氧化钠标准滴定溶液［c（NaOH）= 1.0mol/L］的毫升数）。按式（3-30）计算。

$$X_3 = 10 \times c_2 \times V_2 \qquad 式（3-30）$$

式中 X_3——试样中的总酸含量，mL/100mL

c_2——氢氧化钠标准滴定溶液的浓度，mol/L

V_2——消耗氢氧化钠标准滴定溶液的体积，mL

10——换算成100mL试样的系数

所得结果表示至一位小数。

（6）精密度 在重复性条件下获得的两次独立测定结果的绝对差值不得超过算术平均值的4%。

3. 讨论

按啤酒分析方法国家标准（GB/T4928—2008），啤酒总酸含量是指100mL试样消耗1.0mol/L氢氧化钠标准滴定溶液的毫升数，如若将啤酒总酸含量的单位换算成mmol/L，只需对式（3-29）或（3-30）的结果乘1000/100即可。

三、 葡萄酒中挥发酸的测定

1. 方法提要

以蒸馏的方式蒸出样品中的低沸点酸类即挥发酸，用碱标准溶液进行滴定，再测定游离二氧化硫和结合二氧化硫，通过计算与修正，得出样品中挥发酸的含量。

2. 试剂与溶液

（1）氢氧化钠标准滴定溶液［c（NaOH）= 0.05mol/L］。

（2）酚酞指示液（10g/L）。

（3）盐酸溶液　将浓盐酸用水稀释 4 倍。

（4）碘标准滴定溶液［c（1/2 I_2）= 0.005mol/L］。

（5）碘化钾。

（6）淀粉指示液（5g/L）　称取 5g 淀粉溶于 500mL 水中，加热至沸，并持续搅拌 10min。再加入 200g 氯化钠，冷却后定容至 1000mL。

（7）硼酸钠饱和溶液　称取 5g 硼酸钠（$Na_2B_4O_7 . 10H_2O$）溶于 100mL 热水中，冷却备用。

3. 分析步骤

（1）实测挥发酸　安装好蒸馏装置。吸取 10mL 样品（V）［液温 20℃］在该装置上进行蒸馏，收集 100mL 馏出液。将馏出液加热至沸腾，加入 2 滴酚酞指示液，用氢氧化钠标准滴定溶液滴定至粉红色，30s 内不变色即为终点，记下消耗氢氧化钠标准滴定溶液的体积（V_1）。

（2）测定游离二氧化硫　于上述溶液中加入 1 滴盐酸溶液酸化，加 2mL 淀粉指示液和几粒碘化钾，混匀后用碘标准滴定溶液滴定，至溶液呈蓝色得出碘标准溶液消耗的体积（V_2）。

（3）测定结合二氧化硫　在上述溶液中加入硼酸钠饱和溶液，至溶液显粉红色，继续用碘标准滴定溶液滴定，至溶液呈蓝色，得到碘标准滴定溶液消耗的体积（V_3）。

4. 结果计算

样品中实测挥发酸的含量按式（3-31）计算。

$$X_1 = \frac{c \times V_1 \times 60.0}{V} \qquad \text{式（3-31）}$$

式中　X_1——样品中实测挥发酸的含量（以乙酸计），g/L

c——氢氧化钠标准滴定溶液的浓度，mol/L

V_1——消耗氢氧化钠标准滴定溶液的体积，mL

60.0——乙酸的摩尔质量的数值，g/mol

V——吸取样品的体积，mL

若挥发酸含量接近或超过理化指标时，则需进行修正。修正时，按式（3-32）换算。

$$X = X_1 - \frac{c_2 \times V_2 \times 32 \times 1.875}{V} - \frac{c_2 \times V_3 \times 32 \times 0.9375}{V} \qquad \text{式（3-32）}$$

式中　X——样品中真实挥发酸（以乙酸计）含量，g/L

X_1——实测挥发酸含量，g/L

c_2——碘标准滴定溶液的浓度，mol/L

V——吸取样品的体积，mL

V_2——测定游离二氧化硫消耗碘标准滴定溶液的体积，mL

V_3——测定结合二氧化硫消耗碘标准滴定溶液的体积，mL

32——二氧化硫的摩尔质量的数值，g/moL

1.875——1g 游离二氧化硫相当于乙酸的质量，g

0.9375——1g 结合二氧化硫相当于乙酸的质量，g

所得结果应表示至一位小数。

5. 精密度

在重复性条件下获得的两次独立测定结果的绝对差值不得超过算术平均值的 5%。

6. 讨论

葡萄酒中的挥发酸主要是乙酸，因而常以乙酸计（g/L）。如若将葡萄酒中挥发酸含量的单位换算成 mmol/L，则只需对式（3-31）或（3-32）的结果乘以 1000/60 即可。

第四节　废水分析

一、废水生化需氧量的测定

酿酒工业废水中含有大量有机物，成分复杂，难以一一测定其成分。人们常常利用水中有机物在一定条件下所消耗的氧来间接表示水体中有机物的含量，生化需氧量即属于这类的重要指标之一。

生化需氧量的经典测定方法是稀释接种法。测定生化需氧量的水样，采集时应充满并密封于瓶中，在 0~4℃进行保存。一般应在 6h 内进行分析。若需要远距离转运，在任何情况下，储存时间不应超过 24h。

1. 原理

生化需氧量是指在规定条件下，微生物分解存在水中的某些可氧化物质，特别是有机物所进行的生物化学过程中消耗溶解氧的量。此生物氧化全过程进行的时间很长，如在20℃培养时，完成此过程需100多天。目前国内外普遍规定20±1℃培养5d，分别测定样品培养前后的溶解氧，二者之差即为BOD_5值，以氧的mg/L表示。

对某些地表水及大多数工业废水，因含较多的有机物，需要稀释后再培养测定，以降低其浓度和保证有充足的溶解氧。稀释的程度应使培养中所消耗的溶解氧大于2mg/L，而剩余溶解氧在1mg/L。

为了保证水样稀释后有足够的溶解氧，稀释水通常要通入空气进行曝气（或通入氧气），使稀释水中溶解氧接近饱和。稀释水中还应加入一定量的无机营养盐和缓冲物质（磷酸盐、钙、镁和铁盐等），以保证微生物生长的需要。

对于不含或少含微生物的工业废水，其中包括酸性废水、碱性废水、高温废水或经过氯化处理的废水，在测定BOD_5时应进行接种，以引入能分解废水中有机物的微生物。当废水中存在着难以被一般生活污水中的微生物以正常速度降解的有机物或含有剧毒物质时，应将驯化后的微生物引入水样中进行接种。本方法适用于测定BOD_5大于或等于2mg/L，最大不超过6000mg/L的水样。当水样BOD_5大于6000mg/L，会因稀释带来一定的误差。

2. 仪器与设备

（1）恒温培养箱20±1℃。

（2）5~20L细口玻璃瓶。

（3）1000~2000mL量筒。

（4）玻璃搅棒　棒的长度应比所用量筒高度长200mm。在棒的底端固定一个直径比量筒底小、并带有几个小孔的硬橡胶板。

（5）溶解氧瓶　250~300mL，带有磨口玻璃塞并具有供水封用的钟形口。

（6）虹吸管　供分取水样和添加稀释水用。

3. 试剂

（1）磷酸盐缓冲溶液　将8.5g磷酸二氢钾（KH_2PO_4），21.75g磷酸氢二钾（K_2HPO_4），33.4g七水合磷酸氢二钠（$NaHPO_4 \cdot 7H_2O$）和1.7g氯化铵（NH_4Cl）溶于水中，稀释至1000mL。此溶液的pH应为7.2。

（2）硫酸镁溶液　将22.5g七水合硫酸镁（$MgSO_4 \cdot 7H_2O$）溶于水中，稀释至1000mL。

（3）氯化钙溶液　将27.5g无水氯化钙溶于水，稀释至1000mL。

（4）氯化铁溶液　将0.25g六水合氯化铁（$FeCl_3 \cdot 6H_2O$）溶于水，稀释至1000mL。

（5）盐酸溶液（0.5mol/L）　将40mL（ρ=1.18g/mL）盐酸溶于水，稀释至1000mL。

（6）氢氧化钠溶液（0.5mol/L） 将20g氢氧化钠溶于水，稀释至1000mL。

（7）亚硫酸钠溶液（$1/2Na_2SO_3=0.025$mol/L） 将1.575g亚硫酸钠溶于水，稀释至1000mL。此溶液不稳定，需每天配制。

（8）葡萄糖-谷氨酸标准溶液 将葡萄糖（$C_6H_{12}O_6$）和谷氨酸（HOOC—CH_2—CH_2—$CHNH_2$—COOH）在103℃干燥1h后，各称取150mg溶于水中，移入1000mL容量瓶内并稀释至标线，混合均匀。此标准溶液临用前配制。

（9）稀释水 在5~20L玻璃瓶内装入一定量的水，控制水温在20℃左右。然后用无油空气压缩机或薄膜泵，将吸入的空气先后经活性炭吸附管及水洗涤管后，导入稀释水内曝气2~8h，使稀释水中的溶解氧接近于饱和。曝气亦可导入适量溶氧。瓶口盖以两层经洗涤晾干的纱布，置于20℃培养箱中放置数小时，使水中溶解氧含量达8mg/L左右。临用前每升水中加入氯化钙溶液、氯化铁溶液、硫酸镁溶液、磷酸盐缓冲溶液各1mL，并混合均匀。稀释水的pH应为7.2，其BOD_5应小于0.2mL/L。

（10）接种液 在室温下放置一昼夜，取上清液供用。

（11）接种稀释水 分别适量接种液，加于稀释水中，混匀。每升稀释水中接种液加入量为：生活污水1~10mL；或表层土壤浸出液20~30mL；或河水，湖水10~100mL。

接种稀释水的pH应为7.2，BOD_5值以在0.3~1.0mg/L为宜。接种稀释水配制后应立即使用。

4. 分析步骤

（1）水样的预处理

①水样的pH若超出6.5~7.5范围时，可用盐酸或氢氧化钠稀溶液调节pH近于7，但用量不要超过水样体积的0.5%。若水样的酸度或碱度很高，可改用高浓度的碱或酸液进行中和。

②水样中含有铜、铅、锌、镉、铬、砷、氰等有毒物质时，可使用经驯化的微生物接种液的稀释水进行稀释，或提高稀释倍数以减少毒物的浓度。

③含有少量游离氯的水样，一般放置1~2h，游离氯即可消失。对于游离氯在短时间不能消散的水样，可加入亚硫酸钠溶液除去。其加入量由下述方法决定。

取已中和好的水样100mL，加入（1+1）乙酸10mL，10%碘化钾溶液1mL，混匀。以淀粉溶液为指示剂，用亚硫酸钠溶液滴定游离碘。由亚硫酸钠溶液消耗的体积，计算出水样中应加亚硫酸钠溶液的量。

④从水温较低的水域采集的水样，可遇到含有过饱和溶解氧的水样，此时应将水样迅速升温至20℃左右，在不使满瓶的情况下，充分振摇，并时时开塞放气，以赶出过饱和的溶解氧。

从水温较高的水域或废水排放口取得的水样，则应迅速使其冷却至20℃左右，并充分振摇，使与空气中的氧分压接近平衡。

（2）不经稀释水样的测定

①溶解氧含量较高、有机物含量较少的地表水，可不经稀释而直接以虹吸法将约20℃的混匀水样转移两个溶解氧瓶内，转移过程中应注意不使气泡产生。以同样的操作使两个溶解氧瓶充满水样后溢出少许，加塞。瓶内不应留有气泡。

②其中一瓶随即测定溶解氧，另一瓶的瓶口进行水封后，放入培养箱中，在20±1℃培养5d，在培养过程中注意添加封口水。

③从开始放入培养箱算起，经过五昼夜后，弃去封口水，测定剩余的溶解氧。

（3）需经稀释水样的测定

①稀释倍数的确定：根据实践经验，提出下述计算方法，供稀释时参考。

地表水：由测得的高锰酸盐指数与一定的系数相乘，即求得稀释倍数，如表3-1所示：

表3-1　　由高锰酸盐指数与一系数的乘积求得的稀释倍数

高锰酸盐指数/（mg/L）	系数	高锰酸盐指数/（mg/L）	系数
<5	—	10~20	0.4、0.6
5~10	0.2、0.3	>20	0.5、0.7、1.0

酿酒工业废水：由重铬酸钾法测得的COD（化学需氧量）值来确定，通常需做三个稀释比。

使用稀释水时，由COD值分别乘以系数0.075、0.15、0.225，即获得三个稀释倍数。

使用接种稀释水时，则分别乘以0.075、0.15和0.25三个系数。

注：COD_{Cr}值可在测定COD过程中，加热回流至60min时，用由校核试验的邻苯二甲酸氢钾溶液按COD测定相同操作步骤制备的标准色列进行估测。

②稀释操作

一般稀释法：按照规定的稀释比例，用虹吸法沿筒壁先引入部分稀释水（或接种稀释水）于1000mL量筒中，加入需要量的均匀水样，再加入稀释水（或接种稀释水）至800mL，用带胶板的玻棒小心上下搅匀。搅拌时勿使搅棒的胶板露出水面，防止产生气泡。

按不经稀释水样的测定的相同操作步骤进行装瓶、测定当天溶解氧和培养5d后的溶解氧。

另外两个溶解氧瓶，用虹吸法装满稀释水（或接种稀释水）作为空白试验对照。测定5d前后的溶解氧。

直接稀释法：直接稀释法是在溶解氧瓶内直接稀释。在已知两个容积相同（其差

<1mL)的溶解氧瓶内，用虹吸法加入部分稀释水（或接种稀释水），再加入根据瓶容积和稀释比例计算出的水样量，然后用稀释水（或接种稀释水）使刚好充满，加塞，勿留气泡于瓶内。

BOD_5测定中，一般采用叠氮化钠改良法测定溶解氧。如遇干扰物质，应根据具体情况采用其他测定法。

5. 结果计算

（1）不经稀释直接培养的水样如式（3-33）所示。

$$BOD_5(mg/L) = C_1 - C_2 \quad \text{式（3-33）}$$

式中　C_1——水样在培养前的溶解氧浓度，mg/L

C_2——水样经5d培养后，剩余溶解氧浓度，mg/L

（2）经稀释后培养的水样，如式（3-34）所示。

$$BOD_5(mg/L) = \frac{(C_1 - C_2) - (B_1 - B_2)f_1}{f_2} \quad \text{式（3-34）}$$

式中　B_1——稀释水（或接种稀释水）在培养前的溶解氧，mg/L

B_2——稀释水（或接种稀释水）在培养后的溶解氧，mg/L

f_1——稀释水（或接种稀释水）在培养液中所占比例

f_2——水样在培养液中所占比例

注：f_1，f_2的计算：例如培养液的稀释比为3%，即3份水样，97份稀释水，则f_1=0.97，f_2=0.03。

6. 精密度和准确度

三个实验室分析含5mg/L葡萄糖的统一标准液的BOD_5值，实验室内相对标准偏差为5.6%；实验室间相对标准偏差为32%。

三个实验室分析含300mg/L葡萄糖（BOD_5为210mg/L）的统一标准液的BOD_5值，实验室内相对标准偏差为2.1%；实验室间相对标准偏差为2.1%。

7. 注意事项

（1）玻璃器皿应彻底洗净，先用洗涤剂浸泡清洗，然后用稀盐酸浸泡，最后依次用自来水、蒸馏水洗净。

（2）在两个或三个稀释比的样品中，凡消耗溶解氧大于2mg/L和剩余溶解氧大于1mg/L，计算结果时，应取其平均值。若剩余的溶解氧小于1mg/L，甚至为零时，应加大稀释比。溶解氧消耗量小于2mg/L，有两种可能，一是稀释倍数过大；另一种可能是微生物菌种不适应，活性差，或含毒物质浓度过大。这时可能出现在几个稀释比中，稀释倍数较大的消耗溶解氧反而较多的现象。

（3）为检查稀释水和接种液的质量，以及化验人员的操作水平，可将20mL葡萄糖-谷氨酸标准溶液用接种稀释水稀释至1000mL，按测定BOD_5的步骤操作。测得BOD_5

的值应在 180~230mg/L。否则应检查接种液、稀释水的质量或操作技术是否存在问题。

(4) 水样稀释倍数超过 100 倍时，应预先在容量瓶中用水初步稀释后，再取适量进行最后稀释培养。

二、 废水化学需氧量的测定

化学需氧量（COD_{Cr}），是指在强酸并加热条件下，用重铬酸钾作为氧化剂处理水样时所消耗氧化剂的量，以氧的 mg/L 来表示。化学需氧量反映了水中受还原性物质污染的程度，水中还原性物质包括有机物、亚硝酸盐、亚铁盐、硫化物等。水被有机物污染是很普遍的，因此化学需氧量也作为有机物相对含量的指标之一，但只能反映能被氧化的有机物污染，不能反映多环芳烃、PCB 等的污染状况。COD_{Cr}是我国实施排放总量控制的指标之一。

水样的化学需氧量，可由于加入氧化剂的种类及浓度、反应溶液的酸度、反应温度和时间，以及催化剂的有无而获得不同的结果。因此，化学需氧量也是一个条件性指标，必须严格按操作步骤进行。对于污水，我国规定用重铬酸钾法，其测得的值称为化学需氧量。国外也有用高锰酸钾、臭氧、羟基作氧化剂的方法体系。如果使用，必须与重铬酸钾法做对照实验，做出相关系数，以重铬酸钾法上报监测数据。

1. 原理

在强酸性溶液中，用一定量的重铬酸钾氧化水样中还原性物质，过量的重铬酸钾以试亚铁灵作指示剂，用硫酸亚铁铵溶液回滴。根据硫酸亚铁铵的用量算出水样中还原性物质消耗氧的量。

酸性重铬酸钾氧化性很强，可氧化大部分有机物，加入硫酸银作催化剂时，直链脂肪族化合物可完全被氧化，而芳香族有机物却不易被氧化，吡啶不被氧化，挥发性直链脂肪族化合物、苯等有机物存在于蒸气相，不能与氧化剂液体接触，氧化不明显。氯离子能被重铬酸盐氧化，并且能与硫酸银作用产生沉淀，影响测定结果，故在回流前向水样中加入硫酸汞，使成为络合物以消除干扰。氯离子含量高于 1000mg/L 的样品应先做定量稀释，使含量降低至 1000mg/L 以下，再行测定。

用 0.25mol/L 浓度的重铬酸钾溶液可测定大于 50mg/L 的 COD 值，未经稀释水样的测定上限是 700mg/L，用 0.025mol/L 浓度的重铬酸钾溶液可测定 5~50mg/L 的 COD 值，但低于 10mg/L 时测量准确度较差。

2. 仪器与设备

(1) 回流装置　带 250mL 锥形瓶的全玻璃回流装置如图 3-1 所示（如取样量在 30mL 以上，采用 500mL 锥形瓶的全玻璃回流装置）。

(2) 加热装置　变阻电炉。

（3）50mL 酸式滴定管　如图 3-1 所示。

3. 试剂

（1）重铬酸钾标准溶液（$1/6K_2CrO_7$ = 0.2500mol/L）　称取预先在 120℃ 烘干 2h 的基准或优级纯重铬酸钾 12.258g 溶于水中，移入 1000mL 容量瓶，稀释至标线，摇匀。

（2）试亚铁灵指示液　称取 1.458g 邻菲罗啉（$C_{12}H_8N_2H_2O$，1,10 - phenanthroline），0.695g 硫酸亚铁（$FeSO_4 \cdot 7H_2O$）溶于水中，稀释至 100mL，贮存于棕色瓶内。

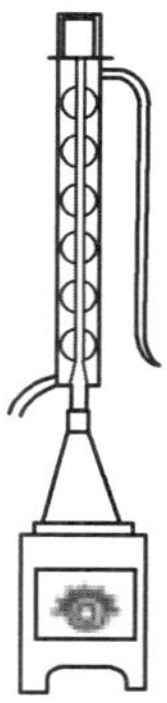

图 3-1　重铬酸钾法测定 COD 的回流装置

（3）硫酸亚铁铵标准溶液［$(NH_4)_2Fe(SO_4)_2 \cdot 6H_2O$ 0.1mol/L］　称取 39.5g 硫酸亚铁铵溶于水中，边搅拌边缓慢加入 20mL 浓硫酸，冷却后移入 1000mL 容量瓶中，加水稀释至标线，摇匀。临用前，用重铬酸钾标准溶液标定。

标定方法：准确吸取 10.00mL 重铬酸钾标准溶液于 500mL 锥形瓶中，加水稀释至 110mL 左右，缓慢加入 30mL 浓硫酸，摇匀。冷却后，加入 3 滴试亚铁灵指示液（约 0.15mL），用硫酸亚铁铵溶液滴定，溶液的颜色由黄色经蓝绿色至红褐色即为终点。计算如式（3-35）所示。

$$c[(NH_4)_2Fe(SO_4)_2] = \frac{0.2500 \times 10.00}{V} \qquad \text{式（3-35）}$$

式中　c——硫酸亚铁铵标准溶液的浓度，mol/L

V——硫酸亚铁铵标准滴定溶液的用量，mL

（4）硫酸-硫酸银溶液　于 2500mL 浓硫酸中加入 25g 硫酸银。放置 1～2d，不时摇动使其溶解（如无 2500mL 容器，可在 500mL 浓硫酸中加入 5g 硫酸银）。

（5）硫酸汞　结晶或粉末。

4. 分析步骤

（1）取 20.00mL 混合均匀的水样（或适量水样稀释至 20.00mL）置 250mL 磨口的回流锥形瓶中，准确加入 10.00mL 重铬酸钾标准溶液及数粒洗净的玻璃珠或沸石，连接磨口回流冷凝管，从冷凝管上口慢慢地加入 30mL 硫酸-硫酸银溶液，轻轻摇动锥形瓶使溶液混匀，加热回流 2h（自开始沸腾时计时）。

注：① 对于化学需氧量高的废水样，可先取上述操作所需体积 1/10 的废水样和试剂，于 15mm×150mm 硬质玻璃试管中，摇匀，加热后观察是否变成绿色。如溶液显绿色，再适当减少废水取样量，直到溶液不变为绿色为止，从而确定废水样分析时应取用的体积。稀释时，所取废水样量不得少于 5mL，如果化学需氧量很高，则废水样应多次逐级稀释。

② 废水中氯离子含量超过 30mg/L 时，应先把 0.4g 硫酸汞加入回流锥形瓶中，再加 20.00mL 废水（或适当废水稀释至 20.00mL），摇匀。以下操作同分析步骤（1）。

（2）冷却后，用 90mL 水从上部慢慢冲洗冷凝管壁，取下锥形瓶。溶液总体积不得少于 140mL，否则因酸度太大，滴定终点不明显。

（3）溶液再度冷却后，加 3 滴亚铁灵指示液，用硫酸亚铁铵标准溶液滴定，溶液的颜色由黄色经蓝绿色至红褐色即为终点，记录硫酸亚铁铵标准溶液的用量。

（4）测定水样的同时，以 20.00mL 重蒸馏水，按同样操作步骤做空白试验。记录滴定空白时硫酸亚铁铵标准溶液的用量，如式（3-36）所示。

$$COD_{Cr}(O_2,\ mg/L) = \frac{(V_0 - V_1) \times c \times 8 \times 1000}{V} \qquad 式（3-36）$$

式中 c——硫酸亚铁铵标准溶液的浓度，mol/L

V_0——滴定空白时硫酸亚铁铵标准溶液用量，mL

V_1——滴定水样时硫酸亚铁铵标准溶液用量，mL

V——水样的体积，mL

8——氧（1/2O）摩尔质量，g/mol

5. 精密度和准确度

六个实验室分析 COD 为 150mg/L 的邻苯二甲酸氢钾标准溶液，实验室内相对标准偏差为 4.3%；实验室间相对标准偏差为 5.3%。

6. 注意事项

（1）使用 0.4g 硫酸汞络合氯离子的最高量可达 40mg，如取用 20.00mL 水样，即最高可络合 2000mg/L 氯离子浓度的水样。若氯离子浓度较低，也可少加硫酸汞，保持硫酸汞：氯离子=10：1。若出现少量氯化汞沉淀，并不影响测定。

（2）水样取用体积可在 10.00~50.00mL，但试剂用量及浓度需按表 3-2 进行相应调整，也可得到满意的结果。

表 3-2　　水样取用量和试剂用量表

水样体积/mL	0.2500mol/L K_2CrO_7溶液/mL	H_2SO_4-$AgSO_4$溶液/mL	$HgSO_4$/g	$(NH_4)_2Fe(SO_4)_2$/(mol/L)	滴定前总体积/mL
10.0	5.0	15	0.2	0.050	70
20.0	10.0	30	0.4	0.100	140
30.0	15.0	45	0.6	0.150	210
40.0	20.0	60	0.8	0.200	280
50.0	25.0	75	1.0	0.250	350

（3）对于化学需氧量小于 50mg/L 的水样，应改用 0.025mol/L 重铬酸钾标准溶液。回滴时用 0.01mol/L 硫酸亚铁铵标准溶液。

（4）水样加热回流后，溶液中重铬酸钾剩余量应是加入量的 1/5～4/5 为宜。

（5）用邻苯二甲酸氢钾标准溶液检查试剂的质量和操作技术时，由于每克邻苯二甲酸氢钾的理论 COD_{Cr} 为 1.176g，所以溶解 0.4251g 邻苯二甲酸氢钾（$HOOCC_6H_4COOK$）于重蒸馏水中，转入 1000mL 容量瓶，用重蒸馏水稀释至标线，使之成为 500mg/L 的 COD_{Cr} 标准溶液。用时新配。

（6）COD_{Cr} 的测定结果应保留三位有效数字。

（7）每次实验时，应对硫酸亚铁铵标准滴定溶液进行标定，室温较高时尤其应注意其浓度的变化。标定方法亦可采用如下操作：于空白试验滴定结束后的溶液中，准确加入 10.00mL、0.2500mol/L 重铬酸钾溶液，混匀，然后用硫酸亚铁铵标准溶液进行标定。

（8）回流冷凝管不能用软质乳胶管，否则容易老化、变形、冷却水不通畅。

（9）用手摸冷却水时不能有温感，否则测定结果偏低。

（10）滴定时不能激烈摇动锥形瓶，瓶内试液不能溅出水花，否则影响测定结果。

第五节 其他化学分析法

一、 酿造用水硬度的测定

水的总硬度是指水中钙、镁离子的总浓度，其中包括碳酸盐硬度（即通过加热能以碳酸盐形式沉淀下来的钙、镁离子，故又称为暂时硬度）和非碳酸盐硬度（即加热后不能沉淀下来的那部分钙、镁离子，又称永久硬度）。现使用的硬度单位为 mmol/L。一般分为 6 个等级：硬度 0～1.427mmol/L（0～4°d）的水为最软水；硬度 1.426～2.853mmol/L（4.1～8.0°d）的水为软水；硬度 2.889～4.280mmol/L（8.1～12°d）的水为中等硬水；硬度 4.315～6.420mmol/L（12.1～18°d）的水为较硬水；硬度 6.455～10.699mmol/L（18.1～30°d）的水为硬水；硬度 10.669mmol/L（30°d）以上的水为很硬水。白酒酿造用水硬度总硬度 2.50～4.28mmol/L（7～12°d）。

1. 原理

目前常用乙二胺四乙酸二钠盐（$EDTA-Na_2$）滴定法测定水的总硬度，在 pH = 10 的缓冲溶液中，水中的钙、镁离子与 EDTA 标准溶液生成稳定的无色可溶性络合物。以铬黑 T 为指示剂，铬黑 T 在 pH = 8 ~11 时为蓝色，与钙、镁离子生成酒红色络合物。

EDTA与钙、镁离子形成的络合物较铬黑T与钙、镁离子形成的络合物更稳定，当用EDTA标准液滴定到终点时，EDTA将铬黑T络合物中的钙、镁离子置换过来，而使铬黑T游离，此时即显示指示剂本身的蓝色。

2. 仪器与设备

（1）酸式滴定管。

（2）移液管。

（3）锥形瓶　250mL。

（4）容量瓶　1000mL。

（5）量筒　100mL等。

3. 试剂

（1）EDTA标准溶液0.01mol/L　称取3.723g $EDTA-Na_2 \cdot 2H_2O$ 溶于水中，并稀释至1000mL。

（2）pH=10缓冲溶液　称取氯化铵27.0g，溶解后加入浓氨水175mL，用水稀释至500mL，存于玻璃或塑料瓶中，最长使用一个月。

（3）铬黑T指示剂　将NaCl于105~107℃烘3~4h，称取1.0g铬黑T与100gNaCl研细，混匀，棕色瓶保存，或取0.5g铬黑T溶于10mL缓冲液中，并用无水乙醇稀释至100mL密塞，冷藏存放1个月。

（4）锌标准溶液0.02mol/L　准确称取1.627g于110℃干燥2h的氯化锌，加入（1+1）HCl溶液20mL，搅拌溶解后定容至1000mL。

4. 分析步骤

（1）EDTA溶液的标定　吸取锌标准溶液10mL于250mL三角瓶中，加水至约50mL，加5mL pH 10缓冲液和约0.2g的铬黑T指示剂，溶液呈酒红色，用欲标定的EDTA标准溶液滴定至蓝色。同时做空白试验。如式（3-37）所示。

$$c = \frac{c_1 V_1}{(V_2 - V_3)} \qquad \text{式（3-37）}$$

式中　c——EDTA浓度，mol/L

c_1——锌标准溶液浓度，mol/L

V_1——吸取锌标准溶液的体积，mL

V_2——测定时消耗EDTA溶液的体积，mL

V_3——空白消耗EDTA溶液的体积，mL

（2）测定　取50.0mL水样于250mL三角瓶中，加入pH=10缓冲溶液5mL，铬黑T指示剂2~3滴（或铬黑T固体指示剂0.2g），振荡摇匀，慢慢以EDTA标准溶液滴定至溶液由酒红色变成蓝色即为终点。络合反应进行比较慢，因此滴定速度不宜太快，临近终点时，更应慢慢滴定并充分振荡。

5. 结果计算

计算公式如式（3-38）所示。

$$X = \frac{cV \times 56.08}{V_s \times 10} \times 1000 \quad \text{式（3-38）}$$

式中 X——水样总硬度，°d

c——EDTA 标准溶液的物质量浓度，mol/L

V——EDTA 标准溶液的用量，mL

V_s——水样总体积，mL

56.08——CaO 的摩尔质量，g/mol

10——每升水中含 10mg CaO 为 1 度

1000——将水样体积换成 1L

6. 注意事项

（1）水中 Fe^{3+}、Al^{3+} 等干扰离子用三乙醇胺掩蔽，Cu^{2+}、Pb^{2+}、Zn^{2+} 等重金属离子可用 KCN、Na_2S 或巯基乙酸掩蔽。

（2）铬黑 T 与 Mg^{2+} 显色的灵敏度高，与 Ca^{2+} 显色的灵敏度低，当水样中 Ca^{2+} 含量很高而 Mg^{2+} 含量很低时，往往得不到敏锐的终点。可以在水样中加入少许的 Mg-EDTA，利用置换滴定法的原理来提高终点变色的敏锐性，或者改用酸性铬蓝 K 作指示剂。

（3）如果水样中 HCO_3^-、H_2CO_3 含量高，终点变色不敏锐，可以经过酸化并煮沸后再测定或者采用返滴定法。

二、 白酒中总醛的测定

（一）碘量法

白酒中的醛类包括甲醛、乙醛、丁醛、戊醛、糠醛等。它们是发酵过程中醇类的氧化产物。醛类毒性较大，总醛中乙醛含量最大，其沸点比酒精低，蒸馏集中在酒头，并使新酒具有辛辣味。但适量的醛类和醇的缩合物如乙缩醛（二乙氧基乙烷）等是酒中重要的香味成分。白酒中总醛以乙醛计。

1. 原理

醛与亚硫酸氢钠发生加成反应，产生 α-羟基磺酸钠。过量的亚硫酸氢钠用碘氧化除去。然后加过量碳酸氢钠，使加成物分解，醛重新游离出来，然后用碘标准溶液滴定分解出亚硫酸氢钠。

2. 试剂

（1）0.10mol/L 盐酸溶液 8.4mL 浓盐酸稀释至 1000mL。

（2）12g/L 亚硫酸氢钠溶液。

（3）1mol/L 碳酸氢钠溶液　准确称取碳酸氢钠 84g，溶于水并稀释至 100mL。

（4）碘标准液 c（1/2 I_2）= 0.1mol/L　称取 12.8g 碘、40g 碘化钾于研钵中，加少量水研磨至溶解，用水稀释至 100mL，贮存于棕色瓶中。

（5）碘标准使用液 c（1/2 I_2）= 0.1mol/L：取 0.1mol/L 碘标准溶液 500mL 用水定容至 1000mL，贮存于棕色瓶中

（6）1%淀粉指示剂。

3. 分析方法

吸取酒样 25.0mL 于 250mL 碘量瓶中，加亚硫酸氢钠溶液 25mL、0.1mol/L 盐酸溶液 10mL，摇匀，于暗处放置 1h。取出后用少量水冲洗瓶塞，用 0.1mol/L 碘液滴定，接近终点时，加淀粉质试剂 1mL，改用 0.05mol/L 碘标准使用液滴定到淡蓝紫色出现（不计数）。加 1mol/L 碳酸氢钠溶液 30mL，微开瓶塞，摇荡 30s（溶液无色），用 0.05mol/L 碘标准使用液继续滴定至淡蓝紫色为其终点。消耗体积 V。

同时做空白试验，消耗体积 V_0。

4. 结果计算

计算结果如式（3-39）所示。

$$X = \frac{(V - V_0) \times c \times 0.022 \times 1000}{25} \times 1000 \qquad \text{式（3-39）}$$

式中　X——酒样中醛的含量（以乙醛计），g/L

V——酒样中醛的含量（以乙醛计），g/L

V_0——空白样消耗碘标准使用液的体积，mL

c——与碘标准使用液的浓度，mol/L

0.022——消耗 1mL 1mol/L 碘（1/2 I_2）标准使用液的乙醛的质量，g/mmol

25——取样体积，mL

5. 注意事项

（1）由于亚硫酸氢钠不稳定，最好用焦性亚硫酸钠（$Na_2S_2O_5$）即偏重亚硫酸钠配制，其作用相同，即 $Na_2S_2O_5 + H_2O = 2NaHSO_3$。

（2）亚硫酸氢钠极易分解，应使用前新鲜配制。

（3）乙醛的水溶液与亚硫酸氢钠的反应比较彻底，乙醛在（水+乙醇）体系中反应不完全。

（4）通过增加亚硫酸氢钠溶液的加入量，能提高酒样总醛含量测定的准确度，能防止发生因亚硫酸氢钠加入量不足导致的总醛含量超标却检验合格的错误。

（二）亚硫酸品红比色法

1. 原理

醛与亚硫酸品红作用时，发生加成反应，经分子重排后，失去亚硫酸，生成具有醌式结构的紫红色物质，其颜色的深浅与醛含量成正比。

2. 试剂

（1）碱性亚硫酸品红溶液（显色剂）　称取碱性品红 0.075g 溶于少量 80℃ 水中，冷却，加水稀释至 75mL，移入 1L 棕色细口瓶内，加 50mL 新配制的亚硫酸氢钠溶液（53.0g $NaHSO_3$溶于 100mL 水中）、500mL 水和 7.5mL 浓硫酸，摇匀放置 10 ~12h 至溶液褪色并具有强烈的二氧化硫气味，置于冰箱中保存。

（2）1g/L 醛标准溶液　称取乙醛氨 0.1386g 迅速溶于 10℃ 左右的基准乙醇（无醛乙醇）中，并定容至 100mL，移入棕色试剂瓶内，贮存于冰箱中。

（3）醛标准使用溶液　吸取 1g/L 醛标准溶液 0mL、0.3mL、0.5mL、0.8mL、1.0mL、1.5mL、2.0mL、2.5mL、3.0mL，分别置于已有部分基准乙醇的 100mL 容量瓶中，用基准乙醇稀释至刻度。即醛浓度分别为 0mg/L、3mg/L、5mg/L、8mg/L、10mg/L、15mg/L、20mg/L、25mg/L、30mg/L。

3. 分析方法

吸取酒样和醛标准系列溶液各 2mL，分别注入 25mL 具塞比色管中，加水 5mL、显色剂 2mL，加塞摇匀，在室温（≥20℃）放置 20min，然后比色。

用 2cm 比色皿于 555nm 波长处，以试剂空白调零，测定吸光度。

4. 结果计算

计算公式如式 3-40 所示。

$$X = \frac{A_1}{A} \times \rho \qquad \text{式（3-40）}$$

式中　X——酒样中总醛（以乙醛计）的含量，mg/L

A_1——酒样的吸光度

A——醛标准使用液的吸光度

ρ——醛标准使用液的浓度，mg/L

三、白酒中总酯的测定

（一）中和滴定法

酯是有机酸与醇类在酸性条件下经酯化作用而成的。白酒的酯类是白酒香味的重要组成，其成分极为复杂，主要包括乙酸乙酯、乳酸乙酯、己酸乙酯、丁酸乙酯，它们占白酒总酯量的 90%左右。

1. 原理

用碱中和样品中的游离酸，再加入一定量的碱，加热沸腾回流使酯类皂化，过量的碱再用酸反滴定，通过消耗碱的量计算出总酯的含量。

2. 仪器

（1）全玻璃蒸馏器　500mL。

（2）全玻璃回流装置　回流瓶 1000mL、250mL（冷凝管不短于 45cm）。

（3）碱式滴定管　25mL 或 50mL。

（4）酸式滴定管　25mL 或 50mL。

3. 试剂

（1）氢氧化钠标准滴定溶液［c（NaOH）= 0.1mol/L］。

（2）硫酸标准滴定溶液［c（1/2 H_2SO_4）= 0.1mol/L］　取浓硫酸 3mL，缓缓加入适量水中，冷却后用水稀释至 1L。

标定：吸取 H_2SO_4 溶液 25mL 于 250mL 三角瓶中，加入 2 滴酚酞指示剂，以 0.1mol/L NaOH 标准溶液滴定至微红色。

计算公式如式 3-41 所示。

$$c_1 = \frac{cV}{25} \qquad \text{式（3-41）}$$

式中　c_1——硫酸（1/2 H_2SO_4）标准溶液浓度，mol/L

c——NaOH 标准溶液浓度，mol/L

V——滴定消耗 NaOH 标准溶液体积，mL

25——吸取 H_2SO_4 标准溶液体积，mL

（3）乙醇（无酯）溶液［40%（体积分数）］　量取 600mL 95%乙醇于 1000mL 回流瓶中，加氢氧化钠溶液 5mL，加热回流皂化 1h，然后移入蒸馏器中重蒸，再配成乙醇水溶液［40%（体积分数）］。

（4）酚酞指示剂（10g/L）　按 GB/T 603—2002 配制。

4. 分析方法

吸取样品 50.0mL 于 250mL 回流瓶中，加 2 滴酚酞指示剂，以氢氧化钠标准滴定溶液滴定至粉红色（切勿过量），记录消耗氢氧化钠标准滴定溶液的毫升数（也可作为总酸含量计算）。再准确加入氢氧化钠标准滴定溶液 25.00mL（若样品总酯含量高时，可加入 50.00mL），摇匀，放入几颗沸石（或玻璃珠），装上冷凝管（冷却水温度低于 10℃），于沸水浴上回流 30min，取下，冷却。然后，用硫酸标准滴定溶液进行滴定，使微红色刚好完全消失为其终点，记录消耗硫酸标准滴定溶液的体积。同时吸取乙醇

（无酯）溶液50mL，按上述方法同样操作做空白试验，记录消耗硫酸标准滴定溶液的体积。

5. 结果计算

计算公式如式（3-42）所示。

$$X = \frac{c \times (V_0 - V_1)}{50.0} \times 1000 \qquad 式（3-42）$$

式中 X——样品中总酯的含量，mmol/L

c——硫酸标准滴定溶液的实际浓度，mol/L

V_0——空白试验样品消耗0.1mol/L（1/2 H_2SO_4）H_2SO_4溶液的体积，mL

V_1——样品消耗0.1mol/L（1/2 H_2SO_4）H_2SO_4溶液的体积，mL

50.0——吸取样品的体积，mL

所得结果应保留两位小数。

6. 注意事项

（1）皂化过程中采用恒温水浴锅100℃，从第一滴冷凝液滴下开始计时，皂化30min，确保皂化充分。

（2）用硫酸进行返滴定过程中，要保持匀速的滴定速度，过快会使反应不全，且容易过量。

（二）电位滴定法

1. 原理

用碱中和样品中的游离酸，再加入一定量的碱，加热沸腾回流使酯类皂化，用硫酸进行中和滴定，当滴定接近等电点时用pH变化指示终点。

2. 仪器

（1）全玻璃蒸馏器 500mL。

（2）全玻璃回流装置 回流瓶1000mL、250mL（冷凝管不短于45cm）。

（3）碱式滴定管 25mL或50mL。

（4）酸式滴定管 25mL或50mL。

（5）电位滴定仪（或酸度计） 精度为2mV。

3. 试剂

（1）氢氧化钠标准滴定溶液［c（NaOH）= 0.1mol/L］。

（2）硫酸标准滴定溶液［c（1/2 H_2SO_4）= 0.1mol/L］ 取浓硫酸3mL，缓缓加入适量水中，冷却后用水稀释至1L。

4. 分析方法

吸取样品50.0mL于250mL回流瓶中，加2滴酚酞指示剂，以氢氧化钠标准滴定溶液滴定至粉红色（切勿过量），记录消耗氢氧化钠标准滴定溶液的毫升数（也可作为总酸含量计算）。再准确加入氢氧化钠标准滴定溶液 25.00mL（若样品总酯含量高时，可加入 50.00mL），摇匀，放入几颗沸石（或玻璃珠），装上冷凝管（冷却水温度低于10℃），于沸水浴上回流 30min，取下，冷却。将样液移入 100mL 小烧杯中，用 10mL 水分次冲洗回流瓶，洗液并入小烧杯。插入电极，放入一枚转子，置于电磁搅拌器上，开始搅拌，初始阶段可以快速滴加硫酸标准溶液，当样液 pH=9.0 后，放慢滴加速度，直至 pH=8.70 为其终点，记录消耗硫酸标准溶液体积。同时吸取乙醇（无酯）溶液 50mL，按上述方法同样操作做空白试验，记录消耗硫酸标准滴定溶液的体积。

5. 结果计算

计算公式如式（3-43）所示。

$$X = \frac{c \times (V_0 - V_1)}{50.0} \times 1000 \qquad 式（3-43）$$

式中 X——样品中总酯的含量，mmol/L

c——硫酸标准滴定溶液的实际浓度，mol/L

V_0——空白试验样品消耗 0.1mol/L（1/2 H_2SO_4）H_2SO_4溶液的体积，mL

V_1——样品消耗 0.1mol/L（1/2 H_2SO_4）H_2SO_4溶液的体积，mL

50.0——吸取样品的体积，mL

所得结果应保留两位小数。

四、 葡萄酒中二氧化硫的测定

二氧化硫本身无营养价值，不是葡萄酒中不可缺少的成分，但在生产工艺中对制酒用具、果汁、果酒有杀菌的效果，同时对果酒的澄清、增酸也有重要作用。它来源于人为添加的二氧化硫气体、亚硫酸溶液或燃烧硫黄。

葡萄酒中的 SO_2 是以酸式亚硫酸盐（HSO_3^-）、亚硫酸盐（SO_3^{2-}）和二氧化硫（SO_2）形式存在。酸式亚硫酸盐与酒中存在的乙醛反应，生成酸式亚硫酸盐络合物（乙醛-a-羟基磺酸盐），与水合乙醛酸、丙酮酸、半乳糖醛及某些不饱和化合物反应，照这样进行反应的称为结合 SO_2，反之为游离 SO_2。

测定二氧化硫的方法有氧化法和直接滴定法，氧化法的操作比直接滴定法稍复杂，但准确度较高，是原轻工业部标准中规定的仲裁检验方法。

（一）氧化法测定葡萄酒中的游离二氧化硫

1. 原理

将试样中的游离二氧化硫迅速蒸出，以含双氧水的水溶液吸收，双氧水将 SO_2 氧化

为 H_2SO_4，再用强碱标准溶液滴定，换算为二氧化硫的含量。

2. 仪器与设备

（1）氧化法测定二化硫装置，如图 3-2 所示。

（2）真空泵或抽气管（玻璃射水泵）。

（3）250mL 酸式滴定管。

（4）250mL 碘量瓶。

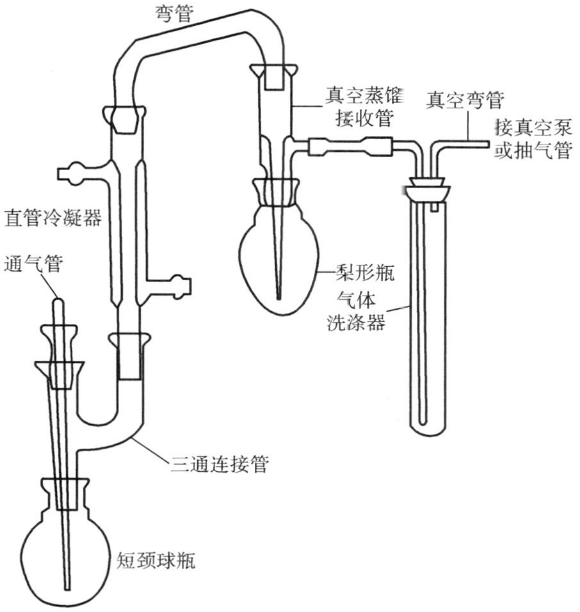

图 3-2 二氧化硫测定装置

3. 试剂

（1）氢氧化钠标准溶液 c（NaOH）= 0.01mol/L 准确吸取 c（NaOH）= 0.01mol/L 的 NaOH 标准溶液 25mL 于 250mL 容量瓶中，以无二氧化碳蒸馏水定容至刻度，摇匀。每月标定一次。

（2）ρ=0.3%过氧化氢溶液 吸取 1mL30%过氧化氢（市售），用水稀释至 100mL，临用现配。

（3）次甲基蓝-甲基红混合指示液 称取 0.0125g 次甲基蓝于 10mL 95%乙醇中，再称取 0.027g 甲基红溶于 20mL 95%乙醇中，混匀。

（4）ρ=25%磷酸溶液 量取 295mL 85%磷酸，用水稀释至 1000mL。

4. 分析方法

（1）如图 3-2 所示，将二氧化硫测定装置真空弯管与真空泵（或抽气管）相连接，直管冷凝器通入冷却水。取下梨形瓶和气体洗涤器，往梨形瓶中移入 20mL 0.3%过氧化氢溶液，往气体洗涤器中移入 5mL 0.3%过氧化氢溶液，各加 3 滴指示液后溶液即变为紫色，滴入 c（NaOH）= 0.01mol/L 的 NaOH 标准溶液使其颜色恰好变为橄榄绿色，然后重新安装妥当，将短颈球瓶浸入水浴中。

（2）吸取酒样 20mL 从通气管上口注入短颈球瓶，随后吸取 255 磷酸 10mL 也从通气管上口加入短颈球瓶。开启真空泵（或抽气管），使抽入空气流量 1000～1500mL/min，抽气 10min。取下梨形瓶，用 c（NaOH）= 0.01mol/L 的 NaOH 标准溶液滴定至重现橄榄绿色即为终点。记录耗用氢氧化钠标准溶液的体积。以水代替试样做空白试验，操作同上。通常情况下，气体洗涤器中溶液不应变色，如果溶液变为紫色，用 c（NaOH）= 0.01mol/L 的 NaOH 标准溶液滴定至橄榄绿色，记录耗用氢氧化钠标准溶液的体积，再加到梨形瓶用氢化钠的体积中。

5. 结果计算

计算公式如式（3-44）所示。

$$X = \frac{32c(V_1 - V_0)}{20} \times 1000 \qquad \text{式（3-44）}$$

式中　X——试样中二氧化硫的含量，mg/L

c——氢氧化钠标准溶液的浓度，mg/L

V_1——测酒样时耗用氢氧化钠标准溶液的体积，mL

V_0——空白试验耗用氢氧化钠标准溶液的体积，mL

32——二氧化硫的摩尔质量，g/mol

20——试样体积，mL

6. 注意事项

氧化法测二氧化硫因排除了酒中可被氧化物质的干扰，避免了酒中色素对滴定终点的影响，所测结果准确，测定红葡萄酒的二氧化硫含量时，此法有明显的优点。

（二）直接滴定法测定游离二氧化硫

1. 原理

直接滴定法又称碘量法。即在强酸性条件下，碘可以氧化二氧化硫为硫酸，其反应为：$I_2+SO_2+2H_2O \rightarrow 2I^-+SO_4^{2-}+4H^+$。当反应到达终点时，稍过量的碘使淀粉指示剂变为蓝色。根据碘标准溶液的消耗量来计算酒中二氧化硫的含量。

2. 仪器与设备

（1）25mL 酸式滴定管。

（2）250mL 碘量瓶。

3. 试剂

（1）（1+3）硫酸。

（2）10g/L 淀粉指示液。

（3）碘液 c（1/2 I_2）= 0.01mol/L。

4. 分析方法

吸取酒样 50mL（红葡萄酒 25mL）于 250mL 碘量瓶中，加入少量碎冰块，再加入 10g/L 淀粉指示液 1mL，（1+3）硫酸 10mL，用 c（1/2 I_2）= 0.01mol/L 碘液迅速滴定至淡蓝色，保持 30s 不褪即为终点，记录消耗碘液的体积。

5. 结果计算

计算公式如式（3-45）所示。

$$X = \frac{32cV}{V_s} \times 1000 \qquad 式（3-45）$$

式中　X——样品中游离二氧化硫的含量，mg/L

c——碘标准溶液的浓度，mol/L

V——耗用碘标准溶液的体积，mL

32——二氧化硫的摩尔质量，g/mol

V_s——取样体积，mL

6. 注意事项

（1）此法准确度较氧化法稍差，仲裁检验时，以氧化法为准。

（2）此法滴定介质必须是酸性，不能在碱性溶液中进行，否则会发生如下副反应。$3I_2+6OH^-=IO_3^-+5I^-+3H_2O$，给测定带来误差。

（3）滴定时溶液温度不能超过 20℃，以防结合二氧化硫分解。

（4）在滴定终点开始时，溶液颜色变暗，然后逐步变为蓝色，要注意观察滴定终点。

（5）葡萄酒中游离二氧化硫不稳定，测定前尽量避免暴露于空气中。

（三）氧化法测定总二氧化硫

总二氧化硫即为游离二氧化硫和结合二氧化硫的总和。葡萄酒中添加二氧化硫后很快与酒结合，有 60%~70%的亚硫酸为结合状态。酒中游离二氧化硫和结合二氧化硫处于平衡状态，当平衡稍有破坏（如游离二氧化硫变为硫酸），结合二氧化硫的某些部分被分解，释放出新的二氧化硫。

1. 原理

将测定游离二氧化硫的残液，在加热条件下，样品中的结合二氧化硫被释放，并与过氧化氢发生氧化还原反应，用 NaOH 标准溶液滴定生成的硫酸，可得到样品中结合二氧化硫的含量，将该值与游离二氧化硫测定值相加，即得出样品中总二氧化硫的含量。

2. 仪器及试剂

同游离二氧化硫的测定（氧化法）。

3. 分析方法

测定游离二氧化硫后，将滴定至橄榄绿色的梨形瓶重新与真空蒸馏接收管连接，拆除短颈球瓶下的冰浴，用温水小心加热短颈球瓶，使瓶内溶液保持微沸，开启真空泵（或抽气管），以下操作及计算同游离二氧化硫的测定（氧化法）。

4. 结果计算

同游离二氧化硫的测定（氧化法）。

（四）直接滴定法测定总二氧化硫

1. 原理

用强碱溶液将酒样中结合状态的二氧化硫释放出来，用冰调节溶液温度在20℃以下，用硫酸溶液中和过量的碱，并调整至溶液呈酸性，以淀粉溶液为指示剂，用标准碘液滴定至淡蓝色30s内不褪为终点。根据标准碘液的耗用量计算总二氧化硫的含量。

2. 仪器及试剂

同游离二氧化硫测定（直接滴定法）。

3. 分析方法

量取100mg/L氢氧化钠溶液25mL于250mL碘量瓶中，用移液管吸取酒样25mL，管尖插入氢氧化钠溶液中，然后放出酒样，摇匀，盖塞，静置15min。加入少量碎冰块，再加10g/L淀粉指示液1mL，（1+3）硫酸10mL用c（1/2 I_2）= 0.01mol/L碘液迅速滴定至淡蓝色，保持30s内不褪为终点。记录消耗碘标准溶液的体积。以水代替酒样做空白试验，操作相同。

4. 结果计算

计算公式如式（3-46）所示。

$$X = \frac{32c(V_1 - V_0)}{20} \times 1000 \qquad 式（3-46）$$

式中 X——样品中总二氧化硫的含量，mg/L

c——碘标准溶液的浓度，mol/L

V_1——测酒样时耗用碘标准溶液的体积，mL

V_0——空白试验耗用碘标准溶液的体积，mL

32——二氧化硫的摩尔质量，g/mol

20——取样体积，mL

五、酒花中单宁的测定

在啤酒酿造中，酒花单宁在与麦芽汁共沸过程中，大部分单宁与蛋白质结合成蛋白质单宁酸而溶于麦芽汁中，冷却后沉淀，从而分离麦芽汁中的蛋白质，使啤酒澄清，延长啤酒的保质期。因此，单宁的测定在啤酒生产中具有十分重要的意义。酒花中单宁的含量要求为 0.2%以上。

1. 原理

利用单宁的还原性，以靛红为指示剂，用高锰酸钾标准溶液滴定，反应完全后，微过量的高锰酸钾氧化靛红为金黄色即为终点。

为消除试样中其他能被高锰酸钾氧化的还原性物质的干扰，利用活性炭使单宁沉淀后再用高锰酸钾滴定试样，两次滴定高锰酸钾用量之差计算单宁含量。

2. 仪器与设备

回流冷凝管，沸水浴。

3. 试剂

（1）靛红（又称靛蓝胭脂红）指示剂 称取靛红 2.5g 溶于水，加入 25mL 浓硫酸，用水稀释至 500mL。

（2）0.1mol/L 高锰酸钾标准溶液。

（3）粉末活性炭。

4. 分析方法

（1）试样处理

① 称取粉碎酒花样品 4 ~5g（精确至 0.001g），置于 500mL 烧瓶中，加入 400mL 水，安装回流冷凝装置，于沸水浴中回流 1h。

② 过滤，用热水洗涤残渣 3 ~4 次，收集滤液和洗涤液于 500mL 容量瓶中，冷至室温后定容。

（2）滴定 吸取滤液 50mL，注入 250mL 锥形瓶中，加入靛红指示剂 5.00mL，再加入水 100mL，用 0.1mol/L 高锰酸钾标准溶液滴定，溶液由蓝色逐渐变为绿色、黄绿色至金黄色为终点，记录消耗高锰酸钾标准溶液的体积。

（3）空白试验 吸取滤液 50mL，注入碘量瓶中，加活性炭 5g，用力摇动 5min，以吸附单宁，放置至澄清后过滤，以 100mL 水多次洗涤锥形瓶和残渣，滤液和洗涤液收集于 250mL 锥形瓶中，加入靛红指示剂 5.00mL，用 0.1mol/L 高锰酸钾标准溶液滴定至金黄色为终点，记录消耗高锰酸钾标准溶液体积。

5. 计算结果

计算公式如式（3-47）所示。

$$X = \frac{0.004157(V_1 - V_2)c}{0.1000m} \times \frac{500}{V} \times 100\% \quad \text{式（3-47）}$$

式中 X——单宁含量，%

V_1——滴定试样中全部还原类物质的高锰酸钾标准溶液用量，mL

V_2——滴定试样中非单宁还原类物质的高锰酸钾标准溶液用量，mL

V——所取被滴定滤液体积，mL

c——高锰酸钾标准溶液浓度，mol/L

m——试样质量，g

0.004157——消耗 1mL 0.1mol/L 高锰酸钾标准溶液的单宁的质量，g

6. 注意事项

（1）试样处理要迅速，以防单宁被氧化。

（2）高锰酸钾标准溶液滴定时，最初滴定速度应稍快，至黄绿色时再小心一滴一滴地滴入，直至金黄色为止。若高锰酸钾一次添加量过多，则消耗量也多；若滴加过慢，消耗量也少。

（3）摇动速度对高锰酸钾用量也有影响，因此，每次滴定需保持添加及摇动速度一致。

六、 原料中粗脂肪的测定

原料中脂肪是一种含量较低、对酿酒发酵有阻碍作用的成分。酿酒原料中玉米的脂肪含量较高，并且主要集中在胚芽内。

1. 原理

脂肪的测定，采用索氏抽提法。样品用无水乙醚或石油醚等溶剂抽提后，蒸去溶剂所得的物质质量，即为试样中的粗脂肪含量。

2. 仪器与设备

索氏脂肪抽提器。

3. 试剂

无水乙醚或石油醚。

乙醚脱水方法　在 1L 乙醚中加入 50g 无水硫酸钠或无水石膏，振荡，静置过夜后，重新蒸馏。

4. 分析方法

精密称取 2~5g 干燥后的样品，用滤纸包裹后移入滤纸筒内。将滤纸筒放入抽提管内，连接已干燥至恒量的接收瓶，由抽提器冷凝管上端加入无水乙醚或石油醚至瓶内容积的 2/3 处，于 80℃上水浴上加热，使乙醚或石油醚不断回流抽提，抽提速度为 1h 虹吸 6~8 次，抽提时间 4h。抽提完毕，继续在水浴上加热回收乙醚或石油醚。待接受瓶干涸后，取下接受瓶，在水浴上蒸干残余乙醚或石油醚后，再于 100~105℃干燥 1h，放干燥器内冷却 0.5h，称量。

5. 结果计算

计算公式如式（3-48）所示。

$$X = \frac{m_1 - m_0}{m_2} \times 100\% \quad 式（3-48）$$

式中 X——样品中脂肪的含量，%

m_0——接收瓶的质量，g

m_1——接收瓶和脂肪的质量，g

m_2——样品的质量，g

6. 注意事项

（1）本法测定准确，但费时、费试剂。

（2）本法要求必须干燥无水，水分有碍有机溶剂对样品的浸润。

（3）本法测得的脂肪中，还含有少量的可溶于脂肪的有机酸、色素、香精、醛、酮等，故只可称为粗脂肪。

（4）有机溶剂在接收瓶中受热蒸发至冷凝管中，冷凝后盛于装样品的提取筒中，当提取筒中溶剂达到虹吸管顶端时，自动虹吸入下面接收瓶中，接收瓶中溶剂受热蒸发，于冷凝管中冷凝后入提取筒中，再次浸取样品；如此循环，每一次提取筒中溶剂均为干净的重蒸溶剂，故相当于每一次都用新鲜溶剂萃取，从而提高提取效率。

（5）由于为易燃的有机溶剂，故应特别注意防火。

（6）本法主要测定游离脂肪的含量。

七、 葡萄酒中抗坏血酸的测定

抗坏血酸又称维生素C。由于其具有还原性，在葡萄酒中起着抗氧化作用，同时在酶的作用下，可转化为脱氢抗坏血酸，故在人体内具有降低胆固醇，减缓动脉硬化的作用。

1. 原理

还原性抗坏血酸能还原2，6-二靛酚染料。该染料在酸性溶液中呈红色，被还原后红色消失。还原型抗坏血酸还原染料后，本身被氧化为脱氢抗坏血酸。在没杂质干扰时，一定量的样品提取液还原标准染料的量与样品中所含抗坏血酸的量成正比。

2. 试剂

（1）10g/L草酸溶液　溶解10g结晶草酸并稀释至1000mL。

（2）0.1mol/L碘酸钾（1/6 KIO_3）溶液　称取碘酸钾3.6g溶于1000mL水中。

标定：吸取25mL碘酸钾溶液，置于碘量瓶中，加2g碘化钾，加5mL 20%（体积分数）HCl溶液，摇匀，于暗处置放5min，加水150mL，用0.1mol/L硫代硫酸钠标准溶液滴定，近终点时加 1mL 淀粉指示剂，继续滴定至蓝色消失。同时做空白试验。碘酸钾溶液物质的量浓度为硫代硫酸钠标准溶液浓度与消耗体积乘积除以 25。

（3）0.001mol/L 碘酸钾（$1/6KIO_3$）标准溶液　吸取 1mL 碘酸钾溶液，用水稀释并定容至 100mL。此溶液 1mL 相当于 0.88mg 抗坏血酸。

（4）60g/L 碘化钾溶液。

（5）抗坏血酸标准储备液（0.20g/L）　准确称取 0.02g（准确至 0.0002g）预先在五氧化二磷干燥器中干燥 5h 的抗坏血酸，溶于 10g/L 草酸溶液中，定容至 100mL（置于冰箱中保存）。

抗坏血酸标准使用液（0.020g/L）　吸取 10mL 抗坏血酸标准贮备液，用 10g/L 草酸溶液定容至 100mL。

标定：吸取抗坏血酸标准使用液 5mL 于 100mL 三角瓶中，加入 0.5mL 碘化钾溶液、3 滴 10g/L 淀粉指示液，用碘化钾标准液滴定至淡蓝色，30s 内不变色为其终点。

计算公式如式（3-49）所示。

$$X = \frac{c}{0.01} \times V_1 \times 0.88 \times \frac{1}{V_2} \qquad \text{式（3-49）}$$

式中　X——抗坏血酸含量，g/L

c——滴定时消耗的碘酸钾（$1/6\ KIO_3$）标准溶液的浓度，mol/L

V_1——滴定时消耗的碘酸钾标准溶液体积，mL

V_2——抗坏血酸标准使用液的体积，mL

0.88——1mL 1mol/L 碘酸钾（$1/6\ KIO_3$）标准溶液相当于抗坏血酸的质量，mg/mmol

（6）2，6-二氯靛酚标准溶液　称取 52mg 碳酸氢钠，0.05g 2，6-二氯靛酚，置于约 80℃ 250mL 水中，温热溶解，冷却，置于冰箱中放置 24h。然后过滤置于 250mL 容量瓶中，用水稀释至刻度，摇匀。此溶液应贮存于棕色瓶中并冷藏。每星期至少标定一次。

标定：吸取 5mL 抗坏血酸标准使用液，置于 100mL 三角瓶中，加入 15mL10g/L 草酸溶液，摇匀，用 2，6-二氯靛酚标准溶液滴定至溶液呈粉红色，30s 不褪色为其终点。

计算公式如式（3-50）所示。

$$C = \frac{C_1 V_1}{V_2} \qquad \text{式（3-50）}$$

式中　C——每毫升 2，6-二氯靛酚标准溶液相当于抗坏血酸的质量（滴定度），mg

c_1——抗坏血酸标准使用液的浓度，g/L

V_1——滴定使用抗坏血酸标准使用液的体积，mL

V_2——标定时消耗的 2，6-二氯靛酚标准溶液体积，mL

（7）10g/L 淀粉指示剂　称取 1g 可溶性淀粉，用少量水调成糊状，然后注入

100mL 沸水中，至完全透明，冷却备用。

3. 分析方法

吸取 5mL 样品于 100mL 三角瓶中，加入 15mL 10g/L 草酸溶液，摇匀，立即用 2，6-二氯靛酚标准溶液滴定，至溶液恰成粉红色，30s 不褪色即为终点。

4. 结果计算

计算公式如式（3-51）所示。

$$X = \rho \times V \times \frac{1}{V_1} \times 1000 \times \frac{1}{1000} \qquad \text{式（3-51）}$$

式中　X——抗坏血酸含量，g/L

ρ——每毫升 2，6-二氯靛酚标准溶液的消耗抗坏血酸的质量，mg/mL

V——滴定时消耗的 2，6-二氯靛酚标准溶液的体积，mL

V_1——取样体积，mL

5. 注意事项

（1）因 2，6-二氯靛酚滴定的是还原型的抗坏血酸，所以整个操作过程要迅速，防止还原型抗坏血酸被氧化。

（2）样品脱色应选择脱色能力较强，但对抗坏血酸无损失的白陶土，脱色后样品要迅速滴定。

（3）滴定开始时，染料溶液要迅速加入，直至红色不立即消失后，尽可能地一滴一滴地加入，并不断摇动三角瓶直至粉色 15s 内不消失。测定时必须做空白对照，并从样品中扣除空白消耗染料溶液的体积。

八、　酒糟中残余酒精含量的测定

1. 原理

酒糟中残余酒精含量是衡量白酒蒸馏技术的一个重要指标。但酒糟中酒精含量甚低，其蒸馏液难以用相对密度法或酒精计准确测量。可采用重铬酸钾把酒精氧化为乙酸，同时黄色的六价铬被还原为绿色的三价铬，用比色法进行测定。该法对酒精的检测下限可达 0. 2% 。反应式如下：

$$3CH_3CH_2OH+2K_2CrO_7+8H_2SO_4=3CH_3COOH+2Cr(SO_4)_3+2K_2SO_4+11H_2O$$

2. 试剂

（1）0. 1%（体积分数）酒精标准溶液　准确吸取 0. 1mL 无水酒精，于 100mL 容量瓶中，用水定容至刻度。

（2）20g/L 重铬酸钾溶液　称取 2g 重铬酸钾，溶于水，并稀释至 100mL。

（3）浓硫酸。

3. 测定步骤

（1）标准曲线的绘制 在 6 支 10mL 的比色管中，分别加入 0mL、1mL、2mL、3mL、4mL、5mL 0. 1%（体积分数）酒精标准溶液，分别补水至 5mL。各管中加入 1mL 20g/L 重铬酸钾溶液、5mL 浓硫酸，摇匀，于沸水浴中加热 10min，取出冷却。该标准系列管密塞，可长期保存，或于波长 600nm，1cm 比色皿中测吸光度，绘制标准曲线。

（2）称取酒糟 100g，于 500mL 蒸馏烧瓶中，加水 200mL，连接蒸馏装置，蒸出馏出液 100mL，于 100mL 量筒中，搅匀。

（3）测定 吸取 5mL 酒糟馏出液，于 25mL 比色管中，加 1mL 20g/L 的重铬酸钾溶液，5mL 浓硫酸，摇匀，与标准系列管一起加热，冷却，目视比色或分光光度计比色测定。

4. 计算

酒精含量的计算如式（3-52）所示。

$$\text{酒精含量（mL/100g）} = V \times 0.001 \times \frac{1}{5} \times 100 \times \frac{1}{m} \times 100 \qquad \text{式（3-52）}$$

式中 V——试样管与标准系列中颜色相当时标准酒精液的体积，mL，或试样管吸光度，查标准曲线求得酒精含量，mL

0. 001——标准酒精液的浓度，mL/mL

5——吸取酒糟馏出液体积，mL

100——酒糟馏出液总体积，mL

m——试样质量，g

第四章

分光光度分析

第一节 分光光度法基本理论

分光光度法是通过测定被测物质在特定波长处或一定波长范围内光的吸光度或发光强度，对该物质进行定性和定量分析的方法。

在分光光度计中，将不同波长的光连续地照射到一定浓度的样品溶液时，便可得到不同波长相对应的吸收强度。如以波长（λ）为横坐标，吸收强度（A）为纵坐标，就可以绘制出该物质的吸收光谱曲线。利用该曲线进行物质定性、定量的分析方法称为分光光度法，也称吸光光谱法。用紫外光源测定无色物质的方法称为紫外分光光度法；用可见光光源测定有色物质的方法，称为可见光光度法。它们与比色法一样，都以 Lambert-Beer 定律（朗伯-比尔定律）为基础。上述的紫外光区与可见光区是常用的。

一、基本原理

当一束强度为I_0的单色光垂直照射某物质的溶液后，由于一部分光被体系吸收，因此透射光的强度降至为I，则溶液的透光率T为I/I_0。

根据朗伯-比尔定律：

$$A = abc$$

式中 A——吸光度

b——溶液层厚度，cm

c——溶液的浓度，g/dm^3

a——吸光系数

其中吸光系数与溶液的本性、温度以及波长等因素有关。溶液中其他组分（如溶剂等）对光的吸收可用空白液扣除。

根据朗伯-比尔定律：当入射光波长、溶质、溶剂以及溶液的温度一定时，溶液的光密度和溶液层厚度及溶液的浓度成正比，若液层的厚度一定，则溶液的光密度只与溶液的浓度有关，吸光度与被测物质的浓度成正比。在定量分析时，首先需要测定溶液对不同波长光的吸收情况（吸收光谱），从中确定最大吸收波长，然后以此波长的光为光源，测定一系列已知浓度C溶液的吸光度A，做出A-C工作曲线。在分析未知溶液时，根据测量的吸光度A，查工作曲线即可确定出相应的浓度。这便是分光光度法测量浓度的基本原理。

二、分光光度法的特点

（一）灵敏度高

由于新的显色剂的大量合成，并在应用研究方面取得了可喜的进展，使得对元素测定的灵敏度有所推进，特别是有关多元络合物和各种表面活性剂的应用研究，使许多元素的摩尔吸光系数由原来的几万提高到数十万。

（二）选择性较好

目前已有些元素只要利用控制适当的显色条件就可直接进行光度法测定，如钴、铀、镍、铜、银、铁等元素的测定，已有比较满意的方法了。

（三）准确度高

对于一般的分光光度法，其浓度测量的相对误差在1%~3%范围内，如采用示差分光光度法进行测量，则误差可减少到1%以内。

（四）适用浓度范围广

可从常量（1%~50%）（尤其使用示差法）到痕量（10^{-8}%~10^{-6}%）（经预富集后）。

（五）分析成本低、操作简便、快速、应用广泛

由于各种各样的无机物和有机物在紫外可见区都有吸收，因此均可借此法加以测定。到目前为止，几乎化学元素周期表上的所有元素（除少数放射性元素和惰性元素之外）均可采用此法。在国际上发表的有关分析的论文总数中，光度法约占28%，我国约占所发表论文总数的33%。

三、分光光度法的基本应用

（一）测定溶液中物质的含量

可见或紫外分光光度法都可用于测定溶液中物质的含量。测定标准溶液（浓度已知的溶液）和未知液（浓度待测定的溶液）的吸光度，进行比较。由于所用吸收池的厚度是一样的，也可以先测出不同浓度的标准液的吸光度，绘制标准曲线，在选定的浓度

范围内标准曲线应该是一条直线，然后测定出未知液的吸光度，即可从标准曲线上查到其相对应的浓度。含量测定时所用波长通常要选择被测物质的最大吸收波长，这样做有两个好处：灵敏度大，物质在含量上的少许变化将引起较大的吸光度差异；可以避免其他物质的干扰。

（二）用紫外光谱鉴定化合物

用各种波长不同的单色光分别通过某一浓度的溶液，测定其对每一种单色光的吸光度，绘制吸光度—波长曲线，此曲线即吸收光谱曲线。各物质均有其相应的吸收光谱曲线，因此用吸收光谱曲线图可以进行物质种类的鉴定。同一种物质的紫外吸收光谱应完全一致，但具有相同吸收光谱的化合物其结构不一定相同。除了特殊情况外，单独依靠紫外吸收光谱决定一个未知物结构，必须与其他方法配合。

（三）反应动力学研究

借助于分光光度法可以得出一些化学反应速度常数，并从两个或两个以上温度条件下得到的速度数据，得出反应活化能。

（四）纯度检验

紫外吸收光谱能测定化合物中含有的微量的具有紫外吸收的杂质。如果化合物的紫外可见光区没有明显的吸收峰，而它的杂质在紫外区内有较强的吸收峰，就可以检测出化合物中的杂质。

（五）氢键强度的测定

不同的极性溶剂产生氢键的强度也不同，可以利用紫外光谱来判断化合物在不同溶剂中氢键强度，以确定选择哪一种溶剂。

（六）络合物组成及稳定常数的测定

金属离子常与有机物形成络合物，多数络合物在紫外可见区是有吸收的，因此可利用分光光度法研究其组成。

分光光度法是一种灵敏、快速、准确、简单的分析方法，它是测量微量或半微量物质的最常用方法之一，属于光学分析法中的范畴。分光光度法在酿酒分析领域中的应用已有多年的历史。虽然在这段期间内各种分析方法有较大的发展，然而分光光度法仍然是今日分析领域中应用最广泛的分析方法之一。

第二节　可见分光光度法

可见分光光度分析多用于样品中单一成分或少数成分的分析。可见光分光光度法具有定量方便、操作简单等特点，在酿酒原料的检测方面具有很大的优势。其定量的理论基础为朗伯-比尔定律，是所有光谱定量方法中应用最频繁的方法，在工业发酵领域中有广泛的应用。

需要注意的是，虽然可见分光光度法具有定量方便、操作简单等特点，但它最大的缺点是对于复杂混合物无法分离，各成分间光谱图干扰严重，同时由于其定量前提是在紫外或可见光区有特征吸收，因此要求待定量物质必须含有相应的生色基团，所以在大部分样品进行紫外-可见光分光光度法定量分析前，都需要经过样品预处理步骤使其带上生色基团，如对游离 α-氨基酸的测定需在测定前使用茚三酮作为显色剂与氨基酸反应形成蓝紫色络合物，从而可以在 570 nm 处测定其吸光度。

一、　甲醇的测定

甲醇为易挥发略有酒精味的液体，对人体危害很大。饮料酒中的甲醇是由于原料和辅料中所含果胶质在原料蒸煮、发酵、成品蒸馏等过程中分解而产生的。由于甲醇和乙醇的沸点接近（分别为 64.7℃和 78.3℃），很难分离。所以，白酒中不可避免地含有一定量的甲醇。饮用含有适量甲醇的白酒，对人体不会造成伤害；但白酒中甲醇含量超标，对消费者的健康会造成严重伤害。因此，甲醇含量是酒类产品卫生监督检测的主要指标之一，国家酒精标准对甲醇的含量有严格的规定。目前，GB/T 5009.48—2003 中利用可见分光光度法测定甲醇的方法为亚硫酸品红比色法，此外也可利用变色酸比色法。

（一）亚硫酸品红比色法测定白酒中的甲醇

1. 原理

白酒中的甲醇在磷酸溶液中，被高锰酸钾氧化成甲醛，过量的高锰酸钾反应中所生成的二氧化锰被草酸溶液还原，所生成的甲醛与亚硫酸品红作用生成醌式结构的蓝紫色化合物。无色的品红亚硫酸加成物与甲醛作用后，初期亦生成无色化合物，但接着失去与碳结合的磺酸基分子而成醌型结构的化合物，呈蓝紫色。因而可与标准系列比较定量。

（1）甲醇在磷酸溶液中被高锰酸钾氧化为甲醛

$$5CH_3OH+2KMnO_4+4H_3PO_4=5HCHO+2MnHPO_4+2KH_2PO_4+8H_2O$$

（2）过量的高锰酸钾反应中所生成的二氧化锰被草酸溶液还原

$$5H_2C_2O_4+2KMnO_4+3H_2SO_4=K_2SO_4+2MnSO_4+8H_2O+10CO_2$$

2. 仪器

（1）紫外可见分光光度计。

（2）恒温水浴锅。

（3）电子分析天平。

（4）玻璃仪器　烧杯、棕色试剂瓶、比色皿、带塞比色管、移液管、100mL 容量瓶、酒度计。

3. 试剂

（1）30g/L 高锰酸钾-磷酸溶液　准确称取 3g 高锰酸钾，溶于 15mL 85%（质量分数）的磷酸溶液与 70mL 水的混合液中，混合，溶解后加水至 100mL，贮于棕色瓶中，防止氧化力下降，保存时间不宜过长。

（2）50g/L 草酸-硫酸溶液　称取 5g 无水草酸（$H_2C_2O_4$）或 7g 含 2 分子结晶水的草酸（$H_2C_2O_4\cdot 2H_2O$），溶于 40℃左右硫酸溶液中，并定容至 100mL。

（3）100g/L 亚硫酸钠溶液　准确称取 1g 亚硫酸钠，加水溶解，并定容至 10mL。

（4）亚硫酸品红溶液　准确称取 0.1g 碱性品红研细后，分次加入共 60mL 80℃的水中，边加水边研磨使之溶解。用滴管吸取上层溶液滤于 100mL 容量瓶中，冷却后加入 10mL 100g/L 亚硫酸钠溶液和 1mL 盐酸，再加水稀释至刻度，充分混匀，放置过夜。若溶液有颜色，可加少量活性炭搅拌后立即过滤，贮于棕色瓶中，置于黑暗处低温保存。溶液成红色时，应弃去重新配制。

（5）10g/L 甲醇标准溶液　称取 1.000g 甲醇或吸取密度为 0.7913g/mL 的甲醇 1.26mL，置于 100mL 容量瓶中，加水稀释至刻度，此溶液每毫升相当于 10.0mg 甲醇，置于低温下保存。

（6）甲醇标准使用溶液　吸取 10mL 10g/L 甲醇标准溶液于 100mL 容量瓶中，用水稀释至刻度。此甲醇溶液浓度为 1g/L。再取 25.0mL 稀释液置于 50mL 容量瓶中，加水稀释至刻度，该溶液每毫升相当于 0.50mg 甲醇。

（7）无甲醇酒精　取 300mL 95%的酒精，加入少许高锰酸钾，蒸馏，收集馏出液。在馏出液中加入硝酸银溶液（1g 硝酸银溶于少量水中）和氢氧化钠溶液（1.5g 氢氧化钠溶于少量水中），摇匀，取上层清液蒸馏。弃去最初 50mL，收集中间馏出液约 200mL，用酒精计测定其酒精体积分数后，加水配成体积分数为 60%的无甲醇酒精溶液。（取 0.3mL 按试样操作方法检查，不应显色。如显色需进行处理。）

4. 分析方法

（1）标准曲线的绘制　取 6 支 10mL 比色管，分别加入甲醇标准使用溶液 0mL、

0.2mL、0.4mL、0.6mL、0.8mL、1.0mL，各加0.5mL 60%无甲醇酒精溶液，分别补水至5mL。

于各个标准管中各加2mL高锰酸钾-磷酸溶液，混匀，放置10min。各加2mL草酸-硫酸溶液，混匀，使其脱色。再各加5mL亚硫酸品红溶液，加塞摇匀，于室温（20~40℃）静置反应30min。立即用1cm或2cm比色皿，在波长590nm处，试剂空白，测定吸光度。以标准使用溶液中甲醇含量为横坐标，相应的吸光度为纵坐标，绘制标准曲线（低浓度甲醇不成直线关系）。

甲醇标准曲线见表4-1。

表4-1 甲醇标准曲线

管号	1	2	3	4	5	6
蒸馏水/L	4.5	4.3	4.1	3.9	3.7	3.5
60%无甲醇酒精溶液/L	0.5	0.5	0.5	0.5	0.5	0.5
甲醇标准使用溶液/mL	0	0.2	0.4	0.6	0.8	1.0
高锰酸钾-磷酸溶液/mL	2	2	2	2	2	2
草酸-硫酸溶液/mL	2	2	2	2	2	2
亚硫酸品红溶液/mL	5	5	5	5	5	5
甲醇含量/mg	0	0.2	0.4	0.6	0.8	1.0
OD_{590}						

（2）试样的测定　根据白酒样品中酒精浓度适当取样（乙醇浓度：30%取1.0mL，40%取0.8mL，50%取0.6mL，60%取0.5mL），置于25mL比色管中，加水稀释至5mL，以下操作同标准曲线绘制中一致，测定其吸光度，并由标准曲线求得甲醇含量（mg）。

5. 操作要点

（1）加入高锰酸钾-磷酸溶液的氧化时间不能过长，否则由甲醇氧化生成甲醛可能进一步氧化为甲酸，使测定结果变低。

（2）配制好的高锰酸钾-磷酸溶液应贮于棕色试剂瓶内，置于暗处保存，保存时间不宜超过两天，否则会影响显色效果，使检测结果偏低。

（3）在显色反应过程中，放置时间长短对颜色的深浅有一定的影响。在一定时间内，时间越长，颜色越深，故测定时，标准使用溶液与试样必须在同一时间内进行。一般加入亚硫酸品红保温30min后立即显色。

（4）亚硫酸品红显色时温度最好在20℃，温度越低，所需显色时间越长；温度越高，所需显色时间越短，但颜色稳定性差，显色温度不能超过40℃。

（5）草酸硫酸溶液中草酸量的称取须准确些。浓度过低，就不能使过量的高锰酸钾溶液褪色。

（6）亚硫酸品红溶液很不稳定，若试剂变红，不可再用，应另行配制。

（7）为了避免基准乙醇中含有甲醇而干扰测定，本法中使用的乙醇必须经检查无甲醇后方可使用。若检查证明含有甲醇，可加高锰酸钾和硝酸银、NaOH 处理，并通过蒸馏制得无甲醇酒精。

（8）其中为使样品分析液与标准系列条件一致，乙醇浓度均控制在 5%～6%，否则实验灵敏度会下降。

（9）测定时，也可吸取与试样含量相近的限量指标的甲醇标准使用溶液、试样液及水各 2mL，参照绘制标准曲线的操作进行，测定它们的吸光度。按直接比较法计算出样品中甲醇的含量。

（10）按标准方法，测量吸光度大都在 0.002～0.020，很多情况下校准曲线的线性不好、降低检测准确度，应使吸光度在 0.01～0.20。因此，使用光路更长的 3cm 或 5cm 的比色皿，光路增大，吸光度增大，可以减少测量误差。

（11）本色的灵敏度较低，不及变色酸比色法的准确性高。

6. 结果计算

计算公式如式（4-1）所示。

$$甲醇含量(g/L) = m \times \frac{1}{V} \times \frac{1}{1000} \times 100\% \qquad 式（4-1）$$

式中 m——根据试样的吸光度在工作曲线上查出试样中的甲醇含量，mg

V——吸取酒样体积，mL

计算结果保留两位有效数字。

7. 允许误差

在重复性条件下获得的两次独立测定结果的绝对差值不得超过算术平均值的 15%（含量≥0.10g/100mL 时）和 20%（含量<0.10g/100mL 时）。

（二）变色酸比色法测定白酒中的甲醇

1. 原理

甲醇在磷酸溶液中，被高锰酸钾氧化成甲醛，用偏重亚硫酸钠除去过量的高锰酸钾，甲醛与变色酸在浓硫酸存在下，先缩合，随之氧化，生成对醌结构的紫红色化合物。与标准系列比较定量。

（1）吸收在水液中的甲醇在酸性条件下，被过量的高锰酸钾氧化成甲醛。

（2）用偏重亚硫酸钠除去过量的高锰酸钾。

$$Na_2S_2O_5 + H_2O \rightarrow 2NaHSO_3$$

$$5NaHSO_3 + 2KMnO_4 + 4H_2SO_4 \rightarrow 2KHSO_4 + 2MnSO_4 + 5NaHSO_4 + 3H_2O$$

（3）甲醛在浓硫酸中与变色酸在沸水浴中加热时，生成紫红色水溶性化合物。

2. 仪器

（1）可见光分光光度计。

（2）电子分析天平。

（3）恒温水浴锅。

（4）玻璃仪器　烧杯、棕色试剂瓶、比色皿、带塞比色管、移液管、100mL 容量瓶、酒度计。

3. 试剂

（1）30g/L 高锰酸钾-磷酸溶液　准确称取 3g 高锰酸钾，溶于 15mL 85%（质量分数）磷酸溶液和 70mL 水中，混合，用水稀释至 100mL。

（2）100g/L 偏重亚硫酸钠（$Na_2S_2O_5$）溶液　准确称取 100g 偏重亚硫酸钠，溶解于水中，稀释至 1L。

（3）变色酸显色剂　准确称取 0.1g 变色酸（$C_{10}H_6O_8S_2Na_2$）溶于 10mL 水中，边冷却，边加 90mL 90%（质量分数）硫酸，移入棕色瓶中，置于冰箱保存，有效期为一周。

（4）10g/L 甲醇标准溶液　准确吸取密度为 0.7913g/mL 的甲醇 1.26mL，置于已有部分基准乙醇（无甲醇酒精）的 100mL 容量瓶中，并以基准乙醇稀释定容至刻度线。

（5）甲醇标准使用溶液　准确吸取 10mL 10g/L 甲醇标准溶液于 100mL 容量瓶中，用水稀释至刻度。则此甲醇溶液浓度为 1g/L。

4. 分析方法

（1）标准曲线的绘制　标准系列管与样品管的制备同亚硫酸品红比色法，然后根据样品中甲醇的含量，吸取相近的 4 个以上不同浓度的甲醇标准使用液各 2mL，分别注入 25mL 比色管中。

在标准系列管中加高锰酸钾-磷酸溶液 1mL，放置 15min。加 100g/L 偏重亚硫酸钠溶液 0.6mL，使其脱色。在外加冰水冷却情况下，沿管壁加显色剂 10mL，加塞摇匀，置于 70±1℃ 水浴中，加热 20min 后，取出，用水冷却 10min。立即用 1cm 比色皿，在波长 570nm 处，以零管（试剂空白）调零，测定吸光度。以标准使用液中的甲醇含量为横坐标，相应的吸光度为纵坐标，绘制标准曲线（呈直线关系）。

（2）白酒试样的测定　根据白酒样品中酒精浓度适当取样，置于 25mL 比色管中，加水稀释至 2mL，以下操作同标准曲线绘制中一致，测定其吸光度，并由标准曲线求得甲醇含量（mg）。

5. 操作要点

（1）变色酸法测定酒精中的甲醇含量，灵敏度较高，但变色酸贮存时间过久，颜色变深，会影响到测定结果的准确性，需要重新配制。

（2）温度对吸光度有影响，标准管和试样管显色温度之差，不应超过1℃。

（3）有效当量乙醇存在可以促进甲醛的反应。如果乙醇量过高时，反应颜色变浅，乙醇量低时，反应颜色较深。

（4）酒精度对反应干扰很大，虽然甲醇含量相同，但低度酒色深，高度酒色浅，而且深浅之间差距很大。若将样品稀释一定适合倍数，配制适当浓度标准液再进行比较，则基本上可消除酒精度干扰，色泽澄清，相同浓度甲醇的各管基本一致，不同浓度甲醇区别明显，便于比较和判断。

（5）本试验取用量很小，而且甲醇、乙醇易挥发，故加样后应立即加磷酸和高锰酸钾反应。

（6）忌用直火加热，因硫酸量较多、浓度又高、试管小、直火加热难控制温度，不小心容易溅出伤人，不安全。另外，加热温度过高，部分炭化，紫红色中显出明显的褐色，影响色泽观察。

6. 结果计算

计算公式如式（4-2）所示。

$$\text{甲醇含量(g/L)} = m \times \frac{1}{V} \times \frac{1}{1000} \times 1000 \qquad 式（4-2）$$

式中　m——根据试样的吸光度在工作曲线上查出试样中的甲醇含量，mg

V——吸取酒样体积，mL

7. 允许误差

两次测定结果之差不应超过平均值的10%。

（三）讨论

（1）本节中的两种方法适用于以含糖或淀粉的物质为原料，经糖化发酵蒸馏而制得的白酒及以发酵酒或蒸馏酒作酒基，经添加可食用的辅料制成的配制酒，对于以水果为原料发酵制得的酿造酒，需先进行蒸馏，馏出液采用此方法进行测定。

（2）化学比色法操作简单，样品中乙醇的浓度对方法的准确度影响很大。国标中是在标准系列中先补加0.5mL 60%的无甲醇的乙醇，再定容。但是，先加乙醇，乙醇挥发性大，从而使被测组分受到损失，标准管显色受到一定影响，样品测定结果往往偏高，回收试验效果不理想。故采用标准系列先加水后补加0.5mL 60%的无甲醇的乙醇，从而尽量减少标准管中的被测组分损失。此外，也可以利用多点标准加入法测定酒样中甲醇，使其不受乙醇浓度影响，减少标准品与样品介质不同而对测定产生的影响，进而提高准确度。

（3）利用亚硫酸品红比色法测定时，比色的温度以及时间是决定最终测定结果的关键因素，对结果的准确度有很大的影响。实验表明，用亚硫酸品红法测定酒中甲醇时将反应温度控制在 20~26℃ 范围内，在恒温条件下采用分组比色法能有效地提高方法的灵敏度、精密度和精确度。

（4）利用乙酰丙酮测定甲醇含量是一种新颖的方法。在白酒经过高锰酸钾氧化之后，加草酸去除氧化性，酸性环境下加入乙酰丙酮溶液，于沸水中显色，测量吸光度。这是一种操作简单，灵敏度高和重现性较好的检测方法。王清江等人采用乙酰丙酮法测定白酒中甲醇，白酒样品用高锰酸钾氧化后加草酸除去过量的氧化剂，在 pH 为 3~4 范围内加入乙酰丙酮溶液，在沸水浴中显色。于 418nm 波长处测定其吸光度，确定酒样中甲醇的含量。

（5）路纯明等人提出了一种以 2，4-二硝基苯肼作为显色剂，测定白酒中甲醇的检测方法。白酒中的甲醇经高锰酸钾氧化为甲醛，甲醛与 2，4-二硝基苯肼发生反应，生成稳定的酒红色腙类物质。其最大吸收波长为 390nm，线性范围 0~0.053mg/mL，回收率 94.3% ~104.8%，相对标准偏差 0.3% ~0.6%（$n=6$），该方法简便快速，结果满意。

（6）国标中检测酒中甲醇的方法还有气相色谱法。气相色谱法快速且准确度高，它的快速准确性已逐渐被人们重视。但它较适用大批量样品的检测，所以工作中常常应用化学比色法测定白酒中甲醇的含量。

白酒中甲醇的测定，除了以上两大主要方法外，还有人曾用核磁共振 NMR 法，红外光谱法 FF-IR 法。由于仪器价格昂贵或灵敏度不高，不抗干扰，这些方法不太成熟，实际价值不大。

二、 甲醛的测定

甲醛为无色可燃性气体，其沸点较甲醇低，有辛辣窒息臭味，具有较大毒性，低浓度下会刺激眼黏膜，浓度稍高时会刺激上呼吸道，引起咳嗽、胸闷，同时胸部会有特殊的压迫感，并使黏膜溃烂，进而在肺部引起炎症。此外，甲醛还能损伤细胞内的遗传物质，2006 年，甲醛被国际癌症研究机构（International Agency for Research on Cancer，IARC）确认为Ⅰ类致癌物。国际化学品安全规划（International Programme on Chemical Safety，IPCS）建议产品中甲醛的容许浓度为 2.6 mg/L。白酒中的甲醛一般是在酿造过程中产生的，是甲醇氧化后的产物。啤酒中的甲醛主要来自两个方面：一是在发酵过程中新陈代谢产生的内源性甲醛；二是在酿酒工艺中作为食品加工助剂添加到啤酒中，以有效去除啤酒中多酚，防止啤酒的非生物稳定性，使啤酒澄清透亮。目前，测定酒中微量甲醛的标准方法主要有乙酰丙酮比色法和 4-氨基-3-联氨-5-巯基-1-2-4-三氮杂茂（AHMT）分光光度法。

（一）原理

乙酰丙酮（Hacac）是一种有机化合物，其标准命名为2，4 -戊二酮，它是一个双齿配体，具有烯醇和酮的互变异构，在杂环化合物的合成中有很多用处。甲醛在过量乙酸铵的存在下，与乙酰丙酮和铵离子在沸水浴条件下可反应生成黄色的2，6-二甲基-3，5-二乙酰基-1，4-二氢吡啶化合物，在波长415nm处有最大吸收，在一定浓度范围，其吸光度值与甲醛含量成正比，可与标准系列比较定量。

（二）仪器和试剂

1. 仪器

（1）紫外可见光分光光度计。

（2）电子分析天平。

（3）恒温水浴锅。

（4）水蒸气蒸馏装置，500mL蒸馏瓶。

（5）玻璃仪器　烧杯、量筒、100mL容量瓶、200mL容量瓶、比色皿、带塞比色管、移液管。

2. 试剂

（1）乙酰-丙酮溶液　称取新蒸馏乙酰丙酮0.4g，乙酸铵25g，冰乙酸3mL，溶于水并定容至200mL（用时现配）。

（2）0.1mol/L碘溶液　称取13.5g碘，加36g碘化钾、50mL水，溶解后加入3滴盐酸及适量水稀释至1000mL。密封保存。

（3）0.1000mol/L硫代硫酸钠标准溶液　称取26g硫代硫酸钠及0.2g碳酸钠，加入适量水溶解，并稀释至1000mL，混匀，放置一个月后过滤备用。

（4）1mol/L硫酸溶液　量取30mL硫酸，缓慢注入适量水中，冷却后稀释至1000mL，摇匀。

（5）1mol/L氢氧化钠溶液　吸取56mL澄清的氢氧化钠饱和溶液于1000mL容量瓶中，加水冷却后定容，摇匀。

（6）200g/L磷酸溶液　准确称取100g磷酸，用水溶解，转移至500mL容量瓶中，并用水定容至刻度线，摇匀。

（7）5g/L淀粉　准确称取0.50g可溶性淀粉，用水定容至100mL，摇匀。

（三）分析方法

1. 甲醛标准溶液的配制与标定

（1）标准溶液　吸取7.0mL甲醛溶液（36%~38%），加0.5mol 1mol/L硫酸溶液，

用水稀释至 250mL，此溶液为标准溶液。

（2）吸取上述甲醛标准溶液 10mL，置入 100mL 容量瓶中，用水稀释定容至刻度。

（3）甲醛标准溶液（1μg/mL）　吸取 10mL 上述稀释液，量入 250mL 碘量瓶中，加 90mL 水，准确加入 20mL 0.1mol/L 碘溶液，加入 15mL 1mol/L 氢氧化钠溶液，摇匀，放置 15min。加 20mL 1mol/L 硫酸溶液酸化，用 0.1000mol/L 硫代硫酸钠标准溶液滴定至浅黄色，加约 1mL 5g/L 淀粉指示剂，继续滴定至蓝色消失。同时做试剂空白试验。

甲醛标准溶液浓度如式（4-3）所示：

$$X = (V_0 - V) \times c \times 15 \qquad 式（4-3）$$

式中　X——甲醛标准溶液浓度，mg/mL

V_0——空白试验消耗硫代硫酸钠标准溶液体积，mL

V——滴定甲醛溶液消耗硫代硫酸钠标准溶液体积，mL

c——硫代硫酸钠标准溶液的浓度，mol/L

15——消耗 1mL 1.000mol/L 硫代硫酸钠标准溶液的甲醛的质量，mg

将上述已标定的甲醛标准溶液，用水配制成含甲醛 1μg/mL 的甲醛标准溶液。

2. 标准系列的制备及标准曲线的绘制

吸取甲醛标准溶液（1μg/mL）0mL、0.5mL、1.0mL、2.0mL、3.0mL、4.0mL、8.0mL，分别置入 25mL 比色管中，补水至 10mL，各加 2mL 乙酰-丙酮溶液，摇匀，于沸水浴中加热 10min，冷却，于波长 415nm，0mL 管为空白，测定吸光度，并绘制标准曲线。

3. 啤酒试样测定

（1）样品前处理　吸取 25mL 除气啤酒，置于 500mL 蒸馏瓶中，加 20mL 200g/L 磷酸溶液，用水蒸气蒸馏，收集馏出液于 100mL 容量瓶中，收集约 100mL，冷却，用水定容至 100mL。

（2）吸取 10mL 馏出液，同标准系列制备操作，测定吸光度。并从标准曲线中求得甲醛含量。

（四）操作要点

（1）实验所用乙酰-丙酮溶液必须现用现配，否则会影响实验结果的准确性。

（2）配制一定浓度的氢氧化钠溶液以及硫酸溶液　必须戴手套操作，注意安全。

（五）结果计算

计算公式，如式（4-4）所示。

$$X = \frac{m}{V} \times 1000 \times \frac{1}{1000} \qquad 式（4-4）$$

式中 X——试样中甲醛含量，mg/L

m——试样从标准曲线中求得甲醛含量，μg

V——测定样液中相当的试样体积，mL

计算结果保留两位有效数字。

（六）允许误差

在重复性条件下获得的两次独立测定结果的绝对差值不得超过算术平均值的10%。

（七）讨论

（1）本方法适用于以水果为原料发酵制得的酿造酒，对于以含糖或淀粉的物质为原料，经糖化发酵蒸馏而制得的白酒及以发酵酒或蒸馏酒作酒基，经添加可食用的辅料制成的配制酒，无需先进行蒸馏，可直接测定。

（2）本方法中的蒸馏可采用两种方式：直接火加热与水蒸气蒸馏。其中，直接火加热存在一定的问题：一是甲醛提取不完全，提取率不到90%。二是蒸馏样品时，容易出现糊焦现象，发生副反应，导致结果偏高。主要是由于温度高，氨基酸及糖容易发生降解产生甲醛，产生假阳性结果。另外，乙醛对其测定也有干扰作用，若采用水蒸气蒸馏，要想较为准确的测定甲醛含量，则其样品浓度需在0.2mg/L以上，在甲醛含量低于0.2mg/L时，检出值可靠性较差，很难满足科研工作的需要。但采用水蒸气蒸馏则无此问题，而且乙醛对其也无影响。

（3）目前，测定微量甲醛的标准方法除本方法外，还可采用4-氨基-3-联氨-5-巯基-1-2-4-三氮杂茂（AHMT）分光光度法、高效液相色谱法和气相色谱法衍生后进行测定等方法。

（4）AHMT法原理是甲醛与AHMT在碱性条件下缩合，然后经高碘酸钾氧化成6-巯基-5-三氮杂茂［43-b］-S-四氮杂苯紫红色化合物，比色定量。AHMT法的优点是特异性和选择性均较好，在大量乙醛、丙醛和苯甲醛等醛类和甲醇、乙醇等醇类物质共存时对此法均无影响。而且AHMT测定甲醛的灵敏度比乙酰丙酮法大，检出限为0.04mg/L。缺点是在操作过程中，显色液随时间逐渐加深，标准溶液的显色反应和样品溶液的显色反应时间必须严格统一，重现性较差，不易操作。AHMT法比较适用于测定居住区大气中甲醛浓度，也适用于室内及公共场所空气中甲醛浓度的测定。

（5）对于酒类产品而言，乙醛及其他醛类的含量通常十倍甚至百倍于甲醛，变色酸法及AHMT法不能适用于此类产品的测定，而乙酰丙酮法是测定甲醛比较专一的方法，受其他醛类干扰少。

（6）气相色谱法操作简便，测定线性范围宽，分离度好。气相色谱法主要有直接法、2，4-二硝基苯肼法（DNPH）和巯基乙胺法。其中，直接法简单、快速直接，避免了经典分析中需要样品预处理，操作繁琐，试剂消耗量大，方法选择性差等缺点。样品经柱分离后，用 FID 检测，方法检出限可达 0.01mg/L，可用于空气中甲醛的测定。而 DNPH 法与空气、生物样品、环境样品或食品中甲醛在一定条件下反应，生成 2，4-二硝基苯腙，再用气相 ECD 或 NPD 检测器进行检测。该法优点是灵敏度高，对低分子量醛的分离非常有效；缺点是仪器设备要求很高，测定范围较窄，难以解决衍生物同分异构体的分离问题。

（7）高效液相色谱法是甲醛与 DNPH 反应生成腙，衍生化产物醛腙用有机溶剂萃取富集后，在一定温度下蒸发、浓缩，再以甲醇或乙腈溶解或稀释，最后进行色谱测定。DNPH 法优点是检测限很低；缺点是有其他醛、酮存在，也与 DNPH 反应，将导致分析时间延长及要求流动相梯度。

（8）同样有利用气质联用分析酒中的甲醛。朱梦旭等人利用 O-（2，3，4，5，6-五氟苄基）羟胺（PFBHA）衍生与顶空固相微萃取—气相色谱-质谱联用技术检测我国馏分酒、不同年份产原酒和成品白酒中甲醛，发现白酒固态蒸馏过程中甲醛呈现先下降后上升再下降的趋势，这种方法使得检测限和定量限更低，更方便快捷。但此种方法也是对仪器要求较高，使普通单位的测定工作难以完成。

三、 糠醛的测定

糠醛又称呋喃甲醛或 2-呋喃甲醛，是指植物原料中的戊糖或戊聚糖经过脱水后，形成的具有呋喃环结构的化合物，是呋喃环系最重要的衍生物，广泛存在于蒸馏酒中。糠醛主要是由食品中的戊糖在高温或酸性条件下转化而来的。白酒中糠醛由多缩戊糖热分解生成，也是香味成分之一，在酱香、芝麻香型酒中含量较高。但因糠醛属于中等毒性物质，高闪点类易燃液体，受高温或燃烧发生分解放出有毒气体，对眼、黏膜和皮肤有刺激性，有烧伤危险，触及皮肤易经皮肤吸收或误食，吸入蒸气、粉尘会引起中毒，有特殊的刺激性气味，对神经中枢有害。因此，对酒精尤其是酒精饮料中的糠醛含量应予以检查。

（一）原理

首先苯胺与盐酸反应生成盐酸苯胺，然后再与糠醛反应，第一步通过缩合反应生成淡黄色的席夫碱，然后同第二个苯胺分子反应，使糠醛环断开、重排，形成显色染料反应生成樱桃红色物质，脱水后呈色。用比色法测定。

（二）仪器和试剂

1. 仪器

（1）紫外可见光光度计。

（2）恒温水浴锅。

（3）水蒸气蒸馏装置，500mL 蒸馏瓶。

（4）电子分析天平。

（5）玻璃仪器　烧杯、量筒、100mL 容量瓶、500mL 容量瓶、比色皿、带塞比色管、移液管。

2. 试剂

（1）相对密度为 1.125 的 HCl 溶液　取浓盐酸 350mL，用水稀释至 500mL。

（2）苯胺　应为无色，否则重新蒸馏，收集沸点为 184℃馏出物，贮于棕色瓶中。

（3）体积分数为 50%的酒精溶液。

（4）糠醛标准溶液　糠醛易氧化变成黑色，需重新蒸馏，收集沸点为 162℃馏出液，于棕色瓶中保存。吸取 0.87mL 新蒸馏的糠醛，用 50%的酒精定容至 100mL，1mL 含 10mg 糠醛即为糠醛标准溶液。

（5）糠醛标准使用液　吸取 1mL 糠醛标准溶液，用 50%的酒精稀释至 100mL，1mL 含糠醛 100μg，即为糠醛标准使用液。

（三）分析方法

1. 标准系列管制备

取 6 支 50mL 比色管，分别加入糠醛标准使用液 0mL、0.1mL、0.2mL、0.3mL、0.4mL、0.5mL，用 50%的酒精稀释至 25mL。其糠醛含量分别为 0μg、10μg、20μg、30μg、40μg、50μg。

2. 试样准备

糠醛与盐酸苯胺呈色反应的灵敏度与酒精含量有关，故白酒试样管的酒精含量应与标准系列保持一致。当白酒酒样中酒精含量大于 50%时，应用水先稀释至 50%，酒样体积计算如式（4-5）所示。

$$V = \frac{10 \times 50}{c} \qquad 式（4-5）$$

式中　V——吸取酒样体积，mL

10——将酒样稀释至 10mL

50——酒样稀释后的酒精体积分数，%

c——酒样的酒精体积分数，%

测定时取 V（mL）白酒样品加水稀释至 10mL。

若白酒样品中酒精体积分数低于 50%时，则取一定量酒样加 95%酒精，使试样的酒精体积分数达到 50%。若原酒样的酒精体积分数为 35%，则酒样体积 V' 计算式如式（4-6）所示：

$$10 \times 50 = 35 \times V' + 95(10 - V') \qquad 式（4-6）$$

$$V' = \frac{950 - 500}{95 - 35} = 7.5(mL)$$

测定时取 V'mL 酒样，用 95%的酒精定容至 10mL。

根据酒样的酒精体积分数取 V（或 V'mL）于 50mL 比色管中，用水稀释至 10mL。再加 15mL 50%的酒精溶液，使总体积为 25mL。

3. 显色测定

在标准系列和试样制备液中，各加 1mL 苯胺、0.25mL 相对密度为 1.125 的盐酸溶液，加盖，摇匀。在室温（不低于 20℃）条件下显色 20min，用分光光度计 1cm 比色皿，在 510nm 波长条件下，以标准系列中零管为空白对照测定吸光度，绘制标准曲线，求得酒样中糠醛含量。也可用目测法将试样于标准系列进行比较。

（四）操作要点

（1）糠醛与盐酸苯胺反应的最适条件为 温度 15~20℃，放置 15min。呈色随时间延长而加深，但放置时间过长，颜色渐褪，故试样管与标准管呈色时间应一致，测吸光度时要快速。

（2）苯胺如带有颜色，应重新蒸馏，取 183~185℃蒸出的无色苯胺。

（3）糠醛如带有颜色，应重新蒸馏，取 159~162℃蒸出的无色糠醛。

（4）加入盐酸后须摇动均匀，否则颜色较浅。

（五）结果计算

计算公式如式（4-7）所示。

$$糠醛含量(mg/L) = \frac{m}{V} \qquad 式（4-7）$$

式中 m——试样管与标准溶液系列中色泽相当的管中糠醛质量，μg

V——酒样体积，mL

（六）允许误差

两次测定结果之差不应超过平均值的 10%

（七）讨论

（1）本方法适用于以含糖或淀粉的物质为原料，经糖化发酵蒸馏而制得的白酒及以发酵酒或蒸馏酒作酒基，经添加可食用的辅料制成的配制酒，对于以水果为原料发酵制得的酿造酒或者对于样品浑浊或有色的，需先进行蒸馏，将馏出液采用此方法进行测定。

（2）目前国内外对糠醛的检测方法主要有紫外分光光度法、衍生化分光光度法、液相色谱法、液相色谱质谱法、气相色谱质谱法和胶束电动毛细管色谱法等。其中，紫外可见光分光光度法主要分为直接测定和间接测定，直接测定主要是指直接在糠醛的吸收峰的位置测定其含量的高低。间接测定主要是指通过化学显色反应，测定显色物质的含量与糠醛之间的一一对应的关系，从而确定糠醛的含量。本节所用的苯胺法即属于紫外可见光分光光度法中的间接测定，该方法测定简单，重现性好，相对标准偏差为较小，最低检出限为 0.01mg/L。但是由于糠醛的挥发性，同时生成物羟基戊烯双苯胺染料的显色反应受温度的影响较大，因此标准曲线需要每次都重新绘制，且苯胺具有一定的危险性，因此在使用上具有一定的局限性。

（3）在众多的糠醛的检测手段之中，每种方法都有自己的优点和缺点，色谱法的准确性很高，但是操作复杂，耗时长；而光谱法操作简单，速度快，但是准确性不如色谱法好。

四、蒸馏酒中氰化物的测定

氰化物有剧毒，进入人体使人中毒时，轻则导致流涎、呕吐、腹泻、气促；重则导致呼吸困难，全身抽搐，昏迷，在几分钟至两小时内死亡。氰化物是严重危害食品安全的剧毒化合物，因此氰化物是酒类的一项重要安全检测指标。我国在相应国标（GB 2757—2012）中规定了其在白酒中的限量。我国是酒类产品消费大国，白酒消费量居世界之首，因此准确、便捷测定和严格控制酒中氰化物含量，对于保证广大消费者的健康具有重大意义。该国标还规定测量食品中氰化物的方法为异烟酸-吡唑啉酮光度法和紫外可见分光光度计法。

（一）原理

氰化物在酸性溶液中蒸出后被吸收于碱性溶液中，在中性（pH 为 7.0）缓冲溶液中，与氯胺 T 反应生成氯化氰，后者与异烟酸反应并水解生成戊烯二醛，再与吡唑啉酮生成稳定的蓝色化合物，此染料与氰化物的含量成正比，从而可进行比色测定，在波长 638nm 下测定吸光度。

（二）仪器与试剂

1. 仪器

（1）分光光度计。

（2）恒温水浴锅。

（3）水蒸气蒸馏装置，250mL 蒸馏瓶。

（4）电子分析天平。

（5）玻璃仪器　烧杯、量筒、容量瓶、比色皿、带塞比色管、移液管。

2. 试剂

（1）酚酞指示剂　10g/L，以乙醇为介质。

（2）磷酸盐缓冲溶液［（0.5mol/L）pH = 7］　称取 34.0g 无水磷酸二氢钾（KH_2PO_4）和 35.5g 无水磷酸氢二钠（Na_2HPO_4）溶于水并稀释至 1000mL。

（3）异烟酸-吡唑啉酮溶液　称取 1.5g 异烟酸 $C_6H_5NO_2$ 溶于 24mL 氢氧化钠溶液（20g/L）中，加水至 100mL，另称取 0.25g 1-苯基-3-甲基-5-吡唑啉酮 $C_{10}H_{10}N_2O$，溶于 20mL 无水乙醇中，合并上述两种溶液，混匀。

（4）氯胺 T 溶液　称取 1g 氯胺 T（有效氯含量应在 11%以上），溶于 100mL 水中，现用现配。

（5）标准溶液　水中氰标准溶液，用 1g/L NaOH 将标准溶液稀释成 1mg/L 的氰化物标准使用液。

（6）氰离子标准中间液（1μg/mL）　取 2mL 水中氰标准溶液，用氢氧化钠溶液定容至 100mL。

（三）分析方法

（1）吸取 1.0mL 白酒试样于 50mL 烧杯中，加入 5mL 2g/L 氢氧化钠溶液，放置 10min，然后放于 120℃电热板上加热至溶液剩余约 1mL，取下放置室温。用 2g/L 氢氧化钠溶液转移至 10mL 具塞比色管中，加氢氧化钠溶液（2g/L）至 5mL。

（2）若酒样浑浊或有色，取 25mL 试样于 250mL 全玻璃蒸馏器中，加入 100mL 水，滴加数滴甲基橙指示剂，将冷凝管下端插入盛有 10mL 2g/L 氢氧化钠溶液比色管液面下，再加 1～2g 酒石酸，迅速连接蒸馏装置进行水蒸气蒸馏，收集蒸馏液约 50mL。然后用水定容至 50mL，混合均匀，取 2mL 馏出液按如上操作。

（3）分别吸取 0mL、0.4mL、0.8mL、1.2mL、1.6mL、2.0mL 氰离子标准中间液于 10mL 具塞比色管中，加 2g/L 氢氧化钠溶液至 5mL。

（4）于试样及标准管中分别加入 2 滴酚酞指示剂，然后加入乙酸调至红色褪去，后用 2g/L 氢氧化钠溶液调至近红色，然后加 2mL 磷酸盐缓冲溶液（如果室温低于 20℃即放入 25~30℃水浴中 10min），再加入 0.2mL 10g/L 氯胺 T 溶液，摇匀放置 3min，加入 2mL 异烟酸-吡唑啉酮溶液，加水稀释至刻度，摇匀，在 37℃水浴锅中放置 40min，取出用 1cm 比色皿以零管调节零点，于波长 638nm 处测吸光度，绘制标准曲线比较。

（四）操作要点

（1）按照国标法 GB /T 5009.48—2003 的操作进行测定时发现，未经预处理的白酒样品，在加入异烟酸-吡唑啉酮溶液后，会出现乳白色浑浊，干扰显色反应，无法比色测定。因而必须先对白酒样品进行预处理，消除基体干扰，避免测定时浑浊现象的发生。

（2）温度对吸光度存在一定的影响，反应温度小于 25℃时，显色不完全。当温度大于 35℃时，反应显色不稳定，吸光度降低。

（3）国标中显色剂吡唑啉酮用 N，N-二甲基酰胺溶解，但 N，N-二甲基酰胺毒性大，可经呼吸道或皮肤进入人体引起中毒。实验中可选用无水乙醇作为溶剂，毒性小。

（4）反应的 pH 会直接影响显色的吸光值，因此必须控制吸收液的碱浓度和缓冲液的缓冲容量。每次实验前，必须以 pH 试剂测量缓冲液的 pH。pH 在 6.8~7.5 范围内，吸光度最大，pH 大于 7.5 或小于 6.8 时，吸光度均显著降低。

（5）由于市售吡唑啉酮是浅黄色的，因此反应中的吡唑啉酮浓度增大将增加反应的本底值，部分掩蔽反应颜色，使显色不明显。吡唑啉酮的最佳浓度范围是 0.04%~0.05%，此时吸光值较高，稳定性也较好，且对本底值几乎不产生影响。

（6）当室温偏低时，加入氯胺 T 后，必须放置 3~5min，否则氯化反应不完全。但反应亦不可过长，反应时间过长，显色不稳定，吸光度降低。反应时间设为 40min 左右较好。

（五）结果计算

按如上实验步骤（1）操作，计算公式如式（4-8）所示。

$$X = \frac{m \times 1000}{V \times 1000} \quad \text{式（4-8）}$$

式中 X——试样中氰化物的含量（按氢氰酸计），mg/L

m——测定用试样中氢氰酸的质量，μg

V——试样体积，mL

按如上实验步骤（2）操作，计算公式如式（4-9）所示。

$$X = \frac{m \times 1000}{V \times 2/50 \times 1000} \quad \text{式（4-9）}$$

式中 X——试样中氰化物的含量（按氢氰酸计），mg/L

m——测定用试样中氢氰酸的质量，μg

V——试样体积，mL

计算结果保留两位有效数字。

（六）允许误差

在重复性条件下获得的两次独立测定结果的绝对差值不得超过算术平均值的10%。

（七）讨论

（1）本方法适用于以含糖或淀粉的物质为原料，经糖化发酵蒸馏而制得的白酒及以发酵酒或蒸馏酒作酒基，经添加可食用的辅料制成的配制酒，对于以水果为原料发酵制得的酿造酒或者对于样品浑浊或有色的，需先进行蒸馏，将馏出液采用此方法进行测定。

（2）目前，检测酒中氰化物含量的方法主要有以下几种：化学分析法、光谱法、色谱法、电化学方法和其他方法。我国国标（GB /T 5009. 48—2003）中推荐的比色法为异烟酸-吡唑啉酮分光光度法，该方法可用于蒸馏酒与配制酒中氰化物的测定，其检测限为2mg/L。但此方法对反应体系pH要求较严，而对用来调节pH的酸碱使用量又限制得非常小（不到0. 8mL），在实际操作时，常常会超出所限体积，导致实验失败。可采用先加水至刻度，再加2mL异烟酸-吡唑啉酮溶液，把国标方法对酸碱用量的限制范围扩大2mL，在规定的条件下能准确调整pH，有效克服了国标方法的缺陷。

（3）对于浑浊或有色样品的测定，国标方法GB/T 5009. 48—2003检出限为0. 08mg/L，尚不能满足更为微量的白酒氢氰酸的测定要求，且样品显色液浑浊给比色测定带来困难，甚至有无法比色及加标回收率偏低等缺陷，可采用离心机离心的方法去除白色浑浊，消除实验过程中的干扰因素，或采取强碱固定氰化物，蒸干消除干扰物的处理方法，改进后的方法用于白酒中氰化物的测定，具有检验过程简单、易操作、稳定性好、准确度高等优点，更加方便于生产企业的检测。

（4）气相色谱法也可用于检测酒中的氰化物，具有分离效率高、选择性好、样品用量少和检测灵敏度高等优点，但色谱法所需仪器较昂贵；电化学法在处理电极时的具体操作繁琐，而且干扰因素较多，故在实际应用中也不是很理想；化学发光测定法和间隔流动分析仪测定法虽然显示出准确性较高、相关系数在0. 9995以上、变异系数小、人为误差基本可消除的多项优势，可以较好地保证分析结果的准确性，但在实际工作中不常用，难以推广。

五、 氨基酸态氮的测定

氨基酸态氮，也称为氨基氮或氨态氮，指的是以氨基酸形式存在的氮元素的含量，是由发酵醪液中的蛋白质经蛋白酶、肽酶逐步分解而成的产物，不仅能大致上反映氨基酸总量的水平，而且也可以衡量原料的发酵程度、蛋白质的水解程度。由于氨基酸的测定方法较繁琐，且所用的仪器、试剂较昂贵，因此，黄酒、酱油行业都采用氨基酸态氮作为评价最终产品的质量指标之一；啤酒行业也使用氨基氮评价麦汁中的氨基酸水平，不仅反映了麦芽中蛋白质的分解程度，也间接反映了发芽中蛋白酶类的分解活性，通常采用茚三酮方法测定。国家标准 GB/T 13662—2008 对不同类型、不同等级黄酒中的氨基酸态氮含量有明确的要求。

（一）原理

除脯氨酸、羟脯氨酸与茚三酮反应生成黄色物质外，所有的 α-氨基酸和蛋白质的末端氨基酸在碱性条件下与茚三酮起反应，生成蓝紫色化合物，产生的颜色深浅与氨基酸含量成正比，可用分光光度法测定，其最大吸收波长为 570nm。本法可适用氨基酸含量的微量检测。

（二）仪器与试剂

1. 仪器

（1）分光光度计。

（2）电子分析天平。

（3）干燥器。

（4）恒温水浴锅。

（5）玻璃仪器　量筒、移液管、容量瓶、带塞比色管、比色皿。

2. 试剂

（1）茚三酮　分析纯。如贮存不良使试剂变红色时，应按下法处理：将茚三酮 5g 溶于 20mL 热水中，加入 0. 5g 活性炭，轻轻搅动，30min 后过滤，滤液置冰箱过夜，出现蓝色结晶，过滤，用 1mL 冷水洗涤结晶，置于干燥器中干燥，装瓶保存。

（2）磷酸盐缓冲液（pH 8. 04）　取 5mL 1/15mol/L 磷酸二氢钾与 95mL 1/15mol/L 磷酸氢二钠混匀。

（3）氨基酸标准溶液　称取 0. 2000g 标准氨基酸（如亮氨酸），以水溶解并定容至 100mL，摇匀。吸取此液 10mL 于 100mL 容量瓶中，以水定容，配制成 200mg/L 的氨基酸标准溶液。

（三）分析方法

1. 标准曲线绘制

吸取氨基酸标准液 0mL、0. 5mL、1mL、1. 5mL、2. 0mL、2. 5mL（相当于 0μg、

100μg、200μg、300μg、400μg、500μg 氨基酸）分别置于 25mL 容量瓶中，加水补足至 4mL，然后加入 1mL 2g/L 茚三酮和 1mL 缓冲液，摇匀，置水浴中加热 15min，迅速冷却，定容。静置 15min，以试剂空白作参比，在 570nm 波长下测光吸度并绘制标准曲线。

2. 样品测定

吸取黄酒样品 5~10mL，稀释至一定体积，过滤。若色泽较深，则向样品加活性炭 5g 及加水 5mL，搅拌均匀后立即过滤，洗涤，收集滤液后定容。

吸取 1~4mL 黄酒样品稀释液，置于 25mL 容量瓶中，以下按标准曲线的操作测定吸光度，从标准曲线上查得样品的氨基酸微克数。

（四）操作要点

（1）本法需在一定 pH 条件下进行，酸度过大时不显色。反应的适宜 pH 为 5~7。

（2）比色法适合测定浓度较低样品的测定。随着浓度增大偏差呈逐渐变大趋势，要适当地将样品浓度稀释到合适的浓度。

（五）结果计算

计算公式如式（4-10）所示。

$$氨基酸含量(mg/L) = \frac{C}{1000} \times \frac{1}{V_1} \times V_2 \times \frac{1}{V_3} \times 1000 \quad 式（4-10）$$

式中 C——从标准曲线上查得的氨基酸量，μg

V_1——吸取样品稀释液体积，mL

V_2——样品稀释液总体积，mL

V_3——吸取样品体积，mL

本法在 0~500mg/L 氨基酸溶液范围内呈良好的线性关系。

（六）允许误差

两次测定结果之差不应超过平均值的 5%。

（七）讨论

（1）氨基酸和茚三酮的显色反应对介质的 pH 非常敏感。氨基酸和茚三酮显色反应中主要的颜色产物均通过缩合形成。与羰基化合物和氨的衍生物之间的反应类似，在弱酸性条件下这种缩合反应更容易发生，而且酸性条件还能减少氨基以外的其他基团对显色反应的干扰使显色反应生成的颜色产物更稳定。强酸性介质虽然能增强茚三酮的反应能力，但却降低了参与缩合反应的氨基、羟基等新核基团的活性，使有色的缩合产物形成困难，而且缩合生成的颜色产物在强酸性介质中也不稳定。在碱性条件下显色反应需加热才能完成，而且在离热后空气中的氧分子或其他氧化物容易与还原型的有色缩合产物发生氧化还原反应，引起颜色变化甚至褪色。又因在碱性介质中很多基团或化合物的还原能力得到加强，扩大了茚三酮的显色反应范围，使得副反应增多，从而使反应产物及反应产物颜色发生改变。

（2）一些学者研究了甲醛滴定法、薄层色谱法、茚三酮比色法、氨基酸自动分析法、柱前衍生液相色谱法、气相色谱法等测定白酒中的各种氨基酸含量。但甲醛滴定法的结果稳定性不好，薄层色谱法难于定量，而氨基酸自动分析仪测定法、液相色谱法及气相色谱法则需专门的仪器，并不适合在普通实验室或现场快速检测。比较而言茚三酮比色法不仅仪器简单，而且可快速获得准确稳定的检测结果。

第三节　紫外分光光度法

一、 双乙酰的测定

双乙酰，又称 2，3-丁二酮、联乙酰、二甲基二酮，是啤酒或葡萄酒生产过程中的重要成分，是酵母细胞内生物合成缬氨酸、亮氨酸的重要中间产物，也是衡量啤酒成熟、质量水平及风味的主要指标。双乙酰含量的高低，一方面反映了酵母菌种对双乙酰的还原能力的不同，另一方面反映了发酵过程中的工艺控制水平和质量管理水平，如酵母菌种、麦汁组成、发酵温度、接种量、麦汁充氧量等。目前酒中双乙酰含量的测定方法有多种，但各有利弊。就目前研究测定方法来看，紫外分光光度法是双乙酰测定最敏感、最简单的方法。

（一）原理

邻苯二胺与双乙酰反应生成 2，3-二甲喹喔啉，在 335nm 的波长下有一最大吸收峰，可对双乙酰进行定量测定。由于其他联二酮具有相同的反应特性且在蒸馏过程中部分前驱体会转化成联二酮，因此上述测定结果为总联二酮含量，以双乙酰计。

（二）仪器和试剂

1. 仪器

（1）带有加热套管的双乙酰蒸馏器。

（2）蒸汽发生瓶　1L 的圆底蒸馏烧瓶。

（3）紫外分光光度计　备有 10mm 石英比色皿。

（4）电子分析天平。

（5）容量瓶　棕色 25mL（避光）。

2. 试剂

（1）4mol/L HCl 溶液　取 33.5mL 浓盐酸，用水稀释至 100mL。

（2）10g/L 邻苯二胺溶液　称取邻苯二胺 0.100g，溶于 4mol/L HCl 溶液中，并定容至 10mL，摇匀，放于暗处，此溶液须当天配制与使用，若配制出来的溶液呈红色，应重新更换新试剂。

（3）有机硅消泡剂（或甘油聚醚）。

（三）分析方法

1. 蒸馏

将双乙酰蒸馏器安装好，在 1L 的蒸馏烧瓶中加入适量的自来水作为加热蒸汽发生瓶，加热至沸腾，通气预热后，先在加样口加入适量自来水，清洗装置，然后放出液体，然后正式开始蒸馏。加 1～2 滴消泡剂于 100mL 量筒中，再注入未经除气的预先冷至约 5℃的啤酒酒样 100mL，迅速转移至蒸馏器内，并用少量水冲洗带塞漏斗，盖塞。然后用水密封，加热蒸汽发生瓶至沸腾，进行蒸馏，置 25mL 容量瓶与冷凝器出口接收馏出液（外加冰浴冷却），直至馏出液接近 25mL（蒸馏需在 3min 内完成）时取下容量瓶，达到室温后用水定容，摇匀。

2. 显色与测量

分别吸取馏出液 10mL 于两支干燥的比色管中，并于第 1 支试管中加入邻苯二胺溶液 0.5mL，第 2 支管中不加（作空白），充分摇匀后，同时置于暗处放置 20～30min，然后于第 1 支管加 4mol/L HCl 溶液 2mL，于第 2 支管中加 4mol/L HCl 溶液 2.5mL，混匀后，用 10mm 石英皿，于波长 335nm 下，以空白作参比，测定其吸光度（比色测定操作须在 20min 内完成）。

（四）操作要点

（1）紫外分光光度计必须处在计量检定有效期内，波长必须准确，否则对结果影响非常大。

（2）显色剂邻苯二胺是显色反应的关键，此试剂一定要在暗处保存，且不能超期存放，否则，试剂的颜色会变得发黄、发黑，配制出的标准试剂会带有颜色，使测定结果偏高。邻苯二胺溶液必须当天配制当天使用，如溶液配制出来呈红色，应重新更换新试剂。

（3）消泡剂效果要好，以免蒸馏过程中啤酒泡沫被蒸汽带出，造成实验失败。

（4）蒸汽发生量必须满足实验规定的 3min 内完成蒸馏的要求，蒸馏过程中各接头部分不得漏气，对外加冰浴的容量瓶中的接收液要等恢复到室温后方能用重蒸水进行定容。

（5）显色反应一定要置于暗处进行，如在光亮处易导致结果偏高，反应时间要控制在 20~30min。从加盐酸溶液后，测定操作要在 20min 内完成。

（6）如采用玻璃比色皿，要用 20mm 规格的，而使用石英比色皿，则采用 10mm 规格，注意吸光度与双乙酰含量的换算系数，两种比色皿相差 1 倍。

（7）计算公式中严格讲，应再减去 0.01，这是通过试验得出的校正数字，但国标认为可以忽略不计。

（8）显色反应速度与温度有关。随着显色温度升高，反应速度加快，其颜色逐步加深，吸光度增加，会使测定结果偏高；温度过低，反应不充分，则会使测定结果偏低。

（五）结果计算

计算公式如式（4-11）所示。

$$双乙酰含量(mg/L) = A_{335} \times 2.4 \qquad 式（4-11）$$

式中 A_{335}——试样在波长 335nm 下，用 10mm 石英比色皿测得的吸光度

2.4——吸光度与双乙酰含量的换算系数

（六）允许误差

在重复性条件下获得的两次独立测定结果的绝对差值不得超过算术平均值的 10%。

（七）讨论

（1）啤酒中双乙酰含量的测定方法有多种，包括 EBC 法、改进 EBC 法、新 EBC 法、荧光分析法、化学发光法、脉冲极谱法、气相色谱法等。国标法（GB 4928—1991）中使用的是 EBC 法即邻苯二胺（OPD）法。该法多年来在指导啤酒生产、控制啤酒产品质量方面起到了非常重要的作用，是一种成熟的测定双乙酰含量的方法。不过该法测定时需搭建一套玻璃蒸馏装置，操作较繁琐，需要注意的操作要点也很多。

（2）为了提高测定结果的准确性，需注意以下几点：第一，为使测定结果得到较高的准确度，应经常校正分光光度计的灵敏度和波长精度，并尽量控制被测溶液的吸光度接近于 0.2~0.8 的范围。为此，建议测定时使用 30mm 的石英比色皿。第二，为了满足反应要求，要尽可能地选择理想的测定方法，取样要准确。取样前酒样释放要适量，酒样存放的时间要短，蒸馏要迅速，并控制蒸馏时间在 3min 之内，酒样接触空气中氧

的时间要尽量缩短，得到25mL馏出液即可，否则测定结果偏高。第三，根据试验结果，蒸馏啤酒中双乙酰时收集温度以在室温以下直接收集为宜。加不加消泡剂对测定值影响很大，若加入消泡剂，则所测双乙酰值会明显增大。第四，严格按要求配制显色剂等标准溶液。鉴于显色温度对测定结果会产生一定的影响，建议将显色温度统一规定为20℃（或25℃）。显色剂邻苯二胺加量以0.5mL为宜，暗处反应时间可控制在15~25min。最后，仪器使用要正确，操作要准确熟练。尽量减少各种操作误差，保证双乙酰测定的准确度。

（3）目前，除了国标GB/T 4928—2008规定的双乙酰测定方法即本方法，还可采用Turbotherm Vap40自动定氮仪进行啤酒的蒸馏操作以测定啤酒中双乙酰含量，测定结果与国标法进行对照，结果表明Turbotherm Vap40自动定氮仪可以替代国标法中的双乙酰蒸馏装置进行啤酒中双乙酰含量的测定。

二、酒花中α-酸、β-酸的测定

酒花被誉为“啤酒的灵魂”，成为啤酒酿造不可缺少的主要原料之一。酒花的有效成分是酒花树脂α-酸、β-酸。酒花中α-酸的成分主要包括葎草酮（又名酒花酮）、异葎草酮A、异葎草酮B、类葎草酮、聚葎草酮等。α-酸是多种结构类似物的混合物，是酒花软树脂的主要成分，也是啤酒苦味及防腐能力的主要提供者。β-酸的成分主要包括蛇麻酮、类蛇麻酮、聚蛇麻酮等，约占新鲜酒花总成分的5%~11%。β-酸同样是多种结构类似物的混合物，在啤酒酿造过程中可起到补充修饰啤酒风味的作用。

测定酒花中α-酸、β-酸的主要方法有HPLC法、紫外分光光度法、电导滴定法、薄层色谱法等。HPLC方法虽然测定的准确度高，重现性较好，但仪器昂贵、操作复杂。采用紫外分光光度法可以缩短测定时间，操作简便，测量过程中α-酸、β-酸的损失较少。

（一）原理

利用碱性有机溶剂萃取酒花中的α-酸和β-酸。α-酸在碱性介质中转化为异α-酸，然后在紫外光区在波长为275nm、325nm和355nm下测定其吸光度，根据α-酸、β-酸在该三个波长的吸光度，用联立方程式可计算出酒花样品中α-酸和β-酸的含量。

（二）仪器和试剂

1. 仪器

（1）紫外分光光度计。

（2）离心机。

（3）电子分析天平。

（4）涡旋振荡器。

（5）玻璃仪器　250mL 碘量瓶、移液管、容量瓶、带塞比色管、比色皿。

2. 试剂

（1）甲苯（分析纯）。

（2）甲醇（分析纯）。

（3）6.0mol/L 氢氧化钠溶液　将氢氧化钠配制成饱和溶液，注入聚乙烯塑料瓶中，密封放置至溶液清亮后吸取上清液 31.2mL 注入 100mL 不含二氧化碳的水中，摇匀。

（4）碱性甲醇溶液　每 100mL 甲醇中加入 0.2mL 6.0mol/L NaOH 溶液。此溶液须当天配当天用。

（三）分析方法

1. 萃取

准确称取两份经粉碎的酒花试样 5.000g，分别置于 250mL 干净的碘量瓶中，用移液管加入 100mL 甲苯，加塞称重并记录。将碘量瓶置于振荡器上振荡（或用水摇动）30min，取下重新称量（若振荡后失重超过 0.3g 应重做实验）。将碘量瓶倾斜静置 5min 备用。

2. 测定吸光度

（1）稀释 A 溶液　用移液管吸取萃取液 5.0mL 注入 100mL 容量瓶用甲醇稀释至刻度，摇匀。

（2）稀释 B 溶液　用移液管吸取 A 溶液 3.0mL，注入 50mL 容量瓶中，用碱性甲醇溶液稀释到刻度，摇匀。

（3）参比溶液　吸取 5.0mL 甲苯注入 100mL 容量瓶中，用甲醇稀释至刻度，摇匀后吸取 3.0mL 注入 50mL 容量瓶中，用碱性甲醇溶液稀释至刻度，摇匀。

（4）测试读数　在波长 275nm、325nm 和 355nm 下，用 10mm 石英比色皿分别测定稀释 B 溶液的吸光度，参比溶液作为空白。测定时，应迅速读数。

（四）操作要点

（1）所用有机试剂均有毒害性，操作应尽可能在通风橱中进行。

（2）测定吸光度时，操作应迅速，防止有机溶剂的大量蒸发。

（3）平行试验之差≤0.2%。

（五）结果计算

1. 计算 α-酸的含量

计算公式，如式（4-12）、式（4-13）、式（4-14）所示。

$$d=\frac{V_A V_B}{500EV}=\frac{100\times 50}{500\times 5\times 3}=0.667 \quad 式（4-12）$$

$$W=d(-51.56A_{355}+73.79A_{325}-19.07A_{275}) \quad 式（4-13）$$

$$W_0=W\times\frac{1}{1-G} \quad 式（4-14）$$

式中 d——稀释指数

V_A——A 溶液的体积，mL

V_B——B 溶液的体积，mL

E——制备 A 溶液时移取萃取液的体积，mL

V——制备 B 溶液时移取萃取液的体积，mL

500——转换系数

W——α-酸的质量分数,%

G——酒花试样水分含量,%

A_{355}，A_{325}，A_{275}——在相应波长下 B 溶液的吸光度。计算结果保留三位小数。

2. 计算 β-酸的含量

计算公式，如式（4-15）、式（4-16）所示。

$$W=0.667(55.57A_{355}-47.59A_{325}+5.10A_{275}) \quad 式（4-15）$$

$$W_0=W\times\frac{1}{1-G} \quad 式（4-16）$$

式中 W——β-酸的质量分数,%

W_0——β-酸的质量分数（以绝干计）,%

G——酒花试样水分含量,%

（六）允许误差

两次测定结果之差不应超过平均值的 10%。

（七）讨论

（1）目前，测定 α-酸含量的方法主要包括薄层层析法（TLC）、电导滴定法（EBC）、紫外分光光度法、HPLC 和胶束毛细管电动色谱法（MEKC）。EBC 只适用于 α-酸的检测，不能用于测定 β-酸，这种方法主要利用了 α-酸可与醋酸铅反应生成沉淀的特性，由于所有导电成分都会对实验过程产生干扰，所以这种方法的选择性较低。

（2）利用本法测定 α-酸的含量，快速、简便。但是，由于每种酒花酸都包含了好几种同系的结构类似物，而每一种结构类似物在某一特定波长下的消光系数是有差异的，当它们所占比例不同时，会使总的酒花酸的消光系数发生偏移，一定程度上带来测定误差。

（3）近年来，HPLC 法由于灵敏度高、检测快速，已经成为了酒花有效成分定性定量分析和质量控制的有效手段，但是，利用该法对酒花酸进行定量和定性分析时，所需的酒花酸标准品价格昂贵致使这种方法的利用在一定程度上受到了限制。胶束毛细管电动色谱法（MEKC），是日本大学创立的一种毛细管电泳模式，与高效液相色谱分析法相比，此法的重现性更高，但也同样存在标准品缺乏的问题。

三、 总酚的测定

植物多酚是由芳香环和 2 个以上酚羟基组成的单体分子到高聚合化合物的一类植物次生代谢产物的统称。葡萄与葡萄酒中的总酚，是葡萄与葡萄酒中多酚类物质的总量，分为色素类多酚（黄酮、花色素）和无色多酚（酚酸即单体酚、聚合多酚、单宁）。酚类物质是葡萄酒的骨架成分，也是葡萄酒保健功能的主要作用物质，葡萄酒品质不同的一个主要原因就是多酚类物质的含量及种类的不同酚类物质可以影响葡萄酒的涩味苦味香气以及色泽。酚类物质的羟基是很好的氢或中子的供应体，能起到很好的抗氧化作用。所以准确测定酚类物质总量对评判葡萄酒的保健功能和判断葡萄酒品质有重要的意义。

（一）原理

多酚类化合物及还原性物质（如抗坏血酸）等分子上有极易氧化的羟基，在碱性溶液中，能将磷钼酸和磷钨酸盐还原成蓝色化合物，可见光范围内有稳定的强烈的吸收，一定条件下遵守朗伯-比尔定律，在一定范围内其吸光度与总酚含量呈线性关系。且蓝色化合物在 760nm 下有最大吸收波长，选择合适的基准物质绘制标准曲线后即可测定。

（二）仪器和试剂

1. 仪器

（1）分光光度计。

（2）回流冷凝器。

（3）电子分析天平。

（4）玻璃仪器　2L 圆底烧瓶、100mL 容量瓶、移液管、带塞比色管、比色皿。

2. 试剂

（1）福林-肖卡试剂（Folin-Ciocalteu）　Folin-Ciocalteu 试剂，同样有配制好的成品试剂。当然也可以自行配制。

称取 100g 钨酸钠（$Na_2WO_4 \cdot 2H_2O$）和 25g 钼酸钠（$NaMoO_4 \cdot 2H_2O$），将两者溶解于 700mL 水中，倒入 2L 的圆底烧瓶中，加入 50mL 85%磷酸和 100mL 浓盐酸，放入几粒玻璃珠，给烧瓶上连接回流冷凝器，用文火回流 10h（可不连续）。回流后用 50mL 水冲洗冷凝管上的附着物，然后取下。加 150g 硫酸锂（$Li_2SO_4 \cdot 2H_2O$）和几滴溴水（边加边摇）至金黄色，加热沸腾 15min，去除残余溴，用水稀释至 1000mL，于棕色瓶中保存。

（2）200g/L 碳酸钠溶液　称取 200g 无水碳酸钠溶于 1L 沸水中，冷却至室温后，加数块结晶碳酸钠晶种，24h 后过滤。

（3）5mg/mL 酚标准溶液　称取 0.500g 五倍子酸（没食子酸），用水溶解，定容至 100mL。

（三）分析方法

1. 标准曲线的绘制

吸取酚标准溶液 0mL、1.0mL、1.5mL、2.0mL、2.5mL、3.0mL 和 5.0mL 分别置于 100mL 容量瓶中，并用水定容。此溶液的酚浓度（以没食子酸计）分别是 0mg/L、50mg/L、75mg/L、100mg/L、125mg/L、150mg/L 和 250mg/L。从各溶液中分别吸取 1mL 放入另外的 100mL 容量瓶中，各加入 60mL 水，混合，并加入 5mL 福林-肖卡试剂，充分混合。在 30s 至 8min 内加入 15mL 200mg/L 碳酸钠溶液，加水定容至刻度，混匀，在 20℃下放置 2h 后，在波长 765nm（或 650nm）1cm 比色皿，以 0 号瓶作为空白测其吸光度。以吸光度为纵坐标，酚浓度为横坐标，绘制标准曲线。

2. 葡萄酒样品的测定

测定白葡萄酒时，吸取 1mL 酒样稀释至 100mL，取 1mL 稀释同上操作，测定吸光度。测定红葡萄酒时，吸取 10mL 酒样稀释至 100mL，取 1mL 稀释液按上操作，测定吸光度。

（四）结果计算

测得吸光值，从标准曲线查得酚的浓度，即为酒样中总酚实际含量（红葡萄酒需除以 10）。

（五）允许误差

两次测定结果之差不应超过平均值的 10%

（六）讨论

（1）根据原理可知 Folin-Ciocalteu 试剂可以氧化酚中的羟基，被测物质内只要含有酚羟基均可以被检测出。因此该法是现在定量分析植物总酚含量的普遍方法，是中国茶中茶多酚标准检测方法，也是国际葡萄与葡萄酒组织（OIV）和美国官方分析化学师协会（AOAC）定量分析葡萄酒或蒸馏酒精内单宁的方法。

（2）本方法测定过程耗时长，所需要的试剂和标准物质量大且测试过程也非常繁杂。针对此缺点，徐国前等基于 Folin-Ciocalteu 分光光度法的原理，借助微波处理，通过优化反应条件，建立了一种更加微量、快速测定葡萄与葡萄酒总酚含量的方法。试验得到体系的最佳反应条件为测试样品 0.1mL，浓度为 1mol/L 的 Folin-Ciocalteu 试剂 0.1mL 和 60g/L Na_2CO_3溶液 0.8mL，在微波炉的中挡下处理 20s 后，测定 765nm 波长处的吸光度。该方法达到了微量快速的效果且操作简便，为葡萄及葡萄酒总酚的测定建立了一个快速精确的新方法。

（3）随着气相色谱、液相色谱的发展，用气相色谱和液相色谱分析的酚类物质越来越多。但由于多酚类化合物的极性强，样品需用有机溶剂进行萃取预处理，萃取率和重现性都比较低。

四、苦味质的测定

啤酒已经成为人们日常生活中的重要消费品。当人们品尝各种品牌的啤酒时总会觉得有种苦味，有时浓重一些，有时会淡一些。啤酒是众多食品饮料中具有独特苦味的产品，柔和愉快的苦味刺激加之耐人寻味的芳香，给人以愉快的享受。苦味物质对啤酒的口味起着重要作用。啤酒中苦味物质主要成分是异 α-酸。控制啤酒中苦味物质的含量，提高啤酒酿造过程中酒花的利用率是保持啤酒风味一致性的重要因素。苦味质的测定采用分光光度法。

（一）原理

啤酒中的主要苦味成分是异 α-酸，酸化了的啤酒用异辛烷萃取其苦味物质，以紫外分光光度计，在 275nm 波长下用 1cm 的比色皿测定其吸光度，计算苦味质的含量。

（二）仪器和试剂

1. 仪器

（1）紫外分光光度计。

（2）离心机。

（3）电动振荡机。

（4）玻璃仪器 配有 1cm 石英比色皿、125mL 分液漏斗、移液管。

2. 试剂

（1）异辛烷 在 10mm 比色皿中，以水为空白，于 275nm 测其吸光度，接近水的吸光度方可使用，若达不到次纯度，可用活性炭处理。

（2）6mol/L 盐酸。

（3）辛醇 色谱纯。

（三）分析方法

1. 啤酒样品的前处理

调节啤酒样品温度在 15～20℃，将大约 100mL 酒样倒入 250mL 锥形瓶中，盖塞，在恒温室轻轻划圈摇动，开塞放气。盖塞，反复操作，直至无气体逸出为止。放置 10～15min。

2. 操作

吸取 5mL 已除气、温度在 20℃ 的啤酒样品置于分液漏斗中，加入 5mL 水、1mL 3mol/L HCl 溶液和 20mL 异辛烷。强烈振荡使异辛烷提取液呈乳状后，振荡 15min，静置分层后，放出下部液体。将上部液体倒入离心管中，3000r/min 离心 15min。取上清液于 1cm 石英比色皿中，275nm 波长下，用异辛烷作空白，测定其吸光度。

（四）操作要点

（1）啤酒中苦味质测定的前提条件是不能损失泡沫。

（2）异辛烷和样品的温度高低会影响异 α-酸的萃取效率，温度高，萃取彻底。

（3）异辛烷做空白时，一定要加一滴辛醇，异辛烷的吸光度应接近重蒸蒸馏水或不高于 0.005。

（4）不呈黏稠乳状者苦味物质萃取不完全，造成测定结果偏低。但振荡时间太长，也会影响，结果偏低。

（5）由于异辛烷极易挥发，如果振荡萃取时碘量瓶胶塞密封不严密，或在离心时未加旋盖，会有异辛烷挥发，样品体积变小，吸光度增大，测量值偏高。

（6）吸取酒样要快，碘量瓶与啤酒瓶或异辛烷瓶要近一点。最好在啤酒瓶中直接样液，多转移一次就多一次受影响的机会，可能会导致异 α-酸氧化或发生其他反应。

（7）加入异辛烷后，一定要加入几颗玻璃球珠，立即手动摇匀，再放在振荡器上振荡。

（8）每次检测结束必须用酒精清洗比色皿，使比色皿保持清洁、干燥，尽量减少比色皿之间的吸光值偏差。

（9）取样时间对苦味质影响较大，尤其是冷麦汁，应在冷却到三分之一时取样，过早则测定值偏低，过晚则测定值偏高。

（10）离心管应事先在天平上称量，两只对称管应等重、刻度一致。且离心管要有胶帽，防止样品在离心过程中苦味物质的挥发损失，引起结果偏低；若离心效果差，离心液不清凉，会引起结果偏高。

（11）为了防止啤酒启盖时从酒液中出泡沫，需要将检测样品先放入20℃水浴中恒温30min。样品的启盖和移动一定要小心平稳，防止酒液泛起泡沫。

（12）样品倒500mL三角瓶的数量控制在200mL，样品倒入三角瓶后，不允许再往外倒。

（13）若同时检测麦汁、发酵液及成品酒的苦味质，建议先测啤酒，再测发酵液，最后测麦汁苦味质（啤酒苦味质最低，麦汁最高，避免萃取的杂质对啤酒苦味质产生影响）。

（五）结果计算

啤酒中苦味物质的含量如式（4-17）所示：

$$苦味质含量 = A_{275} \times 100 \qquad 式（4-17）$$

式中 A_{275}——波长275nm处的吸光度

100——换算系数

（六）允许误差

两次测定结果之差不应超过平均值的10%。

（七）讨论

（1）酒花酸包括α-酸和β-酸两大类，它们在啤酒中可转化成各种α-酸和β-酸衍生物，它们的两大作用：一个是赋予啤酒特有的苦味，还有一个就是对啤酒泡沫稳定性的作用。此外，这些物质对成品啤酒的质量还有其他一些作用，如与啤酒的光稳定性有关。

（2）近年来，随着各种检测手段的发展，酒花化学成分的测定也取得了很大的进步。尤其是酒花苦味质，作为啤酒苦味的唯一来源，它的测定方法显得尤其重要。到目前为止，出现了几十种酒花苦味物质的测定方法。其中常用的有电导滴定法、分光光度法、高效液相色谱、胶束毛细电动色谱。

（3）比色法操作比较简单，是现在啤酒厂多数采用的方法。但在测定中需适当稀释萃取液，使其吸光度在0.1~0.4，否则将会有较大的误差，这一点往往在实际操作中被忽视；分光光度法测定啤酒苦味物质快速而简便，但由于每种酒花酸都包含了好几种同系的结构类似物，而每一种结构类似物在某一特定波长下的消光系数是有差异的，当它们所占比例不同时，会使总的酒花酸的消光系数发生偏移，带来测定误差；电导滴定法和分光光度法测定酒花苦味物质最主要的缺点在于缺乏选择性和精确性，而且它们不是对所有的酒花制品和异构化的酒花制品都适用；高效液相色谱则需要多种标准品，给定性和定量带来了困难。

第四节　原子吸收分光光度法

原子吸收光谱法（AAS）又称为原子分光光度法，简称原子吸收法，是基于气态的基态原子外层电子对紫外光和可见光范围的相对应原子共振辐射线的吸收强度来定量测定被测元素含量的分析方法，是一种测量特定气态原子对光辐射的吸收的方法。根据采用的原子化器不同，原子吸收法可以分为火焰原子吸收法（FAAS）和石墨炉原子吸收法（GFAAS），前者应用最为普遍，后者比前者的检测限更低，原子化效率更高，特别适用于在火焰中形成耐热氧化物而难以原子化的元素的检测。

原子吸收分析的主要特点是测定灵敏度高，特效性好，抗干扰能力强，使用范围广，可测定70多种元素（大部分可以直接测定）。仪器简单，操作方便，因而原子吸收分析方法的应用范围日益广泛，例如在测定矿物、金属以及合金、玻璃、陶瓷、水泥、化工产品、土壤、食品、生物样品、环境污染等试样中的金属元素含量时，原子吸收法往往是一种首选的定量方法，因而它在分析化学领域中已占重要的地位。

原子吸收光谱分析技术可以说是在白酒分析中应用范围仅次于气相色谱分析的一类分析技术。采用这类分析技术，可以快速、高效地鉴定出产品中的多种金属离子的含量。如采用石墨炉原子吸收分光光度法检测白酒中的铅含量，采用火焰原子吸收光谱法测定白酒中铁和锰的含量，采用平台石墨炉原子吸收光谱法测定酒中锰的含量。

一、 氧化钙的测定

氧化钙的含量高低是衡量黄酒品质优劣的一项重要指标。黄酒中氧化钙的来源，至少有以下两个：一是硬度较高的酿造用水中携带的钙离子；二是黄酒在糖化发酵后，为了调味在压滤前允许加入少量澄清石灰水所以在成品中会有少量氧化钙残留。因此，国标对黄酒中氧化钙的含量做了规定，依据GB/T 13662—2008所规定的技术要求一般情况下，氧化钙应不超过1.0g/L。产品中氧化钙过高，会引起饮酒者口干舌燥等不适症状，因此测定黄酒中氧化钙含量十分重要。目前国内黄酒的测定方法中主要有化学滴定法和仪器法（原子吸收分光光度法）。其中仪器法即原子吸收分光光度法检出限低、操作简便、回收率高，已成为实验室的常用方法。

（一）原理

试样经火焰燃烧产生原子蒸气，通过从光源辐射出待测元素具有特征波长的光，被蒸气中钙元素的基态原子吸收，吸收程度与火焰中元素浓度的关系符合比尔定律。依据朗伯-比尔定律测得黄酒中的钙含量，乘以钙与氧化钙的转算系数，从而得出试样中氧化钙的含量。

（二）仪器和试剂

1. 仪器

（1）原子吸收分光光度计　测定波长为 422.7nm，狭缝宽度为 0.7nm，空气-乙炔火焰，灯电流为 10mA。

（2）高压釜　50mL，带聚四氟乙烯内套。

（3）电热干燥箱。

（4）电子天平。

（5）玻璃仪器　100mL 容量瓶、1000mL 容量瓶、移液管。

仪器分析条件见表 4-2。

表 4-2　　仪器分析条件

元素	波长/nm	光谱通带/nm	灯电流/mA	乙炔流量/（L/min）	空气流量/（L/min）
Ca	423.3	0.7	3	1.5	4.7

2. 试剂

（1）浓硝酸　优级纯（GR）。

（2）浓盐酸　优级纯（GR）。

（3）50g/L 氯化镧溶液　称取 5.0g 氯化镧，加去离子水溶解，并稀释至 100mL。

（4）钙标准贮备液（100μg/mL）　准确称取 0.250g 于 105~110℃干燥至恒重的碳酸钙，用 10mL 浓盐酸溶解后，移入 1000mL 容量瓶中，用去离子水定容。

（5）钙标准使用液　分别吸取 0mL、1mL、2mL、4mL 和 8mL 钙标准贮备液于 5 个 100mL 容量瓶中，各加 10mL 氯化镧溶液和 1mL 浓硝酸，用去离子水定容，此溶液每毫升分别相当于 0μg、1μg、2μg、4μg 和 8μg 钙。

（三）分析方法

1. 黄酒试样的处理

准确吸取 2~5mL 黄酒试样于 50mL 聚四氟乙烯内套的高压釜中，加入 4mL 浓硝酸，置于120℃电热干燥箱内，加热消解4~6h。冷却后转移至500mL容量瓶中，加5mL氯化镧溶液，用去离子水定容，摇匀。同时做空白试验。

2. 测定

将钙标准使用液、试剂空白溶液和处理后的试样液依次导入火焰中进行测定，记录其吸光度。以标准溶液的钙含量与对应的吸光度绘制标准曲线（或用回归方程计算）。

分别以试剂空白和试样液的吸光度，从标准工作曲线中查出钙含量（或用回归方程计算）。

（四）操作要点

（1）用原子吸收分光光度法测定试样中钙含量时所选用的标准溶液系列浓度和处理试样时的稀释倍数要适宜，二者对实验结果的准确性的影响至关重要。故此在进行实验以前应视不同酒样选取适宜的稀释倍数进行消化处理，确保实验结果的可靠性。

（2）实验所用到的试剂均为优级纯，实验用水均使用去离子水。

（3）所用玻璃仪器均以质量分数20%硝酸浸泡24h以上，用去离子水冲洗，晾干备用。

（4）标准使用液配制后储存于小口聚乙烯瓶内，于冰箱存放，保存期不得超过一个月。

（5）样品加入混合酸以前，应先去除酒精，需置于加热仪上加热近干，但不得干涸。加酸后必须等剧烈反应完成以后，再进行密闭微波消解，消解后的试液应为清澈透明的液体，可加1~2滴过氧化氢溶液观察。

（6）消解时加热温度不能太高，防止强腐蚀性混合酸溅出。样品处理过程中，特别注意不污染试样，要求用去离子水少量多次洗涤消解罐内罐及罐盖，尽量避免试样中钙元素损失。

（7）黄酒消解一般分五个步骤消解即可使试液消化完全，设定程序时应设置逐渐增加压力，切不可一开始就将压力设置过高，防止加压过程由于试液中仍残留有酒精而导致酸液喷出伤人。

（8）使用微波消解仪时应严格按照仪器操作规程执行，试液消解后，必须待消解罐内压力接近零时，才可开启罐盖，以防酸液溅出伤人。

（9）整个消解过程都应在通风橱内进行，并戴防酸碱手套操作。

（10）要求使用高纯乙炔，当乙炔气的一次压力降到0.5kg/cm^{3}以下时，立即换气，以免对仪器造成影响。

（11）定期进行配管的漏气检查，最好每个月检查一次。

（12）测定严格按照原子吸收分光光度计的操作规程操作，在仪器的最佳条件下测定。每次测定时，仪器和空心阴极灯应预热充分，待基线平坦稳定后再进行测定。

（13）定期清洁燃烧器的各部件，特别保持燃烧头的清洁，保证测定数据的重现性和吸收灵敏度好。当火焰变成不规则或分叉，就应该熄灭火焰，冷却后用厚纸或薄的塑料片擦去锈斑和堵塞物。

（14）测定完成后熄火，关气瓶，关空气压缩机，退出测定系统，排除残留气体，关主机电源。排除空气压缩机中的水分，以免影响正常操作。

（五）结果计算

计算公式如式（4-18）所示。

$$\text{氧化钙含量(g/L)} = (A - A_0) \times V_2 \times \frac{1}{V_1} \times 1.4 \times \frac{1}{1000} \times \frac{1}{1000} \times 100 \qquad \text{式（4-18）}$$

式中 A——从标准工作曲线中查出（或用回归方程计算）试样液中钙的含量，μg

A_0——从标准工作曲线中查出（或用回归方程计算）试剂空白中钙的含量，μg

V_2——试样稀释后的总体积，mL

1.4——钙与氧化钙的换算系数

V_1——吸取试样的体积，mL

（六）允许误差

在重复性条件下获得的两次独立测定结果的绝对差值不得超过算术平均值的5%。

（七）讨论

（1）滴定法也可测定钙离子的浓度，一般包括高锰酸钾滴定法和EDTA滴定法。其中，高锰酸钾滴定法是利用试样中的钙离子与草酸铵反应生成草酸钙沉淀。将沉淀滤出洗涤后，用硫酸溶解，再用高锰酸钾标准溶液滴定草酸根。EDTA滴定测定黄酒中的氧化钙含量是用氢氧化钾溶液调整黄酒试样的pH至12以上。以盐酸羟胺、三乙醇胺和硫化钠作掩蔽剂，排除锰、铁、铜等离子的干扰，在过量EDTA存在下，用钙标准溶液进行返滴定。

（2）本法中需对黄酒样品经过硝化、稀释100~250倍、加入增敏剂氯化镧等多个步骤后，方可利用火焰原子吸收技术进行检测，该过程在样品量较大时显得十分繁琐，工作效率低。此外，过大的稀释倍数极易造成结果的偏差。针对此问题，周晓萍等采用直接取样加5%硝酸镧用火焰原子吸收法测定，硝酸镧作释放剂能有效地将钙释放出来，提高灵敏度和准确度。同时能消除磷酸根、硫酸根、硅酸根和铝的干扰，方法简便、取样量少、分析速度快，且有较高的回收率和较好的重现性，而且所测结果与硝化后测定比较无显著性差异。此外，需控制所选用的标准溶液系列浓度和处理试样时的稀释倍数。可采用RICH LAB微型多功能进样器的一组特定的双毛细管进样头和相应技术实现。在火焰原子吸收进样时，可将两种不同性质的溶液进行在线混合或在线反应。将氯化镧既作为增敏剂，又作为稀释液在线增敏、稀释黄酒中的钙，实现快速、高效地测定黄酒中的钙含量。该方法具有释放剂消耗少，操作简便快速、重现性好、准确度高、线性范围宽等优点，适用于黄酒中氧化钙含量的检测。

二、铁的测定

铁元素是人体维持代谢功能所必需的重要生命元素，铁属于葡萄酒中的微量成分，一般含量为5mg/L左右，由于葡萄品种、地域及生产设备的不同，含铁量也不同。葡萄酒中的铁元素主要有2个来源：一是从葡萄原料带入，葡萄生长的土壤环境中铁含量的多少将直接影响到葡萄中铁含量的高低，进而影响葡萄酒的铁含量；另一方面是在加工环节带入，葡萄在采摘、运输、酿造和储藏过程中如果和铁制品直接接触，也会提高葡萄酒中的铁元素含量。过量的铁可对葡萄酒产生不良影响，使葡萄酒的稳定性下降，出现浑浊沉淀，称为破败病。另外，铁还是一种催化剂，能加速葡萄酒的氧化和衰败，因此须严格控制酒中铁的含量。

（一）原理

将处理后的试样导入原子吸收分光光度计中，在乙炔-空气火焰中，试样中的铁元素被原子化，基态原子铁吸收特征波长（248.3nm）的光波，吸收量的大小与试样中铁原子浓度成正比，测其吸光度，求得铁含量。

（二）仪器和试剂

1. 仪器

（1）原子吸收分光光度计　具有铁空心阴极灯。

（2）空气压缩机或空气钢瓶气。

（3）乙炔钢瓶气。

（4）电子天平。

（5）玻璃仪器　移液管、100mL容量瓶、1000mL容量瓶。

仪器分析条件如表4-3所示。

表4-3　仪器分析条件

元素	波长/nm	光谱通带/nm	灯电流/mA	乙炔流量/（L/min）	空气流量/（L/min）
Fe	248.3	0.2	12	3	10

2. 试剂

（1）0.5%硝酸溶液　量取 5mL 硝酸，稀释至 1000mL。

（2）0.1mg/mL 铁标准储备液　准确称取 0.702g 硫酸亚铁铵［$(NH_4)_2Fe(SO_4)_2 \cdot 6H_2O$］溶于含有 0.5mL 硫酸的水中，移入 1000mL 容量瓶中，稀释至刻度。

（3）铁标准使用液（10μg/L）　吸取 10mL 铁标准储备液于 100mL 容量瓶中，用 0.5%硝酸溶液稀释至刻度。

（三）分析方法

1. 标准曲线的绘制

取铁标准使用液 0mL、1mL、2mL、4mL 和 5mL（含 0μg、10.0μg、20.0μg、40.0μg 和 50.0μg 铁）分别于 5 个 100mL 容量瓶中，用 0.5%硝酸溶液稀释至刻度，混匀。

将仪器置于合适的工作状态，调波长至 248.3nm，导入标准系列溶液，以 0 号管调零，分别测定吸光度。以铁的含量对应吸光度绘制标准曲线（或者建立回归方程）。

2. 葡萄酒试样的准备

用 0.5%硝酸溶液准确稀释葡萄酒样品至 5~10 倍，摇匀，备用。

3. 试样的测定

将试样导入仪器，测定吸光度，根据吸光度在标准曲线上查得铁的含量（或由回归方程计算）。

（四）操作要点

（1）原子吸收分光光度法测铁比其他方法简单、快速、灵敏度高，当试样含糖量较高时，可将样品消化处理后测定或采取标准加入法定量，以消除试样本身的干扰。

（2）实验所用到的试剂均为优级纯，实验用水均使用去离子水。

（3）所用玻璃仪器均以质量分数 1%的硝酸浸泡 36h 以上，用去离子水冲洗，晾干备用。

（4）标准使用液配制后储存于小口聚乙烯瓶内，于冰箱存放，保存期不得超过一个月。

（五）结果计算

计算公式如式（4-19）所示。

$$铁含量(mg/L) = nA \qquad 式（4-19）$$

式中　A——试液中铁的含量，mg/L

　　　n——样品稀释倍数

（六）允许误差

在重复性条件下获得的两次独立测定结果的绝对差值不得超过算术平均值的 10%。

（七）讨论

（1）目前，葡萄酒标准中对铁元素的测定有三种方法：原子吸收法、邻菲罗啉比色法和磺基水杨酸比色法。研究发现，邻菲罗啉比色法具有回收率高、成本低等特点，但操作步骤较复杂；磺基水杨酸目视比色误差比较大，测定结果只能作为一种参考；原子吸收分光光度法具有灵敏度高、选择性好、光谱干扰小、抗干扰能力强、测定元素多、快速等特点，使检测步骤大大简化，检测效率大大提高。目前在大多数的葡萄酒企业中，都采用原子吸收仪来测定铁的含量。

（2）在采用原子吸收方法测定葡萄酒中的铁元素时，可采用标准浓度法和标准加入法来进行测量。研究发现，在标准加入法中标准溶液与待测溶液的环境基本上相同，有效地消除了由于溶剂不同所造成的误差以及干扰，从而在很大程度上提高了分析结果的准确性和稳定性，且操作方法简便，可作为原子吸收分光光度计分析葡萄酒中的铁元素含量的最佳方法。

（3）本方法中采用硝酸消解法对葡萄酒样品进行前处理，还可采用干法灰化和直接蒸馏等方法对样品进行预处理。但这些预处理方法预处理速度慢、消解不完全、样品用量大，限制了该法在价格昂贵的进口葡萄酒中金属离子批量精确检测方面的应用。可采用微波技术对样品进行预处理。ICP-AES 微波消解法技术微波灰化是一种新型的快速处理样品的技术，其取样量比一般的湿法消化大 5~20 倍，使样品代表性更好，减少了样品稀释倍数，大大提高了实际样品检出限。此外，该技术还具有危险性小、用酸量少、误差小、空白值低及干扰因素少等优点。可加快消解的速度，最大限度地发挥酸的作用，减少干扰，提高效率。而且微波消解是在密闭容器中进行的，回收率高，酸的挥发少，故酸的消耗大大减少，由酸带来的空白值也降低，从而提高结果的准确性。

（4）除了国标中规定的方法，等离子质谱法和电感耦合等离子体光谱质谱（ICP-MS）技术也被报道用于测定葡萄酒中的金属元素。对比原子吸收法和比色法等，这两种技术操作简单、快速、线性范围宽、检出限低、准确度高，并且能够同时测定多种元素，便于在葡萄酒行业中推广，但价格昂贵、应用氩气作载气测量成本高。目前，利用电感耦合等离子体光谱质谱对于葡萄酒中多项重金属痕量检测，尚无具体标准。

三、 铜的测定

铜是葡萄酒中最丰富的金属元素之一。葡萄酒中的铜来源丰富，葡萄从土壤中吸收的铜、果实表面沾附的含铜农药、铜制葡萄酒酿造设备以及酿造过程中为去除硫化氢、硫醇等带来的还原味而常常添加的硫酸铜、柠檬酸铜都会将铜引入葡萄酒。铜是人体内多种酶的重要成分，对于神经系统和骨骼的发育都是十分必要的。但当葡萄酒中铜质量浓度高于1mg/L时，酒体可能会出现铜性浑浊，出现铜破败病，影响酵母的活动并降低葡萄酒的质量，且铜还有催化作用，可诱发铁的沉淀；另一方面当铜浓度超过有益范围的情况下，对细胞有抑制作用，甚至产生毒性，对人体的健康造成危害。准确测定葡萄酒中铜元素的含量，对控制葡萄酒的品质，保障人体健康起到关键的作用。GB 15037—2006与国际葡萄与葡萄酒组织（OIV）法规Oeno 434—2011中均对成品葡萄酒中铜的含量进行了明确规定。

（一）原理

用0.5%的硝酸溶液将葡萄酒样稀释5倍，再导入原子吸收分光光度计中，在乙炔-空气火焰中样品中的铜被原子化，基态铜原子分别吸收其特征波长（324.7nm），吸收量的大小与样品中铜原子浓度成正比，分别测其吸光度，通过与标准曲线对照求得样品中铜的含量。

（二）仪器与试剂

1. 仪器

（1）原子吸收分光光度计（附石墨炉及铜空心阴极灯）。

（2）电子天平。

（3）酸度计。

（4）电热鼓风干燥箱。

（5）10μL微量进样器。

（6）玻璃仪器　1mL、5mL和10mL移液管，100mL容量瓶，1000mL量筒。

仪器工作条件如表4-4所示。

表4-4　仪器工作条件

元素	波长/nm	光谱通带/nm	灯电流/mA	乙炔流量/（L/min）	空气流量/（L/min）
Cu	324.7	0.7	10.0	0.8	5.5

2. 试剂

（1）0.5%硝酸溶液　取1mL浓硝酸，加水稀释至200mL。

（2）铜标准储备液（0.1mg/mL）　称取0.393g硫酸铜（$CuSO_4 \cdot 5H_2O$）溶于水，移入1000mL容量瓶中，定容至刻度。

（3）铜标准使用液（10μg/mL） 吸取10mL铜标准储备液于100mL容量瓶中，用0.5%硝酸定容至刻度。

（三）分析方法

1. 标准曲线的绘制

吸取铜标准使用液0mL、0.5mL、1.0mL、2.0mL、4.0mL和6.0mL（含0μg、5μg、10μg、20μg、40μg和60μg铜）分别置于6个50mL容量瓶中，用0.5%硝酸溶液稀释至刻度，摇匀。

2. 设置空气-乙炔火焰条件

空气-乙炔火焰，波长，其他操作条件：仪器狭缝、空气及乙炔流量、灯头高度、灯电流等均按使用的仪器说明调至最佳状态。

3. 设置石墨炉条件

置仪器于合适的工作状态下，调波长至324.7nm 导入标准系列溶液，以0号管调零，分别测其吸光度，以铜的含量对应吸光度绘制标准曲线（或建立回归方程）。

4. 葡萄酒试样的准备

用0.5%硝酸溶液准确稀释葡萄酒样品至5~10倍，摇匀，备用。

5. 样品测定

将试样导入仪器，测其吸光度，然后根据吸光度在标准曲线上查得铜的含量（或用回归方程计算）。

（四）操作要点

（1）原子吸收分光光度法测微量金属元素比其他方法简单、快速、灵敏度高，当试样含糖量较高时，可将样品消化处理后测定或采取标准加入法定量，以消除试样本身的干扰。

（2）实验所用到的试剂均为优级纯，实验用水均使用去离子水。

（3）所用的所有玻璃仪器第一次使用均要先用1%的硝酸溶液浸泡12h以上，接着用自来水反复冲洗，再用去离子水冲洗，之后再用超纯水冲洗，最后放入烘箱中烘干备用。为了避免玻璃器皿上金属离子的附着，每次试验前要先用1%硝酸煮沸1h，再用水冲洗3遍左右，去离子水冲洗3遍，最后用超纯水冲洗2遍，放在烘箱内烘干后使用。

（4）标准使用液配制后储存于小口聚乙烯瓶内，于冰箱存放，保存期不得超过一个月。

（五）结果计算

计算公式如式（4-20）所示。

$$铜含量(mg/L) = rA \qquad 式（4-20）$$

式中 A ——试液中铜的含量，mg/L

N——样品稀释倍数

（六）允许误差

在重复性条件下获得的两次独立测定结果的绝对差值不得超过算术平均值的 10%。

（七）讨论

（1）测定葡萄酒中铜元素含量的方法包括：原子吸收光谱、石墨炉原子吸收光谱法、电感耦合等离子体-原子发射光谱法（ICP-AES 法）、紫外-可见吸收光谱法（UV-VIS）、浊点萃取-紫外-可见分光光度法、二乙二硫代氨基甲酸酯（DDTC）分光光度法、微波消解-微波等离子体炬原子发射光谱、原子荧光法、质谱法等。其中原子吸收光谱法应用最多，它简单、快捷，具有基体干扰小、选择性强、灵敏度高及操作简单、仪器易维护等优点，以及良好的精密度和准确性等，近年来在食品重金属检测方面得到广泛应用。

（2）此外，在进行铜等痕量金属元素测定时，由于检测样品种类繁多，成分复杂，待测元素含量又属痕量范畴，因此，样品前处理方法的确定是关键步骤之一。样品的常规前处理方法有湿法消化、干法灰化、超临界液体萃取和微波辅助萃取等方法，然而这些方法易引起待测成分的逸失或干扰测定结果，使操作繁琐，分析时间延长，存在环境污染严重等问题。浊点萃取作为一种新的萃取浓缩手段，整个过程操作简单，绿色环保，高效率，具有广泛的应用前景。将浊点萃取与火焰原子吸收相结合，克服了基体组分对测定的干扰，提高了灵敏度，改善了分析方法的分析性能。其中，郭金英建立浊点萃取-火焰原子吸收富集检测红葡萄酒中铜、锌、镉 3 种金属离子的方法。检测限为 0.02±0.001μg/mL，相对标准偏差为 6.70，加标回收率在 95.50%～104.00%。该方法的稳定性高，精密度好，可用于红葡萄酒中铜、锌、镉的检测。

四、 铅的测定

铅是酒类产品中必须控制的卫生质量指标之一。葡萄种植过程中使用含铅的农药以及酿造设备表面保护不当，会造成葡萄酒中的铅含量超标，饮用后对人体造成危害。经过流行性病学和动物试验的证实，铅被国际癌症研究机构（IARC）定为 3 级对人类致癌危险性物质，铅在人体易蓄积中毒，当含量达 12g/L 以上时，可出现性功能障碍和脑病，直接损伤人和动物的甲状腺功能，降低甲状腺摄取碘及血浆蛋白结合碘的能力，降低垂体激素的分泌及肾上腺皮质的功能，还可损伤生殖细胞并降低性功能。因此，铅在我国食品卫生标准中有着严格的限量。国家针对葡萄酒规定的卫生限量为：铅≤

0.2mg/kg。监测各类食品中的铅含量，控制人体摄入量是控制其危害的重要预防措施，准确快速地检测铅含量可以有效保护人们的生命健康。

（一）原理

酒样经湿法消化后，再导入原子吸收分光光度计中，在乙炔-空气火焰中样品中的铅被原子化，原子化后基态铜原子分别吸收其特征波长（283.3nm），吸收量的大小与样品中铅原子浓度成正比，分别测其吸光度，通过与标准曲线对照求得样品中铅的含量。

（二）试剂与仪器

1. 仪器

（1）原子吸收分光光度计（附石墨炉及铅空心阴极灯）。

（2）电子天平。

（3）酸度计。

（4）电热鼓风干燥箱。

（5）10μL 微量进样器。

（6）1mL、5mL 和 10mL 移液管，100mL 容量瓶，1000mL 量筒。

仪器分析条件如表 4-5 所示。

表 4-5　仪器分析条件

元素	波长/nm	光谱通带/nm	灯电流/mA	乙炔流量/（L/min）	空气流量/（L/min）
Pb	283.3	0.7	7.5	1	7.5

2. 试剂

（1）0.5%（体积分数）硝酸　取 1mL 浓硝酸，加水稀释至 200mL。

（2）铅标准溶液　准确称取金属铅（99.99%）1.0000g，分次加入 6mol/L 硝酸（总量不超过 37mL）。使铅溶解后移入 1 L 容量瓶中，再用水稀释至刻度。此溶液铅含量为 1mg/mL。

（3）铅标准使用液　准确吸取 10mL 铅标准液，于 100mL 容量瓶中，用 0.5%（体积分数）硝酸稀释至刻度后摇匀。再从中吸取 1mL 于 100mL 容量瓶中，用 0.5%（体积分数）硝酸稀释至刻度。此溶液铅含量为 1μg/mL。

（三）分析方法

（1）吸取 0mL、0.5mL、1.0mL、2.0mL、3.0mL、4.0mL 铅标准使用液（1μg/

mL)，分别置入 100mL 容量瓶中，0.5（体积分数）硝酸溶液稀释定容至刻度，摇匀。

（2）设置空气-乙炔火焰条件　灯电流 7.5mA；波长 283.3nm；狭缝 0.2nm；空气流量 7.5L/min；乙炔流量 1L/min；火焰高度 3mm；灯背景校正。

（3）设置石墨炉条件　灯电流 5~7mA；波长 283.3nm；干燥温度 120℃，20s；灰化温度 450℃，持续 15~20s；原子化温度 1700~2300℃，持续 4~5s；灯背景校正。

（4）以铅浓度对吸光度绘制标准曲线，将经湿法消化的葡萄酒试样、试剂空白液和标准系列液分别进行测定。试样吸光度从标准曲线中求得铅含量。

（四）操作要点

（1）原子吸收分光光度法测微量金属元素比其他方法简单、快速、灵敏度高，当试样含糖量较高时，可将样品消化处理后测定或采取标准加入法定量，以消除试样本身的干扰。

（2）实验所用到的试剂均为优级纯，实验用水均使用去离子水。

（3）所用的所有玻璃仪器第一次使用均要先用 1%的硝酸溶液浸泡 12h 以上，接着用自来水反复冲洗，再用去离子水冲洗，之后再用超纯水冲洗，最后放入烘箱中烘干备用。为了避免玻璃器皿上金属离子的附着，每次试验前要先用 1%硝酸煮沸 1h，再用水冲洗 3 遍左右，去离子水冲洗 3 遍，最后用超纯水冲洗 2 遍，放在烘箱内烘干后使用。

（4）标准使用液配制后贮存于小口聚乙烯瓶内，于冰箱存放，保存期不得超过一个月。

（五）结果计算

计算公式，如式（4-21）所示。

$$\text{铅含量(mg/L)} = (m - m_0) \times \frac{1}{V} \times \frac{1}{1000} \times 1000 \qquad \text{式（4-21）}$$

式中　m——试样中铅的含量，μg

m_0——试剂空白中铅的含量，μg

V——取酒样体积，mL

（六）允许误差

在重复性条件下获得两次独立测定结果的绝对差值不得超过算术平均值的 10%。

（七）讨论

（1）目前，国内外对铅污染测定方法主要有二硫腙比色法，氢化物原子荧光光谱法和原子吸收光谱法等。火焰原子吸收光谱法和二硫腙比色法灵敏度较低，而且不利于排除干扰，由于葡萄酒基体复杂，含大量有机物测定时干扰大，因而直接测定比较困难，结果准确性差。

（2）由于酒基体复杂，铅含量低，必须经过消化处理，即前处理后再进行测定。在进行石墨炉原子吸收测定时，样品前处理方法很多，有干法消化、湿法消化、微波消解、悬浮液进样、浊点萃取、非完全消化和流动注射在线样品处理等。其中，水浴蒸发-湿消解法是酒类样品传统的前处理方法，对实验室仪器设备等要求不高，适合酒类样品的批量前处理。但试剂消耗量大，空白值较高，对环境造成污染，当铅浓度含量较低时易与玻璃器皿相互作用（吸附或溶出）而导致结果的偏差。微波灰化对酒类样品进行前处理，试剂用量少、样品代表性好、减少样品稀释倍数、安全可靠，但有操作繁琐、空白值高、准确性和回收率偏低等缺点。微波消解对酒类样品进行前处理，具有空白值低、准确度高、前处理时间短等特点，但不适用于有机含量较高酒类的前处理，易产生剧烈的氧化还原反应造成消解罐的损坏。各种处理各有利弊，不同样品有各自适宜的方法。

（3）火焰原子吸收光谱法操作简便，速度快，但检出限高，适合啤酒、黄酒等发酵酒、蒸馏酒和配制酒样品分析。石墨炉原子吸收光度计价格高，分析速度慢，但灵敏度高，检出限低，适合分析酒类样品中的微量铅，是目前最常用的检测食品及酒类微量铅的方法之一。有研究指出酒类基体比较复杂，经消化后测定仍具有干扰，加入 0.3% 磷酸二氢铵可明显改善基体的干扰，提高方法的灵敏度。电感耦合等离子体法（ICP 法）具有分析速度快，可同测多种元素，检出限低，标准曲线宽等众多优点，是目前较前端的分析食品及酒类样品中微量铅的方法。但其价格昂贵，制样复杂，分析中消耗氩气量大，不易普遍推广。

（4）随着科学技术的发展和国家对食品安全管理的重视、规范，对食品及酒类产品中铅等有害金属元素的检测水平要求也越来越高。简化前处理，提高分析速度，降低检出限，提高精密度和重复性等是今后检测的发展趋势。正在发展运用的联用技术解决了上述部分问题，ICP-MS、MPT-AES 可以快速定量地检测酒中铅等多种微量金属元素，流动注射可以先富集样品中的铅元素，通过联用检测，可降低检出限，提高分析的准确度。

五、 锰的测定

锰为人体正常代谢中的必需微量元素，但过量的锰可引起人体神经系统等慢性中毒，并抑制某些酶的活性。而白酒是造成直接摄入锰元素超标的主要原因之一。因此，白酒中的锰元素是国家标准卫生指标中的强制检验项目，按 GB 2760—2011 规定，酒中高锰酸钾残留量以锰计，不得超过 2mg/L。白酒是蒸馏酒，正常情况下重金属是不会被蒸馏到白酒中的，白酒中锰的主要来源为白酒酿造过程中，由于原料发霉、变质、不净或发酵温度过高、杂菌感染等原因引起白酒有臭味，一般会使用高锰酸钾作为氧化剂配合活性炭吸附作用，处理酒基中杂色及异味，高锰酸钾如果使用量不合理会造成锰的残留。

（一）原理

酒样经湿法消化后，再导入原子吸收分光光度计中，利用原子吸收分光光度法测定，在乙炔-空气火焰中样品中的锰被原子化，原子化后基态锰原子分别吸收其特征波长（279.5nm），吸收量的大小与样品中锰原子浓度成正比，分别测其吸光度，通过与标准曲线对照，按照标准系列法定量求得样品中锰的含量。

（二）仪器和试剂

1. 仪器

（1）原子吸收分光光度计（附石墨炉及锰空心阴极灯）。

（2）电子天平。

（3）酸度计。

（4）电热鼓风干燥箱。

（5）10μL 微量进样器。

（6）1mL、5mL 和 10mL 移液管，100mL 容量瓶，1000mL 量筒。

仪器分析条件如表 4-6 所示。

表 4-6 仪器分析条件

元素	波长/nm	光谱通带/nm	灯电流/mA	乙炔流量/（L/min）	空气流量/（L/min）
Mn	279.5	0.7	7.5	1.5	4.5

2. 试剂

（1）锰标准溶液　吸取 10mL 锰标准溶液（1mg/mL），置于 100mL 容量瓶中，用 0.5mol/L 硝酸溶液稀释定容至刻度。此溶液浓度为 100μg/mL。

（2）0.5mol/L 硝酸溶液　吸取 30mL 浓硝酸，用水稀释至 1000mL。

（3）高氯酸-硝酸溶液（1+4）。

（三）分析方法

（1）设置空气—乙炔火焰条件 空气—乙炔火焰，波长 279.5nm。其他操作条件：仪器狭缝、空气及乙炔流量、灯头高度、灯电流等均按使用的仪器说明调至最佳状态。

（2）设置石墨炉条件。

（3）标准曲线绘制 吸取 0mL、0.5mL、1.0mL、2.0mL、3.0mL、4.0mL 锰溶液（100μg/mL），置于 200mL 容量瓶中，用 0.5mol/L 硝酸溶液稀释定容至刻度，摇匀。进行分析，绘制锰浓度对吸光度的标准曲线。

（4）试样分析 吸取 10mL 白酒酒样，置入 50mL 烧杯中，在电热板上加热蒸发至约 1~2mL，加 5mL 高氯酸-硝酸溶液（1+4），继续加热至冒白烟，冷却，用水定容至 10mL。另取 10mL 水，同上操作，做空白试验。

在相同的操作条件下进行分析，并从标准曲线中求得试样中锰含量（mg/L）。

（四）操作要点

（1）原子吸收分光光度法测微量金属元素比其他方法简单、快速、灵敏度高，当试样含糖量较高时，可将样品消化处理后测定或采取标准加入法定量，以消除试样本身的干扰。

（2）实验所用到的试剂均为优级纯，实验用水均使用去离子水。

（3）所用的所有玻璃仪器第一次使用均要先用 1% 的硝酸溶液浸泡 12h 以上，接着用自来水反复冲洗，再用去离子水冲洗，之后再用超纯水冲洗，最后放入烘箱中烘干备用。为了避免玻璃器皿上金属离子的附着，每次试验前要先用 1% 硝酸煮沸 1h，再用水冲洗 3 遍左右，去离子水冲洗 3 遍，最后用超纯水冲洗 2 遍，放在烘箱内烘干后使用。

（4）标准使用液配制后贮存于小口聚乙烯瓶内，于冰箱存放，保存期不得超过一个月。

（五）结果计算

计算公式如式（4-22）所示

$$锰(mg/L) = (m - m_0) \times \frac{1}{V} \times \frac{1}{1000} \times 1000 \qquad 式（4-22）$$

式中 m——试样从标准曲线中求得锰含量，μg

m_0——空白样从标准曲线中求得锰含量，g

V——测定时吸取酒样体积，mL

（六）允许误差

在重复性条件下获得两次独立测定结果的绝对差值不得超过算术平均值的 10%。

（七）讨论

（1）白酒中锰的国标检测方法有火焰原子吸收光谱法、比色法、电感耦合等离子体原子发射光谱法，其中比色法操作繁琐、电感耦合等离子体原子发射光谱仪设备昂贵，因此目前主要采用火焰原子吸收法。但此法依然存在不足之处，酒精的存在会影响锰的吸光度，也就是相同锰含量但不同酒精度的酒样所测定的吸光度有所不同，因此酒样在测定之前需要先蒸去酒精，不但费时，而且在前处理过程中容易造成污染或损失。

（2）采用石墨炉原子吸收测定白酒中的锰是避免酒精干扰的有效方法，酒样中的有机杂质在灰化前或灰化过程中被高温去除，不需要繁琐的蒸酒精和消化过程，经酸化和稀释后即可直接上机测定，大大简化了检测步骤。梅灿辉对石墨炉原子吸收测定白酒中锰的升温程序进行优化，并研究了添加硝酸镁和胶体钯两种基体改进剂，对测定结果的影响，确定添加胶体钯改进剂条件下，石墨炉原子吸收法与火焰原子吸收法测定的锰含量结果，无显著差异，因此，石墨炉原子吸收法测定白酒中锰含量准确可靠，步骤简单，对国标方法起到了一定的补充作用。

第五章

色谱分析

第一节 色谱分析基本原理

一、 色谱法分离基本原理

色谱法（chromatography）最初是由俄国植物学家茨维特（俄文名 Михаи′л Семёнович Цветь，英文名 Mikhail Semyonovich Tsvet）首先提出并命名的。1906 年茨维特用柱色谱实验装置实现了多种物质的分离并确立了色谱柱。

色谱法是基于混合组分通过互不相溶的两相而达到分离的，即样品溶解在流动相（mobile phase）中，从装填在柱子（column）中或涂渍在载体表面的固定相（stationary phase）上通过，依据组分与固定相之间的相互作用力的不同，经过充分的运行时间，即被分离。由于各组分在性质和结构上的差异，与固定相发生相互作用力的强弱也有差异，因此在同一推动力的作用下，不同组分在两相间经过反复多次的分配平衡，使得各组分在固定相中滞留的时间产生差异，从而按先后不同的次序从固定相中流出，实现混合物中各组分的分离。如在柱出口处装有检测器，则可以实现化合物的检测（如图 5-1 所示）。

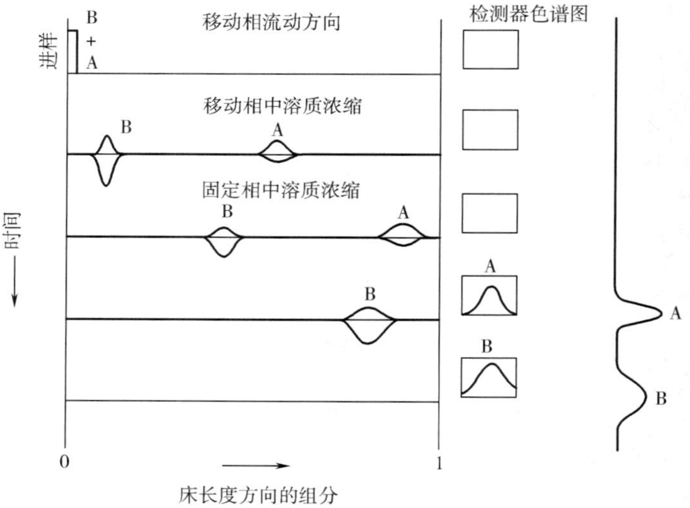

图 5-1 色谱柱分离原理示意图

二、 色谱流出曲线及术语

样品经色谱分离检测后（通常是电信号），以组分的浓度（或电信号）作纵坐标，流出时间作横坐标得到的曲线称为流出曲线，也称色谱图，如图 5-2 所示。流出曲线突起的部分，称为色谱峰（peak）。当色谱柱后没有组分进入检测器时，在实验操作条件下，反映检测器系统噪声随时间变化的线称为基线（base line）。稳定的基线是一条直线（或当有载气通过检测器时产生的噪声信号是直线）。由各种因素所引起的基线起伏称为基线噪声，而基线随时间定向的缓慢变化称为基线漂移。

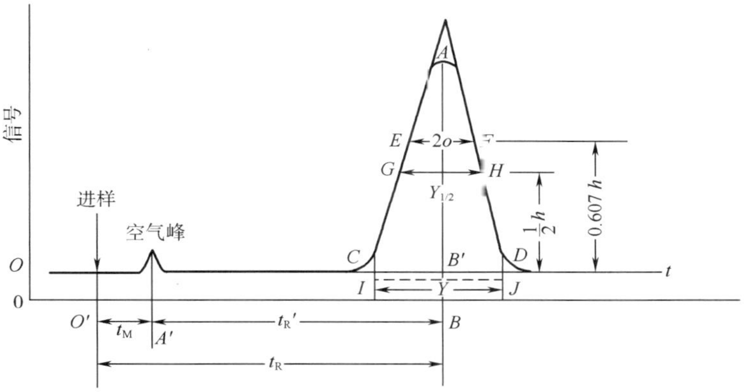

图 5-2 色谱图

死时间（hold-up time，t_M）：载气流经色谱柱的时间。

死体积（hold-up volume，V_M）：在死时间内流经色谱柱载气的体积。

保留时间（retention time，t_R）：$t_R = t_M + t_R'$，组分从进样开始到出现最大浓度时的时间叫保留时间。

调整保留时间（adjusted retention time，t_R'）：保留时间减去死时间等于调整保留时间，表示组分在固定相上滞留的时间，不同组分 t_M 均相同，但 t_R' 不同。

保留体积（retention volume，V_R）：在保留时间内流经色谱柱载气的体积称保留体积。

相对保留值（r）：$r_{2,1} = t'_{R(2)}/t'_{R(1)} = V'_{R(2)}/V'_{R(1)} \geq 1$，相对保留值也称色谱柱的选择性，$r_{2,1}$越大，分离的越好，色谱柱选择性越好。

峰高（h）：峰的顶点到基线之间的距离称之为峰高。

半峰高（$h_{1/2}$）：峰高 h 的 1/2 处。

峰底宽 Y：由色谱峰的两边拐点做切线，与基线交点的距离。

半峰高宽度 $Y_{1/2}$：色谱峰高一半处的峰宽。也称为色谱峰半高宽度。

峰高与峰面积（A）是定量的指标或参数；保留值是定性的指标或参数；峰宽或半峰宽是衡量柱效的指标或参数，如式 5-1 所示。

$$峰面积\ A = h \times Y_{1/2} \times 1.065 \quad 式（5-1）$$

理论塔板数和有效塔板数：理论塔板数（N）和有效塔板数的区别是用保留值和调整保留值的关系，由于死体积中的保留时间与分配平衡无关，因此有效塔板数描述得更加准确一些。理论塔板数或者有效塔板数是衡量色谱柱分离能力高低的重要指标，买来一个色谱柱，一定先看它给出的柱效指标，就是指 N 的大小，只有 N 比较大，对难分离的物质才能够给出满意的结果。

分离度 R：分离度等于相邻组分色谱峰保留值之差与色谱峰平均峰底之比。

分离度 R 等于 1 时，两个色谱峰得到基本分离；R 大于等于 1.5 时，两峰得到完全分离。在定量分析中，要对色谱峰进行积分时，最少要达到 R 为 1，如果达到 $R \geq 1.5$，可以保证积分中基本没有误差。

三、 色谱分离理论依据

色谱具有多种类型，根据色谱分离原理，可分为吸附色谱（adsorption chromatography）、分配色谱（partition chromatography）、离子交换色谱（ion-exchange chromatography）、凝胶色谱（gel chromatography）与亲和色谱（affinity chromatography）等。

吸附色谱是利用吸附剂对被分离物质的吸附能力不同，用溶剂或气体洗脱，以使组分分离。常用的吸附剂有氧化铝、硅胶、聚酰胺等有吸附活性的物质。

分配色谱是利用溶液中被分离物质在两相中分配系数不同，以使组分分离。其中一个相为液体，涂布或使之键合在固体载体上，称固定相；另一相为液体或气体，称流动相。常用的载体有硅胶、硅藻土、硅镁型吸附剂与纤维素粉等。

离子交换色谱是利用被分离物质在离子交换树脂上的离子交换势不同而使组分分离。常用的有不同强度的阳、阴离子交换树脂，流动相一般为水或含有有机溶剂的缓冲液。

凝胶色谱或凝胶渗透色谱，又称体积排阻色谱，是利用被分离物质分子量大小的不同和在填料上渗透程度的不同，以使组分分离。常用的填料有分子筛、葡聚糖凝胶、微孔聚合物、微孔硅胶或玻璃珠等，可根据载体和试样的性质，选用水或有机溶剂为流动相。

按照两相物理状态分类，色谱可分为：（1）流动相为气体、固定相为固体的，称为气固色谱（gas-solid chromatography）；（2）流动相为气体，固定相为液体的，称为气液色谱（gas-liquid chromatography）；（3）流动相为液体、固定相为固体的，称为液固色谱（liquid-solid chromatography）；（4）流动相为液体、固定相为液体的，称为液液色谱或液相色谱（liquid-liquid chromatography）；（5）流动相为超临界流体的，称为超临界流体色谱（supercritical fluid chromatography）。

第二节 气相色谱分析

一、气相色谱仪简介

（一）气相色谱分析仪基本组成

气相色谱仪主要包括五部分：气路系统、进样系统、色谱分离系统、检测系统和温控系统，现简要介绍如下。

1. 气路系统

气相色谱仪具有一个让载气（carrier gas）连续运行、管路密闭的气路系统。通过该系统，可以获得纯净的、流速稳定的载气。它的气密性、载气流速的稳定性以及测量流量的准确性，对色谱结果均有很大的影响。

常用的载气有氮气和氢气，也有用氦气、氩气和空气。载气的净化，需经过装有活性炭或分子筛的净化器，以除去载气中的水、氧等不利的杂质。流速的调节和稳定是通过减压阀、稳压阀和针形阀串联使用后达到。一般载气的变化程度 $< 1\%$。

气相色谱的气路系统简单来说就是连接所有组成部分的管道。载体携带着样品在气路系统中流动，经过色谱柱时进行分离，经过检测器时进行检测，最终通过气路系统流入废液瓶中。

2. 进样系统

进样系统的作用是将液体试样在进入色谱柱之前瞬间汽化，然后快速定量地转入到色谱柱中。进样的大小、进样时间的长短、试样的汽化速度等都会影响色谱的分离效果和分析结果的准确性和重现性。

气相色谱分析仪的进样系统相对于液相色谱分析仪的进样系统来说要重要得多，因为气相色谱分析仪的进样系统承担着将样品进行汽化的任务，汽化后样品才可由载体气体携带，不然样品是无法进入到气相色谱分析仪内进行检测的。随着近年来气相色谱分析仪的发展和功能的进步，它的进样系统也发生了很大的变化，由手动进样变为现在的自动进样器。

进样系统还包括汽化室。为了使样品在汽化室中瞬间汽化而不分解，要求汽化室热容量大，无催化效应。为了尽量减少柱前谱峰变宽，汽化室的死体积应尽可能小。

3. 色谱分离系统

气相色谱分析仪色谱分离系统主要是指色谱柱（column），通常有填充柱（packed column）和毛细管柱（capillary column）两大类。填充柱由不锈钢或玻璃材料制成，内装固定相，一般内径为2~4mm，长1~3 m。填充柱的形状有U型和螺旋型两种。毛细管柱又叫空心柱，分为涂壁、多孔层和涂载体空心柱。空心毛细管柱材质为玻璃或石英。内径一般为0.2~0.5mm，长度30~100 m，呈螺旋型。色谱柱的分离效果除与柱长、柱径和柱形有关外，还与所选用的固定相和柱填料的制备技术以及操作条件等许多因素有关。

4. 检测系统

气相色谱分析仪的检测系统一般指的就是检测器（detector），气相色谱分析仪的检测器一般都连接色谱柱的出口。当气体样品通过色谱柱，样品中的所有组分分离后，各自流入到检测器中进行检测。

检测器是整个气相色谱分析仪的心脏部位，它的功能就是把随载气流出色谱柱的各种组分进行电量转换，将组分转变为电信号，便于记录测量和处理。

根据检测原理的差别，气相色谱检测器可分为浓度型和质量型两大类：浓度型检测器测量的是载气中组分浓度的瞬间变化，即检测器的响应值正比于组分的浓度。如热导检测器（thermal conductivity detector，TCD）、电子捕获检测器（electron capture detector，ECD）；质量型检测器测量的是载气中所携带的样品进入检测器的速度变化，即检测器的响应信号正比于单位时间内组分进入检测器的质量。如氢焰离子化检测器（flame ionization detector，FID）和火焰光度检测器（flame photometric detector，FPD）。

热导检测器（TCD）：气流中样品浓度发生变化，则从热敏元件上所带走的热量也就不同，而改变热敏元件的电阻值，由于热敏元件为组成惠斯顿电桥之臂，只要桥路中任何一臂电阻发生变化，则整个线路就立即有信号输出。热敏元件一般为铼钨丝组成，温度系数为正，具有普遍适用的特点。

电子捕获检测器（ECD）：β-射线与载气分子作用产生慢电子，具有亲电基团的试样分子能捕获慢电子而变成负离子，这种负离子能与载气受放射粒子所产生的正离子复合，从而改变检测器的基流，使之减少，输出信号。ECD只对具有亲电基团的样品分子才有应答，对水敏感，易受污染，载气必须充分干燥，脱氧。对卤素、硝基等负电性化合物选择性极好。

火焰离子化检测器（FID）：在氢氧焰的高温作用下，许多分子均将分裂为碎片，并有自由基和激态分子产生，从而在氢焰中形成这些高能粒子所组成的高能区。当有机分子入此高能区时，就会被电离，从而在外电路中输出离子电流信号。FID灵敏度高，死体积小，应答时间快，除载气外还需引入空气和氢气，对永久性气体和水无应答。对有机化合物而言，能直接用于毛细管色谱分析。

火焰光度检测器（FPD）：燃烧着的氢焰中，当有样品进入时，则氢焰的谱线和发光强度均发生变化，然后由光电倍增管将光度变化转变为电信号。FPD 对磷、硫化合物有很高的选择性，适当选择光电倍增管前的滤光片将有助于提高选择性，排除干扰，主要用于含磷、硫的有机化合物的分析。

5. 温控系统

温度在气相色谱分析仪的检测过程当中是一个非常重要的参数，直接影响色谱柱的选择分离、检测器的灵敏度和稳定性。控制温度主要是对色谱柱温箱、汽化室、检测室的温度进行控制。

色谱柱是气相色谱仪的分离系统，样品中的各个组分在色谱柱中经过反复多次分配后得到分离，从而达到分析的目的。色谱柱安装在柱温箱中。色谱柱需要在一定的温度条件下工作，采用计算机对柱温箱进行温度控制。

柱温箱的温度控制方式有恒温和程序升温两种。对于沸点范围很宽的混合物，一般采用程序升温法进行。程序升温能在一个分析周期内使柱温随时间由低温向高温作线性或非线性变化，以达到用最短时间获得最佳分离的目的。对于一些成分复杂、沸程较宽的样品，柱温箱还可进行多阶程序升温控制。程序设定后自动运行无需人工干预。

（二）气相色谱分析仪的简要操作方法

不同的 GC 仪器以及不同的检测器其操作方法各异，但基本包括以下几个步骤（具体的操作方法请参见相关仪器的操作手册）。

1. 检查仪器状况

按顺序打开气体发生器开关或钢瓶总阀、减压阀以及净化器上的空气开关阀，然后打开 GC 和电脑的电源开关。载入或建立样品检测的方法，观察 GC 特别是气路系统是否正常工作，如进样口压力、载气流速等是否正常，否则要检查设备的气路系统是否有漏气的现象。

2. FID 点火

当氢火焰温度达到设定值后，按点火键点火。如按过点火键后，氢焰的基线有个大的跳动并迅速回到零点走直线，说明没有点着火，需检查原因。

3. 进样

当仪器运行稳定，基线平稳后，可以进行样品进样。

二、 甲醇的测定

（一）葡萄酒甲醇测定

参照国标 GB/T 15038—2006 中采用气相色谱法测定葡萄酒中的甲醇设计该实验。

1. 基本原理

将葡萄酒蒸馏后的样品进样，在 GC 进样口被汽化后，随同载气进入色谱柱，利用被测定的各组分在气液两相中具有不同的分配系数，在柱内形成迁移速度的差异而得到分离。分离后的组分先后流出色谱柱，进入 FID，根据色谱柱上各组分峰的保留时间与标样对照进行定性；利用峰面积或峰高，以内标法定量。

2. 仪器和设备

（1）气相测谱仪　配备氢火焰离子化检测器（FID）即 GC-FID。

（2）毛细管柱　PEG 20M 毛细管色谱柱（柱长 30 ~60 m，内径 0.25mm，涂层 0.2μm），或其他具有同等分析效果的色谱柱（如 Wax 柱或 FFAP 柱）。

（3）微量注射器　1μL。

3. 试剂和材料

（1）标准溶液

乙醇溶液，10 %vol，色谱纯。

甲醇溶液，20 mg/L，色谱纯，作标样用。用色谱纯乙醇溶液（10 %vol）配制。

（2）内标 4-甲基-2-戊醇溶液，20 mg/L，色谱纯，作内标用。用色谱纯乙醇溶液（10%vol）配制。

所有试剂置于 4℃ 冰箱保存。

4. 色谱条件

载气（高纯氮）：流速为 0.5~1.0mL/min，分流比：约 50∶1，尾吹约 20~30mL/min；氢气：流速为 40mL/min；空气：流速为 400mL/min；检测器温度：220℃；进样口温度：220℃；升温程序：起始温度 40℃，恒温 4min，以 3.5℃/min 程序升温至 200℃，继续恒温 10min。

载气、氢气、空气的流速等色谱条件随仪器而异，应通过试验选择最佳操作条件，以内标与酒样中其他组分峰获得完全分离为准。

5. 试验步骤

（1）校正因子（f 值）的测定 吸取甲醇溶液 1.00mL，移入 100mL 容量瓶中，然后加入内标 4-甲基-2-戊醇溶液 1.00mL，用乙醇溶液稀释至刻度。上述溶液中甲醇和内标的浓度均为 0.2 mg/L。待色谱仪基线稳定后，用微量注射器进样，进样量随仪器的灵敏度而定。记录甲醇和内标峰的保留时间及其峰面积（或峰高），用其比值计算出甲醇的校正因子 f。

（2）试样制备 用 100mL 容量瓶准确量取 100mL 样品（液温 20℃）于 500mL 蒸馏瓶中，用 50mL 水分三次冲洗容量瓶，洗涤液并入蒸馏瓶中，加几颗玻璃珠或沸石，连接冷凝器。以取样用的原容量瓶作接收器（外加冰浴）。开启冷却水，缓慢加热蒸馏。收集馏出液接近刻度，取下容量瓶，盖塞。于 20℃ 水浴中保温 30min，补加水至刻度，混匀，备用。

（3）样品检测 吸取蒸馏后试样 10.0mL 于 10mL 容量瓶中，加入内标 4-甲基-2-戊醇溶液 0.10mL，混匀后，在与 f 值测定相同条件下进样，根据保留时间确定甲醇峰的位置，并测定甲醇与内标峰面积（或峰高），求出峰面积（或峰高）之比，计算出酒样中甲醇含量。

6. 结果计算

甲醇的相对校正因子按式（5-2）计算。

$$f = \frac{A_1}{A_2} \times \frac{d_2}{d_1} \qquad 式（5-2）$$

样品中甲醇的含量按式（5-3）计算。

$$x = f \times \frac{A_3}{A_4} \times I \qquad 式（5-3）$$

式中 x——样品中甲醇的含量，单位为毫克每升，mg/L

f——甲醇的校正因子

A_1——标样 f 值测定时内标峰面积（或峰高）

A_2——标样 f 值测定时甲醇峰面积（或峰高）

A_3——试样中甲醇峰面积（或峰高）

A_4——添加于酒样中内标峰面积（或峰高）

d_1——内标物相对密度

d_2——甲醇相对密度

I——内标物浓度（添加在酒样中），mg/L

所得结果保留三位有效数字。

7. 注意事项

在重复性条件下获得的 3 次独立测定结果的绝对差值不得超过算术平均值的 10%。

甲醇是易挥发的有毒化合物，会形成蒸气被吸入呼吸道；皮肤可以吸入甲醇。因此，在试验过程中，全程做好防护，且试验在通风橱内完成。

（二）白酒甲醇测定

白酒是蒸馏酒，因此白酒甲醇测定时不需要像葡萄酒（或果酒、黄酒）等发酵酒先行蒸馏再进行甲醇测定，白酒可以直接进样测定。

参照国标 GB/T 5009.48—2003 采用气相色谱法测定白酒中甲醇设计该实验。

1. 基本原理

用填充柱直接进样，通过色谱柱将甲醇峰与其他峰分离，利用甲醇在氢火焰中的化学电离进行检测，根据峰面积或峰高与标准比较定量。

2. 仪器与设备

（1）GC 2010 气相色谱仪　带氢火焰离子化检测器（FID）。

（2）微量进样注射器 1μL、50μL。

3. 试剂与材料

（1）甲醇（色谱纯）。

（2）乙醇（色谱纯）。

（3）无甲醇的乙醇溶液　取色谱纯无水乙醇配制成 60%vol 的乙醇水溶液。取 0.5μL GC-FID 进样，无甲醇以及其他杂峰出现。

（4）标准储备液　称取色谱纯甲醇 600 mg，以少量水洗入 100mL 容量瓶中，并加水稀释至刻度。

（5）标准使用液　吸取 10.0mL 标准溶液于 100mL 容量瓶中，加入无甲醇的 60% vol 乙醇溶液定容。

所有试剂置于 4℃ 冰箱保存。

4. 色谱条件

色谱柱：2m×4mm，玻璃柱或不锈钢柱；固定相：GDX-102，60～80 目；载气：氮气；载气流速：40mL/min；氢气流速：40mL/min；空气流速：450mL/min；汽化室温度：190℃；柱温：170℃；检测器温度 190℃；进样量为 0.5μL。

5. 试验步骤

（1）定性分析　以各组分保留时间定性，吸取标准使用液和样液各 0.5μL，分别测得保留时间，试样与标准出峰时间对照而定性。

（2）定量　进 0.5μL 标准使用液，制得色谱图，分别量取各组分峰高，进 0.5μL 试样，制得色谱图，分别量取峰高，与标准峰高比较计算。

6. 结果计算

甲醇含量计算如式 5-4 所示：

$$x = \frac{h_1 \times A \times V_1}{h_2 \times V_2 \times 1000} \times 100 \qquad \text{式（5-4）}$$

式中　x——试样中甲醇的含量，mg/L

A——进样标准中某组分的含量，mg/mL

h_1——试样中甲醇的峰高，mm

h_2——标准中甲醇的峰高，mm

V_1——试样液进样量，μL

V_2——标准液进样量，μL

计算结果保留两位有效数字。

7. 注意事项

在重复性条件下获得的两次独立测定结果的绝对差值不得超过算术平均值的20%。

甲醇测定的方法还包括化学比色法，国标中对甲醇测定的另一种方法是品红-亚硫酸比色法，即西弗试剂法。此法是将甲醇在磷酸酸性条件下，被高锰酸钾氧化为甲醛，然后加入无色的品红亚硫酸试剂，与甲醛作用生成紫色醌型色素，根据颜色的深浅来检测白酒中甲醇含量。

本实验所使用的气相色谱法是利用不同醇类在氢火焰中的化学电离进行检测，根据峰面积与标准比较定量，在样品进样分析过程中无进行任何处理，分离效果较好，误差较小。但是与本实验所用的填充柱相比，毛细管柱具有较高的柱效，而且极大地缩短了样品的分析时间，近年来被广泛地用于白酒样品的分析。在使用毛细管法测定甲醇时，通常采用极性柱如FFAP柱，色谱条件需要自行摸索。在采用FFAP等极性柱时，由于某些酒的成分比较复杂，可能会出现甲醇峰与其他化合物峰不能达到完全分离，此时，建议使用非极性柱进行分析。

三、 啤酒中乙醇的测定

1. 基本原理

参照AOAC官方方法984.14中采用气相色谱法测定啤酒中的乙醇设计该实验。

试样进入气相色谱（GC）仪中的色谱柱时，由于在气固两相中吸附系数不同，从而使得乙醇与其他组分得以分离，利用氢火焰离子化检测器（FID）进行检测，与标样对照，根据保留时间定性，利用内标法定量。

2. 仪器与设备

（1）气相色谱仪　配有FID检测器。

（2）微量进样器　1μL。

（3）容量瓶　10mL、100mL。

（4）移液管　合适的容量。

3. 试剂与材料

（1）乙醇标准溶液　色谱纯，配制成3%、4%、5%、6%、7%、8%vol水溶液，低温保存。

（2）正丙醇 色谱纯，作内标用。配制成5%vol水溶液，低温保存。

4. 色谱条件

色谱柱（不锈钢或玻璃）：填充柱1.8m × 0.3cm；固定相：Chronosorb 103，80~100目；载气：氮气或氦气；流速：20mL/min；进样口温度：175℃；检测器温度：250℃；柱温：185℃恒温；燃气：氢气和空气。

分析时间大约为2min，乙醇的洗脱时间为1min，正丙醇（内标）为1.6min。应调节柱温使保留时间尽量接近上述的时间。只测定色谱峰高已能够满足积分要求。如果可能的话可以对每个色谱峰进行峰面积积分处理。

每次进样至少要间隔3.5min。每天都要配制标准溶液，方法为等量混合试剂（1）和试剂（2）。在分析啤酒之前，注入定量标准溶液，计算乙醇和正丙醇的峰比值，每天测得的比值应该是接近的。如果需要，可调节载气流速以达到相同的比值。

5. 试验步骤

（1）试样测定　用S&S560或相似的滤纸过滤已除气的啤酒。用移液管吸取5mL样品于10mL容量瓶中，再加入5mL正丙醇，盖好塞，混匀。向气相色谱仪中注入0.2μL，进行测定，并计算出样品中乙醇与正丙醇峰高比。

啤酒的除气方法：调节啤酒的温度为15~20℃，然后把酒样倒入一个大的三角烧瓶中，轻轻晃动，直至无气体从啤酒中逸出为止。也可以利用旋转振荡的方法将啤酒酒样彻底、均一地除气，具体操作如下：吸取10μL磷酸三丁酯（TBP）到500mL广口带挡板烧瓶中，将大约250mL预温的样品移入烧瓶中，使液面达到烧瓶标记处，然后再加10μL TBP；用铝箔包住烧瓶口，并在铝箔中间打一个10mm洞，使铝箔卷边沿烧瓶口向下翻卷；将烧瓶放在旋转振荡器上190r/min准确振荡12min。如有需要，可用干滤纸过滤，除去悬浮物，用表面玻璃盖住漏斗，减少蒸发。除气后，啤酒温度应保持在20℃左右。

（2）工作曲线绘制　分别准确吸取5mL乙醇标准溶液（3.1）于6个10mL容量瓶中，再分别吸取5mL正丁醇内标液（3.2）于每个容量瓶中，盖好塞，混匀。混合均匀后，在上述色谱条件下，分别进样0.2μL，进行测定。每个浓度进样测定3次，记录乙醇和正丙醇的色谱峰高（也可使用积分器计算峰面积），并计算每一浓度乙醇与正丙醇峰高比的平均值。取每种浓度乙醇与正丙醇峰高比的平均比值对浓度作图，得到一条接近所有点的直线，计算出校正因子（*f*）。每天要重复分析测定5%vol的乙醇标准溶液。

6. 结果计算

（1）定性分析 根据乙醇标准溶液色谱分析结果，确定乙醇的保留时间。

（2）定量分析 测量啤酒样品中乙醇和正丙醇的色谱峰的峰高，如式5-5所示：

$$\text{乙醇}(\%\text{vol}) = \frac{\frac{H_e}{H_p}}{f} \qquad \text{式（5-5）}$$

式中　H_e——乙醇峰高，cm

H_p——正丙醇峰高，cm

f——正因子

7. 注意事项

国家标准方法中，比重计法是检测啤酒中乙醇的含量的首选。虽然该法操作简便快速，但受酒中其他非乙醇成分的影响导致其抗干扰性差，因而结果的准确度较差，只适用于乙醇的水溶液。气相色谱（GC）法是精确测量酒精的方法，在啤酒、葡萄酒和果酒 的国家标准分析中，GC 法被列为乙醇测定的第二法。本实验采用美国酿造化学家协会（ASBC）制定的 GC 法测定啤酒中的乙醇，操作简单方便，利用内标法定量准确度高。

四、 β-苯乙醇的测定

（一）GC 法检测白酒中 β-苯乙醇

1. 基本原理

β-苯乙醇（β-phenethyl alcohol），CAS 号 60-12-8，俗称 2-苯乙醇、β-苯基乙醇、2-苯基乙醇、苄基甲醇，化学式为 $C_8H_{10}O$，分子量为 122.17 g/mol，是一种简单的芳香族伯醇；常温下为无色液体，具有淡雅、细腻而持久的玫瑰花香气，常温常压下 1 L 水可溶解 19 g，易溶于醇、酯、醛等有机溶剂中；相对密度 1.0202，沸点 219.8℃（12mm Hg），空气中阈值 12~24 ng/L，水中阈值 1000μg/L。β-苯乙醇是饮料酒中重要的高沸点香气成分，其在黄酒、日本清酒、啤酒、白酒中均有不同的含量。在酒类评定中，β-苯乙醇是一个重要指标：是稻米黄酒的特征性组分；也是豉香型白酒强制性标准的指标；还是米香型白酒感官评定酒的主体香味成分。

试样被汽化后，随同载气进入色谱柱，利用β-苯乙醇等被检测组分在气液两相中具有不同的吸附系数，在柱内形成迁移速度的差异而得到分离，分离后的组分先后流出色谱柱，进入氢火焰离子化检测器（FID），根据色谱图上各组分峰的保留值与标样相对照进行定性；利用峰面积，以内标法定量。

2. 仪器与设备

（1）气相色谱仪　备有氢火焰离子化检测器（FID）。

（2）Milli-Q 超纯水系统　美国 Millipore 公司。

（3）色谱柱　DB-Wax 柱（柱长 30m，内径 0.25mm，涂层 0.25mm）。

（4）容量瓶　10mL、100mL。

（5）移液管　合适的容量。

（6）微量注射器　10μL。

3. 试剂与材料

（1）40 %vol 乙醇溶液　吸取 40mL 乙醇（色谱纯），加水稀释至 100mL，摇匀。

（2）β-苯乙醇标准溶液(20mL/L)　吸取β-苯乙醇（色谱纯）2mL，用 40%vol 的乙醇溶液定容至 100mL。

（3）乙酸正戊酯溶液(20mL/L)　作内标用。吸取乙酸正戊酯（色谱纯）2mL，用40%vol的乙醇溶液定容至100mL。

4. 色谱条件

（1）载气（高纯氮）　流速为1.0mL/min，分流比37∶1，尾吹20mL/min。

（2）氢气　流速为40mL/min。

（3）空气　流速为400mL/min。

（4）检测器温度　250℃。

（5）进样器温度　250℃。

（6）柱温　起始温度60℃，恒温3min，以5℃/min程序升温至150℃，继续恒温5min，然后以10℃/min程序升温至230℃，恒温5min。

5. 试验步骤

（1）校正因子（f值）测定　吸取20mL/L的β-苯乙醇标准溶液1.00mL，移入100mL容量瓶中，加入1.00mL的内标试剂（3），用试剂（1）稀释至刻度。上述溶液中β-苯乙醇和内标的浓度均为0.2mL/L。待色谱仪基线稳定后，用10μL微量注射器取1μL进样。记录β-苯乙醇和内标峰的保留时间及其峰面积，用其比值计算出β-苯乙醇的相对校正因子 。

（2）样品测定　用煮沸并冷却至室温的超纯水将酒样稀释至酒精度40%vol，然后吸取稀释酒样10.0mL于10mL容量瓶中，加入内标溶液0.10mL，混匀后，在与f值测定相同的条件下进样。

6. 结果计算

（1）定性分析　根据β-苯乙醇标准溶液色谱分析结果，确定β-苯乙醇的保留时间。

（2）校正因子　校正因子按式5-6计算：

$$f = \frac{A_1}{A_2} \times \frac{d_2}{d_1} \qquad 式（5-6）$$

式中　f——β-苯乙醇的相对校正因子

A_1——标样f值测定时内标的峰面积

A_2——标样f值测定时β-苯乙醇的峰面积

d——β-苯乙醇的相对密度

d_1——内标物的相对密度

（3）定量分析　白酒样品中的β-苯乙醇含量按式5-7计算：

$$x = f \times \frac{A_3}{A_4} \times I \qquad 式（5-7）$$

式中　x——样品中β-苯乙醇的质量浓度，mg/L

f——β-苯乙醇的相对校正因子

A_3——样品中β-苯乙醇的峰面积

A_4——添加于酒样中内标的峰面积

I——内标物的质量浓度（添加于酒样中），mg/L

所得结果应表示至两位小数。

（二）GC 法检测黄酒中的 β-苯乙醇

1. 原理

对黄酒进行液液微萃取（LLME）前处理后，再进行样品检测。采用 DB-Wax 毛细管柱分离，FID 检测器检测，以保留时间定性，内标法定量。

2. 仪器与设备

（1）气相色谱仪　备有氢火焰离子化检测器（FID）。

（2）色谱柱　DB-Wax 柱（柱长 30 m，内径 0.25mm，涂层 0.25mm）。

（3）Milli-Q 超纯水系统。

（4）容量瓶　10mL。

（5）移液管　合适的容量。

（6）微量注射器　10μL。

3. 试剂与材料

（1）乙酸乙酯　色谱纯。

（2）乳酸　色谱纯。

（3）无水乙醇　色谱纯。

（4）4-（4-甲氧基苯基）-2-丁酮　内标；色谱纯。

（5）β-苯乙醇 色谱纯。

4. 色谱条件

（1）载气（高纯氮）　流速为 2mL/min，分流比 1∶1。

（2）氢气　流速为 40mL/min。

（3）空气　流速为 450mL/min。

（4）检测器温度　250℃。

（5）进样口温度　250℃。

（6）进样量　1.00μL。

（7）柱温　起始温度 150℃，恒温 3min，以 10℃/min 程序升温至 230℃，继续恒温 2min。

5. 试验步骤

（1）样品测定　取 2mL 黄酒样品于离心管中，加入 5μL 内标 4-（4-甲氧基苯基）-2-丁酮（用无水乙醇溶解，终浓度98.61mg/L）和1.5mL乙酸乙酯，充分混匀后静置分层，然后用胶头滴管将上清有机相转移到1mL的小瓶中，取1μL在上述色谱条件下进行GC-FID分析。

（2）标准曲线绘制　准确称取β-苯乙醇0.0500 g，用无水乙醇定容至10mL作储备液用。临用前，取0.2mL的储备液加入到10mL的容量瓶中，用模拟黄酒定容，然后逐级稀释配制成0.5、1.0、5.0、10.0、20.0、50.0、100.0 mg/L系列浓度梯度的标准溶液。分别吸取每个浓度梯度的标准溶液2mL于离心管中，加入5μL内标4-（4-甲氧基苯基）-2-丁酮。

模拟黄酒采用超纯水配制，其中含有2.5g/L乳酸，10 %vol乙醇，配制好的模拟酒用5g/L乳酸将pH调整到4.0。

每个浓度梯度的标准溶液依照酒样的相同处理方式进行LLME后，再在上述色谱条件下，取1μL注入气相色谱仪分别测定，以峰面积为纵坐标，质量浓度为横坐标绘制出标准曲线。

6. 结果计算

（1）定性分析　根据β-苯乙醇标准溶液色谱分析结果，确定β-苯乙醇的保留时间。

（2）定量分析　测定黄酒样品中β-苯乙醇色谱峰和内标物色谱峰的峰面积，根据它们的峰面积之比，查标准曲线，按下式计算黄酒样品中β-苯乙醇的含量，如式（5-8）、式（5-9）所示。

$$Y = Ax + B \qquad \text{式（5-8）}$$

$$C = C_0 \times Y \qquad \text{式（5-9）}$$

式中　Y——样品中β-苯乙醇与内标的浓度比

X——β-苯乙醇与内标物的峰面积比

C_0——内标浓度，mg/L

C——样品中β-苯乙醇浓度，mg/L

所得结果保留三位有效数字。

在重复性条件下获得的3次独立测定结果的绝对值不得超过算术平均值的10%。

7. 注意事项

上述白酒中β-苯乙醇的测定方法是范文来等在国标法的基础上对色谱柱和气相色谱条件等进行改进的方法。

通常气相色谱法采取直接进样的方式检测酒样。但是，黄酒中含有大量糖分、蛋白质、脂肪、焦糖色素等不挥发性化合物，未经前处理直接进样，样品中的糖分等有机成分和色素将在进样口焦化，不但会污染衬管，导致色谱图出现拖尾、鬼峰等现象，严重的会影响色谱柱的使用寿命。比较国家标准中检测β-苯乙醇的方法，本实验采用LLME

对黄酒样品进行前处理，避免了直接进样对色谱仪器造成污染，且样品及有机溶剂用量小，对于大批量检测更经济适用。因此，此方法适宜作为黄酒中的β-苯乙醇的常规检测方法。

五、 白酒主要风味物质的测定

1. 基本原理

白酒微量成分众多，性质各异，其研究始于20世纪50年代，到目前为止，已经在我国白酒中检测到近千种成分，从极性的醇、脂肪酸到非极性的酯，从易挥发的乙醛到不易挥发的二元酸二乙酯；从含量g/L级的己酸乙酯、乙酸乙酯和乳酸乙酯，到含量仅几个μg/ L级的土味素（geosmin）。

质谱检测器检测的浓度范围通常为μg/L或mg/L，而白酒中有些物质的含量比高，为g/L，所以需要利用氢火焰离子检测器（FID）来检测含量较高的物质。

样品被汽化后，随同载气进入色谱柱，利用被测定的各组分在气液两相具有不同的分配系数，在柱内形成迁移速度的差异而得到分离。分离后的各组分先后流出色谱柱，进入氢火焰离子化检测器，根据色谱图上各组分峰的保留值与标样相对照进行定性，利用峰面积（或峰高），以内标法定量。

2. 仪器和材料

（1）气相色谱仪　备有氢火焰离子化检测器（FID）。

（2）毛细管色谱柱　FFAP毛细血管色谱柱（柱长60 m，内径0.25mm，涂层0.2μm），或其他具有同等分析效果的毛细管色谱柱（如Wax柱）。

（3）微量注射器　1μL。

3. 试剂和溶液

（1）乙醇溶液(60%vol)　用乙醇（色谱纯）加水配制。

（2）待测物标准品溶液(20mL/L)　准确吸取标准品（色谱纯）2mL，用乙醇溶液（1）定容至100mL。

（3）乙酸正戊酯溶液(20mL/L)　内标，准确吸取乙酸正戊酯（色谱纯）2mL，用乙醇溶液（1）定容至100mL。

4. 色谱条件

（1）载气（高纯氮）　流速为0.5～1.0mL/min，分流比为37：1，尾吹为20～30mL/min。

（2）氢气　流速为40mL/min。

（3）空气　流速为400mL/min。

（4）检测器温度　220℃。

（5）进样口温度　220℃。

（6）程序升温　起始温度60℃，恒温3min，以3.5℃/min程序升温至180℃，继续恒温10min。

5. 分析步骤

（1）校正因子（f值）测定 吸取待测物标准品化合物溶液（3.2）1.00mL，移入100mL容量瓶中，加入内标溶液1.00mL，用乙醇溶液稀释至刻度。标准品和内标溶液的浓度均为0.2mL/L。待色谱仪基线稳定后，用微量进样器进样，进样量随仪器的灵敏度而定。记录标准品化合物和内标峰的保留时间及峰面积（或峰高），用其比值计算标准品的相对校正因子。

（2）样品测定 吸取样品10.0mL于10mL容量瓶中，加入内标溶液0.10mL，混匀后，在与f值测定相同条件下进样，根据保留时间确定标准品的位置，并测定待测物标准品与内标峰面积（或峰高），求出峰面积（或峰高）之比，计算出标准品化合物的含量。

6. 结果计算

（1）校正因子计算 校正因子的计算如式（5-10）所示。

$$f = \frac{A_1}{A_2} \times \frac{d_2}{d_1} \qquad \text{式（5-10）}$$

式中　f——校正因子

A_1——标样f值测定时内标的峰面积（或峰高）

A_2——标样f值测定时标准品的峰面积（或峰高）

d_2——标准品化合物的相对密度

d_1——内标物的相对密度

（2）样品中化合物含量　样品中化合物浓度的计算如式（5-11）所示。

$$C_i = f \times \frac{A_3}{A_4} \times I \qquad \text{式（5-11）}$$

式中　C_i——样品中化合物的质量浓度，mg/L

f——化合物的相对校正因子

A_3——样品中化合物的峰面积（或峰高）

A_4——添加于酒样中内标的峰面积（或峰高）

I——内标物的质量浓度（添加于酒样中），mg/L

所得结果表示至两位小数。

在重复性条件下获得的两次独立测定结果的绝对差值，不应超过平均值的5%。

第三节　液相色谱分析

一、高效液相色谱仪简介

（一）高效液相色谱原理

以液体为流动相，采用高压输液泵、高效固定相和高灵敏度检测器等装置的液体色谱仪称为高效液相色谱仪（High Performance Liquid Chromatography，HPLC）。高效液相色谱法是在经典色谱法的基础上，引用了气相色谱的理论，在技术上，流动相改为高压输送；色谱柱是以特殊的方法用小粒径的填料填充而成，从而使柱效大大高于经典液相色谱（每米塔板数可达几万或几十万）。同时柱后连有高灵敏度的检测器，可对流出物进行连续检测。

现代液相色谱仪的种类很多，根据其功能不同，可分为分析型、制备型和专用型。无论高效液相色谱仪在复杂程度以及各种部件的功能上有多大的区别，就其基本原理而言是相同的，一般由5部分组成，分别是输液系统、进样系统、分离系统、检测系统以及数据处理系统。如图5-3是高效液相色谱的基本结构。

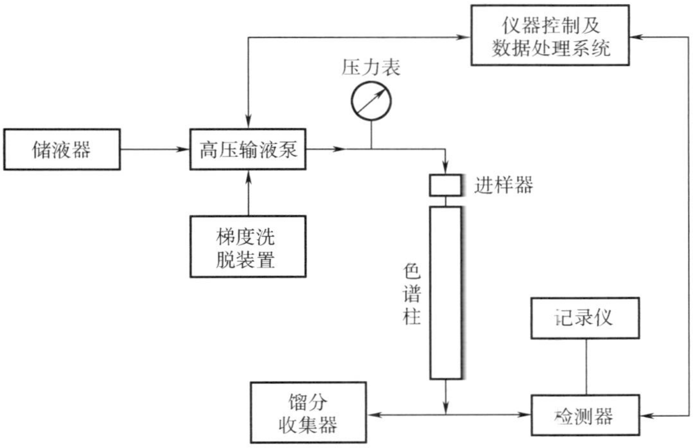

图5-3　高效液相色谱仪的基本结构

HPLC的高压输液系统包括储液装置、高压输液泵、辅助设备、梯度洗脱装置等。储液装置一般为不锈钢、玻璃或聚四氟乙烯材料制作的容积为0.5~2L的容器，用于供给足够数量的符合要求的流动相，储液装置中的溶剂在使用前必须经过脱气处理，以除去其中溶解的氧气等气体，防止在洗脱过程中当流动相经由色谱柱进入检测器时，因压力降低而产生气泡，增加检测器基线噪声，降低检测灵敏度。高压输液泵是利用高压泵进行输送流动相的装置，为液相色谱仪的重要部件。液相色谱仪中高压输液系统中的辅助设备是为保证进入色谱柱的流动相稳定、无脉冲、流量准确而配备的，主要有管道过滤器和脉动阻尼器。梯度洗脱装置是在液相色谱分析过程中按照一定程序连续改变流动相中含有的两种或者两种以上的不同极性溶剂的浓度配比，进而实现改变分析样品的保留时间，以使色谱柱系统具有最好的选择性和最大的峰容量。

进样系统是将样品引入色谱柱的装置，主要包括取样、进样两个部分。取样、进样分为手动和自动两种方式。手动进样系统又可以分为注射器进样与阀进样，注射器进样是用体积为 1~10mL 微量进样器将样品注入专门设计的与色谱柱相连的进样头中，这种进样方式可以获得比其他任何一种进样方式都要高的柱效，而且价格低廉、操作方便，但是操作压力不能过高。阀进样是直接用于高压进样的装置，进样过程不需要停止流动相，该进样方式重现性好，耐高压，主要分为定体积和不定体积两种。自动进样器是在程序控制器或电脑软件控制下，可以自动进行取样、进样、清洗等一系列操作的装置。自动进样器进样量可以连续调节，进样重复性好，适合在大量样品分析时使用。

色谱柱是液相色谱仪中最重要的部件，主要由柱管及固定相填料组成。色谱柱柱管多用不锈钢制成，管内壁要求具有高的光洁度。色谱柱按照规格不同可以分为分析型与制备型两类，分析型色谱柱又可以分为常量分析柱、半微量分析柱、毛细管柱等，制备型色谱柱一般内径为 20~40mm，柱长 10~30 cm。为了更好地保护、延长色谱柱寿命，通常在分析色谱柱前面连接一根固定相与分析色谱柱系统相同的短色谱柱，该色谱柱称为保护柱。另外，色谱分析过程中，温度对样品的分离有很大影响，因此，为了保证样品分离的重复性，色谱柱需要进行恒温处理，常用的恒温装置有水浴式、电加热式和恒温箱式恒温装置。

高效液相色谱仪中的检测器与气相色谱仪中所用的检测器一样，主要用于检测色谱分离过程中各组分的浓度变化，要求具有灵敏度高、噪声低、线性范围宽、重复性好、分析化合物种类多等特点。目前，应用较多的检测器主要包括紫外检测器、荧光检测器、电化学检测器、蒸发光散射检测器、示差折光检测器等。

示差折光检测器（Refractive Index Detector，RID）也称为光折射检测器，是基于连续测定色谱柱流出物光折射率的变化而实现测定样品浓度，原则上，凡是与流动相光折射系数有差别的样品都可以测定，因此 RID 属于通用性检测器，但是，由于 RID 对于流动相组成的任何变化都有明显的响应，不能用于梯度洗脱，另外，RID 灵敏度低，不适合痕量组分分析。

紫外检测器（Ultraviolet Detector，UVD）是液相色谱分析中应用最早而且最广泛的检测器之一，主要用于对紫外线有吸收组分的检测。其特点是，使用面广（如蛋白质、核酸、氨基酸、核苷酸、多肽、激素等均可使用）、灵敏度高（检测下限为 0~10 g/mL）、线性范围宽、对温度和流速变化不敏感、可检测梯度溶液洗脱的样品。

荧光检测器（Fluorescence Dectector，FD）是利用某些物质在紫外光激发后发射可见光的性质进行检测的一种检测器，主要用于能产生荧光或其衍生物能发生荧光物质的检测。该类型检测器灵敏度高，比紫外吸收检测器高 100 倍，是常用的检测器之一。这一检测器只适用于具有荧光的有机化合物（如多环芳烃、氨基酸、胺类、维生素和某些蛋白质等）的测定，其灵敏度很高（检测下限为 10^{-4}~10^{-12} g/mL），痕量分析和梯度洗脱样品的检测均可采用。

电子捕获检测器（Electrical Conductivity Detector，ECD）是离子色谱分析中使用最广泛的检测器。其工作原理为：用两个相对点测量水溶液中离子型溶质的电导率，根据电导率变化测定溶质浓度。由于电导率随温度变化会发生改变，因此检测时需保持恒温，而且不能使用梯度洗脱。

蒸发光散射检测器（Evaporative Light Scattering Detector，ELSD）是一种通用型检测器，ELSD 的响应不依赖于样品的光学特性，任何挥发性低于流动相的样品均能被检测到，不受其官能团的影响，但由于对紫外吸收组分检测灵敏度低，主要用于糖类、高分子化合物、高级脂肪酸、磷脂、维生素、氨基酸、甘油三酯、甾体类等化合物的检测。

高效液相色谱的工作流程是：高压输液泵将流动相以稳定的流速（或压力）输送到分析体系，在色谱柱之前通过进样器将样品导入，流动相将样品带入到色谱柱，在色谱柱中各组分因在固定相中的分配系数和吸附力大小的不同而被分离，并以此随流动相流到检测器，检测到的信号送至数据系统记录、处理或保存。

（二）高效液相色谱仪特点

高效液相色谱可以根据所要分离的化合物性质的不同，选择不同分离机理的分离模式。常见的分离模式有液液分配色谱、液固吸附色谱、离子交换色谱、空间排阻色谱等。不论采用何种分离模式，一般来说，高效液相色谱具有以下特点。

（1）高压　液相色谱法以液体为流动相（称为载液），液体流经色谱柱，受到阻力较大，为了迅速地通过色谱柱，必须对载液施加高压。一般可达（150~350）× 10^5Pa。

（2）高速　流动相在柱内的流速较经典色谱快得多，一般可达 10mL/min。高效液相色谱法所需的分析时间较之经典液相色谱法少得多，一般少于 1h。

（3）高效　近年来研究出许多新型固定相，使分离效率大大提高。

（4）高灵敏度　高效液相色谱已广泛采用高灵敏度的检测器，进一步提高了分析的灵敏度。如荧光检测器灵敏度可达 10^{-11}g。另外，用样量小，一般几个微升。

（5）适应范围宽　气相色谱法与高效液相色谱法的比较：气相色谱法虽具有分离

能力好，灵敏度高，分析速度快，操作方便等优点，但是受技术条件的限制，沸点太高的物质或热稳定性差的物质都难以应用气相色谱法进行分析。而高效液相色谱法只要求试样能制成溶液，而不需要汽化，因此不受试样挥发性的限制。对于高沸点、热稳定性差、相对分子量大（大于 400 以上）的有机物（这些物质几乎占有机物总数的 75%~80%）原则上都可应用高效液相色谱法来进行分离、分析。据统计，在已知化合物中，能用气相色谱分析的约占 20%，而能用液相色谱分析的约占 70%~80%。

二、白酒中乳酸的测定

乳酸（lactic acid，CAS 号 50-21-5），又叫 2-羟基丙酸（2-hydroxypropanoic acid），化学式为 $C_3H_6O_3$，分子量为 90.08 g/mol，无色透明的黏稠体，吸水性较强，可与乙醇、乙醚自由混合，不溶于氯仿；相对密度 1.20~1.25，熔点 53℃，沸点 122℃（12mm Hg）；乳酸具有 D-型（CAS 号 10326-41-7）、L-型（CAS 号 79-33-4）以及等量 D-型、L-型乳酸的混合物（称 DL-乳酸）这三种存在形式，其中 D-型和 L-型虽然两者在光学结构上有些差异，但是它们的理化性质并无差别。乳酸是白酒中研究最早和研究频次最高的有机酸，是白酒中重要的风味物质，是白酒中重要香气物质乳酸乙酯的前体物质。乳酸在白酒中的含量较高，浓度通常在 70.7~1816mg/L。

（一）HPLC 法测定白酒中乳酸

1. 基本原理

利用乳酸的紫外吸收特性，使用配备 UVD 的高效液相色谱仪测定，外标法定量。

2. 仪器与设备

1.45μm 水相微孔滤膜。电子分析天平。高效液相色谱仪配有紫外检测器（UVD）。

3. 试剂与材料

（1）超纯水。

（2）分析纯磷酸二氢钾。

（3）色谱级乳酸。

（4）分析纯磷酸。

（5）磷酸二氢钾水溶液　0.1mol/L（用磷酸调节 pH 至 2.5）。

（6）标准乳酸溶液　乳酸，5g/L。

4. HPLC 条件

（1）在 210nm 处进行吸光度测量。

（2）C_{18}柱（250mm×4.6mm，5μm）。

（3）流动相　磷酸二氢钾（pH 2.5），0.1mol/L。

（4）进样量　5μL。

（5）流速　1mL/min。

（6）柱温　40℃。

5. 试验步骤

（1）样品制备　样品用0.45μm水相微孔滤膜过滤，备用。

（2）流动相制备　称取13.609 g磷酸二氢钾，用超纯水溶解，并定容至1 L。取适量磷酸过0.45μ滤膜，调节流动相pH至2.5。

（3）色谱分析　乳酸标准溶液和制备好的样品均是5μL进样，根据HPLC操作参数分别重复进样三次，确定乳酸的保留时间，并记录不同浓度乳酸标准溶液和样品中乳酸的色谱峰面积。

6. 结果计算

（1）定性分析　根据乳酸参考溶液色谱分析结果　确定乳酸的保留时间。

（2）定量分析　首先，测量一系列浓度梯度乳酸标准溶液的色谱峰面积，以乳酸浓度为纵坐标，峰面积为横坐标绘制乳酸标准曲线；其次测量样品中乳酸色谱峰的峰面积，利用所绘制的标准曲线定量。

（二）UPLC法检测白酒乳酸

近年，随着超高效液相色谱（Ultra Performance Liquid Chromatography，UPLC）技术的发展，不仅在分析速度、分离度和灵敏度方面明显优于传统的HPLC，在试剂的使用量方面，也大大地减少，降低了分析成本。UPLC同样适合白酒中乳酸的检测。下面介绍UPLC-PDAD检测白酒中的乳酸。

1. 仪器与设备

0.22μm有机针头式滤器。超高效液色谱（如Waters UPLC H-Class）配有溶剂管理器，进样管理器，PDAD检测器，数据处理软件。

2. 试剂

（1）超纯水。

（2）色谱级磷酸二氢钠。

（3）乳酸。

（4）磷酸。

（5）磷酸二氢钠水溶液，3.1202g/L（用磷酸调节pH至2.7）。

（6）标准乳酸溶液　乳酸，5g/L。

3. UPLC条件

（1）在210nm处进行吸光度测量。

（2）T3柱（100mm × 2.1mm，1.8μm）　如Waters ACQUITY UPLC HSS T3。

（3）流动相　磷酸二氢钠（pH 2.7），3.1202g/L。

（4）进样量　1μL。

（5）流速　0.25mL/min。

（6）柱温　40℃。

4. 试验步骤

（1）样品制备　首先，用超纯水将白酒样品稀释至15%vol左右，用一次性注射器取1mL过0.22μm有机针头式滤器。

（2）流动相制备　准确称取3.1202 g色谱纯磷酸二氢钾，用超纯水溶解，并定容至1 L。取适量磷酸过0.22μ. 有机针头式滤器，调节流动相pH至2.7。

（3）UPLC分析　标准乳酸溶液和制备好的样品均是1μL进样，根据3描述的UPLC操作参数分别重复进样三次，确定乳酸的保留时间，并记录不同浓度乳酸标准溶液和样品中乳酸的色谱峰面积。

5. 计算

（1）定性分析　根据乳酸参考溶液色谱分析结果，确定乳酸的保留时间。

（2）定量分析　首先，测量一系列浓度梯度乳酸标准溶液的色谱峰面积，以乳酸浓度为纵坐标，峰面积为横坐标绘制乳酸标准曲线；其次测量样品中乳酸色谱峰的峰面积，利用所绘制的标准曲线以外标法定量。

6. 注意事项

对于白酒中乳酸的检测，除了高效液相色谱法和超高效液相色谱法，还有衍生化气相色谱法、离子色谱法（Ion Chromatography，IC）等，但是最常用的还是HPLC法。不仅样品预处理简单，分析时间短，操作也比较简单，但是随着技术的不断发展，UPLC法高的分离度和灵敏度以及更短的分析时间，逐渐显示出自身的优势，明显优于HPLC法。但是，在UPLC检测过程中，乳酸和乙酸的色谱峰的保留时间接近，如果样品的酒精度过高，会出现乳酸峰和乙酸峰相互重叠的现象，两个色谱峰的分离度不好，不能完全分离，影响了乳酸的定量，因此需对酒样进行稀释，一般酒精度低于30%vol，乳酸和乙酸的色谱峰可完全分离，满足定量要求。

三、 葡萄酒中柠檬酸的测定

柠檬酸（citric acid，CAS号77-92-9），又称3-羧基-3-羟基戊二酸（3-carboxy-3-hydroxypentanedioic acid），无味，白色固态晶体，是一种弱酸，带有三个羧基（—COOH），化学式为$C_6H_8O_7$，相对分子质量为192.12 g/mol，熔点156℃（313 °F；429 K），沸点310℃（590 °F；583 K），无水柠檬酸密度1.665 g/cm^3，一水合柠檬酸的密度为1.542 g/cm^3（18℃），易溶于水、乙醇、乙醚和乙酸乙酯，不溶于苯、三氯甲烷

和甲苯等溶剂。

葡萄酒中的柠檬酸来自于葡萄，是葡萄酒中重要的有机酸，影响葡萄酒的口感、香气和颜色。由于柠檬酸的来源广泛，价格低廉，因此常使用柠檬酸来酸化高 pH 的葡萄酒。柠檬酸不仅不会与酒精饮料中的钙和钾形成不溶性沉淀物，还可以螯合铁离子和亚铁离子，从而预防葡萄酒铁破败病（ferric casse）的发生。国际葡萄与葡萄酒组织（International Organisation of Vine and Wine，OIV）规定葡萄酒中柠檬酸含量不得高于 1.0g/L。柠檬酸的代谢机制对酿酒工艺具有重要意义，它是苹果酸-乳酸发酵过程中双乙酰（diacetyl）、乙偶姻（acetoin）和乙酸（acetic acid）的重要来源，而这些物质会影响葡萄酒的口感。报道称红葡萄酒中柠檬酸含量 0.17～1.32g/L，白葡萄酒中柠檬酸含量 0.20～0.54g/L，甜葡萄酒中柠檬酸含量 0.34～1.61g/L。

1. 基本原理

通过离子交换树脂柱（ion exchange resin column）提取葡萄酒中的有机酸，通过 HPLC 柱将酸分离，利用酸的紫外吸收特性进行检测。

2. 仪器与设备

（1）0.45μm 纤维素过滤膜。

（2）C_{18}固相萃取小柱 如 Sep Pak-Waters Assoc。

（3）HPLC 配有 10μL 进样器、温度控制设备、UVD 检测器、图表记录仪或者积分仪或计算机控制系统。

3. 试剂

（1）超蒸馏水。

（2）重新蒸馏过的甲醇。

（3）柠檬酸。

（4）硫酸（ρ_{20}= 1.84 g/mL）。

（5）硫酸溶液，0.0125mol/L。

（6）标准柠檬酸溶液：柠檬酸，5g/L。

4. HPLC 操作参数

（1）在 210nm 处进行吸光度测量。

（2）含有强正离子（H^+）交换树脂的色谱柱（长 300mm，内径 7.8 nm，颗粒直径 9μm），如 HPX-87 H BIO-RAD。

（3）流动相 硫酸溶液，0.0125mol/L。

（4）流速 0.6mL/min。

（5）温度 60～65℃（可根据色谱柱树脂的类型选择）。

5. 试验步骤

（1）样品制备 首先，用 10mL 甲醇清洗 C_{18}固相萃取小柱，再用 10mL 水清洗。去除葡萄酒或者葡萄汁中气体。过 0.45μm 纤维素过滤膜。吸取 8mL 过滤后的样品通过 C_{18}小柱。丢弃前 3mL 流出液，并收集之后的 5mL 流出液（注意防止 C_{18}小柱变干）。

（2）色谱分析　10μL 标准柠檬酸溶液和 10μL 制备的样品，按照 4 描述的 HPLC 操作参数依次进样，重复进样三次，并记录柠檬酸标准品的保留时间，以及柠檬酸标准溶液和样品中柠檬酸的色谱峰面积。

6. 结果计算

（1）定性分析　根据柠檬酸参考溶液，确定柠檬酸的保留时间。

（2）定量分析　测量参考溶液和样品中柠檬酸色谱峰的峰面积，以柠檬酸标准溶液色谱峰面积为横坐标，浓度为纵坐标，绘制标准曲线，根据外标法计算三次检测结果的平均值。

7. 注意事项

葡萄酒中柠檬酸的检测方法除了高效液相色谱法，还包括衍生化气相色谱法、酶光谱（可见光）分析法、纸层析色谱法、电喷雾电离质谱法、毛细管电泳法和电位滴定法。酶法主要用于葡萄酒中苹果酸、乳酸、柠檬酸的检测，主要基于酶耦合反应，在酶（柠檬酸裂解酶、苹果酸脱氢酶和乳酸脱氢）的作用下，催化有机酸的裂解和/或脱氢反应，测量辅酶 NADH 或者 NADPH 吸光度的增加或者减少。该法特异性高，但是一次只能检测一种有机酸，因此比较耗时。GC 法虽然具有很高的灵敏度和选择性，但是由于有机酸是不挥发的，因此需要硅烷化、酯化等衍生化步骤处理后才能进行 GC 分析，前处理步骤繁琐，对于批量样品检测，耗费时间长、成本高。电泳法对于葡萄酒中有机酸的检测，是在高效液相色谱法之后慢慢发展起来的，具有高分辨率、简单、自动化、分析时间短、样品和试剂的消耗少等优点。对于 HPLC 法来说，葡萄酒样品的前处理操作简单。

四、葡萄酒中白藜芦醇的测定

1. 基本原理

白藜芦醇（resveratrol）属于芪素类化合物（stilbenoid），俗称反-白藜芦醇（*trans*-resveratrol）、反-3，5，4′-三羟基芪（*trans*-3，5，4′-trihydroxystilbene）、3，4′，5-芪三醇（3，4′，5-stilbenetriol）、反-5-（*p*-羟基苯乙烯基）间苯二酚（（*E*）-5-（*p*-hydroxystyryl）resorcinol）、反-5-（4-羟基苯乙烯基）苯-1，3-二醇（（*E*）-5-（4-hydroxystyryl）benzene-1，3-diol），IUPAC 名 5-（反-2-（4-羟基苯）亚甲基）苯-1，3-二醇（5-（（*E*）-2-（4-hydroxyphenyl）ethenyl）benzene-1，3-diol），CAS 号 501-36-0，分子式为 $C_{14}H_{12}O_3$，分子量 228.25 g/mol，带轻微黄色的白色粉末，熔点 261~263℃，沸点 449~450℃，lg P 3.139，难溶于水（溶解度 0.03g/L），易溶于丙酮、乙

醇（溶解度 50g/L）、甲醇、乙酸乙酯、DMSO（溶解度 16g/L）、乙醚、三氯甲烷等有机溶剂（溶解度从高到低），LD_{50} 23. 2μmol/L（5. 29g/L）。

白藜芦醇有顺、反两种结构，即顺-白藜芦醇和反-白藜芦醇。顺-白藜芦醇在紫外光（350nm，甲醇溶液中）的作用下会发生光异构化（photoisomerization），转换为反-白藜芦醇。

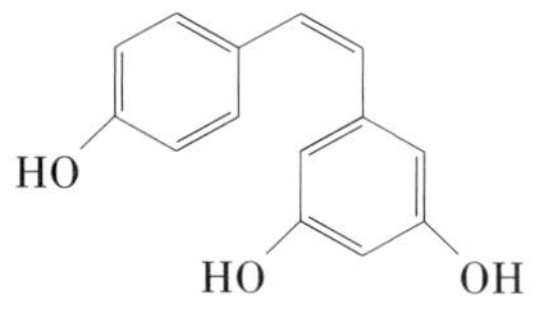
顺-白藜芦醇

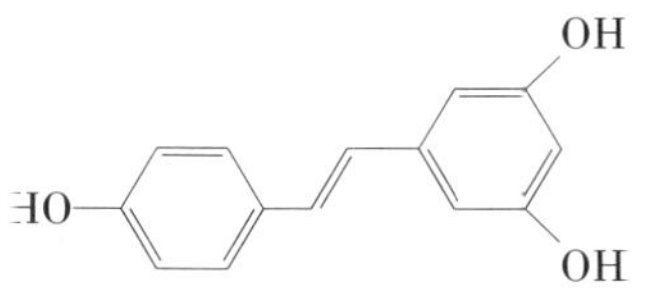
反-白藜芦醇

白藜芦醇是一种天然的抗氧化剂，能降低血液黏度，抑制血小板凝聚和血管舒张（vasodilation），保持血液流动；预防和治疗动脉粥样硬化（atherosclerosis）、冠心病、局部缺血性心脏病（ischemic heart disease）和高血胆固醇；抑制低密度脂蛋白的氧化，调节其代谢；防止脂肪过氧化，保护肝脏；有类似雌激素的功效，能治疗乳腺癌和其他疾病；通过抑制蛋白质-酪氨酸激酶（protein-tyrosine kinase），防止癌症的发生和发展，抑制肿瘤；能延缓老化。虽然有不少文章提及其对人类健康有益，但并没有清楚的证据；也没有证据证明其对心脏病有益，元分析（meta-analysis）发现仅有微弱的证据证明高剂量时能降低收缩压（systolic blood pressure）。

白藜芦醇于 1988 年在葡萄中检测到，主要存在于葡萄皮和种籽中，葡萄皮中含量 3. 54mg/kg 干重，葡萄肉中含量 1. 44mg/kg 干重，葡萄籽中含量 5. 89mg/kg 干重；在红葡萄汁中含量 1. 14~8. 69 mg/L，麝香葡萄含量 40 mg/L。

白藜芦醇于 1992 年在葡萄酒中检测到，在红葡萄酒中含量 1. 98~7. 13 mg/L 或 0. 2~5. 8 mg/L，西班牙红葡萄酒含量 1. 92~12. 59 mg/L，玫瑰红葡萄酒含量 0. 43~3. 52 mg/L，白葡萄酒含量 0. 05~1. 80 mg/L，黑比诺葡萄酒含量 0. 40~2. 0 mg/L。红葡萄酒白藜芦醇含量高主要是因为红葡萄酒是带皮发酵，而白葡萄酒是去皮发酵。红葡萄酒中白藜芦醇含量的高低，与葡萄品种、浸皮发酵的时长有关，也与白藜芦醇 3-葡萄糖苷（resveratrol 3-glucoside）的部分水解有关，水解能产生顺-白藜芦醇和反-白藜芦醇。

葡萄酒中的白藜芦醇经液相色谱柱分析后，采用紫外光度计检测，外标法定量。

2. 仪器与设备

HPLC 仪器，带有二极管阵列紫外-可见光检测。0. 20μm 过滤膜。

3. 试剂

（1）超纯水、色谱级乙腈、冰醋酸。

（2）反-与顺-白藜芦醇标准溶液　反-白藜芦醇标准储备液（1. 0g/L）的配制：

称取 10.0 mg 反-白藜芦醇于 10mL 棕色容量瓶中，用甲醇溶解并定容至刻度，置于 -20℃冰箱中保存备用。

顺-白藜芦醇通过反-白藜芦醇在日光下照射获得。

4. HPLC 条件

（1）反相 C_{18}柱（250mm × 4mm，5μm 粒径）。

（2）流动相　溶剂 A 为冰醋酸水溶液，pH 2.4。

溶剂 B 为 20%A+80%乙腈。0min，82%A，18%B；10min，82%A，18%B；17min，77%A，23%B；21min，75.5%A，24.5%B；27min，68.5%A，31.5%B；30min，0%A，100%B。

（3）进样量　100μL。

（4）流速　1.5mL/min。

（5）柱温　40℃。

（6）双波长检测，在 306 nm 处（反-白藜芦醇）和 285 nm 处（顺-白藜芦醇）进行吸光度测量。

5. 实验步骤

将 HPLC 色谱柱先用溶剂 A 平衡 5min，然后，进样分析，每个样品进样 100μL，分析 3 次，取平均值。每次分析后，色谱柱用溶剂 A 再平衡 5min。采用外标法定量。

6. 结果计算

白藜芦醇总量是反-白藜芦醇和顺-白藜芦醇含量的和。

7. 注意事项

GB/T 15038—2006 中 HPLC 测定葡萄酒中白藜芦醇的方法太复杂，故修改成采用 HPLC 法直接测定，该方法来源于美国《农业与食品化学》杂志，国内在 1999 年报道采用这一方法直接测定葡萄酒中白藜芦醇。该方法的检测限是 0.003 mg/L，定量限是 0.01 mg/L。

GB/T 15038—2006 中另外一个方法是使用 BSTFA+TMCS 衍生化，将不挥发的白藜芦醇转化为挥发性的化合物，然后采用 GC-MS 检测。

试验过程中要避光，主要是防止白藜芦醇的异构化。

五、 葡萄酒中糖分和有机酸的测定

葡萄酒中主要有机酸有酒石酸、苹果酸、柠檬酸、琥珀酸、乳酸、乙酸、富马酸、丙酮酸、乙醛酸。除此之外，葡萄酒中还有 α-酮戊二酸、草酸、莽草酸、糖醛酸、葡萄糖酮酸、半乳糖二酸等多种有机酸，这些酸在葡萄酒中的含量微乎其微，对酒的风味影响不大。

葡萄酒中常见的糖类有糖和糖醇，包括蔗糖、葡萄糖、果糖、半乳糖、阿拉伯糖、木糖以及木糖醇、山梨糖醇、甘露糖醇、甘油等诸多糖类和糖醇。

1. 基本原理

一定量的葡萄酒样品经阴离子固相萃取柱分离与纯化，将酒样中的糖、糖醇和有机酸分离。在色谱分离柱中，以稀硫酸溶液为流动相，再经示差折光（RID）或紫外检测器（UVD）检测，分别对多种糖、糖醇和有机酸进行定量。

2. 仪器与设备

（1）强离子交换固相萃取柱（如 LC-SAX SPE，3mL）。

（2）固相萃取装置。

（3）微量进样器　100μL。

（4）流动相真空抽滤脱气装置及 0.22μm 或 0.45μm 微孔膜。

（5）高效液相色谱仪　HPLC 配有紫外检测器（UVD）。

3. 试剂

（1）超纯水、甲醇、硫酸、氨水（10g/L）、氢氧化钠溶液（80g/L）。

（2）标准品（色谱级）柠檬酸、酒石酸、苹果酸、琥珀酸、乳酸、醋酸、蔗糖、葡萄糖、果糖、木糖、阿拉伯糖、木糖醇、阿拉伯糖醇、赤藓糖醇、甘油等。

（3）糖、糖醇标准溶液　糖稀释成梯度浓度 0.05、0.1、0.2、0.4、0.8g/L；糖醇稀释成梯度浓度 0.2、0.4、0.8、1.6、3.2g/L 的混合标准溶液。

（4）有机酸标准溶液　梯度浓度 0.05、0.1、0.2、0.4、0.8g/L 的混合标准溶液。

4. HPLC 操作参数

（1）在 210nm 处进行吸光度测量。

（2）Fetigsaule RT 300-7，8 或其他具有同等分离效果的色谱柱。

（3）流动相　硫酸溶液（0.0015mol/L 测定糖和糖醇；0.0075mol/L 测定有机酸）。

（4）进样量　20μL。

（5）流速　0.3mL/min。

（6）柱温　30℃（测定糖和糖醇）；55℃（测定有机酸）。

5. 试验步骤

（1）固相萃取柱的活化　将固相萃取柱固定在萃取装置上，加入 2~3mL 甲醇，以 4~6 滴/min 的流速过柱，快滴完时，加 2~3mL 超纯水，继续缓慢过柱，等即将滴完再加 2~3mL 1%氨水，滴至液面高度 1mm 左右关上控制阀，切勿滴干。

（2）样品溶液的制备　收集糖、糖醇的 10mL 容量瓶置于接取处，准确吸取 2mL 酒样加入萃取小柱中。

（3）糖和糖醇的洗脱　以慢速滴过萃取柱，滴至液面为 1mm 左右时，继续用 4mL 超纯水分两次慢速洗脱，将洗脱液全部收取在 10mL 容量瓶中，用氢氧化钠溶液（80g/L）

调节 pH 至 6 左右，再用超纯水定容至 10mL，洗脱液即为糖、糖醇分离样液。

（4）有机酸的洗脱 将收集有机酸的 10mL 容量瓶置于接取处，用 4mL 硫酸溶液（1%）分两次继续慢速下滴洗脱，最后抽干洗脱液，去除容量瓶，用氢氧化钠溶液（80g/L）调节 pH 至 6 左右，再用超纯水定容至 10mL，洗脱液即为有机酸分离液。

（5）色谱分析 标准溶液分别进样后，以标样浓度对峰面积作标准曲线。根据保留时间定性，根据峰面积、以外标法定量。

6. 结果计算

样品中糖、糖醇和有机酸含量的计算方法如式（5-12）所示。

$$X_i = c_i \times F \qquad \text{式（5-12）}$$

式中 X_i——样品中糖、糖醇和有机酸的含量，g/L 或 mg/L

c_i——从标准曲线求得样品溶液中糖、糖醇和有机酸的含量，g/L 或 mg/L

F——样品稀释的倍数

7. 注意事项

以上是 GB/T 15038—2006 分析方法中 HPLC 法测定葡萄酒中糖分和有机酸的方法。但葡萄酒的糖分与有机酸还有更多的其他测定方法。Casella 等利用超高效液相离子排阻色谱法（ion exclusion HPLC）结合脉冲电子捕获检测品测定了葡萄酒中的脂肪酸，只需将酒样过滤、稀释，明显简化了实验流程，提高了实验效率。Bernal 等用高效液相阴离子交换色谱法测定了葡萄酒中的阿拉伯糖、果糖、海藻糖、半乳糖、葡萄糖、甘露糖、鼠李糖、核糖、蔗糖、木糖以及甘露糖醇。葡萄酒样品经微孔膜过滤后，加入松三糖作为内标，采用 Carbo-Pac-PA1 色谱柱，流动相为超纯水和 0.2mol/L 氢氧化钠溶液，检测器为脉冲安培检测器，总分析时间为 57min。Kerem 等采用液相色谱结合紫外检测器（UVD）对葡萄酒中主要的羧酸进行了测定。葡萄酒样品经过微孔膜过滤后直接进行 LC 分析，使用 Supelcogel C-610H 色谱柱，该方法对柠檬酸、酒石酸、苹果酸、乙酸、咖啡酸、鞣花酸和没食子酸有很好的分离效果。

HPLC 法在葡萄酒糖分和有机酸的测定中有着很重要的地位，但应根据实际情况对样品进行合适的处理，使得分析方法简便、灵敏度高、重现性高。

第四节 气相色谱-质谱联用分析

一、 气相色谱-质谱联用仪简介

气相色谱-质谱（GC-MS，gas chromatography-mass spectrometry）联用分析法是将

分离能力很强的色谱仪与定性定量能力很强的质谱通过适当的接口相结合成完整的分析仪器。GC 分离试样中的各组分，起着样品制备的作用；接口把气相色谱流出的各组分送入质谱仪进行检测，起着气相色谱和质谱之间适配器的作用；质谱仪将接口依次引入的各组分进行分析，成为气相色谱仪的检测器；计算机系统交互式地控制气相色谱、接口和质谱仪，进行数据采集和处理，由此同时获得色谱和质谱数据，对复杂试样中的组分进行定性和定量分析。可以把气相色谱理解为质谱的进样系统，把质谱理解为气相色谱的检测器，如图 5-3 所示。

有机混合物从色谱柱分离后经接口进入质谱并被电离成离子，离子在进入质谱的质量分析器前，在离子源与质量分析器间，有一个总离子流检测器，以截取部分离子流信号，实际上，总离子流强度的变化正是流入离子源的色谱组分变化的反映，因而总离子流强度与时间或扫描数变化曲线就是混合物的色谱图，称为总离子流色谱图（TIC，total ion current）。另一种获得总离子流图的方法是利用质谱仪自动重复扫描，由计算机收集，计算并再现出来，此时总离子流检测系统可省略。对 TIC 图的每个峰，可同时给出对应的质谱图，由此可推测每个色谱峰的结构组成。在相同条件下，由 GC-MS 得到的 TIC 图与由普通气相色谱仪所得到色谱图大体相同。每个峰的保留时间、峰高、峰面积可作为各峰的定量参数，对所有的峰都有相近的响应值。

GC-MS 仪的基本构成为：进样系统、离子源、真空系统、质量分析器和检测器，如图 5-4 所示。

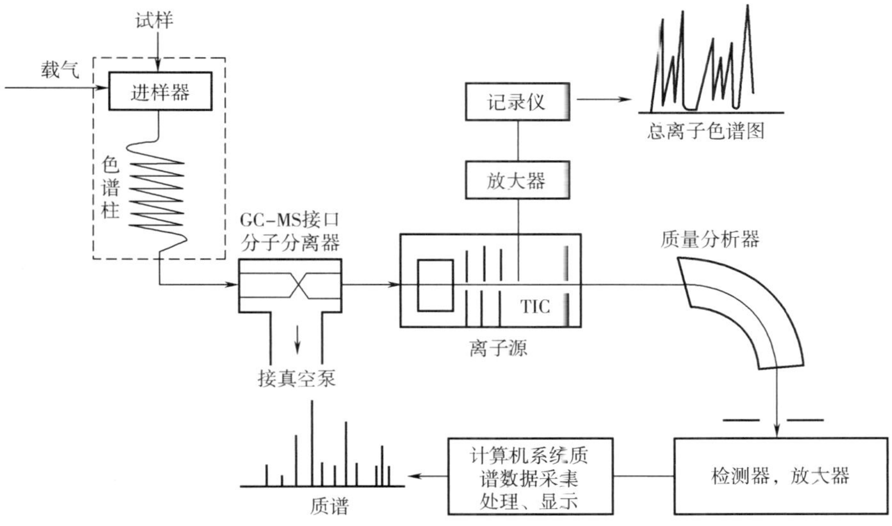

图 5-4　质谱仪示意图

1. 进样系统

进样器是把样品通进色谱柱的元件，其中包括汽化室和进样工具。汽化室的作用是将样品瞬间汽化为蒸气，这样可以使样品集中于一点，并被载气送达色谱柱顶端。通常的进样工具是微量进样器。随着分析技术的进步，进样系统出现了自动进样模式。气相色谱的进样量一般为 1μL。根据分析样品的浓度特性可以采用分流进样和不分流进样两种模式，汽化室温度一般在 250~300℃。

2. 离子源

离子源的作用是将被分析的样品分子电离成带电的离子，并使这些离子在离子光学系统的作用下，汇聚成有一定几何形状和一定能量的离子束，然后进入质量分析器被分离。其性能直接影响质谱仪的灵敏度和分辨率。离子源的选择主要依靠被分析物的热稳定性和电离的难易程度，以期得到分子离子峰。最常用的离子源是电子轰击电离源（EI），它要求被分析物能汽化且汽化时不分解。

3. 真空系统

真空系统是化合物进入质谱仪后离子化效率的环境保障：质谱仪的离子源、质量分析器和检测器必须在高真空状态下工作，以减少本底干扰，避免发生不必要的分子、离子反应。用以取得所需真空度的阀泵系统，一般由前级泵（常用机械泵）和分子涡轮泵等组成。

4. 质量分析器

质量分析器又称为质量过滤器，是质谱仪的核心，它将离子源产生的离子按质荷比（m/z）的不同，在空间位置、时间的先后或轨道的稳定与否进行分离，以得到按质荷比大小排列的质谱图。最常见的质量分析器为四极杆质量分析器（quadrople）和离子阱（ion trap）两种类型。

5. 检测器

检测器的作用是将来自质量分析器的离子束进行放大并进行检测，电子倍增检测器是 GC-MS 最常用的检测器。随着质谱仪的分辨率和灵敏度等性能的大大提高，只需要微克级甚至纳克级的样品，就能得到一张较满意的质谱图，因此对于微量不纯的化合物，可以利用气相色谱或液相色谱（极性大的化合物）将化合物分离成单一组分，导入质谱计，记录下质谱图，此时质谱计的作用如同一个检测器。

GC-MS 目前已得到十分广泛的应用。一般来说，凡能用气相色谱法进行分析的试样，大部分都能用 GC-MS 进行定性鉴定及定量测定，它已经成为现代食品化学分析的主要工具。本章将以氨基甲酸乙酯、塑化剂和白酒风味物质的检测为例，来介绍气相色谱质谱联用法的应用。

二、 GC-MS 法测定氨基甲酸乙酯

氨基甲酸乙酯（ethyl carbonate，EC）又称尿烷，是氨基甲酸的乙醇酯，天然存在

于发酵食品（如面包、酱油和酸奶等）、烘焙食品和饮料酒（如威士忌、白兰地、葡萄酒、清酒、黄酒和白酒等）中，其含量范围从 ng/L 到 mg/L。利用气相色谱-质谱联用法可以有效地测定酿酒原料以及蒸馏酒中氨基甲酸乙酯的含量。

（一）葡萄酒和黄酒中氨基甲酸乙酯检测方法

低酒精度的葡萄酒通常采用 AOAC 的检测方法，黄酒可以参照这一标准执行。AOAC 的官方测定方法，主要来源于 Canas 等人的方法，现详细叙述如下所示。

1. 基本原理

其原理是使用 *n*-PC（氨基甲酸正丙酯）作内标，样品溶液用水稀释，过 SPE 小柱。EC 和 *n*-PC 用二氯甲烷洗脱。洗脱液旋转蒸发浓缩，使用 GC-MS-SIM 方法检测。

2. 材料与试剂

（1）标准品配制 EC 配制于 40%vol 酒精水溶液中。

（2）SPE 小柱 一次性使用，装硅藻土或 ChemElut 或 Extrelut QE Celite，50mL 容量。

3. 仪器与设备

（1）超纯水（Milli-Q 系统，Millipore，Badford，MA，USA）。

（2）旋转蒸发仪。

（3）GC6890N-MSD 5975 型气相色谱质谱联用仪。

4. GC-MS 条件

色谱柱为 DB-Wax 柱（30 m × 0.25mm 内径× 0.25μm），进样口温度 180℃，载气氦，流速 1mL/min，于 25℃ 不分流进样。升温程序：40℃ 保持 0.75min，以 10℃/min 升温至 60℃，然后 3℃/min 升温至 150℃，最后 220℃ 保持 4.25min。EC 典型保留时间在 23～27min，而内标 *n*-PC 保留时间 27～31min。GC-MS 转移线界面温度 220℃。MS 条件：用全氟三丁胺（perfluorotributylamine）手动调谐，优化低质量的灵敏度，SIM 模式，溶剂延迟，扫描开始时间 22min 时，离子保留时间 100 ms。

GC-MS 色谱图如图 5-5 所示。

5. 实验方法

（1）酒精度大于 14%vol 的蒸馏酒和强化葡萄酒，5.00 ± 0.01 g；酒精度小于或等于 14%vol 的餐桌葡萄酒，20.00 ± 0.01 g。样品置于 100mL 的烧杯中，加入 1mL 的内标溶液（浓度 400μg/L），加水至 40.00 g。

（2）将样品过 SPE 小柱，用 10mL 水清洗烧杯，洗涤液过柱。液体在柱上吸附 4min。2 × 80mL 用二氯甲烷洗脱小柱。将洗脱液收集在 300mL 梨形烧瓶中。30℃ 水浴旋转蒸发至 2～3mL（注意不能蒸发至干）。将浓缩液转移至 4mL 带刻度浓缩管（228.6mm 巴斯德吸液管）中。用 1mL 二氯甲烷洗涤烧瓶，并转移到刻度管中。氮吹浓

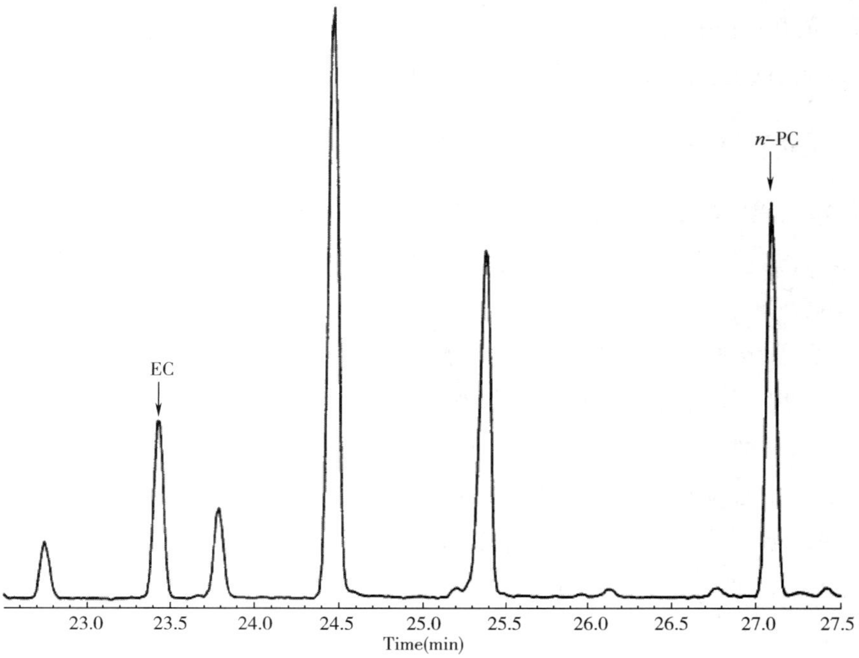

图5-5　含11μg/L EC和400ng氨基甲酸正丙酯（内标，*n*-PC）的佐餐葡萄酒GC-MS-SIM（*m/z* 62）图

缩至1mL。转移到自动进样小瓶待GC-MS分析。

（3）按上述条件进行GC-MS检测。

（4）绘制标准曲线　绘制标准曲线，测定样品，计算样品EC浓度。

6. 注意事项

该方法是AOAC的官方方法，已经在发酵酒和蒸馏酒（将蒸馏酒稀释后测定）中获得应用。但该方法的主要问题是检测成本较高。下面将结合介绍固相微萃取的方法，介绍固相微萃取在白酒（高度蒸馏酒）中的EC检测方法。

（二）白酒中氨基甲酸乙酯测定方法

1. 基本原理

固相微萃取（solid-phase microextraction，SPME）技术是1989年由Pawliszyn开发的一项技术，已经被广泛用于食品的风味物质研究，如极性、非极性以及挥发性与半挥发性化合物研究。该技术用聚合物膜包裹熔融硅纤维（长1~2 cm）来收集样品中的挥发性组分。极性的、非极性的以及混合型的纤维涂层均已经商品化。纤维头被设计在一个针里面，针再放入SPME杆中。样品被放入SPME小瓶中，用带有隔膜的盖子密封。纤维头被伸出到样品上方的顶空中或浸入到液体样品中，然后进行吸附。挥发性化合物被纤维头吸附，吸附完成后，纤维头被收起，直接在GC或GC-MS中解吸附。

顶空固相微萃取装置状似一只色谱注射器，由手柄（holder）和萃取纤维头（fiber）两部分构成。萃取头是一根1cm长涂有不同色谱固定相或吸附剂的熔融石英纤维丝，接不锈钢丝，外套细不锈钢管以保护石英纤维不被折断，纤维头在钢管内可伸缩或进出；手柄用于安装或固定纤维头，可永久性使用。

目前，商品化的纤维头有6种，聚丙烯酸酯（Polyacrylate，PA）、聚二甲基硅氧烷（Polydimethylsiloxane，PDMS）、碳分子筛/聚二甲基硅氧烷（Carboxen/PDMS，CAR/PDMS）、聚二甲基硅氧烷/二乙烯基苯（Polydimethylsiloxane/Divinylbenzene，PDMS/DVB）、CAR/DVB/PDMS 和碳分子筛/二乙烯基苯（Carbowax/Divinylbenzene，CW/DVB）。

手动使用SPME时，先将纤维头缩进不锈钢管内，使不锈钢针管穿过盛装待测样品瓶的隔垫，插入瓶中，推手柄杆使纤维头伸出针管，纤维头可以浸入待测样品中（浸入方式），或置于样品上部空间（顶空方式），待测有机物吸附于纤维涂膜上，通常30min吸附达到平衡。缩回纤维头，然后将针管退出样品瓶。最后，将SPME针管插入GC进样器，被吸附物经热解吸后进入气相色谱柱或将SPME针管插入SPME/HPLC接口解吸池，开启流动相通过解吸池洗脱样品进样。

在固相微萃取操作过程中，样品中待测物的浓度或顶空中待测物浓度与涂布在熔融硅纤维上的聚合物中吸附的待测物浓度间建立了平衡。纤维头上吸附的待测物数量取决于聚合物涂层的厚度及待测物的分布常数。更多的HS-SPME萃取原理、方法等请参考相关专著，如《酒类风味化学》等。

本实验使用PA纤维头以HS-SPME方法吸附样品中氨基甲酸乙酯，然后解吸附进行GC-MS分析，以保留时间定性，由制作的标准曲线计算样品溶液中氨基甲酸乙酯质量。

2. 材料与试剂

（1）试剂 同位素 d_5-氨基甲酸乙酯（d_5-EC），氯化钠（NaCl），超纯水，氨基甲酸乙酯标准品。

（2）氨基甲酸乙酯标准溶液配制

储备液 准确称取EC标准品0.1000g，加无水乙醇溶解并稀释至10mL，浓度为10000 mg/L。低温冷冻（-20℃）储存，有效期6个月。

使用液 准确移取EC储备液1mL，用无水乙醇逐级稀释至浓度为7 mg/L。低温冷冻（-20℃）储存，有效期6个月。

3. 仪器与设备

（1）超纯水（Milli-Q系统，Millipore，Badford，MA，USA）。

（2）旋转蒸发仪。

（3）固相微萃取头PA。

（4）专用顶空瓶。

（5）GC 6890N-MSD 5975 型气相色谱-质谱联用仪。

（6）自动 SPME 进校系统；没有进样系统的，可以手动进样，此时需配备带电磁搅拌的恒温加热设备。

4. 色谱条件

（1）GC 条件　进样口温度 250℃，载气 He，流速 2mL/min，不分流进样，色谱柱为 DB-FFAP（60 m × 0. 25mm × 0. 25μm，J&W Scientific）。

（2）升温程序　50℃恒温 2min，以 5℃/min 的速度升温至 170℃，再以 10℃/min 的速度升温至 230℃，保持 5min。

（3）MS 条件　EI 电离源，电子能量 70 eV，离子源温度 230℃，扫描范围 35. 00~350. 00u。MS 检测器采用选择离子模式（SIM），特征离子 62 和 64 分别用于 EC 和内标 d_5-EC 两种物质的定量。

5. 实验方法

（1）样品前处理　量取蒸馏酒样品 20mL，40℃旋蒸蒸发至 10mL，倒入量筒中，用超纯水水洗旋蒸瓶三次，合并，定容至原体积 20mL，从中取 8mL 加入顶空瓶，加入 3 g 氯化钠饱和，并加入 8μL 浓度为 C_0的 d_5-EC 内标。

（2）标准曲线绘制　准确称取一定量标准品配制到色谱纯无水乙醇中，稀释成一系列浓度梯度的标准溶液，浓度分别为 7、15、30、60、125、250、500 和 1000μg/L，取上述梯度标准溶液加入到模拟酒样中。考虑到所测蒸馏酒样品的酒精度为 40%~65%vol，所用模拟酒样是用超纯水与色谱纯无水乙醇配制的 46%vol 乙醇水溶液，模拟酒样采用与真实酒样同样的处理过程。利用内标标准曲线法，以待测物 EC 峰面积与内标 d_5-EC 峰面积之比为横坐标（x），待测物 EC 浓度与内标 d_5-EC 浓度之比值为纵坐标（y），建立回归直线方程，对目标化合物 EC 进行定量。

（3）样品测定 处理后的样品直接 HS-SPME 结合 GC-MS 检测测定氨基甲酸乙酯色谱峰峰高（或峰面积），以保留时间定性，由标准曲线算得样品溶液中氨基甲酸乙酯质量。

6. 结果计算

样品中氨基甲酸乙酯含量的计算，如式（5-13）、式（5-14）所示。

$$y = Ax + B \qquad 式（5-13）$$

$$C = C_0 \times y \qquad 式（5-14）$$

式中　y——样品中氨基甲酸乙酯与内标浓度比

x——EC 与 d_5-EC 峰面积比

C_0——内标浓度，μg/L

C——样品中氨基甲酸乙酯浓度，μg/L

在重复性条件下获得的两次独立测定结果的绝对差值不得超过算术平均值的 10%。

（三）原料、酒醅和大曲中氨基甲酸乙酯测定方法

1. 基本原理

HS-SPME 吸附提取经处理后的样品中的氨基甲酸乙酯，然后解吸附进行 GC-MS 分析，以保留时间定性，由制作的标准曲线查得样品衍生溶液中氨基甲酸乙酯质量。

2. 材料与试剂

（1）试剂 固态基质（大曲、原料或酒醅）、氯化钙（$CaCl_2$）、超纯水、同位素 d_5-氨基甲酸乙酯（d_5-EC）、氯化钠（NaCl）、实验专用水、氨基甲酸乙酯标准品。

（2）试剂配制

储备液：准确称取氨基甲酸乙酯标准品 0. 1000 g，加无水乙醇溶解并稀释至 10mL，浓度为 10000 mg/L。低温冷冻（-20℃）储存，有效期 6 个月。

使用液：准确移取氨基甲酸乙酯储备液 1mL，用乙醇逐级稀释至浓度为 7 mg/L。低温冷藏（-20℃）储存，有效期 6 个月。

3. 仪器与设备

（1）超纯水（Milli-Q 系统，Millipore）。

（2）旋转蒸发仪。

（3）固相微萃取头 PA。

（4）GC 6890N-MSD 5975 型气相色谱-质谱联用仪（美国 Agilent 公司）。

（5）高速冷冻离心机。

（6）自动 SPME 进校系统。

4. 色谱条件

（1）GC 条件 进样口温度 250℃，载气 He，流速 2mL/min，不分流进样，色谱柱为 DB-FFAP（60 m×0. 25mm×0. 25μm，J&W Scientific）。

（2）升温程序 50℃恒温 2min，以 5℃/min 的速度升温至 170℃，再以 10℃/min 的速度升温至 230℃，保持 5min。

（3）MS 条件 EI 电离源，电子能量 70eV，离子源温度 230℃，扫描范围 35. 00~350. 00u。MS 检测器采用 SIM 模式，特征离子 62 和 64 分别用于 EC 和内标 d_5-EC 两种物质的定量。

5. 实验方法

（1）样品前处理 称量 10g 待测样品（大曲需要添加 1% $CaCl_2$），加入 30mL（酒醅添加 20 ml）水作为浸提剂，浸泡 30min，超声萃取 30min。然后 8000r/min，4℃条件下离心 10min，收集浸提液待用。

量取浸提液 20mL，40℃旋蒸蒸发至 10mL，用超纯水水洗旋蒸瓶三次定容至原体积

20mL，从中取 8mL 加入顶空瓶，加入 3 g 氯化钠饱和，并加入 8μL 浓度为 C_0 的 d_5-EC 内标。

（2）标准曲线绘制　准确称取一定量标准品配制到色谱纯无水乙醇中，稀释成一系列浓度梯度的标准溶液，浓度分别为 7、15、30、60、125、250、500、1000μg/L。取上述梯度标准溶液加入到模拟酒样中。利用内标标准曲线法，以待测物 EC 峰面积与内标 d_5-EC 峰面积之比为横坐标（x），待测物 EC 浓度与内标 d_5-EC 浓度之比值为纵坐标（y），直线回归，对目标化合物进行定量。

（3）样品测定　处理后的样品直接 HS-SPME 结合 GC-MS 检测测定氨基甲酸乙酯色谱峰峰高（或峰面积），以保留时间定性，由标准曲线算得样品溶液中氨基甲酸乙酯质量。

6. 结果计算

样品中氨基甲酸乙酯含量的计算，如式（5-15）、式（5-16）所示。

$$y = Ax + B \tag{式（5-15）}$$

$$C = C_0 \times y \tag{式（5-16）}$$

式中　y——样品中氨基甲酸乙酯与内标浓度比

x——EC 与 d_5-EC 峰面积比

C_0——内标浓度，μg/L

C——样品中氨基甲酸乙酯浓度，μg/L

在重复性条件下获得的两次独立测定结果的绝对差值不得超过算术平均值的 10%。

7. 注意事项

GC-MS 测 EC 灵敏度较高，但样品的前处理至关重要，样品制备的恰当与否直接关系到检测分析的结果。EC 不易挥发，在水中的溶解度约 2g/mL，在有机溶剂中溶解度较低，蒸气压较高，这些特征使得在分析检测酒精饮料中的痕量 EC 时，样品的前处理过程会造成 EC 的损失。EC 分析检测的前处理主要有液液萃取、固相萃取及固相微萃取。

（1）液液萃取　利用待测组分与样品中的杂质在互不相溶的 2 种溶剂中的分配系数不同而实现样品的纯化，操作简单、无需特殊设备。我国出口酒中氨基甲酸乙酯测定的行业标准就采用液液萃取提取、基质固相分散技术净化的前处理方法，但是液液萃取方法的缺点是操作繁琐、时间长、重现性差、易产生乳化作用且萃取剂消耗量大。

（2）固相萃取　利用吸附剂将液体样品中的目标化合物吸附，使样品的基质和干扰化合物分离，再用洗脱液洗脱，达到分离或者富集痕量化合物的目的，与传统的液液萃取相比，固相萃取法速度快，有机溶剂用量低，且在萃取过程中不出现乳化现象，能更有效地将分析物和干扰组分分离，易获得较为纯净的分析物。所以，国际分析化学协会（AOAC）官方推荐方法即为固相萃取。缺点是材料重复使用率差，造成成本高。

（3）固相微萃取　以熔融石英光导纤维或其他材料为基体支持物，采取“相似相溶”的特点，在其表面涂渍不同性质的高分子固定相薄层，通过直接或顶空方式，对待测物进行提取、富集、进样和解析。固相微萃取可以完全消除使用有机溶剂，使萃取、预富集、进样一次完成，减少了分析时间。

在每批样品检测之前，都要在前面加一个空样，防止色谱柱残留影响样品色谱图。

三、 GC-MS 法测定白酒中的塑化剂

1. 基本原理

塑化剂，又名增塑剂（plasticizer），是一种广泛应用在工业上的加工助剂，可用在塑胶、水泥、石膏、混凝土等材料上，其中在塑料工业中使用最为广泛，可使其柔韧性显著增强。但近年来，不时曝出个别食品含有塑化剂的报道，塑化剂可通过呼吸道、消化道和皮肤吸收进入人体，尽管其大部分可以较快代谢、分解并通过尿液、粪便排出，但仍可能有少量在人体内积累。由于塑化剂本身会影响人类的内分泌功能，对人体有害。因此，我国对饮料酒中的塑化剂进行了限量规定。

塑化剂种类较多，据不完全统计，目前常用的塑化剂的具体种类已达 200 余种，其中按照化学结构可大体分为苯二甲酸酯类、脂肪族二元酸酯类、磷酸酯类等，其中，近些年频频出现在食品中的是苯二甲酸酯类中的邻苯二甲酸酯类物质，狭义的“塑化剂”主要就是指邻苯二甲酸酯类物质，如图 5-6 所示。

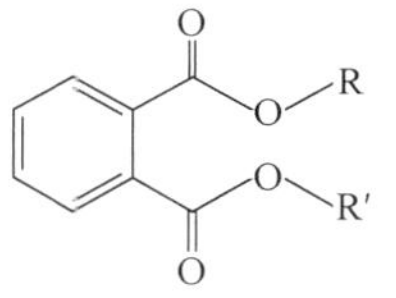

图 5-6　邻苯二甲酸酯类化合物结构通式
（R、R′ 表示不同的或相同的烷基或芳基）

邻苯二甲酸酯（Phthalate），又称酞酸酯，简称 PAE，是邻苯二甲酸的衍生物，其化学结构式如图 5-6 所示，邻苯二甲酸酯类物质在常温下为无色透明的油状液体，难溶于水，易溶于甲醇、乙醇、乙醚等多种有机溶剂，属脂溶性物质。食品中常见的邻苯二甲酸酯类物质主要有 16 种，即邻苯二甲酸二甲酯（DMP）、邻苯二甲酸二乙酯（DEP）、邻苯二甲酸二异丁酯（DIBP）、邻苯二甲酸二丁酯（DBP）、邻苯二甲酸（2-甲氧基）乙酯（DMEP）、邻苯二甲酸二（4-甲基-2-戊基）酯（BMPP）、邻苯二甲酸二（2-乙氧基）乙酯（DEEP）、邻苯二甲酸二戊酯（DPP）、邻苯二甲酸二己酯（DHXP）、邻苯二甲酸丁基苄基酯（BBP）、邻苯二甲酸己酯 2-乙基己基酯（HEP）、邻苯二甲酸二（2-丁氧基）乙酯（DBEP）、邻苯二甲酸二环己酯（DCHP）、邻苯二甲酸二（2-乙基）己酯（DEHP）、邻苯二甲酸二正辛酯（DNOP）和邻苯二甲酸二壬酯（DNP）。

邻苯二甲酸酯作为一种增稠剂、乳化剂，加入酒中后会使酒变浑浊，且不能改善白

酒的香气与口感，因此不存在白酒中人为添加塑化剂的说法。白酒生产过程中自身发酵环节也不会产生塑化剂。研究发现，白酒产品中的塑化剂属于特定迁移，主要源于生产过程中的塑料管路和盛装器具，如塑料接酒桶、塑料或乳胶输酒管、封酒缸的塑料布、成品酒的塑料内盖、成品酒的塑料包装袋、成品酒的塑料包装瓶、成品酒的塑料桶包装等，而且随着存储时间的推移和温度的变化都会加速塑化剂的不可逆溶出。进一步研究发现，输酒用的乳胶管是最主要的污染源，每 10 m 乳胶管可使白酒中塑化剂含量增加 0.1mg/kg。

白酒经过一系列的萃取分离后经气相色谱-质谱联用仪进行测定，采用特征选择离子模式（SIM），以碎片的丰度比定性，外标法定量。

2. 材料与试剂

正己烷（色谱纯）、甲醇（色谱纯）、16 种邻苯二甲酸酯混合标准品（纯度 ≥98%，Sigma 公司）、重蒸水、白酒。

3. 仪器与设备

（1）超纯水（Milli-Q 系统，Millipore）。

（2）GC6890N-MSD5975 型气相色谱-质谱联用仪（美国 Agilent 公司）。

（3）色谱柱　HP-5MS 毛细管柱（30 m × 0.25mm × 0.25μm）。

（4）氮吹仪。

（5）离心机。

（6）电热恒温鼓风干燥箱。

（7）电子天平。

（8）涡旋振荡器。

（9）25mL 玻璃具塞试管。

4. 色谱与质谱操作参数

色谱条件：

（1）色谱柱　DB-5MS 毛细管柱（30 m × 0.25mm × 0.25μm）。

（2）进样口温度　250℃。

（3）程序升温　初温 60℃，保持 1min，以 20℃/min 升至 220℃，再以 5℃/min 升至 280℃保持 2min，280℃后运行 2min。

（4）载气　氦气，纯度≥99.999%，流速 1.0mL/min。

（5）进样方式　不分流进样。

（6）进样量　1.0μL。

质谱条件：

（1）电离方式　电子轰击源（EI）。

（2）采集模式　选择离子检测模式（SIM）。

（3）离子源电压　70eV。

（4）离子源温度　230℃。

（5）溶剂延迟　5min。

5. 试验方法

（1）样品前处理

方法一：液液萃取　取 10mL 白酒样品于 25mL 玻璃具塞试管，加入正己烷，超声 30min，涡旋震荡 2min，取上清液进行 GC-MS 分析。

方法二：氮吹扫-溶解　取 10mL 白酒样品，50℃氮吹扫干，加入 10mL 正己烷，超声 30min，涡旋震荡 2min，进行 GC-MS 分析。

（2）标准溶液配制

16 种邻苯二甲酸酯类化合物混合标准品储备液（10 mg/L）：准确移取 16 种邻苯二甲酸酯混合标准品 1mL 用正己烷定容至 100mL，配制成 10 mg/L，置于冰箱中 4℃保存备用。

16 种邻苯二甲酸酯类化合物混合标准品应用液：取一定量的 10 mg/L 混合标准储备液，用正己烷分别稀释成浓度 0. 05、0. 1、0. 3、0. 5、1. 0 mg/L 的标准系列，置于冰箱中 4℃保存。

（3）定性确认　在色谱条件下，待测样品和标准品的选择离子色谱峰在相同的保留时间处（±0. 5%）出现，并且对应质谱碎片离子的质荷比与标准品一致，其丰度比与标准品相比应符合：相对丰度>50%时，允许±10%偏差；相对丰度 20%～50%时，允许±15%偏差；相对丰度 10%～20%时，允许±20%偏差；相对丰度≤10%时，允许±50%偏差，此时可定性确认目标分析物。各邻苯二甲酸酯类化合物的保留时间、定性离子和定量离子见表 5-1 和图 5-7。

表 5-1　　邻苯二甲酸酯类化合物定量和定性选择离子表

序号	中文名称	保留时间/min	定性离子（丰度比）	定量离子	辅助定量离子
1	邻苯二甲酸二甲酯	7. 79	163；77；135；194 （100；18；7；6）	163	77
2	邻苯二甲酸二乙酯	8. 66	149；177；121；222 （100；28；6；3）	149	177
3	邻苯二甲酸二异丁酯	10. 41	149；223；205；167 （100；10；5；2）	149	223
4	邻苯二甲酸二丁酯	11. 17	149；223；205；221 （100；5；4；2）	149	223
5	邻苯二甲酸（2-甲氧基）乙酯	11. 51	59；149；193；251 （100；33；28；14）	59	149、193

续表

序号	中文名称	保留时间/min	定性离子（丰度比）	定量离子	辅助定量离子
6	邻苯二甲酸二（4-甲基-2-戊基）酯	12.26	149；251；167；121（100；5；4；2）	149	251
7	邻苯二甲酸二（2-乙氧基）乙酯	12.59	45；72；149；221（100；85；46；2）	45	72
8	邻苯二甲酸二戊酯	12.95	149；237；219；167（100；22；5；3）	149	237
9	邻苯二甲酸二己酯	15.12	104；149；76；251（100；96；91；8）	104	149、76
10	邻苯二甲酸丁基苄基酯	15.28	149；91；206；238（100；72；23；4）	149	91
11	邻苯二甲酸二（2-丁氧基）乙酯	16.74	149；223；205；278（100；14；9；3）	149	223
12	邻苯二甲酸二（2-丁氧基）乙酯	17.40	149；167；83；249（100；31；7；4）	149	167
13	邻苯二甲酸二（2-乙基）己酯	17.65	149；167；279；113（100；29；10；9）	149	167
14	邻苯二甲酸二苯酯	17.78	225；77；153；197（100；22；4；1）	225	77
15	邻苯二甲酸二正辛酯	20.06	149；279；167；261（100；7；2；1）	149	279
16	邻苯二甲酸二壬酯	22.60	57；149；71；167（100；94；48；13）	57	149、71

（4）定量分析　采用外标校准曲线法定量测定。以各邻苯二甲酸酯类化合物的标准溶液浓度为横坐标，各自的定量离子的峰面积为纵坐标，做标准曲线线性回归方程，与待测样的峰面积与标准曲线比较定量。

6. 结果计算

邻苯二甲酸酯化合物的含量计算，如式（5-17）所示。

$$x = \frac{(C_i - C_o) \times V \times K}{m} \quad 式（5-17）$$

式中　x——试样中某种邻苯二甲酸酯含量，mg/kg 或 mg/L

C_i——试样中某种邻苯二甲酸酯峰面积对应的浓度，mg/L

C_o——标准品应用液中某种邻苯二甲酸酯的浓度，mg/L

V——试样定容体积，mL

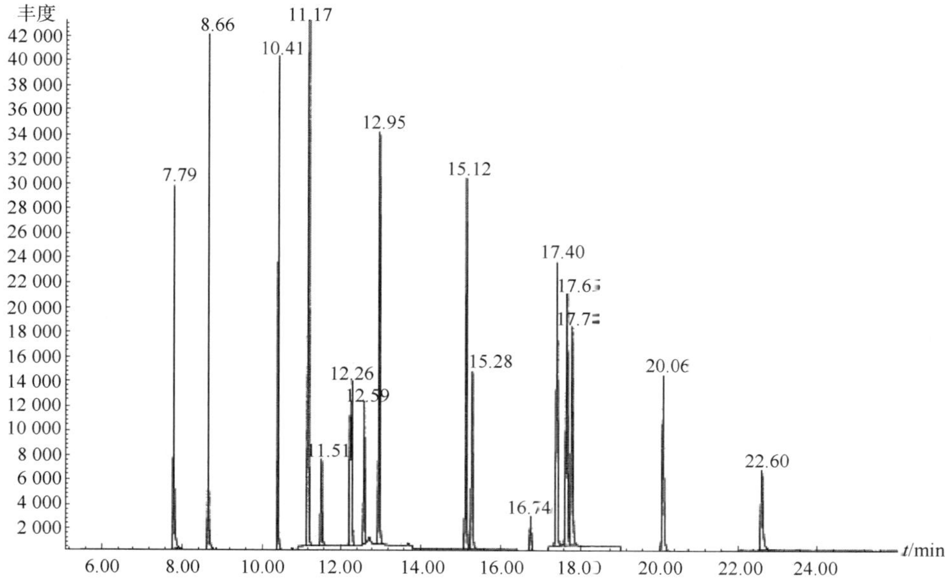

图 5-7　邻苯二甲酸酯类化合物标准物质的气相色谱-质谱选择离子色谱图

注：16 种邻苯二甲酸酯类的出峰顺序依次为：邻苯二甲酸二甲酯（DMP）、邻苯二甲酸二乙酯（DEP）、邻苯二甲酸二异丁酯（DIBP）、邻苯二甲酸二丁酯（DBP）、邻苯二甲酸（2-甲氧基）乙酯（DMEP）、邻苯二甲酸二（4-甲基-2-戊基）酯（BMPP）、邻苯二甲酸二（2-乙氧基）乙酯（DEEP）、邻苯二甲酸二戊酯（DPP）、邻苯二甲酸二己酯（DHXP）、邻苯二甲酸丁基苄基酯（BBP）、邻苯二甲酸二（2-丁氧基）乙酯（DBEP）、邻苯二甲酸二环己酯（DCHP）、邻苯二甲酸二（2-乙基）己酯（DEHP）、邻苯二甲酸二苯酯（DPhP）、邻苯二甲酸二正辛酯（DNOP）和邻苯二甲酸二壬酯（DNP）。

K——稀释倍数

m——试样质量，g 或 mL

计算结果保留四位有效数字。

7. 注意事项

在重复性条件下获得的两次独立测定结果的绝对差值不得超过算术平均值的 10%。

本试验采用国标法来测定，但国标使用的外标法，而对于微定量测定，外标法受到的影响因素太多，如仪器条件、操作水平等，建议采用内标法，有文献研究了使用 d_4-邻苯二甲酸二（2-乙基）己酯作内标，测定塑化剂的浓度。

塑化剂在日常生活的各个环境均存在，如空气、水、办公桌椅、实验室台，实验室装试剂或水的瓶子可能是塑料的，甚至是实验室纯水的制作与盛装容器也可能是塑料的，因此，为了避免环境塑化剂的干扰，实验过程中使用的玻璃器皿等接触样品的容器，使用前分别用去离子水、超纯水、甲醇、正己烷各清洗三遍；盛装溶剂或标准品的瓶子或容器不能使用塑料制品；在溶液配制、样品吸取或转移等各个环节应尽量减少与空气的接触；GC-MS 每次检测时，应同时进行空白对照检测。

四、 GC-MS 法定性分析白酒风味物质

1. 基本原理

白酒的主要成分是乙醇和水，占总量的 97%~98%，而溶于其中的酸、酯、醇、醛等种类众多的微量有机化合物仅占总量的 2%~3%。这些微量成分是白酒的呈香呈味物质，决定了白酒的香气、口感和风格。按其分子结构不同，白酒的香气成分可分为醇类、醛类、缩醛类、酮类、酸类、酯类、内酯类、硫化物、吡嗪类、呋喃类、芳香族以及其他化合物。

从 1960 年开始，研究人员使用纸层析、填充柱气相色谱对白酒开始研究，到目前应用 GC-MS 以及多维气相色谱-质谱（MDGC-MS）等对白酒进行剖析，更多的关注是在成分分析上，已经检测到的成分超过 1000 种。虽然 20 世纪 60 年代发现了己酸乙酯等风味成分，但应用 1960 年代国外发明的气相色谱-闻香法（GC-O）研究白酒的特征香气成分却在 21 世纪初。

GC-O 技术属于一种将仪器分析与感官检测结合起来的技术，这一技术于 1964 年首次出现。在这一技术中，GC 有一个氢火焰离子化检测器（FID）或 MS 检测器，再安装一个嗅觉闻香部分。样品在进样后，经过色谱柱，被分成两个部分，一部分到 FID 或 MS 检测器，另一部分到闻香器。闻香器通常装有一个形状似漏斗的玻璃组件，用来闻香。一个加湿系统用来增加空气的湿度。训练有素的闻香师或香味研究工作者坐在 GC 前闻香，如图 5-8 所示。从 GC 中流出的每一个化合物的香气被记录下来，并建立“香气图（aromagram）”。假如“香气图”与 GC-FID 和 GC-MS 图是相匹配的，那么鉴定最重要的和/或最感兴趣的香气化合物就有了可能。GC-O 技术可以使人们的工作集中到部分香味化合物中来，这些化合物是人们最感兴趣的化合物。接着再用 GC-MS 或制备 GC 来分离、鉴定它们，必要时应使用核磁共振技术（nuclear magnetic resonance，NMR）或红外光谱技术（infrared spectrum，IR）来阐明那些未知的化合物。

在应用 GC-O 技术时，需要对闻到的香气强度进行度量，主要方法有以下几种。

（1）精灵分析（Charm Analysis）方法　由 Acree 等于 1984 年发明。该方法是将样品萃取后获得的组分，用逐步稀释的方法，如 1∶1 或 1∶2 的比例稀释。每一个稀释用 GC-O 分析。Charm 分析形成一个类似色谱图的峰，其峰面积与化合物的量成比例。主要测量化合物在流出整个时间内的稀释值。

（2）香气萃取稀释分析法（aroma extract dilution analysis，AEDA）　萃取的样品按 1∶1 或 1∶2 的比例稀释，每一个稀释用 GC-O 方法分析。其结果用稀释因子（flavor

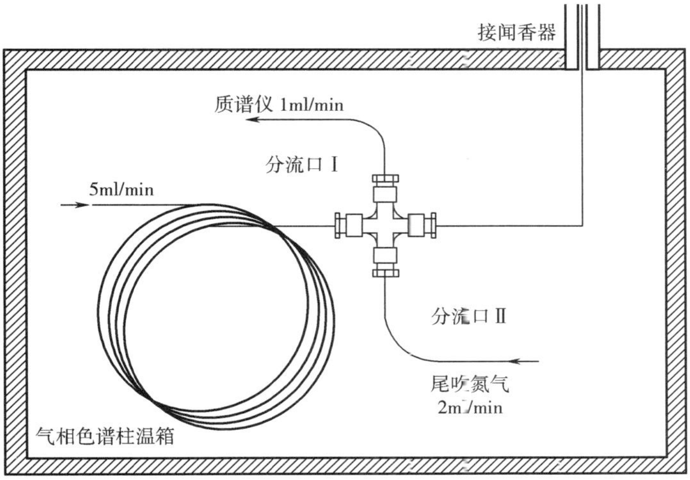

图 5-8 GC 与闻香的设备

dilution factor，FD 值）表示。FD 值是指最初萃取物中呈香物质的浓度与该香味物质最稀时（GC-O 仍能检测到）的浓度比。因此，FD 值是一个相对的测量值，是化合物在空气中的 OAV 值。该方法由 Grosch 于 1993 年发明，是目前最常用的方法。

（3）香气萃取浓缩分析法（aroma extract concentration analysis，AECA） 该方法由 Grosch 等开发。它与 AEDA 法正好相反。先闻一个样品，然后对该样品逐步浓缩，全部样品用 GC-O 分析。该法避免了对那些在 AEDA 中可能分解的化合物的 FD 值的低估。

（4）Osme 技术（GC-Osme） Osme 一词来源于希腊语，意思为“闻香”。Osme 技术由 McDaniel 等开发。该方法是萃取获得的样品，不经稀释，直接进行 GC-O 分析。将几个感官品尝人员记录到的香气强度进行平均，即为香气强度值。Osme 技术考虑了斯蒂文斯法则（Stevens’ s Law，对数定律），它测量的是香气物质的时间-强度值。

（5）香气全面分析法（odor global analysis，OGA） 该方法也叫嗅觉影响频次法（nasal impact frequency，NIF）或表面嗅觉影响频次法（surface of nasal impact frequency，SNIF），由 Pollien 等开发。该法类似于 Osme 技术，但香气图上的每一个峰并不是挥发性化合物的香气强度，而是它的检测频次。

（6）静态顶空闻香法（static headspace olfactometry，SHO） 将样品置于顶空瓶中，如 15mL 的果汁置于 100mL 顶空瓶中，密封，室温平衡 30min。在样品平衡后，使用气密针（gas-tight syringe）取样，冷聚焦到熔融硅捕集器上，最后进入到色谱柱中，再闻香。稀释分析时，不断减少顶空样品的体积（如 10mL 直到 0.32mL）嗅觉闻香。

白酒经过溶剂萃取，分成碱性、中性和酸/水溶性组分，通过 GC-O 闻香，结合 GC-MS，将获得的香气化合物峰通过质谱图库（如 NIST 库）解析，与标准品及其香气特征进行比对，以及 Kovats 保留指数 RI 与标准品的 RI 进行比对，最终鉴定出白酒中呈香气的化合物。

2. 材料与试剂

市售白酒；无水乙醚、戊烷、氯化钠、无水硫酸钠（分析纯）；无水乙醇（色谱纯）；化合物定性及定量时所用标准品（色谱纯，美国 Sigma-Aldrich 公司）；C_5 ~ C_{30}正构烷烃标样（色谱纯）；2mol/L 硫酸溶液，质量体积分数为 10%的碳酸氢钠溶液；煮沸 5min 后冷却的超纯水。

3. 仪器与设备

（1）气相色谱-质谱联用仪 GC 6890N-MSD 5975。

（2）超声波清洗仪。

（3）Milli-Q 超纯水系统。

（4）闻香仪（ODP2，德国 Gerstel 公司或类似公司产品）。

（5）氮吹仪。

（6）DB-FFAP 毛细管色谱柱（60m × 0. 25mm × 0. 25μm）。

4. GC-MS 条件

GC 条件色谱柱：

（1）FFAP（60m × 0. 25mm × 0. 25μm）。

（2）升温程序　初始温度 50℃，保持 2min，然后以 6℃/min 升温至 230℃，保持 15min。

（3）进样量 1μL。

（4）不分流进样。

（5）进样口和检测器温度均为 250℃。

（6）载气为 He，流速 2mL/min。

MS 条件：

（1）EI 电离源。

（2）离子源温度　230℃。

（3）电子轰击能量　70eV。

（4）扫描范围　相对原子质量 35~350u。

5. 试验方法

（1）样品预处理方法　用超纯水将 100mL 酒样于分液漏斗中稀释至酒精度 10 %vol，并加 NaCl 饱和，振荡。用重蒸后的戊烷/乙醚（体积比 = 1 : 1）萃取 3 次，每次 30mL，收集合并有机相。将此有机相与 80mL 超纯水加入分液漏斗中，用 10% $NaHCO_3$ 溶液调 pH 至 11，加 NaCl 饱和，振荡萃取。静置分层后，分别收集有机相和水相，记为“有机相 1”和“水相 1”。“水相 1”用 2mol/L 硫酸溶液调 pH 至 2，NaCl 饱和，用重蒸后的乙醚萃取2次，每次15mL，收集有机相，记为“酸/水溶性组分（A/WF）”。将“有机相1”与40 m L超纯水加入分液漏斗，以2mol/L硫酸溶液调pH至2，NaCl饱和，振荡萃取。静置分层后，收集有机相，记为“中性组分（NF）”，收集水相，记为“水相2”。“水相2”用10% $NaHCO_3$溶液调pH至11，加NaCl饱和，再用重蒸后的戊烷/乙醚（体积比=1∶1）萃取2次，每次15mL，收集有机相，记为“碱性组分（BF）”。分别向碱性组分、中性组分和酸/水溶性组分中加入无水硫酸钠干燥过夜，氮吹浓缩至250μL，用于GC-O分析。

（2）GC-O分析　进行GC-O闻香分析的人员需要经过3个月以上的闻香训练。闻香方法采用时间强度法（Osme），闻香人员同时记录化合物的香气描述、香气强度和保留时间。香气强度分为0~5分共六个等级：0表示未闻到香气；1表示香气强度极弱；2表示香气强度弱；3表示香气强度中等；4表示香气强度强；5表示香气强度极强。共3个闻香人员，每个组分每人闻香3次，每个化合物的最终香气强度为9次闻香结果的平均值。

（3）化合物鉴定　香气成分的鉴定通过：①与NIST库中的标准质谱图进行比对；②与标准品的香气特征进行比对；③与标准品的保留指数（RI）进行比对；④没有标准品的，与文献报道的RI进行比对。

RI的计算方法参照改进后的Kovats方法计算：C_5 ~ C_{30}正构烷烃标样加入白酒样品中，参照上述GC-MS条件进行GC-MS分离，采用内插法来计算此目标化合物的RI，如式（5-18）所示。

$$RI = 100 \times \left(\frac{t_{Ri} - t_{Rz}}{t_{R(z+1)} - t_{Rz}} + Z\right) \quad \text{式（5-18）}$$

式中　t_{Ri}——香气物质i的保留时间

t_{Rz}和$t_{R(z+1)}$——紧邻香气物质i前后的两个正构烷烃的保留时间

z——正构烷烃的碳原子数

6. 注意事项

实验过程中为避免其他气味的干扰，所有使用的玻璃器皿需要用无味洗洁精超声清洗，再用去离子水清洗，最后用超纯水清洗，并烘干。样品萃取时，注意液液萃取操作技巧，排气时要避开人群，注意实验安全。

本章缩写

A：峰面积。

AECA：香气萃取浓缩分析法。

AEDA：香气萃取稀释分析法。

AOAC：国际分析化学协会。

C_S：组分在固定相中的浓度。

C_M：组分在流动相中的浓度。

ECD：电子捕获检测器。

ELSD：蒸发光散射检测器。

f：校正因子。

FD：荧光检测器。

FD 值：稀释因子值。

FID：氢焰离子化检测器。

FPD：火焰光度检测器。

GC：气相色谱。

GC-MS：气相色谱-质谱。

GC-O：气相色谱-闻香法。

h：峰高。

$h_{1/2}$：半峰高。

HPLC：高效液相色谱。

HS-SPME：顶空固相微萃取法。

IC：离子色谱法。

K：分配系数。

MDGC-MS：多维气相色谱-质谱。

N：理论塔板数。

NPC：正相色谱。

OGA：香气全面分析法。

OIV：国际葡萄与葡萄酒组织。

r：相对保留值。

R：分离度。

RID：示差折光检测器。

RPC：反相色谱。

SHO：静态顶空闻香法。

SIM：选择离子模式。

TCD：热导检测器。

TIC：总离子流色谱图。

t_M：死时间。

t_R：保留时间。

t_R'：调整保留时间。

UPLC：超高效液相色谱。

UVD：紫外检测器。

$\triangle V$：板体积。

V_M：死体积。

V_R：保留体积。

Y：峰底宽。

$Y_{1/2}$：半峰高宽度。

第六章

酶活力与发酵力检测

糖化发酵剂是酿酒生产的动力，其主要质量指标是酶活力和发酵力。酿酒生产中使用的糖化发酵剂种类很多，大体上可分为如下三类。

（1）传统糖化发酵剂　如大曲、小曲、麸曲、麦芽等。

（2）纯种培养的糖化发酵剂　包括霉菌、酵母菌和细菌培养的各种纯种培养物。

（3）商品糖化发酵剂　如商品酶制剂、活性干酵母等。

限于篇幅，本章主要介绍传统糖化发酵剂中酿酒主要酶活力和发酵力的检测方法。

第一节　酶活力检测

一、液化型淀粉酶活力

（一）原理

液化型淀粉酶俗称 α-淀粉酶，又称 α-1，4 糊精酶，能将淀粉中 α-1，4 葡萄糖苷键随机切断成分子长短不一的糊精、少量麦芽糖和葡萄糖而迅速液化，并失去与碘生成蓝紫色的特性，呈红棕色。蓝紫色消失的快慢是衡量液化酶活力大小的依据。

（二）试剂和溶液

1. 碘液

（1）原碘液　称取碘 11g、碘化钾 22g，用少量水研磨溶解，用水定容至 500mL，储于棕色瓶中。

（2）稀碘液　吸取 2mL 原碘液，加碘化钾 20g，用水定容至 500mL，储于棕色瓶中。

2. 20g/L 可溶性淀粉酶溶液

称取 100~105℃ 干燥 2h 的可溶性淀粉 2g，精确至 0. 001g，用水调成糊状，不断搅拌注入 70mL 沸水，搅拌煮沸 2min 直至完全透明，冷却至室温，完全转移至 100mL 容量瓶中并定容。此溶液现配现用。

3. pH 6. 0 的磷酸氢二钠-柠檬酸缓冲液

称取磷酸氢二钠（$Na_2HPO_4 \cdot 12H_2O$）45. 23g，柠檬酸（$C_6H_8O_7 \cdot H_2O$）8. 07g，溶解于水并稀释定容至 1L。

4. 标准比色液

（1）甲液　准确称取 40. 2439g 氯化钴、0. 4878g 重铬酸钾，溶于水并定容至 500mL。

（2）乙液　准确称取 40mg 铬黑 T，溶于水并定容至 100mL。

（3）标准比色液　取 41mL 甲液与 4.5mL 乙液混合。

（三）测定步骤

1. 大曲样液制备（50g/L）

根据测得的试样水分，称取相当于 10g 绝干曲的曲粉（曲粉量=10/（1-水分含量）），准确至 0.01g，于 500mL 烧杯中，加入预热至 40℃的缓冲液 200mL。于 40℃水中浸渍 1h，每过 15min 搅拌一次。然后用快速定性滤纸过滤，弃去最初 5~10mL，滤液即为供试大曲样酶液（酶浸出滤液）。

2. 测定

在 Φ25×200mm 的带盖试管中，准确加入 20mL 20g/L 可溶性淀粉酶溶液和 5mL pH 为 6.0 的缓冲液，在 60℃水浴中预热 10min，准确加入酶浸出滤液 1mL，摇匀。继续保温并立即计时。每隔一定时间取出 0.5mL 反应液于盛有约 1.5mL 稀碘液的白瓷板孔穴中，随时间延长，颜色逐渐由蓝色变成红棕色，直至与标准色一致，记录反应时间（t）。

（四）计算

大曲液化型淀粉酶活力定义：1g 干曲在 60℃、pH 6.0 条件下，1h 液化 1g 可溶性淀粉所需的酶量称为 1 个酶活力单位，以 U/g 表示。液化型淀粉酶活力的计算如式(6-1）所示。

$$\text{液化型淀粉酶活力} = 20 \times 0.02 \times 200 \times \frac{1}{10} \times \frac{60}{t} \qquad \text{式（6-1）}$$

式中　液化型淀粉酶活力——1g 固体曲粉在 1h 液化可溶性淀粉的量（U/g）

20×0.02——反应液中淀粉质量，g

200——酶浸出液体积，mL

10——干曲质量，g

t——液化反应时间，min

60——换算为小时的系数

计算结果保留至小数点后两位。

（五）精密度

在重复性条件下，获得的两次独立测定结果的绝对差值不得超过算术平均值的 10%。

（六）讨论

（1）可溶性淀粉应当天配制。由于可溶性淀粉质量对结果影响较大，建议每次测定均应采用相同的酶制剂专用可溶性淀粉。

（2）缓冲液 pH 对结果有影响，宜在 4℃冰箱保存，且时间不宜过长。

（3）QBT 4257—2011 采用 pH4.6 的缓冲液测定大曲液化型淀粉酶活力，不同 pH 下所测酶活力的值有所不同，目前在酿酒行业尚未统一，化验人员可根据工厂实际情况选择缓冲液 pH。

（4）反应接近终点时，颜色变化十分微弱，可将标准比色液颜色和之前滴过的白瓷板孔的颜色作为判断反应终点的双重依据，以减少实验误差。

（5）酶解反应时间以 2~5min 内完成为宜，否则需调整酶液浓度后重新测定。当反应时间过短时，可将“酶浸出滤液”适当稀释；当反应时间过长时，则需适当增加试样量，重新制备“酶浸出滤液”。

（6）小曲、麸曲样品中液化型淀粉酶活力的检测同大曲，只是需根据酶活力的大小适当调整试样量，以控制酶解反应时间在 2~5min 内完成即可。

（7）分光光度计测定法　与目测法相似，在试管中加入 20mL 20g/L 可溶性淀粉酶溶液和 5mL pH 6.0 的缓冲液，在 60℃水浴中预热 10min，准确加入酶浸出滤液 1mL，摇匀，并立刻计时，准确反应 5min。吸取反应液 1mL 于装有 5mL 稀碘液的试管中，摇匀，以稀碘液为空白，在 660nm 波长下，用 10mm 比色皿测吸光度（A）。根据附表 6-1 查酶液浓度（c），按式（6-2）计算酶活力。

$$\text{液化型淀粉酶活力} = c \times 200 \times \frac{1}{10} \times \frac{60}{5} \qquad \text{式（6-2）}$$

式中　液化型淀粉酶活力——1g 固体曲粉在 1h 液化可溶性淀粉的量，U/g

c——由附表 6-1 查得的酶液浓度，U/mL

200——酶浸出液体积，mL

10——干曲质量，g

5——液化反应时间，min

60——换算为小时的系数

二、糖化酶活力

（一）原理

糖化发酵剂中的糖化型淀粉酶（俗称糖化酶，包括 α-淀粉酶和 β-淀粉酶）能将淀粉水解为葡萄糖，进而被微生物发酵，生成酒精。糖化酶在规定条件下从淀粉的非还原性末端开始依次水解 α-1，4-葡萄糖苷键产生葡萄糖，用斐林法（快速法）测定所生成的葡萄糖量，以此来表示糖化酶活力。

下面以大曲为例介绍固体糖化发酵剂中糖化酶活力的测定。

（二）试剂与溶液

1. 20g/L 可溶性淀粉溶液

同液化型淀粉酶活力测定。

2. 1g/L 葡萄糖标准溶液

准确称取预先在 100~105℃烘干的无水葡萄糖 1g（准确 0.0002g），溶解于水，加 5mL 浓盐酸，用水定容至 1000mL。

3. 斐林试剂

（1）甲液　称取 15g 硫酸铜（$CuSO_4 \cdot 5H_2O$）、0.05g 亚甲基蓝，溶解于水并稀释至 1000mL。

（2）乙液　称取 50g 酒石酸钾钠、54gNaOH、4g 亚铁氰化钾，溶于水并稀释至 1000mL。

4. 乙酸-乙酸钠缓冲液（pH 4.6）

（1）2mol/L 乙酸溶液　取 118mL 冰乙酸，用水稀释至 1000mL。

（2）2mol/L 乙酸钠溶液　称取 272g 乙酸钠（$CH_3COONa \cdot 3H_2O$），溶入水并稀释至 1000mL。

将（1）、（2）液等体积混合，即 pH 为 4.6 的乙酸-乙酸钠缓冲液。

5. 0.5mol/L 硫酸溶液

量取 28.3mL 浓硫酸，缓慢倒入水中并稀释至 1000mL。

6. 1mol/L NaOH 溶液

称取 NaOH 40g，用水溶解后稀释至 1000mL。

（三）测定步骤

1. 大曲样液的制备（50g/L）

称取相当于绝干曲粉 5g 的试样（要求同液化力的测定），准确至 0.01g，置入 250mL 烧杯中，加水（90-5×水分%）mL，缓冲液 10mL，在 35℃水浴中浸出 1h，每隔 15min 搅拌一次。然后用于滤纸过滤，弃去最初 5mL，接收 50mL 澄清滤液备用（酶浸出液）。

2. 糖化液制备

吸取 20g/L 可溶性淀粉溶液 50mL 于 100mL 容量瓶中，在 35℃水浴保温 20min 后，准确加入酶浸出液 10mL，摇匀并立即计时，在 35℃水浴准确保温 1h。立即加入 3mL 1mol/L NaOH 溶液，以停止反应。再冷却到室温，用水定容至刻度。此时溶液应呈碱性。

空白液制备：吸取 20g/L 可溶性淀粉溶液 50mL 于 100mL 容量瓶中。先加 1mol/L NaOH 溶液 3mL，混合均匀后再加酶浸出液 10mL，用水定容，摇匀。

3. 糖分测定

（1）糖化液测定　准确吸取 5mL 糖化液（可根据糖化液中糖分多少适量增减）于盛有斐林试剂甲液、乙液各 5mL 的 150mL 三角瓶中。加入适量 1g/L 标准葡萄糖溶液（使最后滴定消耗葡萄糖标准溶液在 0.5～1.0mL），摇匀，在电炉上加热至沸腾后，立即用葡萄糖标准液滴定至蓝色消失。此滴定应在 1min 内完成，滴定消耗葡萄糖标准体积为 V（mL）。

（2）空白液测定　以 5mL 空白液代替糖化试液，其他操作同上。消耗体积 V_0（mL）。

（四）计算

糖化酶活力定义：1g 干曲在 35℃、pH 4.6 条件下，反应 1h，将可溶性淀粉分解为葡萄糖 1mg 所需的酶量称为 1 个酶活力单位，以 U/g 表示。糖化酶活力的计算如式(6-3）所示。

$$\text{糖化酶活力} = (V_0 - V) \times c \times \frac{100}{5} \times \frac{100}{10} \times \frac{1}{5} \times 1000 \qquad \text{式（6-3）}$$

式中　V_0——5mL 空白液消耗标准糖液的体积，mL

V——5mL 糖化液消耗标准糖液的体积，mL

c——标准糖液浓度，g/mL

5——测糖时吸取糖化液体积，mL

100——糖化液体积，mL

10——糖化时吸取酶浸出液体积，mL

100——酶浸出液体积，mL

5——干曲质量，g

1000——g 换算成 mg

（五）精密度

在重复性条件下，获得的两次独立测定结果的绝对差值不得超过算术平均值的 10%。

（六）讨论

1. 关于糖化液浓度的控制

糖化液测定时，5mL 糖化液消耗标准糖液的体积（V）最好控制在 3～7mL 范围内为宜，否则应适当调整糖化液浓度，以免糖化液测定时反应液体积与空白液测定时相差太大而引起误差。

2. 糖化液制备时测定温度的影响

试验中采用35℃糖化并不是大曲的最适糖化温度，而是为了比较符合发酵生产中大曲的作用温度。糖化酶的最适作用温度大多为60℃左右，在此温度范围内，糖化温度越高，所测糖化酶活力越大。目前测定温度并未完全统一，有的企业采用30℃糖化测定，而有的企业采用40℃糖化测定，要注意温度的差别。

3. 小曲、麸曲糖化酶活力的测定

小曲、麸曲糖化酶活力的测定方法同大曲。由于不同来源的固体曲其糖化酶活力相差很大，在酶浸出液制备时应根据固体曲糖化力的大小适当调整试样质量。预判固体曲糖化力与试样质量的关系如表6-1所示。

表6-1 预判固体曲糖化力与酶浸出液制备时试样质量的关系

固体曲糖化力/[mg/(g·h)]	500	1000	1500	2000	2500	3000
试样质量（干曲质量）/g	10	5	3.5	2.5	2.0	1.5

4. 关于麦芽糖化力的测定

与大曲、小曲和麸曲不同，麦芽糖化酶水解淀粉生成含有自由醛基的单糖和双糖，其中以麦芽糖为主。因此麦芽糖化力的定义为：100g无水麦芽在20℃、pH4.3条件下，30min内分解可溶性淀粉产生1g麦芽糖为1个维-柯单位，以WK表示。由此可见，上述方法并不适合麦芽糖化力的测定，有关麦芽糖化力的测定请作者参阅有关啤酒分析方面的著作。

三、 酸性蛋白酶活力

（一）原理

蛋白酶是水解蛋白质肽键的酶类的总称，它能将蛋白质水解为氨基酸，根据蛋白酶水解蛋白质适宜pH的不同，可将蛋白酶分为酸性蛋白酶（pH 6以下）、中性蛋白酶（pH 7左右）和碱性蛋白酶（pH 8以上）。由于酿酒环境都为酸性环境，所以糖化发酵剂一般仅检测酸性蛋白酶活力。在测定蛋白酶活力时，以酪蛋白为底物，蛋白酶将酪蛋白水解，生成含酚基的酪氨酸，在碱性条件下使福林-酚试剂还原产生蓝色（钼蓝和钨蓝的混合物），用分光光度计测定。

（二）主要实验仪器

分光光度计：可见光分光光度计。

（三）试剂与溶液

1. 福林-酚试剂

国药集团化学试剂有限公司。

2. 0. 4mol/L 碳酸钠溶液

称取 42. 4g 碳酸钠，溶于水并稀释至 1L。

3. 0. 4mol/L 三氯乙酸溶液

称取 65. 5g 三氯乙酸，溶于水并稀释至 1L。

4. 10g/L 酪蛋白溶液

取 1g 酪蛋白（准确至 0. 001g）于 100mL 容量瓶中，先加入约 0. 5mL 乳酸再加入 pH 为 3. 0 的乳酸缓冲液，沸水浴中加热溶解，冷却后，用 0. 1mol/L 的盐酸溶液或 0. 5mol/L 的氢氧化钠溶液调至 pH=3. 0，最后用乳酸缓冲液稀释定容至 100mL，储存于冰箱中备用，有效期 3d。

5. 标准 L-酪氨酸溶液

准确称取 105℃干燥过的 L-酪氨酸 0. 1000g，加 60mL 1mol/L 盐酸溶液，在水浴中加热溶解，用水定容至 100mL，浓度为 1mg/mL。在月 0. 1mol/L 盐酸溶液稀释 10 倍，即为 100μg/mL 标准溶液。

6. 乳酸-乳酸钠溶液（pH 3. 0）

（1）取 80%~90%的乳酸 10. 6g，用水稀释至 1L。

（2）取纯度为 70%的乳酸钠 16g，用水溶解，并稀释至 1L。

吸取上述（1）液 8ml，（2）液 1ml，混匀并用水稀释 1 倍，即为 0. 05mol/L 乳酸-乳酸钠缓冲溶液。缓冲液配置好后，均用 pH 计校正。

（四）测定

1. 标准曲线的绘制

取 8 支 25mL 试管，分别吸取 100μg/mL 标准酪氨酸溶液 0、1、2、3、4、5、6、7mL，分别补水至 10mL。

吸取稀释后的标准液各 1mL，分别放在另外 8 支试管中，加入 5mL 0. 4mol/L 碳酸钠溶液和 1mL 福林-酚试剂。在 40℃水浴中加热 20min 显色，在 680nm 波长下，1cm 比色皿，以不含酪氨酸的“0”试管为空白，测定吸光度，绘制酪氨酸浓度对吸光度的标准曲线。在曲线上查的吸光度为 1 时对应酪氨酸的微克（μg）数，即为吸光常数 *K* 值，

该 K 值应为 95～100 范围内，可作为常数用于试样计算。但若更换仪器或新配制显色剂，则应重测 K 值。

2. 50g/L 酶浸出液

取相当于绝干大曲粉 10g 的试样（准确至 0. 01g），加 200mL pH3. 0 的乳酸缓冲液，在 40℃水浴中浸出 30min，用干滤纸过滤（弃去最初几毫升），即得酶浸出液。

3. 试样测定

吸取酶浸出液 1mL，注入 10mL 离心管中（一式三份），在 40℃水浴中预热 5min，准确加入 10g/L 酪蛋白溶液 1mL，摇匀，计时，准确保温 10min，立刻加入 2mL 0. 4mol/L 三氯乙酸溶液，以沉淀多余蛋白质，终止酶解反应。15min 后离心分离。吸取上层清液 1mL 注入试管中，加入 5mL 0. 4mol/L 碳酸钠溶液和 1mL 福林-酚试剂，摇匀，在 40℃水浴中加热显色 20min。

4. 空白试验

与试样测定同时进行，离心管中先后注入酶浸出液 1mL，三氯乙酸 2mL、10g/L 酪蛋白 1mL。15min 后离心分离或过滤，以下的操作均与试样测定相同。

以空白液为对照，在 680nm 波长下，1cm 比色皿测定试样的吸光度。

（五）计算

酸性蛋白酶活力定义：1g 干曲，在 40℃、pH3. 0 条件下，1min 水解酪蛋白生成 1μg 酪氨酸所需要的酶量为 1 个酶活力单位，以 U/g 表示。酸性蛋白酶活力的计算如式（6-4）所示。

$$\text{酸性蛋白酶活力} = K \times A \times 4 \times 200 \times \frac{1}{10} \times \frac{1}{m} \quad \text{式（6-4）}$$

式中 K——吸光度为 1 时相当于酪氨酸微克数（吸光常数）

A——试样吸光度

m——干曲质量，g

200——酶浸出液总体积，mL

4——酶反应液总体积，mL

10——反应时间，min

（六）精密度

在重复性条件下，获得的两次独立测定结果的绝对差值不得超过算术平均值的 10%。

（七）讨论

（1）本法适用于各种固体糖化发酵剂（磨成细粉）中蛋白酶活力的测定，但在酶浸出液制备时，需根据酶活力高低调整缓冲液的用量或试样质量（即调整酶浸出液浓度），以使吸光度的测定值在0.2~0.4范围内。

（2）不同来源的蛋白酶其适宜作用pH有所不同，但其酶活力测定方法基本相同，本法亦可适用于中性、碱性蛋白酶活力的测定，只是测定时控制的pH有所不同。测定碱性蛋白酶活力时，采用pH为10.5的硼砂-氢氧化钠缓冲液；测定中性蛋白酶活力时，采用pH为7.5的磷酸缓冲液。

（3）标准曲线线性关系应≥0.99，否则应重新制作。缓冲液及重新配制使用以及更换分光光度计时，需重新制作标准曲线。

（4）各步骤所加溶液应严格控制在规定的时间，且溶液添加量必须准确。

四、酯化酶活力

（一）原理

酯化酶是脂肪酶和酯酶的统称，酯化是可逆反应，酯酶既能产酯，也能使酯分解。酯香物质是白酒风味物质的主体，白酒酿造过程中酯化酶的主要作用是使有机酸和乙醇结合、脱水而生成酯。

$$RCOOH + HOC_2H_5 \rightleftharpoons RCOOC_2H_5 + H_2O$$

在规定的试验条件下，大曲中酯化酶催化游离有机酸与乙醇合成酯，再用皂化法测定所生成的总酯（以己酸乙酯计），表示其酯化力。

（二）试剂与溶液

（1）己酸（分析纯）。

（2）30%（体积分数）乙醇溶液　用量筒量取300mL无水乙醇于1000mL容量瓶中，用蒸馏水定容。

（3）0.1 mol/L氢氧化钠标准溶液　按GB/T 601—2002配制。

（4）0.1mol/L硫酸（按氢离子浓度计，$1/2mol/L\ H_2SO_4 = 1mol/L\ H^+$）标准溶液　按GB/T 601—2002配制。

（三）测定

1. 酯化样品的制备

吸取1.0mL己酸于250mL锥形瓶中，加25mL无水乙醇，稍微振荡后，加入75mL蒸馏水，充分混匀。再称取相当于绝干试样量5g大曲粉，精确至0.01g，加到锥形瓶中，摇匀后，用塞子塞上，置于35℃恒温箱内保温酯化7d。

2. 蒸馏

将酯化 7d 后的试样溶液全部移入 250mL 蒸馏瓶中，量取 30%乙醇溶液 50mL，分数次充分洗涤锥形瓶，洗液也一并倒入蒸馏烧瓶中，用 100mL 容量瓶接收馏出液（外用冰水浴），缓缓加热蒸馏，当收集馏出液接近刻线时，取下容量瓶，调液温至 20℃，用水定容至 100mL，混匀，备用。

3. 皂化、滴定

取上述馏出液 50mL 倒入 250mL 具塞锥形瓶中，加两滴酚酞，以氢氧化钠标准溶液中和（切勿过量），记录消耗氢氧化钠标准溶液的体积。再准确加入 25.0mL 氢氧化钠标准溶液，摇匀，装上冷凝管，于沸水浴上回流 0.5h，取下，冷却至室温。然后，用硫酸标准溶液进行反滴定，使微红色刚好消失为其终点，记录消耗硫酸标准溶液的体积 V_1。

4. 空白试验

空白试验在样品酯化时不加大曲，大曲试样在蒸馏前加入，其他过程同上，记录消耗硫酸标准溶液的体积 V_0。

（四）计算

酯化力以 1g 干曲在 35℃反应 7d 所产生的己酸乙酯的毫克数表示（mg/g）。酯化力的计算如式（6-5）所示。

$$A = c(V_0 - V_1) \times 144.2 \times \frac{100}{50} \times \frac{1}{m} \qquad \text{式（6-5）}$$

式中 A——大曲酯化力，mg/g

c——硫酸标准滴定溶液（1/2 H_2SO_4）的浓度，mol/L

V_1——试样滴定时消耗硫酸标准溶液的体积，mL

V_0——空白样滴定时消耗硫酸标准溶液的体积，mL

144.2——1mmol 己酸乙酯的质量，mg/mmol

100——馏出液总体积，mL

50——皂化时所取馏出液体积，mL

m——干曲质量，g

计算结果保留至整数。

（五）精密度

在重复性条件下，获得的两次独立测定结果的绝对差值不得超过算术平均值的 10%。

（六）讨论

（1）酯化温度与时间对结果影响较大，酯化过程应严格控制。

（2）馏出液中酯含量的测定也可采用气相色谱分析己酸乙酯含量。取5mL馏出液，加0.1mL 2%内标物，进样0.5~1.0μL，酯含量过高时，需经一定稀释。

（3）大曲中的酯化酶催化合成不同酯的活力有所不同，因此催化合成己酸乙酯所得的酯化力并不适合乙酸乙酯、乳酸乙酯等其他酯。由于清香型白酒中的酯类物质主要为乙酸乙酯和乳酸乙酯，在测定清香型大曲酯化力时可考虑用乙酸乙酯代替己酸乙酯，也即酯化样品制备时用1.0mL冰乙酸代替己酸。

（4）关于酯化反应时的己酸浓度，就底物浓度而言，反应物浓度越高，越有利于酶催化反应的进行，但酸浓度过高，pH过低，又会影响酯化酶的活性，不同的大曲其适宜的己酸浓度可能有所不同，一般地己酸浓度以1%（体积分数）左右为宜。

五、 蔗糖转化酶活力

（一）原理

不经巴氏灭菌或高温灭菌的啤酒，酒体中各种酶系仍保持着活性，其中的蔗糖转化酶活力是判定纯生啤酒真伪的重要手段。取一定酒样加入适量蔗糖反应一定时间后，通过测定反应液中葡萄糖的浓度即可测定啤酒中蔗糖转化酶的活性。

（二）仪器

（1）高效液相色谱仪（Waters1525）、示差折光检测器（Waters2414，美国Waters公司）。

（2）kromasil100-5NH_2氨基柱（250mm×4.6mm，Akzonobel）。

（3）精密恒温水浴锅。

（三）试剂与溶液

（1）乙腈　色谱纯（Fisher Scientific）。

（2）实验用水　去离子水。

（3）标准品　蔗糖（色谱纯），葡萄糖（色谱纯），果糖（色谱纯）。

（4）250g/L蔗糖溶液　称取25g蔗糖，用水溶解，定容至100mL。

（5）糖标准溶液的配制　①分别称取2g果糖、葡萄糖、蔗糖，用水溶解，定容至100ml（20mg/ml）；②逐级稀释至10、5、2.5、1.25、0.625mg/mL；③上机进样分析前经 0.22μm 微孔滤膜过滤。

（四）测定

1. 啤酒样品处理

调节酒样温度至 15~20℃，将大约 200mL 酒样倒入 500mL 锥形瓶中，盖塞，在恒温室内，轻轻（划圈）摇动，开塞放气（开始有“砰砰”声），盖塞。反复操作，直至无气体逸出为止，用单层中速干滤纸（漏斗上面盖表面玻璃）过滤。除气后的酒样保存在 20℃以下，在密封的情况下一小时内使用。

2. 啤酒水解液制备

取 10mL 除气后的啤酒样品于具塞试管中，向试管中加入 250g/L 蔗糖溶液 2.0mL，摇匀，将试管置于 30±0.5℃水浴中保温 30min。随后将试管置于沸水中加热 2min 取出，冷却至室温。冷却的样品超声脱气 15min，用超纯水稀释至 100mL，用 0.22μm 微孔滤膜过滤后即得啤酒水解稀释液。

空白试验用 2.0mL 水代替蔗糖溶液，其他过程同上。

3. 啤酒水解稀释液葡萄糖含量的测定

用高效液相色谱仪测定啤酒水解稀释液中葡萄糖的浓度，所测数据减去空白样中葡萄糖的浓度即为蔗糖在蔗糖转化酶作用下水解产生葡萄糖的量。

（1）色谱参考条件　色谱柱为 Kromasil NH2 柱，流动相为乙腈-水（体积比，70∶30），流速 0.8~1.2mL/min，进样量为 10μL。利用保留时间定性，由峰面积定量。

（2）标准曲线的制作　取果糖、葡萄糖、蔗糖各级标准溶液（20 、10 、5、2.5、1.25、0.625mg/mL），进样 10μL 测定样液糖浓度；以标样峰面积 y 为纵坐标、标样质量浓度 x 为横坐标，绘制标准溶液曲线，得线性回归方程。

（3）求出啤酒水解稀释液和空白稀释液葡萄糖色谱峰峰面积，代入工作曲线分别计算其含量（mg/mL）。

（五）蔗糖转化酶活力的计算

在温度 30℃条件下，1min 水解蔗糖产生 1μmol 葡萄糖所需的酶量，定义为蔗糖转化酶的一个活力单位（U）。蔗糖转化酶活力的计算如式（6-6）所示。

$$A = \frac{(c - c_0) \times 100}{10t} \times \frac{1000}{180} \qquad \text{式（6-6）}$$

式中　A——啤酒中蔗糖转化酶活力，U/mL

c——啤酒水解稀释液中葡萄糖的浓度，μg/mL

c_0——啤酒空白稀释液中葡萄糖的浓度，μg/mL

100——啤酒水解稀释液的总体积，mL

10——啤酒样品体积，mL

1000——1mg = 1000μg

180——葡萄糖的摩尔质量，μg/μmol

t——水解时间，min，本试验 t = 30min

（六）精密度

在重复性条件下，获得的两次独立测定结果的绝对差值不得超过算术平均值的10%。

（七）讨论

1. 葡萄糖试纸法

国标中啤酒分析方法（GB/T 4928—2008）利用葡萄糖鉴别试纸检查纯生啤酒中的蔗糖转化酶活性。其方法有以下几种。

（1）分别吸取用上述方法除气后的啤酒样10mL于A、B、C三支试管中。于A管中加水2.0mL，摇匀；将B管置于沸水中加热2min，取出冷却；B管和C管各加入2.0mL 250g/L蔗糖溶液，摇匀。然后三支试管同时置于30±0.5℃水浴中保温30min。

（2）随后将A、B、C三支试管同时置于沸水中加热2min，取出，冷却至室温。分别用葡萄糖鉴别试纸的一端浸入各试管中30~60s，取出，立即观察其颜色变化，记录结果。

（3）判定　若C管试纸变色且颜色深于A管和B管（呈阳性），则判为生啤酒或鲜啤酒。若不变色或者与A管和B管颜色无差别，则判为熟啤酒。

2. 试纸法与色谱法比较

用试纸法可以对蔗糖转化酶活性做出快捷的判断，但不能定量，特别是当啤酒本身含有一定量的葡萄糖时很难准确判断。采用液相色谱检测法可以对蔗糖转化酶活性做出准确的评价，并且可通过蔗糖酶活力的高低判断纯生啤酒的新鲜度。

第二节　糖化发酵力检测

一、大曲、小曲发酵力

（一）原理

酒曲是糖化发酵剂，其中的酵母等酿酒微生物可将糖发酵生成酒精和二氧化碳。以糖化液为培养基，通过测定大曲发酵过程中产生的二氧化碳，可以衡量大曲微生物发酵力的强弱。

（二）试剂

2.5mol/L 硫酸溶液：取浓硫酸（密度 1.84g/cm^3）139mL 稀释至 1000mL。

（三）测定

1. 糖化液制备

取高粱粉 200g，加水 1L，加液化酶（2000U/mL）0.5mL，搅匀，加热至 80～95℃，维持液化 15min，于杀菌锅中蒸煮（0.1MPa）1h，取出后冷却至 60℃，加糖化酶（10×10^{4}U/g）0.5g，60℃保温糖化 3～4h，用稀碘液试之不呈蓝色，再加热至 90℃，用白布过滤，测量溶液的糖度并调整为 7.0°Bé 后备用。

2. 发酵力测定

量取 100ml7.0 °Bé 的糖化液于 250ml 锥形瓶中，塞上棉塞，外包油纸。另用油纸包好发酵栓，将两者同时置于蒸汽灭菌锅中，在 0.1MPa 压力下灭菌 20min，待冷却至 28℃左右时，在无菌条件下接入 1.0g 曲粉，同时做空白实验（不加入曲粉），装好发酵栓，并在发酵栓中注入 10ml 2.5mol/L 硫酸，封口，瓶塞周围用石腊密封，擦干瓶外壁，在千分之一感量的天平上称重，读数为 M_1（空白试验为 M_3）。置发酵瓶于 30℃培养箱中，发酵 72h，取出发酵瓶，轻轻摇动，使二氧化碳逸出，称量后记下读数为 M_2（空白试验为 M_4）。发酵力以每克曲 72h 内产生二氧化碳的克数表示，单位为 U/g。

（四）结果计算

发酵力的计算如式（6-7）所示。

$$X = (M_1 - M_2) - (M_3 - M_4) \qquad \text{式（6-7）}$$

式中 X——试样的发酵力，U/g

M_1——发酵前发酵瓶与内容物总质量，g

M_2——发酵后发酵瓶与内容物总质量，g

M_3——空白试验发酵前发酵瓶与内容物总质量，g

M_4——空白试验发酵后发酵瓶与内容物总质量，g

计算结果保留至小数点后两位。

（五）精密度

在重复性条件下，获得的两次独立测定结果的绝对差值不得超过算术平均值的 10%。

（六）讨论

（1）大、小曲中都含有较高的糖化酶，因而可用大、小曲作糖化剂来制备糖化液。考虑到不同曲样品之间的糖化酶活性存在较大差异，建议使用商品糖化酶制备糖化液。

（2）由于曲块各处微生物的种类和含量存在较大差异，曲粉样品需先充分混匀后再称取样品，取样方法参见第一章第二节三固体曲。

（3）糖化液浓度要严格控制为7.0°Bé，发酵温度、时间要准确。

二、根霉曲、甜酒曲培菌糖度

（一）原理

根霉曲、甜酒曲中含有丰富的活性根霉菌，接种至米饭培养基中培养一定时间后，随着根菌的生长和淀粉酶系的生成，米饭中的淀粉经根霉糖化生成葡萄糖，通过测定米饭中葡萄糖的含量计算培菌的糖度。

（二）材料和试剂

（1）大米　符合“GB 1354 大米”中“一级”品的要求。

（2）斐林试剂　同本章第一节“二、糖化酶活力”测定。

（3）1g/L葡萄糖标准液　称取于105℃烘干的葡萄糖1.0000g，溶于水中，加5mL浓盐酸，用水定容至1000mL。

（三）样品的制备

1. 蒸饭

取大米200g，用水淘洗干净，加水至总质量为420g，进行蒸饭，上大汽后蒸40~45min。要求饭粒熟而不烂。米饭含水量59%~61%，不足部分可用冷开水补充。

2. 培菌糖化

称取63g米饭（约30g大米，称取三个样），凉至35℃左右，拌入曲粉90mg（按大米计，接种量约0.3%），拌匀后装入直径为10cm的灭过菌的培养皿中，于30℃培养箱中培养46h后取出备用。

3. 糖稀释液制备

取糖化饭2.0g于150mL三角瓶中，加蒸馏水40mL，0.1MPa，灭菌15min（或水浴煮沸1h），取出，迅速冷却后，纱布过滤，定容至500mL，即得含糖稀释液（含糖1g/L左右）。

（四）糖度的测定

1. 斐林试剂的标定

吸取斐林甲、乙液各 5mL，于 150mL 三角瓶中，加水 10mL 和 1g/L 葡萄糖标准溶液 9mL，煮沸后继续用葡萄糖标准溶液滴定至蓝色消失（此时溶液显黄色），后滴定控制在 1min 内滴定完毕，消耗葡萄糖标准溶液总体积为 V_0（mL）。

2. 预备试验

吸取斐林甲、乙液各 5mL，于 150mL 三角瓶中，加水 10mL，加试样糖稀释液 5mL，煮沸后用葡萄糖标准溶液预滴定，消耗葡萄糖标准溶液体积为 V_1（mL）。

3. 正式试验

吸取斐林甲、乙液各 5mL，于 150mL 三角瓶中，加水（V_0+10-V_1-5）mL，加糖稀释液 5mL 和 1g/L 葡萄糖标准溶液（V_1-1）mL，煮沸后继续用葡萄糖标准溶液滴定至蓝色消失，控制后滴定在 1min 内滴定完毕，消耗葡萄糖标准溶液总体积为 V（mL）。

（五）结果计算

糖度以培菌饭样中葡萄糖的质量含量（g/100g）表示，计算公式如式（6-8）所示。

$$\text{糖度(g/100g)} = \frac{(V_0 - V) \times c}{5 \times 1000} \times 500 \times \frac{100}{2} = 5(V_0 - V) \times c \qquad \text{式（6-8）}$$

式中 V_0——标定时滴定标准葡萄糖液的体积，mL

V——定糖时滴定标准葡萄糖液的体积，mL

c——标准葡萄糖液的浓度，g/L

5——滴定时糖稀释液取样体积，mL

500——糖稀释液总体积，mL

2——糖化饭样品量，g

计算结果保留一位小数。

（六）精密度

在重复性条件下获得的两次独立测定结果的绝对差值不得超过算术平均值的 5%。

（七）讨论

（1）培菌时根霉曲（或甜酒曲）的接种量目前没有严格的规定，各生产企业并不统一，一般的曲粉对大米的接种量范围以 0.3%～0.5%为宜，本试验设计为 0.3%，轻工行业标准（QB/T 4577—2013）中的接种量为 0.4%。

（2）大米种类和培菌时间对培菌的糖度有一定影响，必须选择符合国家标准（GB 1354）的一级大米，培菌时间可为40~48h。

（3）根霉曲（或甜酒曲）的培菌糖度一般在20~30g/100g范围内，培菌过程产生的糖度越高说明酒曲中根霉菌的活性越强。对于根霉酒曲，由于其中含有较多的酵母菌，酵母菌对培菌过程中糖的发酵消耗会使培菌的糖度降低，此时培菌饭样的酒味明显，在此情况下不宜根据培菌的糖度高低来判断根霉酒曲的活性。

三、 啤酒真正发酵度

（一）啤酒发酵度的定义

啤酒发酵度是指啤酒发酵终了时被酵母消耗的糖浓度占原始麦汁浓度的比例，分外观发酵度和真正发酵度。外观发酵度是根据啤酒发酵液的外观浓度计算出来的，其定义如式（6-9）所示。

$$\text{外观发酵度} = \frac{\text{原麦汁浓度} - \text{发酵后外观浓度}}{\text{原麦汁浓度}} \times 100\% \qquad \text{式（6-9）}$$

真正发酵度是指根据发酵液排除酒精之后，剩余的真正浓度计算出来的发酵度，其定义如式（6-10）所示。

$$\text{真正发酵度} = \frac{\text{原麦汁浓度} - \text{发酵液真正浓度}}{\text{原麦汁浓度}} \times 100\% \qquad \text{式（6-10）}$$

（二）啤酒真正发酵度的测定

在成品啤酒分析中，试样的真正发酵度是通过测定试样的酒精度和真正浓度计算出来的。

1. 试样酒精度的测定

见第二章第二节“一、酒精度”。

2. 试样真正浓度的测定

见第二章第二节“二、啤酒原麦汁浓度”。

3. 试样真正发酵度的计算

真正发酵度的计算如式（6-11）所示。

$$RDF = 100 \times \frac{2.0665 \times A}{2.0665 \times A + Z} \qquad \text{式（6-11）}$$

式中 RDF——试样的真正发酵度质量分数，%

A——试样的酒精度质量分数，%

Z——试样的真正浓度，单位为柏拉图度或质量分数，°P或%

2.0665——糖发酵成酒精的换算系数

（三）讨论

（1）试样的真正发酵度也可通过原麦汁浓度和真正浓度来计算，如式（6-12）所示。

$$RDF = \frac{100 \times (Y - Z)}{Y} \times \frac{1}{1 - 0.005161 \times Z} \qquad 式（6-12）$$

式中　Y——试样的原麦汁浓度，单位为柏拉图度或质量分数，°P 或%

0.005161——换算系数，用于校正由于发酵中二氧化碳挥发和酵母吸收而造成的质量损失

（2）根据经验，真正发酵度也有根据外观发酵度直接计算的，如式（6-13）所示。

真正发酵度=0.819×外观发酵度　　式（6-13）

然而，由上式计算的真正发酵度就麦汁成分和啤酒发酵程度的影响，存在一定的误差，只能作为估算值。

第七章

酿酒分析快速检测仪器简介

第一节　细胞活力分析仪

细胞活力分析仪能全自动快速准确地进行细胞浓度和存活率分析，实时检测细胞密度与存活率，高性能软件记录和储存整个生物反应过程的所有数据，并自动描绘生物周期的生长曲线。通过简单的软件操作界面，随时调出任意时刻的相关数据和图像，如生长速度、倍增时间、存活率、存活细胞浓度、存活细胞的直径分布等，令细胞周期及细胞凋亡过程一目了然。

一、基本原理

细胞存活率分析计数仪的工作原理是基于台盼蓝染色排除法和 CCD 成像技术。因为活细胞的细胞膜具有选择透过性，细胞不需要的物质通常不能进入细胞，染色剂中如台盼蓝就不能进入细胞，因此用该染色剂处理细胞后，细胞不会被染色，由于死细胞的细胞膜是全透性的，因此台盼蓝能进入死细胞，从而可以使死细胞染色。依此染色便可以判断细胞的活性。

二、酵母细胞存活率分析步骤

贝克曼库尔特 Vi-CELL XR 细胞活力分析仪是用于分析培养基或悬浮液中的酵母和哺乳动物细胞的视频成像系统，以其为例，简述酵母细胞活细胞计数的分析步骤（详细操作参考仪器说明书）。

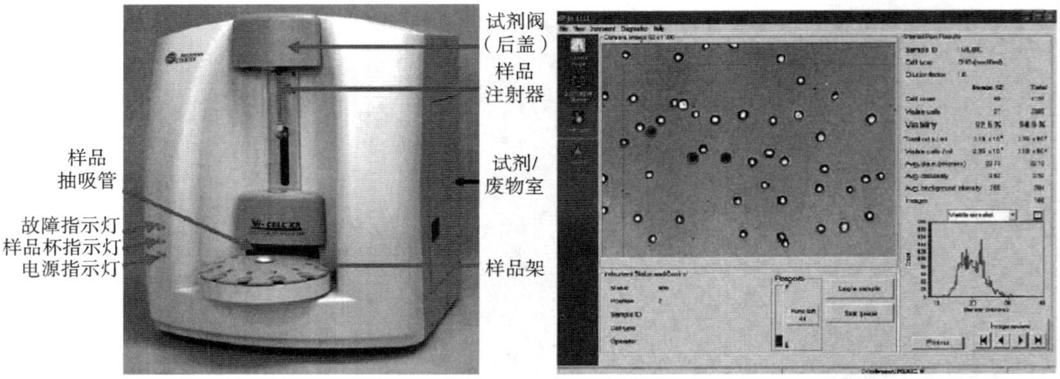

图 7-1　贝克曼库尔特 Vi-CELL XR 细胞活力分析仪（左）和操作界面（右）

（一）检测步骤

1. 进样

加入 0.5mL 左右样品到样品，加样时不必绝对准确，仪器会自动准确无误地完成取样过程。

2. 登录样品

单击 Log in sample（登录样品）按钮，以登录样品。在样品架上选择样品杯位置，输入 Sample ID（样品 ID），选择 Cell type（细胞类型），如果样品已预先经过稀释，选择 Dilution factor（稀释因子），单击 OK（确定），按下 Start queue（开始排列），即可开始进行分析。

3. 查阅结果

（二）软件使用

通过屏幕左侧的导航条，可以系统地对细胞的生物过程（BioProcess）进行跟踪、自动取样以及控制监测功能进行访问。只需要使用主屏幕完成样品登记到浏览结果的整个过程。通过下拉菜单，可以直接选择包括存活率、细胞总数/浓度、存活细胞粒径、圆度的分布图形。

三、 注意事项

该仪器适用于各类动物细胞、酵母细胞的凋亡检测、周期检测、存活分析、计数及大小分布。可测定细胞存活率、总细胞数、存活细胞数、总细胞浓度、存活细胞浓度、细胞的直径及分布、细胞的平均直径、细胞圆度及分布、细胞平均圆度、细胞的生长速度、细胞倍增时间、细胞生长曲线，进行实时细胞凋亡检测、细胞周期检测。

第二节　酸度计

酸度计，也称 pH 计，是一种利用溶液的电化学性质测量氢离子浓度，以确定溶液酸碱度的传感器，主要用来精密测量液体介质的酸碱度值即 pH，被广泛应用于环保、污水处理、科研、制药、发酵、化工、养殖、自来水等领域。pH 是溶液中氢离子活度的一种标度，也就是通常意义上溶液酸碱程度的衡量标准，氢离子浓度的对数的负值即为 pH。

一、 基本原理

pH 计进行 pH 测量的原理就是利用电位分析法，建立离子活度与电动势之间的关系，通过测量原电池的电流进行 pH 的测量。

二、 发酵液 pH 测定步骤

以梅特勒-托利多 pH 计为例，简述发酵液 pH 的测定步骤（详细操作参考仪器说明书）。

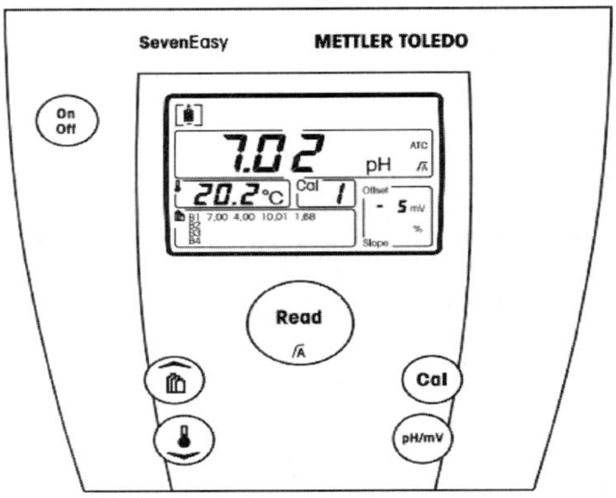

图 7-2　梅特勒-托利多 pH 计操作界面

（1）开机　短按图 7-2 中的电源开关按钮。

（2）设定读数终点方式。

（3）设置温度、选择缓冲液组。

（4）校准　采用两点法校准。将电极放入一个缓冲液中，按校准键开始校准，校准和测量图标将同时显示，在信号稳定后仪表根据预选终点的方式，自动终点或手动终点，然后，请不要按读数键，否则将退回测量状态；用去离子水冲洗电极；将电极放入下一个校准缓冲液中，并按校准键进行下一点校准，在信号稳定后仪表根据预选终点的方式，自动终点或手动终点，按读数键后，仪表显示零点和斜率，同时保存校准数据，然后自动退回到测量界面。

（5）测量　冲洗电极后，将电极放于待测溶液中，并按“读数”键开始测量，画面上 pH 小数点闪动。终点方式是自动终点判断方式，当测量结果稳定后，测量停止，小数点不再闪动，读取溶液 pH。

（6）关机。

三、 注意事项

（1）确认缓冲组，尽量不要随便更改缓冲组，避免给他人带来麻烦。

（2）在整个校准过程中，只需按“校准”键和“读数”键。

（3）在整个测量过程中，尽量不要长按“读数”键，否则会更改读数终点方式，可能会造成误差。

（4）测量浓度较大的溶液时，尽量缩短测量时间，用后仔细清洗，防止被测黏液沾附在电极上而污染电极。

（5）严禁在脱水性介质（如无水乙醇、重铬酸钾等）中使用。

（6）清洗电极后，不要用滤纸擦拭玻璃膜，而应用滤纸吸干，避免损坏玻璃膜，防止交叉污染，影响测量精度。

（7）使用时，将电极加液口上所套的橡胶套和下端的橡皮套全取下，以保持电极内氯化钾溶液的液压差。

（8）pH 电极决不能干放，不能浸泡在中性或碱性的缓冲溶液中，长期浸泡在此类溶液中会使 pH 玻璃膜响应迟钝，不要把电极储存在蒸馏水中。

（9）遇到下列情况之一时，pH 计需要校正：①溶液温度与定标温度有较大的差异时。②电极在空气中暴露过久，如半小时以上时。③定位或斜率调节器被误动。④测量过酸（pH<2）或过碱（pH>12）的溶液后。⑤换过电极后。⑥当所测溶液的 pH 不在两点定标时所选溶液的中间，且距 pH 7 又较远时。

第三节　溶解氧测定仪

溶解在水中的氧称为溶解氧（dissolved oxygen，DO），溶解氧以分子状态存在于水中。在工业生产耗氧发酵中，溶解氧水平会影响微生物生理代谢，从而影响微生物的生长和产物的合成。控制合适的溶解氧，既能保证菌体的正常生长，又能尽可能地降低搅拌及通气成本。溶解氧测定仪是测定水中溶解氧的装置。

一、 基本原理

溶解氧测定仪的工作原理是氧透过隔膜被工作电极还原，产生与氧浓度成正比的扩散电流，通过测量此电流，得到水中溶解氧的浓度。根据浓度不同，隔膜电极分为极谱式和原电池式两种类型。

二、发酵液溶氧值测定步骤

以 YHRJS-2009A 型实验室溶解氧测定仪为例，简述发酵液中溶氧值的测定步骤（详细操作参考仪器说明书）。

图 7-3 YHRJS-2009A 型实验室溶解氧测定仪外观

（1）发酵液样品不需要进行前处理，可直接进行检测。

（2）将溶氧电极与仪表相连，电极前面的帽子取掉，向下放置于空气中。

（3）将仪表通电，即开机。

（4）电极活化 8h 后，再进行两点标定。两点标定，在零氧环境中标电极的零点，在空气中标定电极的斜率。

（5）电极在空气中的电流在 -30 ~ -160nA均可使用。

（6）将电极放入待测溶液中进行测定，读数。

三、注意事项

（1）本仪器可广泛应用于火电、化工化肥、冶金、环保、制药、生化、食品和自来水等溶液中溶解氧值的监测。

（2）电极不需要经常标定，只有觉得有误差时才标定。

（3）在使用中最容易发生的是膜的堵塞，造成测量不稳、不准。可将电极取下，用 3%~5%的稀盐酸浸泡几个小时后再使用。

（4）每次标定前应用肉眼观察隔膜是否有损坏。若隔膜上敷有脏物，应用软纸小心擦去。隔膜失效后应更换。以下几种现象常常表示隔膜失效：响应时间变长，反应变慢；二次表读数不稳定，漂移大；标定时明显到不了零和满值；机械损伤。

（5）每次更换了电解液或膜后，应重新极化和标定。

（6）如果每天都需要测量，建议将仪表一直通电，这样便于电极活化，使测量值更稳定、更快、更准确 ，随时测量样品。

第四节　生物传感分析仪

生物传感分析仪（biosensor），是一种对生物物质敏感并将其浓度转换为电信号进行检测的仪器，是由固定化的生物敏感材料作识别元件（包括酶、抗体、抗原、微生物、细胞、组织、核酸等生物活性物质）、适当的理化换能器（如氧电极、光敏管、场效应管、压电晶体，等等）及信号放大装置构成的分析工具或系统。生物传感器具有接受器与转换器的功能，是对生物物质敏感并将其浓度转换为电信号进行检测的仪器。手动进样后，整个测定过程由微电脑控制，自动完成。每个样品的测定周期为一分钟左右。

一、　基本原理

生物传感分析仪的工作原理如下：样品经稀释到合适的浓度范围，用进样针从进样口注入反应池内，由反应池搅拌系统混匀。混匀的样品透过固定化酶传感器的支撑膜，在酶的催化下发生上式所示的生化反应，产生 H_2O_2。因为反应池恒体积，每次进样量也固定，所以反应池内样品浓度与进样样品浓度是固定的比例关系。酶反应放出的 H_2O_2透过酶膜的内层在铂金电极表面失去电子还原成 H_2O，铂电极获得电子产生电流信号，该电流信号与 H_2O_2 的浓度成比例，而 H_2O_2 浓度与底物浓度成线性比例关系。通过比较被测物和标准样品产生的 H_2O_2 量，就可计算出被测样品中底物的含量。

二、　葡萄糖浓度的测定步骤

以 SBA-40D 型生物传感分析仪为例，简述溶液中葡萄糖浓度的测定步骤（详细操作参考仪器说明书）。

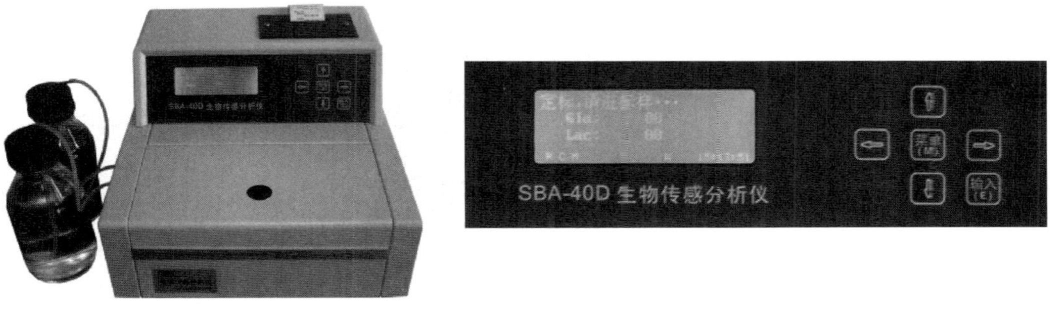

图 7-4　SBA-40D 型生物传感分析仪外观（左）和其显示面板示意图（右）

（1）按下运行键，屏幕显示清洗，请等待。

（2）仪器自动清洗二次，清洗完毕后进入定标状态。

（3）洗针　吸取多于25μL标准液后迅速排空，连续洗针3次。

（4）旋转芯杆，精确吸取标准液至25μL。

（5）擦去针尖外液体　用滤纸条夹住针尖，向针头方向迅速擦针。

（6）仪器自动清洗完毕，屏幕显示定标，请进标样，将进样针自然迅速地竖直插入进样孔，然后迅速将样品完全推入反应池中。

（7）立即拔出进样针后，擦去针尖外液体，此时，仪器进行测定，屏幕显示反应中，请等待。

（8）在仪器测定期间可做下一次进样准备，反应结束后，仪器进行自动清洗，屏幕显示等待定标。

（9）定标通过后，用样品对进样针连续洗涤3次。

（10）旋转针杆，精确吸取25μL待测样品，用滤纸条夹住针杆，向针头方向迅速擦针。

（11）仪器准备就绪，迅速将样品注入反应池。

（12）反应结束后，读取测定结果，此时屏幕显示测定结果，测样，请等待。

（13）仪器自动清洗，等待进入下一次样品测定状态，屏幕显示测定结束，请读数。

（14）测定完毕后，按键，停止运行，屏幕显示SBA-40D分析传感仪。

三、 注意事项

（1）本仪器在临床化验、食品分析、工业发酵、环境检测和科学研究等方面有广泛的用途。

（2）酶膜更换时，排空完成后，界面显示“换酶膜电极”菜单，此时不可对菜单进行任何操作。

（3）当在一个电极上更换不同类型的酶膜时，确保将电极表面清洁干净。

（4）在安装新膜过程中，确保酶膜与电极之间没有气泡。

（5）新换酶膜性能不稳定，须经4h以上的稳定期方可使用。

（6）如使用带有强酸、强碱性的样品，要事先中和，以免造成酶膜失活。

第五节　二氧化碳测定仪

啤酒二氧化碳测定仪用于测量啤酒或碳酸饮料的二氧化碳含量，参照美国啤酒协会ASBC方法进行研制，符合《GB/T 4928—2001 啤酒分析方法》，符合《GB/T 10792—1995 碳酸饮料（汽水）》，被众多质量技术监督局和饮料企业采用。啤酒二氧化碳测定仪能测出啤酒或饮料的总压力，配合温度测量，通过计算和查表便可得出二氧化碳的含量，适合测量各种尺寸的瓶装和罐装样品。

一、基本原理

二氧化碳测定仪的工作原理基于美国啤酒协会ASBC检测方法，同时测出瓶装啤酒或碳酸饮料的总压力，通过计算和查表便可得出该瓶/罐啤酒或碳酸饮料二氧化碳的含量。

二、啤酒中二氧化碳含量的测定步骤

以BC-1型啤酒饮料二氧化碳测定仪为例，简述啤酒中二氧化碳含量的测定步骤（详细操作参考仪器说明书）。

1. 准备

记号笔一支，50mL量筒一只，30% NaOH溶液约400mL。检查接收活塞不得渗漏，用乳胶管将下口瓶吸收管表头三通连接好，接好接收管的排气管并将尾端放入废液杯内，将穿孔操纵手柄板至左边，关闭吸收管活塞。将NaOH溶液倒入下口瓶，开启活塞，使瓶中NaOH溶液灌满乳胶管及吸收管，当液面升至吸收管活塞时关闭活塞。

2. 测试

（1）排气　取啤酒样品或碳酸饮料一瓶，放入穿孔装置底部，调整升降横梁至间隙1~2mm（如瓶高稳定，尽量不要经常移动横梁），拧紧定螺钉，对准瓶盖中心，左手压住底座，右手把操纵手柄顺时针扳到右方实现穿孔。此时酒中气体即将蓄存于乳胶管内的空气顶至吸收管内，打开活塞排去废气，令液面上升至活塞，关闭活塞。即可进行正式测试。

（2）空容定位　用记号笔在待测样瓶上划下液面位置。

（3）测表压　将样瓶按（1）中的方法进行穿孔，穿孔后双手拿起穿孔装置晃动酒瓶内的酒液直至表压达到最大恒定值时，读取表压 $P_{表}$（MPa）。

图 7-5 BC-1 型啤酒饮料二氧化碳测定仪外观

（4）测瓶颈空气体积 缓慢打开穿孔装置的放气阀到表压接近零，立即关闭放气阀，手扶吸收管下部，把吸收管绕支点来回慢慢摇动，直至 CO_2 被完全吸收（如吸收缓慢需及时更换吸收液）管内空气体积达到最小恒定值。记下吸收管上的读数，即为瓶颈空气体积 V_1（mL）。

（5）排废气 打开吸收管活塞，排去废气，使碱液充满吸收管，以供下一瓶样测定用。

（6）测温度 把底座手柄从右边扳至左边，酒瓶自动脱开穿孔针，取出酒样，开启瓶盖，立即用以校准的温度计测量酒液温度 t（℃）。

（7）测空容体积 将测量温度后的酒液倒尽，灌满自来水，再把瓶上空容定位线以上的水倒入 50mL 量筒内，记下体积 V（mL）。

3. 测试完毕

（1）将下口瓶内 NaOH 液倒入固定的储存瓶内。

（2）向下口瓶内倒入自来水，打开吸收管活塞和穿孔装置放气阀，让水从排气管排出。反复操作清洁干净碱液。

（3）倾倒瓶内水，拆开各连接乳胶管，将各部件分别清洁干净，归位备用。

4. 计算

（1）酒温 = 25℃时，计算公式如式（7-1）所示。

$$CO_2\ (W/W\%) = (P-1.033\times V_1/V)\times 0.137 \qquad 式（7-1）$$

式中 P——绝对压力 = $P_{表}+1.033$，kgf/cm^2

V_1——瓶颈空气体积，mL

V——瓶颈空容体积，mL

0.137——25℃，1kgf/cm^2 条件下 100g 啤酒中二氧化碳的重，g

（2）酒温 = t℃时，计算公式如式（7-2）所示。

$$P_{CO_2}\ (kgf/cm^2) = P_{表}-1.033\times V_1/V \qquad 式（7-2）$$

式中 $P_{表}$——表压，kgf/cm^2

V_1——瓶颈空气体积，mL

V——瓶颈空容体积，mL

三、注意事项

（1）各连接处须紧密，防止因管路中压力过大，造成连接处脱落，最好在连接处用细线（细铁丝）扎紧。

（2）下口瓶中装入碱液前，应关闭穿孔装置的“放气阀”，防止碱液从该处流出。

（3）为防止酒瓶爆裂造成人员伤害，进行该项测试的人员须戴防护面罩。

（4）酒瓶放进穿孔装置时，不能硬塞进去。

（5）当 NaOH 液吸收 CO_2 气体很缓慢时，需及时更换新液。

（6）NaOH 液有腐蚀性，操作时应关注软胶管不从管接头上滑脱，操作完毕后应及时把仪器擦干净。

（7）吸收管活塞应经常清洁并涂凡士林，加强密封并防止活塞芯粘死。

（8）旋开穿孔装置放气阀时，阀门打开即可，不要无限制拧以至阀芯脱出。

（9）本仪器不用时，应将仪器内的 NaOH 液倒出，而后向下口瓶里注入自来水，打开吸收管活塞和穿孔装置放气阀，清洁仪器内部，以防腐蚀仪器。

（10）该仪器可用于啤酒或碳酸饮料中的二氧化碳含量的测定，也适用于粮食、蔬菜、干鲜果品、药材、烟草等储藏和保鲜工作的测定。在工业方面，主要用于环保、化工、废气等的测定。

第六节 啤酒泡持性测定仪

啤酒的泡持性通常是指啤酒的起泡性，持久性和附着性（挂杯状况），就是啤酒泡沫不破所能维持的时间的长短，一定程度上可以体现啤酒的质量，泡持性越长越好。啤酒里的表面活性物质（主要为糖蛋白）能够降低表面张力，可使泡沫不易破裂，从而延长其泡持性。

一、基本原理

啤酒泡持测定仪的测量原理为，在二氧化碳加压下，使啤酒产生节流发泡，利用泡沫的导电性，使用长短不同的探针电极，仪器自动跟踪记录泡沫降落规定高度所需的时间。

二、 啤酒泡持性的测定步骤

以 Haffmans 啤酒泡持性测定仪为例，简述啤酒泡持性的测定步骤（详细操作参考仪器说明书）。

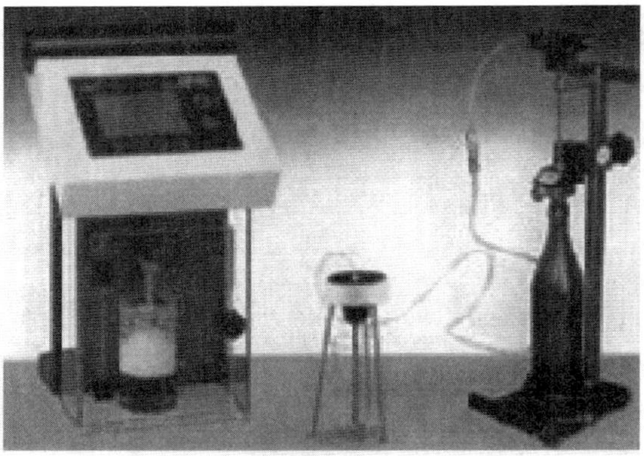

图 7-6 Haffmans 啤酒泡持性测定仪装置图

1. 样品的制备

将酒样（整瓶或整听）置于 20℃恒温水浴中恒温 30min，将标准杯彻底清洗干净，控干，备用。

2. 仪器的调试

将 Haffmans 啤酒泡持性测定仪与二氧化碳钢瓶相连接，将钢瓶的分压调至 0. 2Mpa，调试仪器至工作状态。

3. 样品的测定

将保温至 20℃的样品置于仪器的发泡器上，泡沫出口端与标准杯底距离 10mm，穿刺样品瓶盖（听）后，按压发泡键 3~4s 使泡沫充满标准杯。迅速将盛满泡沫的标准杯置于泡沫测定仪的探针下，按测量键，仪器操作进行泡沫跟踪测量，数值自动显示与自动记录。所得结果表示至整数。

三、 使用范围

此泡沫测定仪需选配如下取样装置：

（1） Flasher A 适用于压盖后的啤酒瓶。

（2） Inpack2000 Flascher 适用于不同的啤酒瓶和易拉罐穿刺。

（3）SBF 适用于啤酒管道，啤酒桶，发酵罐及清酒罐。

第七节 全自动啤酒分析仪

全自动啤酒分析仪能同时完成酒精度、真正浓度、外观浓度、原麦汁浓度实际发酵度、密度外观浓度、热值、pH 和色度的检测。全自动啤酒分析仪一般由酒精分析模块、数字式密度计、全自动进样器及打印机几部分组成。此外，pH 计及色度计作为选件可与仪器联机操作。

一、基本原理

全自动啤酒分析仪的测定原理为：除气后的啤酒被泵入一个 U 型中空的震荡管中，在磁电激发系统的作用下，U 形管以其固有的频率（与啤酒样品的密度有关）振动，测出其振动周期，换算出密度值（d）。仪器内装有一个发射头，不断发射超声波，超声波穿过样品到达接收头，将声速测量的周期作为声速值（S）。根据密度值和声速值，用一定的程序转换出啤酒的原麦汁浓度、酒精度、真正浓度、发酵度、热量等结果。

二、使用方法和测定步骤

1. 啤酒样品制备

测量之前啤酒需要除去其中的二氧化碳，可以用以下方法。

（1）标准除气法 在 500mL 的三角瓶内装入 200mL 左右的啤酒。塞上玻璃塞摇动三角瓶，停止摇动释放瓶中的压力，如此严格操作，直至瓶内不再产生新的压力，用单层中速滤纸过滤。如不立即测定，将盛滤液的三角瓶口封好放于 20℃左右的温度下保存。倒入样品杯前，轻摇三角瓶，使某些冷凝的酒精溶解。

（2）超声波水浴除气法 啤酒瓶中留下 20mL 左右的啤酒，将瓶子放入超声波水浴中（酒液液面应低于水浴液面），用超声波作用一定时间，用单层中速滤纸过滤。如不立即测定，样品应于 20℃ 左右密封存放。

（3）磁力搅拌除气法 在 500mL 的三角瓶内装入 200mL 左右的啤酒，放入转子，置于磁力搅拌台上搅拌一定时间。用单层中速滤纸过滤。如不立即测定，样品应于 20℃左右密封存放。

（4）抽真空除气法 在 100mL 的三角瓶内装入 300mL 左右的啤酒，连接好抽真空装置，抽真空一定时间，用单层中速滤纸过滤。如不立即测定，样品应于 20℃左右密封存放。

2. 仪器的准备

（1）环境要求　室温稳定（24℃），空气清洁，传感器会受某些有害气体的污染。

（2）检查恒温水浴水位　液面距顶盖10mm处。

（3）检查蠕动泵　胶管有无磨损老化或破损。

（4）检查干燥柱　干燥剂至少有1/3为蓝色。

（5）检查打印机　是否有打印纸。

3. 操作方法

依次打开恒温水浴、取样器、打印机、显示器、仪器主机和计算机主机开关。开机15~20min后，恒温水浴调整仪器整个系统进入工作状态。调整空气流，使流量计的浮球处于指定位置，并保持稳定；连接蠕动泵的胶管于规定位置上。

（1）清洗　样品杯内加入清洗液，置于取样器上，选择清洗程序。开始部分清洗液流掉，然后让仪器循环清洗20min。清洗时酒精传感器读数的DVM值应在10~13。

（2）电位计调节　调节前首先检查溶液、空气流是否正确。用双重水调节至0.00，再用7%乙醇溶液调节至14.00。此步骤不必经常做，只有误差较大时（0.00和14.00相差0.5时）才做此项，计算机会给相应的提示。

（3）空气校核　选择空气校核程序，先放一杯水，5min后显示数据报告。去掉水，空转至系统内水全部排除，关闭蠕动泵，按图示连接好管路系统，打开干燥泵10min，关泵，待1~2min稳定后，按任意键，出现2min倒计时，结束空气校正。按原位接好管路，开启蠕动泵，用清洗液循环清洗5min。

（4）线性化（十点校正）　按要求把配制好的不同浓度酒精溶液依次置于取样器上，选择线性化程序。此项只有在软件要求时才做，正常情况下一年做一次即可。

（5）三点校正　第一杯双重水，第二杯含2.8%~4.2%的乙醇，第三杯含6.0%~7.5%的乙醇。选择三点校正程序，平均每杯5min，倒计时15min，屏幕显示OK。

（6）测量　把预先处理好的除气啤酒样品，按顺序置于取样盘上，输入样品编号，选择类型为“BEER”。把预先处理好的麦汁样品，按顺序置于取样盘上，输入样品编号，选择类型为“WORT”。

一个样品3min测量完毕，仪器会自动打印出数据报告。

（7）不停机运转程序　测量完样品后，加一杯水和一空杯，然后再用清洗液循环清洗直至第二次测量。

（8）关机程序　10min清洗（约二杯），10min双重水（约二杯），5min空杯（至胶关内无水珠为止），按与开机相反的顺序关闭全部电源，松开蠕动泵上的胶管。

三、 注意事项

（1）测量之前啤酒需要除去其中的二氧化碳，可以用标准除气法、超声波水浴除气法、磁力搅拌除气法和抽真空除气法。

（2）仪器数据不准确和不稳定时，可能由以下原因造成：

①仪器内有脏物。

②仪器内有气泡。

③仪器本身误差。

出现上面的现象时解决方法有：

①将 1~3 杯蒸馏水放在转盘上进样清洗。

②将一杯无水乙醇放在转盘上进样后用空气泵吹干。

③校准仪器。

（3）每天开机时首先开启进样仪，再开启密度计，等密度计检测完毕后才可开启酒精分析仪。防止数据连接不成功，导致仪器不能正常运行检测。

（4）检测样品时，应将样品倒至 4~5 杯，防止吸样时吸空，气泡进去检测单元，导致结果不准确和错误。

（5）检测不同样品时，两个样中间需放置一杯蒸馏水，进行清洗。转盘 24 个位置中，最后 3 个位置必须放 3 杯蒸馏水。

（6）进样仪运行指令时，需一段时间反应。

（7）关闭各仪器的电源和总电源。

（8）保证仪器工作环境温度 20~25℃，湿度 70%以下。

（9）全自动啤酒分析仪需要进行定期维护，主要包括蠕动泵的泵速、蠕动泵上的胶管、连接蠕动泵胶管的不锈钢管柱、取样针、空气流量、水浴和环境温度、变色硅胶、疏水过滤器和空气过滤器、蒸发柱内的金属网和金属丝，以及开灯检查密度计的 U 形管是否有污物等。

附　录

附录 2-1　　20℃时酒精水溶液的相对密度与酒精浓度换算表

相对密度	酒精度 /%vol	酒精度 /%mass	酒精度 /(g/100mL)	相对密度	酒精度 /%vol	酒精度 /%mass	酒精度 /(g/100mL)
1. 00000	0. 00	0. 00	0. 00	0. 99918	0. 54	0. 43	0. 43
0. 99997	0. 02	0. 02	0. 02	0. 99916	0. 56	0. 44	0. 44
0. 99994	0. 04	0. 03	0. 03	0. 99913	0. 58	0. 46	0. 46
0. 99991	0. 06	0. 05	0. 05	0. 99910	0. 60	0. 47	0. 47
0. 99988	0. 08	0. 06	0. 06	0. 99907	0. 62	0. 49	0. 49
0. 99985	0. 10	0. 08	0. 08	0. 99904	0. 64	0. 50	0. 50
0. 99982	0. 12	0. 10	0. 10	0. 99901	0. 66	0. 52	0. 52
0. 99979	0. 14	0. 11	0. 11	0. 99898	0. 68	0. 53	0. 53
0. 99976	0. 16	0. 13	0. 13	0. 99895	0. 70	0. 55	0. 55
0. 99973	0. 18	0. 14	0. 14	0. 99892	0. 72	0. 57	0. 57
0. 99970	0. 20	0. 16	0. 16	0. 99889	0. 74	0. 58	0. 58
0. 99967	0. 22	0. 18	0. 18	0. 99886	0. 76	0. 60	0. 60
0. 99964	0. 24	0. 19	0. 19	0. 99883	0. 78	0. 61	0. 61
0. 99961	0. 26	0. 21	0. 21	0. 99880	0. 80	0. 63	0. 63
0. 99958	0. 28	0. 22	0. 22	0. 99877	0. 82	0. 65	0. 65
0. 99955	0. 30	0. 24	0. 24	0. 99874	0. 84	0. 66	0. 66
0. 99952	0. 32	0. 26	0. 26	0. 99872	0. 86	0. 68	0. 68
0. 99949	0. 34	0. 27	0. 27	0. 99869	0. 88	0. 69	0. 69
0. 99945	0. 36	0. 29	0. 29	0. 99866	0. 90	0. 71	0. 71
0. 99942	0. 38	0. 30	0. 30	0. 99863	0. 92	0. 73	0. 73
0. 99939	0. 40	0. 32	0. 32	0. 99860	0. 94	0. 74	0. 74
0. 99936	0. 42	0. 34	0. 34	0. 99857	0. 96	0. 76	0. 76
0. 99933	0. 44	0. 35	0. 35	0. 99854	0. 98	0. 77	0. 77
0. 99930	0. 46	0. 37	0. 37	0. 99851	1. 00	0. 79	0. 79
0. 99927	0. 48	0. 38	0. 38	0. 99848	1. 02	0. 81	0. 81
0. 99924	0. 50	0. 40	0. 40	0. 99845	1. 04	0. 82	0. 82
0. 99921	0. 52	0. 41	0. 41	0. 99842	1. 06	0. 84	0. 84

续表

相对密度	酒精度 /%vol	酒精度 /%mass	酒精度 /(g/100mL)	相对密度	酒精度 /%vol	酒精度 /%mass	酒精度 /(g/100mL)
0.99839	1.08	0.85	0.85	0.99751	1.68	1.33	1.32
0.99836	1.10	0.87	0.87	0.99748	1.70	1.35	1.34
0.99833	1.12	0.89	0.89	0.99745	1.72	1.37	1.36
0.99830	1.14	0.90	0.90	0.99742	1.74	1.38	1.37
0.99827	1.16	0.92	0.92	0.99739	1.76	1.40	1.39
0.99824	1.18	0.93	0.93	0.99736	1.78	1.41	1.40
0.99821	1.20	0.95	0.95	0.99733	1.80	1.43	1.42
0.99818	1.22	0.97	0.97	0.99730	1.82	1.45	1.44
0.99815	1.24	0.98	0.98	0.99727	1.84	1.46	1.45
0.99813	1.26	1.00	1.00	0.99725	1.86	1.48	1.47
0.99810	1.28	1.01	1.01	0.99722	1.88	1.49	1.48
0.99807	1.30	1.03	1.03	0.99719	1.90	1.51	1.50
0.99804	1.32	1.05	1.05	0.99716	1.92	1.53	1.52
0.99801	1.34	1.06	1.06	0.99713	1.94	1.54	1.53
0.99798	1.36	1.08	1.08	0.99710	1.96	1.56	1.55
0.99795	1.38	1.09	1.09	0.99707	1.98	1.57	1.56
0.99792	1.40	1.11	1.11	0.99704	2.00	1.59	1.58
0.99789	1.42	1.13	1.13	0.99701	2.02	1.61	1.60
0.99786	1.44	1.14	1.14	0.99698	2.04	1.62	1.61
0.99783	1.46	1.16	1.16	0.99695	2.06	1.64	1.63
0.99780	1.48	1.17	1.17	0.99692	2.08	16.50	1.64
0.99777	1.50	1.19	1.19	0.99689	2.10	1.67	1.66
0.99774	1.52	1.21	1.20	0.99686	2.12	1.69	1.68
0.99771	1.54	1.22	1.22	0.99683	2.14	1.70	1.69
0.99769	1.56	1.24	1.23	0.99681	2.16	1.72	1.71
0.99766	1.58	1.25	1.25	0.99678	2.18	1.73	1.72
0.99763	1.60	1.27	1.26	0.99675	2.20	1.75	1.74
0.99760	1.62	1.29	1.28	0.99672	2.22	1.76	1.75
0.99757	1.64	1.30	1.29	0.99669	2.24	1.78	1.77
0.99754	1.66	1.32	1.31	0.99667	2.26	1.79	1.78

续表

相对密度	酒精度 /%vol	酒精度 /%mass	酒精度 /(g/100mL)	相对密度	酒精度 /%vol	酒精度 /%mass	酒精度 /(g/100mL)
0. 99664	2. 28	1. 81	1. 80	0. 99577	2. 88	2. 28	2. 27
0. 99661	2. 30	1. 82	1. 81	0. 99574	2. 90	2. 30	2. 29
0. 99658	2. 32	1. 84	1. 83	0. 99571	2. 92	2. 32	2. 31
0. 99655	2. 34	1. 85	1. 84	0. 99568	2. 94	2. 33	2. 32
0. 99652	2. 36	1. 87	1. 86	0. 99566	2. 96	2. 35	2. 34
0. 99649	2. 38	1. 88	1. 87	0. 99563	2. 98	2. 36	2. 35
0. 99646	2. 40	1. 90	1. 89	0. 99560	3. 00	2. 38	2. 37
0. 99643	2. 42	1. 92	1. 91	0. 99557	3. 02	2. 40	2. 39
0. 99640	2. 44	1. 93	1. 92	0. 99554	3. 04	2. 41	2. 40
0. 99638	2. 46	1. 95	1. 94	0. 99552	3. 06	2. 43	2. 42
0. 99635	2. 48	1. 96	1. 95	0. 99549	3. 08	2. 44	2. 43
0. 99632	2. 50	1. 98	1. 97	0. 99546	3. 10	2. 46	2. 45
0. 99629	2. 52	2. 00	1. 99	0. 99543	3. 12	2. 48	2. 47
0. 99626	2. 54	2. 01	2. 00	0. 99540	3. 14	2. 49	2. 48
0. 99624	2. 56	2. 03	2. 02	0. 99537	3. 16	2. 51	2. 50
0. 99621	2. 58	2. 04	2. 03	0. 99534	3. 18	2. 52	2. 51
0. 99618	2. 60	2. 06	2. 05	0. 99531	3. 20	2. 54	2. 53
0. 99615	2. 62	2. 08	2. 07	0. 99528	3. 22	2. 56	2. 54
0. 99612	2. 64	2. 09	2. 08	0. 99525	3. 24	2. 57	2. 56
0. 99609	2. 66	2. 11	2. 10	0. 99523	3. 26	2. 59	2. 57
0. 99606	2. 68	2. 12	2. 11	0. 99520	3. 28	2. 60	2. 59
0. 99603	2. 70	2. 14	2. 13	0. 99817	3. 30	2. 62	2. 60
0. 99600	2. 72	2. 16	2. 15	0. 99514	3. 32	2. 64	2. 62
0. 99597	2. 74	2. 17	2. 16	0. 99511	3. 34	2. 65	2. 63
0. 99595	2. 76	2. 19	2. 18	0. 99509	3. 36	2. 67	2. 65
0. 99592	2. 78	2. 20	2. 19	0. 99506	3. 38	2. 68	2. 66
0. 99589	2. 80	2. 22	2. 21	0. 99503	3. 40	2. 70	2. 68
0. 99586	2. 82	2. 24	2. 23	0. 99500	3. 42	2. 72	2. 70
0. 99583	2. 84	2. 25	2. 24	0. 99497	3. 44	2. 73	2. 71
0. 99580	2. 86	2. 27	2. 26	0. 99495	3. 46	2. 75	2. 73

续表

相对密度	酒精度 /%vol	酒精度 /%mass	酒精度 /(g/100mL)	相对密度	酒精度 /%vol	酒精度 /%mass	酒精度 /(g/100mL)
0.99492	3.48	2.76	2.74	0.99402	4.12	3.28	3.26
0.99489	3.50	2.78	2.76	0.99399	4.14	3.29	3.27
0.99486	3.52	2.80	2.78	0.99397	4.16	3.31	3.29
0.99483	3.54	2.81	2.79	0.99394	4.18	3.32	3.30
0.99481	3.56	2.83	2.81	0.99391	4.20	3.34	3.32
0.99478	3.58	2.84	2.82	0.99388	4.22	3.36	3.33
0.99475	3.60	2.86	2.84	0.99385	4.24	3.37	3.35
0.99472	3.62	2.88	2.86	0.99383	4.26	3.39	3.36
0.99469	3.64	2.89	2.87	0.99380	4.28	3.40	3.38
0.99467	3.66	2.91	2.89	0.99377	4.30	3.42	3.39
0.99474	3.68	2.92	2.90	0.99374	4.32	3.44	3.41
0.99461	3.70	2.94	2.92	0.99371	4.34	3.45	3.42
0.99458	3.72	2.96	2.94	0.99369	4.36	3.47	3.44
0.99455	3.74	2.97	2.95	0.99366	4.38	3.48	3.45
0.99453	3.76	2.99	2.97	0.99363	4.40	3.50	3.47
0.99450	3.78	3.00	2.98	0.99360	4.42	3.52	3.49
0.99447	3.80	3.02	3.00	0.99357	4.44	3.53	3.50
0.99444	3.82	3.04	3.02	0.99355	4.46	3.55	3.52
0.99441	3.84	3.05	3.03	0.99352	4.48	3.56	3.53
0.99439	3.86	3.07	3.05	0.99349	4.50	3.58	3.55
0.99436	3.88	3.08	3.06	0.99346	4.52	3.60	3.57
0.99433	3.90	3.10	3.08	0.99344	4.54	3.61	3.58
0.99430	3.92	3.12	3.10	0.99341	4.56	3.63	3.60
0.99427	3.94	3.13	3.11	0.99339	4.58	3.64	3.61
0.99425	3.96	3.15	3.13	0.99336	4.60	3.66	3.63
0.99422	3.98	3.16	3.14	0.99333	4.62	3.68	3.65
0.99419	4.00	3.18	3.16	0.99330	4.64	3.69	3.66
0.99416	4.02	3.20	3.18	0.99328	4.66	3.71	3.68
0.99413	4.04	3.21	3.19	0.99325	4.68	3.72	3.69
0.99411	4.06	3.23	3.21	0.99322	4.70	3.74	3.71
0.99408	4.08	3.24	3.22	0.99319	4.72	3.76	3.73
0.99405	4.10	3.26	3.24	0.99316	4.74	3.77	3.74

续表

相对密度	酒精度 /%vol	酒精度 /%mass	酒精度 /(g/100mL)	相对密度	酒精度 /%vol	酒精度 /%mass	酒精度 /(g/100mL)
0.99314	4.76	3.79	3.76	0.99228	5.40	4.30	4.26
0.99311	4.78	3.80	3.77	0.99225	5.42	4.32	4.28
0.99308	4.80	3.82	3.79	0.99223	5.44	4.33	4.29
0.99305	4.82	3.84	3.81	0.99220	5.46	4.35	4.31
0.99303	4.84	3.85	3.82	0.99218	5.48	4.36	4.32
0.99300	4.86	3.87	3.84	0.99215	5.50	4.38	4.34
0.99298	4.88	3.88	3.85	0.99212	5.52	4.40	4.36
0.99295	4.90	3.90	3.87	0.99209	5.54	4.41	4.37
0.99292	4.92	3.92	3.89	0.99207	5.56	4.43	4.39
0.99289	4.94	3.93	3.90	0.99204	5.58	4.44	4.40
0.99287	4.96	3.95	3.92	0.99201	5.60	4.46	4.42
0.99284	4.98	3.96	3.93	0.99198	5.62	4.48	4.44
0.99281	5.00	3.98	3.95	0.99196	5.64	4.49	4.45
0.99278	5.02	4.00	3.97	0.99193	5.66	4.51	4.47
0.99276	5.04	4.01	3.98	0.99191	5.68	4.52	4.48
0.99273	5.06	4.03	4.00	0.99188	5.70	4.54	4.50
0.99271	5.08	4.04	4.01	0.99185	5.72	4.56	4.52
0.99268	5.10	4.06	4.03	0.99182	5.74	4.57	4.53
0.99265	5.12	4.08	4.04	0.99180	5.76	4.59	4.55
0.99263	5.14	4.09	4.06	0.99177	5.78	4.60	4.56
0.99260	5.16	4.11	4.07	0.99174	5.80	4.62	4.58
0.99258	5.18	4.12	4.08	0.99171	5.82	4.64	4.60
0.99255	5.20	4.14	4.10	0.99169	5.84	4.65	4.61
0.99252	5.22	4.16	4.12	0.99166	5.86	4.67	4.63
0.99249	5.24	4.17	4.13	0.99164	5.88	4.68	4.64
0.99247	5.26	4.19	4.15	0.99161	5.90	4.70	4.66
0.99244	5.28	4.20	4.16	0.99158	5.92	4.72	4.68
0.99241	5.30	4.22	4.18	0.99156	5.94	4.73	4.69
0.99238	5.32	4.24	4.20	0.99153	5.96	4.75	4.71
0.99236	5.34	4.25	4.21	0.99151	5.98	4.76	4.72
0.99233	5.36	4.27	4.23	0.99148	6.00	4.78	4.74
0.99231	5.38	4.28	4.24	0.99145	6.02	4.80	4.76

续表

相对密度	酒精度 /%vol	酒精度 /%mass	酒精度 /(g/100mL)	相对密度	酒精度 /%vol	酒精度 /%mass	酒精度 /(g/100mL)
0.99143	6.04	4.82	4.77	0.99060	6.68	5.33	5.27
0.99140	6.06	4.83	4.79	0.99057	6.70	5.35	5.29
0.99138	6.08	4.85	4.80	0.99055	6.72	5.37	5.31
0.99135	6.10	4.87	4.82	0.99052	6.74	5.38	5.32
0.99132	6.12	4.89	4.83	0.99050	6.76	5.40	5.34
0.99130	6.14	4.90	4.85	0.99047	6.78	5.41	5.35
0.99127	6.16	4.92	4.86	0.99045	6.80	5.43	5.37
0.99125	6.18	4.93	4.88	0.99042	6.82	5.45	5.39
0.99122	6.20	4.95	4.89	0.99040	6.84	5.46	5.40
0.99119	6.22	4.97	4.91	0.99037	6.86	5.48	5.42
0.99117	6.24	4.98	4.92	0.99035	6.88	5.49	5.43
0.99114	6.26	5.00	4.94	0.99032	6.90	5.51	5.45
0.99112	6.28	5.01	4.95	0.99030	6.92	5.53	5.47
0.99109	6.30	5.03	4.97	0.99027	6.94	5.54	5.48
0.99106	6.32	5.05	4.99	0.99025	6.96	5.56	5.50
0.99104	6.34	5.06	5.00	0.99022	6.98	5.57	5.51
0.99101	6.36	5.08	5.02	0.99020	7.00	5.59	5.53
0.99099	6.38	5.09	5.03	0.99017	7.02	5.61	5.54
0.99096	6.40	5.11	5.05	0.99015	7.04	5.62	5.56
0.99093	6.42	5.13	5.07	0.99012	7.06	5.64	5.57
0.99091	6.44	5.14	5.08	0.99010	7.08	5.65	5.59
0.99088	6.46	5.16	5.10	0.99007	7.10	5.67	5.60
0.99086	6.48	5.17	5.11	0.99004	7.12	5.69	5.62
0.99083	6.50	5.19	5.13	0.99002	7.14	5.70	5.63
0.99080	6.52	5.21	5.15	0.98999	7.16	5.72	5.65
0.99078	6.54	5.22	5.16	0.98997	7.18	5.73	5.66
0.99075	6.56	5.24	5.18	0.98994	7.20	5.75	5.68
0.99073	6.58	5.25	5.19	0.98991	7.22	5.77	5.70
0.99070	6.60	5.27	5.21	0.98989	7.24	5.78	5.71
0.99067	6.62	5.29	5.23	0.98986	7.26	5.80	5.73
0.99065	6.64	5.30	5.24	0.98984	7.28	5.81	5.74
0.99062	6.66	5.32	5.26	0.98981	7.30	5.83	5.76

续表

相对密度	酒精度 /%vol	酒精度 /%mass	酒精度 /(g/100mL)	相对密度	酒精度 /%vol	酒精度 /%mass	酒精度 /(g/100mL)
0. 98979	7. 32	5. 85	5. 78	0. 98898	7. 96	6. 37	6. 29
0. 98976	7. 34	5. 86	5. 79	0. 98896	7. 98	6. 38	6. 30
0. 98974	7. 36	5. 88	5. 81	0. 98893	8. 00	6. 40	6. 32
0. 98971	7. 38	5. 89	5. 82	0. 98891	8. 02	6. 42	6. 33
0. 98969	7. 40	5. 91	5. 84	0. 98888	8. 04	6. 43	6. 35
0. 98966	7. 42	5. 93	5. 86	0. 98886	8. 06	6. 45	6. 36
0. 98964	7. 44	5. 94	5. 87	0. 98883	8. 08	6. 46	6. 38
0. 98961	7. 46	5. 96	5. 89	0. 98881	8. 10	6. 48	6. 39
0. 98959	7. 48	5. 97	5. 90	0. 98879	8. 12	6. 50	6. 41
0. 98956	7. 50	5. 99	5. 92	0. 98876	8. 14	6. 51	6. 42
0. 98954	7. 52	6. 01	5. 94	0. 98874	8. 16	6. 53	6. 44
0. 98951	7. 54	6. 02	5. 95	0. 98871	8. 18	6. 54	6. 46
0. 98949	7. 56	6. 04	5. 97	0. 98869	8. 20	6. 56	6. 47
0. 98946	7. 58	6. 05	5. 98	0. 98867	8. 22	6. 58	6. 49
0. 98944	7. 60	6. 07	6. 00	0. 98864	8. 24	6. 59	6. 50
0. 98941	7. 62	6. 09	6. 02	0. 98862	8. 26	6. 61	6. 52
0. 98939	7. 64	6. 10	6. 03	0. 98859	8. 28	6. 62	6. 53
0. 98936	7. 66	6. 12	6. 05	0. 98857	8. 30	6. 64	6. 55
0. 98934	7. 68	6. 13	6. 06	0. 98855	8. 32	6. 66	6. 57
0. 98931	7. 70	6. 15	6. 08	0. 98852	8. 34	6. 67	6. 58
0. 98929	7. 72	6. 17	6. 10	0. 98850	8. 36	6. 69	6. 60
0. 98926	7. 74	6. 19	6. 11	0. 98847	8. 38	6. 70	6. 61
0. 98924	7. 76	6. 20	6. 13	0. 98845	8. 40	6. 72	6. 63
0. 98921	7. 78	6. 22	6. 14	0. 98843	8. 42	6. 74	6. 65
0. 98919	7. 80	6. 24	6. 16	0. 98840	8. 44	6. 75	6. 66
0. 98916	7. 82	6. 26	6. 18	0. 98838	8. 46	6. 77	6. 68
0. 98914	7. 84	6. 27	6. 19	0. 98835	8. 48	6. 78	6. 69
0. 98911	7. 86	6. 29	6. 21	0. 98833	8. 50	6. 80	6. 71
0. 98909	7. 88	6. 30	6. 22	0. 98830	8. 52	6. 82	6. 73
0. 98906	7. 90	6. 32	6. 24	0. 98828	8. 54	6. 83	6. 74
0. 98903	7. 92	6. 34	6. 26	0. 98825	8. 56	6. 85	6. 76
0. 98901	7. 94	6. 35	6. 27	0. 98823	8. 58	6. 86	6. 77

续表

相对密度	酒精度 /%vol	酒精度 /%mass	酒精度 /(g/100mL)
0. 98820	8. 60	6. 88	6. 79
0. 98817	8. 62	6. 90	6. 81
0. 98815	8. 64	6. 91	6. 82
0. 98812	8. 66	6. 93	6. 84
0. 98810	8. 68	6. 94	6. 85
0. 98807	8. 70	6. 96	6. 87
0. 98804	8. 72	6. 98	6. 89
0. 98802	8. 74	6. 99	6. 90
0. 98799	8. 76	7. 01	6. 92
0. 98797	8. 78	7. 02	6. 93
0. 98794	8. 80	7. 04	6. 95
0. 98792	8. 82	7. 06	6. 97
0. 98789	8. 84	7. 07	6. 98
0. 98787	8. 86	7. 09	7. 00
0. 98784	8. 88	7. 10	7. 01
0. 98782	8. 90	7. 12	7. 03
0. 98780	8. 92	7. 14	7. 04
0. 98777	8. 94	7. 15	7. 06
0. 98775	8. 96	7. 17	7. 07
0. 98772	8. 98	7. 18	7. 09
0. 98770	9. 00	7. 20	7. 10
0. 98768	9. 02	7. 22	7. 12
0. 98765	9. 04	7. 24	7. 13
0. 98763	9. 06	7. 25	7. 15
0. 98760	9. 08	7. 27	7. 16
0. 98758	9. 10	7. 29	7. 18
0. 98756	9. 12	7. 31	7. 20
0. 98753	9. 14	7. 32	7. 21
0. 98751	9. 16	7. 34	7. 23
0. 98748	9. 18	7. 35	7. 24
0. 98746	9. 20	7. 37	7. 26
0. 98744	9. 22	7. 39	7. 28
0. 98741	9. 24	7. 40	7. 29
0. 98739	9. 26	7. 42	7. 31
0. 98736	9. 28	7. 43	7. 32
0. 98734	9. 30	7. 45	7. 34
0. 98732	9. 32	7. 47	7. 36
0. 98729	9. 34	7. 48	7. 37
0. 98727	9. 36	7. 50	7. 39
0. 98724	9. 38	7. 51	7. 40
0. 98722	9. 40	7. 53	7. 42
0. 98720	9. 42	7. 55	7. 44
0. 98717	9. 44	7. 56	7. 45
0. 98715	9. 46	7. 58	7. 47
0. 98712	9. 48	7. 59	7. 48
0. 98710	9. 50	7. 61	7. 50
0. 98708	9. 52	7. 63	7. 52
0. 98705	9. 54	7. 64	7. 53
0. 98703	9. 56	7. 66	7. 55
0. 98700	9. 58	7. 67	7. 56
0. 98698	9. 60	7. 69	7. 58
0. 98696	9. 62	7. 71	7. 60
0. 98693	9. 64	7. 72	7. 61
0. 98691	9. 66	7. 74	7. 63
0. 98688	9. 68	7. 75	7. 64
0. 98686	9. 70	7. 77	7. 66
0. 98684	9. 72	7. 79	7. 67
0. 98681	9. 74	7. 80	7. 69
0. 98679	9. 76	7. 82	7. 70
0. 98676	9. 78	7. 83	7. 72
0. 98674	9. 80	7. 85	7. 73
0. 98672	9. 82	7. 87	7. 75
0. 98669	9. 84	7. 88	7. 76
0. 98667	9. 86	7. 90	7. 78
0. 98664	9. 88	7. 91	7. 79
0. 98662	9. 90	7. 93	7. 81
0. 98660	9. 92	7. 95	7. 83
0. 98657	9. 94	7. 97	7. 84
0. 98655	9. 96	7. 98	7. 86
0. 98652	9. 98	8. 00	7. 87
0. 98650	10. 00	8. 02	7. 89

附录 2-2　　20℃时酒精溶液相对密度与酒精度对照表

相对密度	酒精度/%vol	相对密度	酒精度/%vol	相对密度	酒精度/%vol	相对密度	酒精度/%vol
0.9790	16.46	0.9758	19.45	0.9726	22.42	0.9694	25.28
0.9789	16.55	0.9757	19.54	0.9725	22.51	0.9693	25.36
0.9788	16.64	0.9756	19.64	0.9724	22.60	0.9692	25.45
0.9787	16.73	0.9755	19.73	0.9723	22.69	0.9691	25.54
0.9786	16.83	0.9754	19.83	0.9722	22.78	0.9690	25.62
0.9785	16.92	0.9753	19.92	0.9721	22.87	0.9689	25.71
0.9784	17.01	0.9752	20.02	0.9720	22.96	0.9688	25.80
0.9783	17.10	0.9751	20.11	0.9719	23.06	0.9687	25.89
0.9782	17.20	0.9750	20.20	0.9718	23.15	0.9686	25.98
0.9781	17.29	0.9749	20.30	0.9717	23.24	0.9685	26.06
0.9780	17.38	0.9748	20.39	0.9716	23.33	0.9684	26.15
0.9779	17.47	0.9747	20.48	0.9715	23.42	0.9683	26.24
0.9778	17.57	0.9746	20.58	0.9714	23.51	0.9682	26.33
0.9777	17.66	0.9745	20.67	0.9713	23.60	0.9681	26.41
0.9776	17.75	0.9744	20.76	0.9712	23.69	0.9680	26.50
0.9775	17.84	0.9743	20.86	0.9711	23.78	0.9679	26.59
0.9774	17.94	0.9742	20.95	0.9710	23.87	0.9678	26.67
0.9773	18.03	0.9741	21.04	0.9709	23.95	0.9677	26.76
0.9772	18.12	0.9740	21.14	0.9708	24.04	0.9676	26.84
0.9771	18.22	0.9739	21.23	0.9707	24.13	0.9675	26.93
0.9770	18.31	0.9738	21.32	0.9706	24.22	0.9674	27.01
0.9769	18.40	0.9737	21.41	0.9705	24.31	0.9673	27.10
0.9768	18.50	0.9736	21.50	0.9704	24.40	0.9672	27.19
0.9767	18.59	0.9735	21.60	0.9703	24.49	0.9671	27.27
0.9766	18.69	0.9734	21.69	0.9702	24.58	0.9670	27.36
0.9765	18.78	0.9733	21.78	0.9701	24.66	0.9669	27.44
0.9764	18.88	0.9732	21.87	0.9700	24.75	0.9668	27.52
0.9763	18.97	0.9731	21.96	0.9699	25.84	0.9667	27.61
0.9762	19.07	0.9730	22.05	0.9698	26.93	0.9666	27.69
0.9761	19.16	0.9729	22.14	0.9697	25.01	0.9665	27.77
0.9760	19.26	0.9728	22.24	0.9696	25.10	0.9664	27.86
0.9759	19.35	0.9727	22.33	0.9695	25.19	0.9663	27.94

续表

相对密度	酒精度/%vol	相对密度	酒精度/%vol	相对密度	酒精度/%vol	相对密度	酒精度/%vol
0. 9662	28. 02	0. 9630	30. 66	0. 9598	33. 10	0. 9566	35. 40
0. 9661	28. 11	0. 9629	30. 74	0. 9597	33. 18	0. 9565	35. 47
0. 9660	28. 19	0. 9628	30. 82	0. 9596	33. 25	0. 9564	35. 54
0. 9659	28. 28	0. 9627	30. 89	0. 9595	33. 32	0. 9563	35. 61
0. 9658	28. 36	0. 9626	30. 97	0. 9594	33. 40	0. 9562	35. 68
0. 9657	28. 44	0. 9625	31. 05	0. 9593	33. 47	0. 9561	35. 75
0. 9656	28. 53	0. 9624	31. 13	0. 9592	33. 54	0. 9560	35. 82
0. 9655	28. 61	0. 9623	31. 20	0. 9591	33. 62	0. 9559	35. 88
0. 9654	28. 69	0. 9622	31. 28	0. 9590	33. 69	0. 9558	35. 95
0. 9653	28. 78	0. 9621	31. 36	0. 9589	33. 76	0. 9557	36. 02
0. 9652	28. 86	0. 9620	31. 44	0. 9588	33. 84	0. 9556	36. 09
0. 9651	28. 94	0. 9619	31. 52	0. 9587	33. 91	0. 9555	36. 15
0. 9650	29. 03	0. 9618	31. 59	0. 9586	33. 98	0. 9554	36. 22
0. 9649	29. 11	0. 9617	31. 67	0. 9585	34. 05	0. 9553	36. 29
0. 9648	29. 19	0. 9616	31. 75	0. 9584	34. 12	0. 9552	36. 36
0. 9647	29. 27	0. 9615	31. 82	0. 9583	34. 20	0. 9551	36. 42
0. 9646	29. 35	0. 9614	31. 90	0. 9582	34. 27	0. 9550	36. 49
0. 9645	29. 44	0. 9613	31. 98	0. 9581	34. 34	0. 9549	36. 56
0. 9644	29. 52	0. 9612	32. 05	0. 9580	34. 41	0. 9548	36. 63
0. 9643	29. 60	0. 9611	32. 13	0. 9579	34. 48	0. 9547	36. 69
0. 9642	29. 68	0. 9610	32. 21	0. 9578	34. 56	0. 9546	36. 76
0. 9641	29. 76	0. 9609	32. 28	0. 9577	34. 63	0. 9545	36. 83
0. 9640	29. 85	0. 9608	32. 36	0. 9576	34. 70	0. 9544	36. 89
0. 9639	29. 93	0. 9607	32. 43	0. 9575	34. 77	0. 9543	36. 96
0. 9638	30. 01	0. 9606	32. 51	0. 9574	34. 84	0. 9542	37. 03
0. 9637	30. 09	0. 9605	32. 58	0. 9573	34. 91	0. 9541	37. 09
0. 9636	30. 17	0. 9604	32. 66	0. 9572	34. 98	0. 9540	37. 16
0. 9635	30. 25	0. 9603	32. 73	0. 9571	35. 05	0. 9539	37. 23
0. 9634	30. 34	0. 9602	32. 81	0. 9570	35. 12	0. 9538	37. 29
0. 9633	30. 42	0. 9601	32. 88	0. 9569	35. 19	0. 9537	37. 36
0. 9632	30. 50	0. 9600	32. 96	0. 9568	35. 26	0. 9536	37. 42
0. 9631	30. 58	0. 9599	33. 03	0. 9867	35. 33	0. 9535	37. 49

续表

相对密度	酒精度 /%vol	相对密度	酒精度 /%vol	相对密度	酒精度 /%vol	相对密度	酒精度 /%vol
0. 9534	37. 56	0. 9502	39. 60	0. 9470	41. 56	0. 9438	43. 44
0. 9533	37. 62	0. 9501	39. 67	0. 9469	41. 62	0. 9437	43. 50
0. 9532	37. 69	0. 9500	39. 73	0. 9468	41. 68	0. 9436	43. 56
0. 9531	37. 75	0. 9499	39. 79	0. 9467	41. 74	0. 9435	43. 62
0. 9530	37. 82	0. 9498	39. 85	0. 9466	41. 80	0. 9434	43. 67
0. 9529	37. 88	0. 9497	39. 91	0. 9465	41. 86	0. 9433	43. 73
0. 9528	37. 95	0. 9496	39. 98	0. 9464	41. 92	0. 9432	43. 78
0. 9527	38. 01	0. 9495	40. 04	0. 9463	41. 98	0. 9431	43. 85
0. 9526	38. 07	0. 9494	40. 10	0. 9462	42. 04	0. 9430	43. 90
0. 9525	38. 14	0. 9493	40. 16	0. 9461	42. 09	0. 9429	43. 96
0. 9524	38. 20	0. 9492	40. 22	0. 9460	42. 15	0. 9428	44. 02
0. 9523	38. 27	0. 9491	40. 29	0. 9459	42. 21	0. 9427	44. 07
0. 9522	38. 33	0. 9490	40. 35	0. 9458	42. 27	0. 9426	44. 13
0. 9521	38. 39	0. 9489	40. 41	0. 9457	42. 33	0. 9425	44. 18
0. 9520	38. 46	0. 9488	40. 47	0. 9456	42. 39	0. 9424	44. 24
0. 9519	38. 52	0. 9487	40. 53	0. 9455	42. 45	0. 9423	44. 30
0. 9518	38. 59	0. 9486	40. 59	0. 9454	42. 51	0. 9422	44. 35
0. 9517	38. 65	0. 9485	40. 65	0. 9453	42. 57	0. 9421	44. 41
0. 9516	38. 72	0. 9484	40. 71	0. 9452	42. 63	0. 9420	44. 46
0. 9515	38. 78	0. 9483	40. 78	0. 9451	42. 69	0. 9419	44. 52
0. 9514	38. 84	0. 9482	40. 84	0. 9450	42. 74	0. 9418	44. 58
0. 9513	38. 91	0. 9481	40. 90	0. 9449	42. 80	0. 9417	44. 63
0. 9512	38. 97	0. 9480	40. 96	0. 9448	42. 86	0. 9416	44. 69
0. 9511	39. 04	0. 9479	41. 02	0. 9447	42. 92	0. 9415	44. 74
0. 9510	39. 10	0. 9478	41. 08	0. 9446	42. 98	0. 9414	44. 80
0. 9509	39. 16	0. 9477	41. 14	0. 9445	43. 04	0. 9413	44. 86
0. 9508	39. 23	0. 9476	41. 20	0. 9444	43. 09	0. 9412	44. 91
0. 9507	39. 29	0. 9475	41. 26	0. 9443	43. 15	0. 9411	44. 97
0. 9506	39. 35	0. 9474	41. 32	0. 9442	43. 21	0. 9410	45. 03
0. 9505	39. 41	0. 9473	41. 38	0. 9441	43. 27	0. 9409	45. 08
0. 9504	39. 48	0. 9472	41. 44	0. 9440	43. 33	0. 9408	45. 14
0. 9503	39. 54	0. 9471	41. 50	0. 9439	43. 39	0. 9407	45. 19

续表

相对密度	酒精度/%vol	相对密度	酒精度/%vol	相对密度	酒精度/%vol	相对密度	酒精度/%vol
0. 9406	45. 25	0. 9374	46. 99	0. 9342	48. 68	0. 9310	50. 31
0. 9405	45. 30	0. 9373	47. 04	0. 9341	48. 73	0. 9309	50. 36
0. 9404	45. 36	0. 9372	47. 10	0. 9340	48. 78	0. 9308	50. 41
0. 9403	45. 42	0. 9371	47. 15	0. 9339	48. 83	0. 9307	50. 46
0. 9402	45. 47	0. 9370	47. 20	0. 9338	48. 88	0. 9306	50. 51
0. 9401	45. 53	0. 9369	47. 26	0. 9337	48. 94	0. 9305	50. 56
0. 9400	45. 58	0. 9368	47. 31	0. 9336	48. 99	0. 9304	50. 61
0. 9399	45. 64	0. 9367	47. 36	0. 9335	49. 04	0. 9303	50. 66
0. 9398	45. 69	0. 9366	47. 42	0. 9334	49. 09	0. 9302	50. 71
0. 9397	45. 74	0. 9365	47. 47	0. 9333	49. 14	0. 9301	50. 76
0. 9396	45. 80	0. 9364	47. 52	0. 9332	49. 19	0. 9300	50. 81
0. 9395	45. 85	0. 9363	47. 58	0. 9331	49. 25	0. 9299	50. 86
0. 9394	45. 91	0. 9362	47. 63	0. 9330	49. 30	0. 9298	50. 91
0. 9393	45. 96	0. 9361	47. 68	0. 9329	49. 35	0. 9297	50. 96
0. 9392	46. 01	0. 9360	47. 73	0. 9328	49. 40	0. 9296	51. 01
0. 9391	46. 07	0. 9359	47. 79	0. 9327	49. 45	0. 9295	51. 06
0. 9390	46. 12	0. 9358	47. 84	0. 9326	49. 50	0. 9294	51. 11
0. 9389	46. 18	0. 9357	47. 89	0. 9325	49. 55	0. 9293	51. 16
0. 9388	46. 23	0. 9356	47. 94	0. 9324	49. 60	0. 9292	51. 21
0. 9387	46. 29	0. 9355	48. 00	0. 3923	49. 65	0. 9291	51. 26
0. 9386	46. 34	0. 9354	48. 05	0. 9322	49. 70	0. 9290	51. 31
0. 9385	46. 39	0. 9353	48. 10	0. 9321	49. 75	0. 9289	51. 36
0. 9384	46. 45	0. 9352	48. 15	0. 9320	49. 80	0. 9288	51. 41
0. 9383	46. 50	0. 9351	48. 21	0. 9319	49. 85	0. 9287	51. 46
0. 9382	46. 56	0. 9350	48. 26	0. 9318	49. 90	0. 9286	51. 50
0. 9381	46. 61	0. 9349	48. 31	0. 9317	49. 95	0. 9285	51. 55
0. 9380	46. 67	0. 9348	48. 36	0. 9316	50. 00	0. 9284	51. 60
0. 9379	46. 72	0. 9347	48. 41	0. 9315	50. 05	0. 9283	51. 65
0. 9378	46. 77	0. 9346	48. 47	0. 9314	50. 10	0. 9282	51. 70
0. 9377	46. 83	0. 9345	48. 52	0. 9313	50. 16	0. 9281	51. 75
0. 9376	46. 88	0. 9344	48. 57	0. 9312	50. 21	0. 9280	51. 80
0. 9375	46. 94	0. 9343	48. 62	0. 9311	50. 26	0. 9279	51. 85

续表

相对密度	酒精度/%vol	相对密度	酒精度/%vol	相对密度	酒精度/%vol	相对密度	酒精度/%vol
0. 9278	51. 90	0. 9246	53. 47	0. 9214	55. 00	0. 9182	56. 61
0. 9277	51. 95	0. 9245	53. 52	0. 9213	55. 05	0. 9181	56. 56
0. 9276	52. 00	0. 9244	53. 56	0. 9212	55. 10	0. 9180	56. 60
0. 9275	52. 05	0. 9243	53. 61	0. 9211	55. 15	0. 9179	56. 65
0. 9274	52. 10	0. 9242	53. 66	0. 9210	55. 19	0. 9178	56. 70
0. 9273	52. 15	0. 9241	53. 71	0. 9209	55. 24	0. 9177	56. 74
0. 9272	52. 20	0. 9240	53. 76	0. 9208	55. 29	0. 9176	56. 79
0. 9271	52. 25	0. 9239	53. 81	0. 9207	55. 34	0. 9175	56. 84
0. 9270	52. 29	0. 9238	53. 85	0. 9206	55. 38	0. 9174	56. 88
0. 9269	52. 34	0. 9237	53. 90	0. 9205	55. 43	0. 9173	56. 93
0. 9268	52. 39	0. 9236	53. 95	0. 9204	55. 48	0. 9172	56. 97
0. 9267	52. 44	0. 9235	54. 00	0. 9203	55. 53	0. 9171	57. 02
0. 9266	52. 49	0. 9234	54. 05	0. 9202	55. 57	0. 9170	57. 07
0. 9265	52. 54	0. 9233	54. 09	0. 9201	55. 62	0. 9169	57. 11
0. 9264	52. 59	0. 9232	54. 14	0. 9200	55. 67	0. 9168	57. 16
0. 9263	52. 64	0. 9231	54. 19	0. 9199	55. 71	0. 9167	57. 21
0. 9262	52. 69	0. 9230	54. 24	0. 9198	55. 76	0. 9166	57. 25
0. 9261	52. 74	0. 9229	54. 29	0. 9197	55. 81	0. 9165	57. 30
0. 9260	52. 79	0. 9228	54. 33	0. 9196	55. 86	0. 9164	57. 35
0. 9259	52. 84	0. 9227	54. 38	0. 9195	55. 90	0. 9163	57. 39
0. 9258	52. 89	0. 9226	54. 43	0. 9194	55. 95	0. 9162	57. 44
0. 9257	52. 93	0. 9225	54. 48	0. 9193	56. 00	0. 9161	57. 48
0. 9256	52. 98	0. 9224	54. 53	0. 9192	56. 04	0. 9160	57. 53
0. 9255	53. 03	0. 9223	54. 57	0. 9191	56. 09	0. 9159	57. 58
0. 9254	53. 08	0. 9222	54. 62	0. 9190	56. 14	0. 9158	57. 62
0. 9253	53. 13	0. 9221	54. 67	0. 9189	56. 18	0. 9157	57. 67
0. 9252	53. 18	0. 9220	54. 72	0. 9188	56. 23	0. 9156	57. 71
0. 9251	53. 22	0. 9219	54. 77	0. 9187	56. 28	0. 9155	57. 76
0. 9250	53. 27	0. 9218	54. 81	0. 9186	56. 32	0. 9154	57. 81
0. 9249	53. 32	0. 9217	54. 86	0. 9185	56. 37	0. 9153	57. 85
0. 9248	53. 37	0. 9216	54. 91	0. 9184	56. 42	0. 9152	57. 90
0. 9247	53. 42	0. 9215	54. 96	0. 9183	56. 46	0. 9151	57. 94

续表

相对密度	酒精度/%vol	相对密度	酒精度/%vol	相对密度	酒精度/%vol	相对密度	酒精度/%vol
0.9150	57.99	0.9118	59.43	0.9086	60.86	0.9054	62.26
0.9149	58.03	0.9117	59.48	0.9085	60.90	0.9053	62.30
0.9148	58.08	0.9116	59.52	0.9084	60.94	0.9052	62.35
0.9147	58.13	0.9115	59.57	0.9083	60.99	0.9051	62.39
0.9146	58.17	0.9114	59.61	0.9082	61.03	0.9050	62.43
0.9145	58.22	0.9113	59.66	0.9081	61.08	0.9049	62.48
0.9144	58.26	0.9112	59.70	0.9080	61.12	0.9048	62.52
0.9143	58.31	0.9111	59.75	0.9079	61.17	0.9047	62.56
0.9142	58.35	0.9110	59.79	0.9078	61.21	0.9046	62.60
0.9141	58.40	0.9109	59.84	0.9077	61.25	0.9045	62.65
0.9140	58.44	0.9108	59.88	0.9076	61.30	0.9044	62.69
0.9139	58.49	0.9107	59.92	0.9075	61.34	0.9043	62.73
0.9138	58.53	0.9106	59.97	0.9074	61.39	0.9042	62.78
0.9137	58.58	0.9105	60.01	0.9073	61.43	0.9041	62.83
0.9136	58.62	0.9104	60.06	0.9072	61.47	0.9040	62.86
0.9135	58.67	0.9103	60.10	0.9071	61.52	0.9039	62.91
0.9134	58.71	0.9102	60.15	0.9070	61.56	0.9038	62.95
0.9133	58.76	0.9101	60.19	0.9069	61.60	0.9037	62.99
0.9132	58.80	0.9100	60.24	0.9068	61.65	0.9036	63.04
0.9131	58.85	0.9099	60.28	0.9067	61.69	0.9035	63.08
0.9130	58.89	0.9098	60.33	0.9066	61.74	0.9034	63.12
0.9129	58.94	0.9097	60.37	0.9065	61.78	0.9033	63.17
0.9128	58.98	0.9096	60.41	0.9064	61.82	0.9032	63.21
0.9127	59.03	0.9095	60.46	0.9063	61.87	0.9031	63.25
0.9126	59.07	0.9094	60.50	0.9062	61.91	0.9030	63.30
0.9125	59.12	0.9093	60.55	0.9061	61.96	0.9029	63.34
0.9124	59.16	0.9092	60.59	0.9060	62.00	0.9028	63.38
0.9123	59.21	0.9091	60.64	0.9059	62.04	0.9027	63.43
0.9122	59.25	0.9090	60.68	0.9058	62.09	0.9026	63.47
0.9121	59.30	0.9089	60.72	0.9057	62.13	0.9025	63.51
0.9120	59.34	0.9088	60.77	0.9055	62.17	0.9024	63.56
0.9119	59.39	0.9087	60.81	0.9055	62.22	0.9023	63.60

续表

相对密度	酒精度/%vol	相对密度	酒精度/%vol	相对密度	酒精度/%vol	相对密度	酒精度/%vol
0. 9022	63. 64	0. 8990	65. 01	0. 8958	66. 36	0. 8926	67. 68
0. 9021	63. 69	0. 8989	65. 05	0. 8957	66. 40	0. 8925	67. 72
0. 9020	63. 73	0. 8988	65. 09	0. 8956	66. 44	0. 8924	67. 76
0. 9019	63. 77	0. 8987	65. 13	0. 8955	66. 48	0. 8923	67. 80
0. 9018	63. 82	0. 8986	65. 18	0. 8954	66. 52	0. 8922	67. 84
0. 9017	63. 86	0. 8985	65. 22	0. 8953	66. 56	0. 8921	67. 89
0. 9016	63. 90	0. 8984	65. 26	0. 8952	66. 60	0. 8920	67. 93
0. 9015	63. 94	0. 8983	65. 30	0. 8951	66. 65	0. 8919	67. 97
0. 9014	63. 99	0. 8982	65. 35	0. 8950	66. 69	0. 8918	68. 01
0. 9013	64. 03	0. 8981	65. 39	0. 8949	66. 73	0. 8917	68. 05
0. 9012	64. 07	0. 8980	65. 43	0. 8948	66. 77	0. 8916	68. 09
0. 9011	64. 11	0. 8979	65. 47	0. 8947	66. 81	0. 8915	68. 13
0. 9010	64. 16	0. 8978	65. 51	0. 8946	66. 85	0. 8914	68. 17
0. 9009	64. 20	0. 8977	65. 56	0. 8945	66. 90	0. 8913	68. 21
0. 9008	64. 24	0. 8976	65. 60	0. 8944	66. 94	0. 8912	68. 26
0. 9007	64. 28	0. 8975	65. 64	0. 8943	66. 98	0. 8911	68. 30
0. 9006	64. 33	0. 8974	65. 68	0. 8942	67. 02	0. 8910	68. 34
0. 9005	64. 37	0. 8973	65. 72	0. 8941	67. 06	0. 8909	68. 38
0. 9004	64. 41	0. 8972	65. 77	0. 8940	67. 10	0. 8908	68. 42
0. 9003	64. 45	0. 8971	65. 81	0. 8939	67. 15	0. 8907	68. 46
0. 9002	64. 50	0. 8970	64. 85	0. 8938	67. 19	0. 8906	68. 50
0. 9001	64. 54	0. 8969	64. 89	0. 8937	67. 23	0. 8905	68. 54
0. 9000	64. 58	0. 8968	65. 94	0. 8936	67. 27	0. 8904	68. 58
0. 8999	64. 62	0. 8967	65. 98	0. 8935	67. 31	0. 8903	68. 62
0. 8998	64. 67	0. 8966	66. 02	0. 8934	67. 35	0. 8902	68. 67
0. 8997	64. 71	0. 8965	66. 06	0. 8933	67. 39	0. 8901	68. 71
0. 8996	64. 75	0. 8964	66. 10	0. 8932	67. 43	0. 8900	68. 75
0. 8995	64. 79	0. 8963	66. 15	0. 8931	67. 47	0. 8899	68. 79
0. 8994	64. 84	0. 8962	66. 19	0. 8930	67. 52	0. 8898	68. 83
0. 8993	64. 88	0. 8961	66. 23	0. 8929	67. 56	0. 8897	68. 87
0. 8992	64. 92	0. 8960	66. 27	0. 8928	67. 60	0. 8896	68. 91
0. 8991	67. 96	0. 8959	66. 31	0. 8927	67. 64	0. 8895	68. 95

续表

相对密度	酒精度/%vol	相对密度	酒精度/%vol	相对密度	酒精度/%vol	相对密度	酒精度/%vol
0.8894	68.99	0.8864	70.20	0.8834	71.39	0.8804	72.57
0.8893	69.03	0.8863	70.24	0.8833	71.43	0.8803	72.61
0.8892	69.07	0.8862	70.28	0.8832	71.47	0.8802	72.65
0.8891	69.11	0.8861	70.32	0.8831	71.51	0.8801	72.69
0.8890	69.15	0.8860	70.36	0.8830	71.55	0.8800	72.73
0.8889	69.19	0.8859	70.40	0.8829	71.59	0.8799	72.77
0.8888	69.23	0.8858	70.44	0.8828	71.63	0.8798	72.81
0.8887	69.27	0.8857	70.48	0.8827	71.67	0.8797	72.85
0.8886	69.32	0.8856	70.52	0.8826	71.71	0.8796	72.88
0.8885	69.36	0.8855	70.56	0.8825	71.75	0.8795	72.92
0.8884	69.40	0.8854	70.60	0.8824	71.79	0.8794	72.96
0.8883	69.44	0.8853	70.64	0.8823	71.83	0.8793	73.00
0.8882	69.48	0.8852	70.68	0.8822	71.87	0.8792	73.04
0.8881	69.52	0.8851	70.72	0.8821	71.91	0.8791	73.08
0.8880	69.56	0.8850	70.76	0.8820	71.95	0.8790	73.12
0.8879	69.60	0.8849	70.80	0.8819	71.99	0.8789	73.16
0.8878	69.64	0.8848	70.84	0.8818	72.03	0.8788	73.19
0.8877	69.68	0.8847	70.88	0.8817	72.07	0.8787	73.23
0.8876	69.72	0.8846	70.92	0.8816	72.10	0.8786	73.27
0.8875	69.76	0.8845	70.96	0.8815	72.14	0.8785	73.31
0.8874	69.80	0.8844	71.00	0.8814	72.18	0.8784	73.35
0.8873	69.84	0.8843	71.04	0.8813	72.22	0.8783	73.39
0.8872	69.88	0.8842	71.08	0.8812	72.26	0.8782	73.43
0.8871	69.92	0.8841	71.12	0.8811	72.30	0.8781	73.47
0.8870	69.96	0.8840	71.16	0.8810	72.34	0.8780	73.50
0.8869	70.00	0.8839	71.20	0.8809	72.38	0.8779	73.54
0.8868	70.04	0.8838	71.24	0.8808	72.42	0.8778	73.58
0.8867	70.08	0.8837	71.27	0.8807	72.46	0.8777	73.62
0.8866	70.12	0.8836	71.31	0.8806	72.50	0.8776	73.66
0.8865	70.16	0.8835	71.35	0.8805	72.53	0.8775	73.70

续表

相对密度	酒精度 /%vol	相对密度	酒精度 /%vol	相对密度	酒精度 /%vol	相对密度	酒精度 /%vol
0.8774	73.74	0.8748	74.74	0.8722	75.73	0.8696	76.70
0.8773	73.78	0.8747	74.77	0.8721	75.76	0.8695	76.74
0.8772	73.81	0.8746	74.81	0.8720	75.80	0.8694	76.78
0.8771	73.85	0.8745	74.85	0.8719	75.84	0.8693	76.81
0.8770	73.89	0.8744	74.89	0.8718	75.88	0.8692	76.85
0.8769	73.93	0.8743	74.93	0.8717	75.91	0.8691	76.89
0.8768	73.97	0.8742	74.97	0.8716	75.95	0.8690	76.92
0.8767	74.01	0.8741	75.00	0.8715	75.99	0.8689	76.96
0.8766	74.05	0.8740	75.04	0.8714	76.03	0.8688	77.00
0.8765	74.08	0.8739	75.08	0.8713	76.06	0.8687	77.03
0.8764	74.12	0.8738	75.12	0.8712	76.10	0.8686	77.07
0.8763	74.16	0.8737	75.16	0.8711	76.14	0.8685	77.11
0.8762	74.20	0.8736	75.19	0.8710	76.18	0.8684	77.14
0.8761	74.24	0.8735	75.23	0.8709	76.22	0.8683	77.18
0.8760	74.28	0.8734	75.27	0.8708	76.25	0.8682	77.22
0.8759	74.32	0.8733	75.31	0.8707	76.29	0.8681	77.26
0.8758	74.35	0.8732	75.35	0.8706	76.33	0.8680	77.29
0.8757	74.39	0.8731	75.38	0.8705	76.37	0.8679	77.33
0.8756	74.43	0.8730	75.42	0.8704	76.40	0.8678	77.37
0.8755	74.47	0.8729	75.46	0.8703	76.44	0.8677	77.40
0.8754	74.51	0.8728	75.50	0.8702	76.48	0.8676	77.44
0.8753	74.55	0.8727	75.54	0.8701	76.52	0.8675	77.48
0.8752	74.58	0.8726	75.57	0.8700	76.55	0.8674	77.51
0.8751	74.62	0.8725	75.61	0.8699	76.59	0.8673	77.55
0.8750	74.66	0.8724	75.65	0.8698	76.63	0.8672	77.59
0.8749	74.70	0.8723	75.69	0.8697	76.66	0.8671	77.62

附录 2-3　　酒精水溶液密度与酒精度对照表（20℃）

密度/（g/L）	酒精度/%vol	密度/（g/L）	酒精度/%vol	密度/（g/L）	酒精度/%vol	密度/（g/L）	酒精度/%vol
998. 20	0. 00	997. 55	0. 43	996. 91	0. 86	996. 27	1. 29
998. 18	0. 01	997. 53	0. 44	996. 89	0. 87	996. 25	1. 30
998. 16	0. 03	997. 51	0. 46	996. 87	0. 88	996. 23	1. 31
998. 14	0. 04	997. 49	0. 47	996. 85	0. 90	996. 21	1. 33
998. 12	0. 05	997. 47	0. 48	996. 83	0. 91	996. 20	1. 34
998. 10	0. 06	997. 45	0. 49	996. 81	0. 92	996. 18	1. 35
998. 08	0. 08	997. 43	0. 51	996. 79	0. 93	996. 16	1. 36
998. 07	0. 09	997. 42	0. 52	996. 77	0. 95	996. 14	1. 38
998. 05	0. 10	997. 40	0. 53	996. 76	0. 96	996. 12	1. 39
998. 03	0. 11	997. 38	0. 54	996. 74	0. 97	996. 10	1. 40
998. 01	0. 13	997. 36	0. 56	996. 72	0. 99	996. 09	1. 41
997. 99	0. 14	997. 34	0. 57	996. 70	1. 00	996. 07	1. 43
997. 97	0. 15	997. 32	0. 58	996. 68	1. 01	996. 05	1. 44
997. 95	0. 16	997. 30	0. 59	996. 66	1. 02	996. 03	1. 45
997. 93	0. 18	997. 28	0. 61	996. 64	1. 04	996. 01	1. 46
997. 91	0. 19	997. 26	0. 62	996. 62	1. 05	995. 99	1. 48
997. 89	0. 20	997. 24	0. 63	996. 61	1. 06	995. 97	1. 49
997. 87	0. 21	997. 23	0. 64	996. 59	1. 07	995. 96	1. 50
997. 85	0. 23	997. 21	0. 66	996. 57	1. 09	995. 94	1. 51
997. 83	0. 24	997. 19	0. 67	996. 55	1. 10	995. 92	1. 53
997. 82	0. 25	997. 17	0. 68	996. 53	1. 11	995. 90	1. 54
997. 80	0. 27	997. 15	0. 69	996. 51	1. 12	995. 88	1. 55
997. 78	0. 28	997. 13	0. 71	996. 49	1. 14	995. 86	1. 56
997. 76	0. 29	997. 11	0. 72	996. 48	1. 15	995. 85	1. 58
997. 74	0. 30	997. 09	0. 73	996. 46	1. 16	995. 83	1. 59
997. 72	0. 32	997. 07	0. 75	996. 44	1. 17	995. 81	1. 60
997. 70	0. 33	997. 06	0. 76	996. 42	1. 19	995. 79	1. 62
997. 68	0. 34	997. 04	0. 77	996. 40	1. 20	995. 77	1. 63
997. 66	0. 35	997. 02	0. 78	996. 38	1. 21	995. 75	1. 64
997. 64	0. 37	997. 00	0. 80	996. 36	1. 22	995. 74	1. 65
997. 62	0. 38	996. 98	0. 81	996. 34	1. 24	995. 72	1. 67
997. 61	0. 39	996. 96	0. 82	996. 33	1. 25	995. 70	1. 68
997. 51	0. 40	996. 94	0. 83	996. 31	1. 26	995. 68	1. 69
997. 57	0. 42	996. 92	0. 85	996. 29	1. 27	995. 66	1. 70

续表

密度/(g/L)	酒精度/%vol	密度/(g/L)	酒精度/%vol	密度/(g/L)	酒精度/%vol	密度/(g/L)	酒精度/%vol
995.64	1.72	995.02	2.14	994.41	2.57	993.81	3.00
995.63	1.73	995.01	2.16	994.40	2.58	993.79	3.01
995.61	1.74	994.99	2.17	994.38	2.60	993.77	3.02
995.59	1.75	994.97	2.18	994.36	2.61	993.76	3.03
995.57	1.77	994.95	2.19	994.34	2.62	993.74	3.05
995.55	1.78	994.93	2.21	994.32	2.63	993.72	3.06
995.53	1.79	994.92	2.22	994.31	2.65	993.70	3.07
995.52	1.80	994.90	2.23	994.29	2.66	993.69	3.08
995.50	1.82	994.88	2.24	994.27	2.67	993.67	3.10
995.48	1.83	994.86	2.26	994.25	2.68	993.65	3.11
995.46	1.84	994.84	2.27	994.23	2.70	993.63	3.12
995.44	1.85	994.83	2.28	994.22	2.71	993.61	3.13
995.42	1.87	994.81	2.29	994.20	2.72	993.60	3.15
995.41	1.88	994.79	2.31	994.18	2.73	993.58	3.16
995.39	1.89	994.77	2.32	994.16	2.75	993.56	3.17
995.37	1.90	994.75	2.33	994.15	2.76	993.54	3.18
995.35	1.92	994.74	2.34	994.13	2.77	993.53	3.20
995.33	1.93	994.72	2.36	994.11	2.78	993.51	3.21
995.32	1.94	994.70	2.37	994.09	2.80	993.49	3.22
995.30	1.95	994.68	2.38	994.07	2.81	993.47	3.24
995.28	1.97	994.66	2.39	994.06	2.82	993.46	3.25
995.26	1.98	994.65	2.41	994.04	2.83	993.44	3.26
995.24	1.99	994.63	2.42	994.02	2.85	993.42	3.27
995.22	2.01	994.61	2.43	994.00	2.86	993.40	3.29
995.21	2.02	994.59	2.44	993.99	2.87	993.39	3.30
995.19	2.03	994.57	2.46	993.97	2.88	993.37	3.31
995.17	2.04	994.56	2.47	993.95	2.90	993.35	3.32
995.15	2.06	994.54	2.48	993.93	2.91	993.33	3.34
995.13	2.07	994.52	2.50	993.91	2.92	993.32	3.35
995.12	2.08	994.50	2.51	993.00	2.93	993.30	3.36
995.10	2.09	994.48	2.52	993.88	2.95	993.28	3.37
995.08	2.11	994.47	2.53	993.86	2.96	993.26	3.39
995.06	2.12	994.45	2.55	993.84	2.97	993.25	3.40
995.04	2.13	994.43	2.56	993.83	2.98	993.23	3.41

续表

密度/(g/L)	酒精度/%vol	密度/(g/L)	酒精度/%vol	密度/(g/L)	酒精度/%vol	密度/(g/L)	酒精度/%vol
993.21	3.42	992.62	3.85	992.04	4.27	991.46	4.70
993.19	3.44	992.60	3.86	992.02	4.29	991.44	4.71
993.18	3.45	992.59	3.87	992.00	4.30	991.43	4.72
993.16	3.46	992.57	3.89	991.99	4.31	991.41	4.74
993.14	3.47	992.55	3.90	991.97	4.32	991.39	4.75
993.12	3.49	992.54	3.91	991.95	4.34	991.38	4.76
993.11	3.50	992.52	3.92	991.94	4.35	991.36	4.77
993.09	3.51	992.50	3.94	991.92	4.36	991.34	4.79
993.07	3.52	992.48	3.95	991.90	4.37	991.33	4.80
993.05	3.54	992.47	3.96	991.88	4.39	991.31	4.81
993.04	3.55	992.45	3.97	991.87	4.40	991.29	4.82
993.02	3.56	992.43	3.99	991.85	4.41	991.28	4.84
993.00	3.57	992.41	4.00	991.83	4.42	991.26	4.85
992.99	3.59	992.40	4.01	991.82	4.44	991.24	4.86
992.97	3.60	992.38	4.02	991.80	4.45	991.22	4.87
992.95	3.61	992.36	4.04	991.78	4.46	991.21	4.89
992.93	3.62	992.35	4.05	991.77	4.47	991.19	4.90
992.92	3.64	992.33	4.06	991.75	4.49	991.17	4.91
992.90	3.65	992.31	4.07	991.73	4.50	991.16	4.92
992.88	3.66	992.29	4.09	991.71	4.51	991.14	4.94
992.86	3.67	992.28	4.10	991.70	4.52	991.12	4.95
992.85	3.69	992.26	4.11	991.68	4.54	991.11	4.96
992.83	3.70	992.24	4.12	991.66	4.55	991.09	4.97
992.81	3.71	992.23	4.14	991.65	4.56	991.07	4.99
992.79	3.72	992.21	4.15	991.63	4.57	991.06	5.00
992.78	3.74	992.19	4.16	991.61	4.59	991.04	5.01
992.76	3.75	992.17	4.17	991.60	4.60	991.02	5.02
992.74	3.76	992.16	4.19	991.58	4.61	991.01	5.04
992.72	3.77	992.14	4.20	991.56	4.62	990.99	5.05
992.71	3.79	992.12	4.21	991.54	4.64	990.97	5.06
992.69	3.80	992.11	4.22	991.53	4.65	990.96	5.07
992.67	3.81	992.09	4.24	991.51	4.66	990.94	5.09
992.66	3.82	992.07	4.25	991.49	4.67	990.92	5.10
992.64	3.84	992.05	4.26	991.48	4.69	990.91	5.11

续表

密度/(g/L)	酒精度/%vol	密度/(g/L)	酒精度/%vol	密度/(g/L)	酒精度/%vol	密度/(g/L)	酒精度/%vol
990.89	5.12	990.33	5.55	989.77	5.97	989.21	6.39
990.87	5.13	990.31	5.56	989.75	5.98	989.20	6.40
990.86	5.15	990.29	5.57	989.73	5.99	989.18	6.42
990.84	5.16	990.28	5.58	989.72	6.01	989.17	6.43
990.82	5.17	990.26	5.60	989.70	6.02	989.15	6.44
990.81	5.18	990.24	5.61	989.69	6.03	989.13	6.45
990.79	5.20	990.23	5.62	989.67	6.04	989.12	6.47
990.77	5.21	990.21	5.63	989.65	6.06	989.10	6.48
990.76	5.22	990.19	5.65	989.64	6.07	989.09	6.49
990.74	5.23	990.18	5.66	989.62	6.08	989.07	6.50
990.72	5.25	990.16	5.67	989.60	6.09	989.05	6.52
990.71	5.26	990.14	5.68	989.59	6.11	989.04	6.53
990.69	5.27	990.13	5.70	989.57	6.12	989.02	6.54
990.67	5.28	990.11	5.71	989.56	6.13	989.01	6.55
990.66	5.30	990.09	5.72	989.54	6.14	988.99	6.57
990.64	5.31	990.08	5.73	989.52	6.16	988.97	6.58
990.62	5.32	990.06	5.75	989.51	6.17	988.96	6.59
990.61	5.33	990.05	5.76	989.49	6.18	988.94	6.60
990.59	5.35	990.03	5.77	989.47	6.19	988.92	6.62
990.57	5.36	990.01	5.78	989.46	6.21	988.91	6.63
990.56	5.37	990.00	5.80	989.44	6.22	988.89	6.64
990.54	5.38	989.98	5.81	989.43	6.23	988.88	6.65
990.52	5.40	989.96	5.82	989.41	6.24	988.86	6.67
990.51	5.41	989.95	5.83	989.39	6.26	988.84	6.68
990.49	5.42	989.93	5.85	989.38	6.27	988.83	6.69
990.47	5.43	989.91	5.86	989.36	6.28	988.81	6.70
990.46	5.45	989.90	5.87	989.34	6.29	988.80	6.72
990.44	5.46	989.88	5.88	989.33	6.31	988.78	6.73
990.42	5.47	989.87	5.89	989.31	6.32	988.76	6.74
990.41	5.48	989.85	5.91	989.30	6.33	988.75	6.75
990.39	5.50	989.83	5.92	989.28	6.34	988.73	6.77
990.37	5.51	989.82	5.93	989.26	6.36	988.72	6.78
990.36	5.52	989.80	5.94	989.25	6.37	988.70	6.79
990.34	5.53	989.78	5.96	989.23	6.38	988.68	6.80

续表

密度/(g/L)	酒精度/%vol	密度/(g/L)	酒精度/%vol	密度/(g/L)	酒精度/%vol	密度/(g/L)	酒精度/%vol
988.67	6.81	988.13	7.24	987.59	7.66	987.06	8.08
988.65	6.83	988.11	7.25	987.58	7.67	987.05	8.09
988.64	6.84	988.10	7.26	987.56	7.68	987.03	8.10
988.62	6.85	988.08	7.27	987.55	7.70	987.02	8.12
988.60	6.86	988.06	7.29	987.53	7.71	987.00	8.13
988.59	6.88	988.05	7.30	987.51	7.72	986.99	8.14
988.57	6.89	988.03	7.31	987.50	7.73	986.97	8.15
988.56	6.90	988.02	7.32	987.48	7.74	986.96	8.17
988.54	6.91	988.00	7.34	987.47	7.76	986.94	8.18
988.52	6.93	987.99	7.35	987.45	7.77	986.92	8.19
988.51	6.94	987.97	7.36	987.44	7.78	986.91	8.20
988.49	6.95	987.95	7.37	987.42	7.79	986.89	8.22
988.48	6.96	987.54	7.39	987.41	7.81	986.88	8.23
988.46	6.98	987.92	7.40	987.39	7.82	986.86	8.24
988.45	6.99	987.91	7.41	987.37	7.83	986.85	8.25
988.43	7.00	987.89	7.42	987.36	7.84	986.83	8.26
988.41	7.01	987.88	7.44	987.34	7.86	986.82	8.28
988.40	7.03	987.86	7.45	987.33	7.87	986.80	8.29
988.38	7.04	987.84	7.46	987.31	7.88	986.79	8.30
988.37	7.05	987.83	7.47	987.30	7.89	986.77	8.31
988.35	7.06	987.81	7.48	987.28	7.91	986.75	8.33
988.33	7.08	987.80	7.50	987.27	7.92	986.74	8.34
988.32	7.09	987.78	7.51	987.25	7.93	986.72	8.35
988.30	7.10	987.77	7.52	987.23	7.94	986.71	8.36
988.29	7.11	987.75	7.53	987.22	7.96	986.69	8.38
988.27	7.12	987.73	7.55	987.20	7.97	986.68	8.39
988.25	7.14	987.72	7.56	987.19	7.98	986.66	8.40
988.24	7.15	987.70	7.57	987.17	7.99	986.65	8.41
988.22	7.16	987.69	7.58	987.16	8.01	986.63	8.43
988.21	7.17	987.67	7.60	987.14	8.02	986.62	8.44
988.19	7.19	987.66	7.61	987.13	8.03	986.60	8.45
988.18	7.20	987.64	7.62	987.11	8.04	986.59	8.46
988.16	7.21	987.62	7.63	987.09	8.05	986.57	8.48
988.14	7.22	987.61	7.65	987.08	8.07	986.55	8.49

续表

密度/(g/L)	酒精度/%vol	密度/(g/L)	酒精度/%vol	密度/(g/L)	酒精度/%vol	密度/(g/L)	酒精度/%vol
986. 54	8. 50	986. 02	8. 92	985. 51	9. 34	985. 00	9. 76
986. 52	8. 51	986. 01	8. 93	985. 49	9. 35	984. 98	9. 77
986. 51	8. 52	985. 99	8. 95	985. 48	9. 36	984. 97	9. 78
986. 49	8. 54	985. 98	8. 96	985. 46	9. 38	984. 95	9. 80
986. 48	8. 55	985. 96	8. 97	985. 45	9. 39	984. 94	9. 81
986. 46	8. 56	985. 94	8. 98	985. 43	9. 40	984. 92	9. 82
986. 45	8. 57	985. 93	8. 99	985. 42	9. 41	984. 91	9. 83
986. 43	8. 59	985. 91	9. 01	985. 40	9. 43	984. 89	9. 85
986. 42	8. 60	985. 90	9. 02	985. 39	9. 44	984. 88	9. 86
986. 40	8. 61	985. 88	9. 03	985. 37	9. 45	984. 86	9. 87
986. 39	8. 62	985. 87	9. 04	985. 36	9. 46	984. 85	9. 88
986. 37	8. 64	985. 85	9. 06	985. 34	9. 48	984. 84	9. 90
986. 36	8. 65	985. 84	9. 07	985. 33	9. 49	984. 82	9. 91
986. 34	8. 66	985. 82	9. 08	985. 31	9. 50	984. 81	9. 92
986. 33	8. 67	985. 81	9. 09	985. 30	9. 51	984. 79	9. 93
986. 31	8. 69	985. 79	9. 11	985. 28	9. 53	984. 78	9. 94
986. 29	8. 70	985. 78	9. 12	985. 27	9. 54	987. 76	9. 96
986. 28	8. 71	985. 76	9. 13	985. 25	9. 55	984. 75	9. 97
986. 26	8. 72	985. 75	9. 14	985. 24	9. 56	984. 73	9. 98
986. 25	8. 73	985. 73	9. 16	985. 22	9. 57	984. 72	9. 99
986. 23	8. 75	985. 72	9. 17	985. 21	9. 59	984. 70	10. 01
986. 22	8. 76	985. 70	9. 18	985. 19	9. 60	984. 69	10. 02
986. 20	8. 77	985. 69	9. 19	985. 18	9. 61	984. 67	10. 03
986. 19	8. 78	985. 67	9. 20	985. 16	9. 62	984. 66	10. 04
986. 17	8. 80	985. 66	9. 22	985. 15	9. 64	984. 64	10. 06
986. 16	8. 81	985. 64	9. 23	985. 13	9. 65	984. 63	10. 07
986. 14	8. 82	985. 63	9. 24	985. 12	9. 66	984. 61	10. 08
986. 13	8. 83	985. 61	9. 25	985. 10	9. 67	984. 60	10. 09
986. 11	8. 85	985. 60	9. 27	985. 09	9. 69	984. 58	10. 10
986. 10	8. 86	985. 58	9. 28	985. 07	9. 70	984. 57	10. 12
986. 08	8. 87	985. 57	9. 29	985. 06	9. 71	984. 55	10. 13
986. 07	8. 88	985. 55	9. 30	985. 04	9. 72	984. 54	10. 14
986. 05	8. 90	985. 54	9. 32	985. 03	9. 74	984. 52	10. 15
986. 04	8. 91	985. 52	9. 33	985. 01	9. 75	984. 51	10. 17

续表

密度/(g/L)	酒精度/%vol	密度/(g/L)	酒精度/%vol	密度/(g/L)	酒精度/%vol	密度/(g/L)	酒精度/%vol
984.49	10.18	984.00	10.60	983.50	11.02	983.01	11.43
984.48	10.19	983.98	10.61	983.49	11.03	983.00	11.45
984.47	10.20	983.97	10.62	983.47	11.04	982.98	11.46
984.45	10.22	983.95	10.63	983.46	11.05	982.97	11.47
984.44	10.23	983.94	10.65	983.44	11.07	982.95	11.48
984.42	10.24	983.92	10.66	983.43	11.08	982.94	11.50
984.41	10.25	983.91	10.67	983.41	11.09	982.93	11.51
984.39	10.27	983.89	10.68	983.40	11.10	982.91	11.52
984.38	10.28	983.88	10.70	983.39	11.11	982.90	11.53
984.36	10.29	983.86	10.71	983.37	11.13	982.88	11.54
984.35	10.30	983.85	10.72	983.36	11.14	982.87	11.56
984.33	10.31	983.84	10.73	983.34	11.15	982.85	11.57
984.32	10.33	983.82	10.75	983.33	11.16	982.84	11.58
984.30	10.34	983.81	10.76	983.31	11.18	982.82	11.59
984.29	10.35	983.79	10.77	983.30	11.19	982.81	11.61
984.27	10.36	983.78	10.78	983.28	11.20	982.80	11.62
984.26	10.38	983.76	10.79	983.27	11.21	982.78	11.63
984.24	10.39	983.75	10.81	983.26	11.23	982.77	11.64
984.23	10.40	983.73	10.82	983.24	11.24	982.75	11.66
984.22	10.41	983.72	10.83	983.23	11.25	982.74	11.67
984.20	10.43	983.70	10.84	983.21	11.26	982.72	11.68
984.19	10.44	983.69	10.86	983.20	11.27	982.71	11.69
984.17	10.45	983.68	10.87	983.18	11.29	982.70	11.70
984.16	10.46	983.66	10.88	983.17	11.30	982.68	11.72
984.14	10.47	983.65	10.89	983.15	11.31	982.67	11.73
984.13	10.49	983.63	10.91	983.14	11.32	982.65	11.74
984.11	10.50	983.62	10.92	983.13	11.34	982.64	11.75
984.10	10.51	983.60	10.93	983.11	11.35	982.63	11.77
984.08	10.52	983.59	10.94	983.10	11.36	982.61	11.78
984.07	10.54	983.57	10.95	983.08	11.37	982.60	11.79
984.05	10.55	983.56	10.97	983.07	11.38	982.58	11.80
984.04	10.56	983.54	10.98	983.05	11.40	982.57	11.81
984.03	10.57	983.53	10.99	983.04	11.41	982.55	11.83
984.01	10.59	983.52	11.00	983.03	11.42	982.54	11.84

续表

密度/(g/L)	酒精度/%vol	密度/(g/L)	酒精度/%vol	密度/(g/L)	酒精度/%vol	密度/(g/L)	酒精度/%vol
982.53	11.85	982.04	12.27	981.58	12.69	981.09	13.10
982.51	11.86	982.03	12.28	981.57	12.70	981.08	13.11
982.50	11.88	982.02	12.29	981.55	12.71	981.06	13.12
982.48	11.89	982.00	12.31	981.54	12.72	981.05	13.14
982.47	11.90	981.99	12.32	981.52	12.73	981.04	13.15
982.45	11.91	981.97	12.33	981.51	12.75	981.02	13.16
982.44	11.93	981.96	12.34	981.50	12.76	981.01	13.18
982.43	11.94	981.94	12.35	981.48	12.77	980.99	13.19
982.41	11.95	981.93	12.37	981.47	12.78	980.98	13.20
982.40	11.96	981.92	12.38	981.45	12.80	980.97	13.21
982.38	11.97	981.90	12.39	981.44	12.81	980.95	13.22
982.37	11.99	981.89	12.40	981.43	12.82	980.94	13.24
982.35	12.00	981.87	12.42	981.40	12.83	980.93	13.25
982.34	12.01	981.86	12.43	981.38	12.85	980.91	13.26
982.33	12.02	981.85	12.44	981.37	12.86	980.90	13.27
982.31	12.04	981.83	12.45	981.36	12.87	980.88	13.29
982.30	12.05	981.82	12.47	981.34	12.88	980.87	13.30
982.28	12.06	981.80	12.48	981.33	12.89	980.86	13.31
982.27	12.07	981.79	12.49	981.31	12.91	980.84	13.32
982.26	21.08	981.78	12.50	981.30	12.92	980.83	13.33
982.24	12.10	981.76	12.51	981.29	12.93	980.81	13.35
982.23	12.11	981.75	12.53	981.27	12.94	980.80	13.36
982.21	12.12	981.73	12.54	981.26	12.96	980.79	13.37
982.20	12.13	981.72	12.55	981.24	12.97	980.77	13.38
982.18	12.15	981.71	12.56	981.23	12.98	980.76	13.40
982.17	12.16	981.69	12.58	981.22	12.99	980.75	13.41
982.16	12.17	981.68	12.59	981.20	13.00	980.73	13.42
982.14	12.18	981.66	12.60	981.19	13.02	980.72	13.43
982.13	12.20	981.65	12.61	981.18	13.03	980.70	13.45
982.11	12.21	981.64	12.62	981.16	13.04	980.69	13.46
982.10	12.22	981.62	12.64	981.15	13.05	980.68	13.47
982.09	12.23	981.61	12.65	981.13	13.07	980.66	13.48
982.07	12.24	981.60	12.66	981.12	13.08	980.65	13.49
982.06	12.26	981.59	12.67	981.11	13.09	980.64	13.51

续表

密度/（g/L）	酒精度/%vol	密度/（g/L）	酒精度/%vol	密度/（g/L）	酒精度/%vol	密度/（g/L）	酒精度/%vol
980.62	13.52	980.15	13.93	979.69	14.35	979.23	14.76
980.61	13.53	980.14	13.95	979.68	14.36	979.22	14.78
980.59	13.54	980.13	13.96	979.66	14.37	979.20	14.79
980.58	13.56	980.11	13.97	979.65	14.39	979.19	14.80
980.57	13.57	980.10	13.98	979.64	14.40	979.18	14.81
980.55	13.58	980.09	14.00	979.62	14.41	979.16	14.83
980.54	13.59	980.07	14.01	979.61	14.42	979.15	14.84
980.52	13.60	980.06	14.02	979.60	14.44	979.13	14.85
980.51	13.62	980.04	14.03	979.58	14.45	979.12	14.86
980.50	13.63	980.03	14.04	979.57	14.46	979.11	14.87
980.48	13.64	980.02	14.06	979.55	14.47	979.09	14.89
980.47	13.65	980.00	14.07	979.54	14.48	979.08	14.90
980.46	13.67	979.99	14.08	979.53	14.50	979.07	14.91
980.44	13.68	979.98	14.09	979.51	14.51	979.05	14.92
980.43	13.69	979.96	14.11	979.50	14.52	979.04	14.94
980.41	13.70	979.95	14.12	979.49	14.53	979.03	14.95
980.40	13.71	979.94	14.13	979.47	14.55	979.01	14.96
980.39	13.73	979.92	14.14	979.46	14.56	979.00	14.97
980.37	13.74	979.91	14.15	979.45	14.57	978.99	14.98
980.36	13.75	979.89	14.17	979.43	14.58	978.97	15.00
980.35	13.76	979.88	14.18	979.42	14.59	978.96	15.01
980.33	13.78	979.87	14.19	979.41	14.61	978.95	15.02
980.32	13.79	979.85	14.20	979.39	14.62	978.93	15.03
980.31	13.80	979.84	14.22	979.38	14.63	978.92	15.05
980.29	13.81	979.83	14.23	979.36	14.64	978.91	15.06
980.28	13.82	979.81	14.24	979.35	14.65	978.89	15.07
980.26	13.84	979.80	14.25	979.34	14.67	978.88	15.08
980.25	13.85	979.79	14.26	979.32	14.68	978.87	15.09
980.24	13.86	979.77	14.28	979.31	14.69	978.85	15.11
980.22	13.87	979.76	14.29	979.30	14.70	978.84	15.12
980.21	13.89	979.74	14.30	979.28	14.72	978.83	15.13
980.20	13.90	979.73	14.31	979.27	14.73	978.81	15.14
980.18	13.91	979.72	14.33	979.26	14.74	978.80	15.16
980.17	13.92	979.70	14.34	979.24	14.75	978.78	15.17

续表

密度/(g/L)	酒精度/%vol	密度/(g/L)	酒精度/%vol	密度/(g/L)	酒精度/%vol	密度/(g/L)	酒精度/%vol
978.77	15.18	978.32	15.59	977.85	16.02	977.40	16.43
978.76	15.19	978.30	15.61	977.84	16.03	977.39	16.45
978.74	15.20	978.29	15.62	977.82	16.04	977.37	16.46
978.73	15.22	978.28	15.63	977.81	16.06	977.36	16.47
978.72	15.23	978.26	15.64	977.80	16.07	977.35	16.48
978.70	15.24	978.25	15.65	977.78	16.08	977.33	16.49
978.69	15.25	978.24	15.67	977.77	16.09	977.32	16.51
978.68	15.26	978.22	15.68	977.76	16.11	977.31	16.52
978.66	15.28	978.21	15.69	977.74	16.12	977.29	16.53
978.65	15.29	978.20	15.70	977.73	16.13	977.28	16.54
978.64	15.30	978.17	15.73	977.72	16.14	977.27	16.56
978.62	15.31	978.16	15.74	977.70	16.15	977.25	16.57
978.61	15.33	978.14	15.75	977.69	16.17	977.24	16.58
978.60	15.34	978.13	15.76	977.68	16.18	977.23	16.59
978.58	15.35	978.12	15.78	977.66	16.19	977.21	16.60
978.57	15.36	978.10	15.79	977.65	16.20	977.20	16.62
978.56	15.37	978.09	15.80	977.64	16.21	977.19	16.63
978.54	15.39	978.08	15.81	977.62	16.23	977.17	16.64
978.53	15.40	978.06	15.83	977.61	16.24	977.16	16.65
978.52	15.41	978.05	15.84	977.60	16.25	977.15	16.66
978.50	15.42	978.04	15.85	977.58	16.26	977.13	16.68
978.49	15.44	978.02	15.86	977.57	16.28	977.12	16.69
978.48	15.45	978.01	15.87	977.56	16.29	977.11	16.70
978.46	15.46	978.00	15.89	977.54	16.30	977.09	16.71
978.45	15.47	977.98	15.90	977.53	16.31	977.08	16.73
978.44	15.48	977.97	15.91	977.52	16.32	977.07	16.74
978.42	15.50	977.96	15.92	977.50	16.34	977.06	16.75
978.41	15.51	977.94	15.93	977.49	16.35	977.04	16.76
978.40	15.52	977.93	15.95	977.48	16.36	977.03	16.77
978.38	15.53	977.92	15.96	977.46	16.37	977.02	16.79
978.37	15.55	977.90	15.97	977.45	16.39	977.00	16.80
978.36	15.56	977.89	15.98	977.44	16.40	976.99	16.81
978.34	15.57	977.88	16.00	977.43	16.41	976.98	16.82
978.33	15.58	977.86	16.01	977.41	16.42	976.96	16.84

续表

密度/(g/L)	酒精度/%vol	密度/(g/L)	酒精度/%vol	密度/(g/L)	酒精度/%vol	密度/(g/L)	酒精度/%vol
976.95	16.85	976.50	17.26	976.04	17.67	975.61	18.08
976.94	16.86	976.49	17.27	976.03	17.68	975.60	18.10
976.92	16.87	976.48	17.28	976.02	17.70	975.59	18.11
976.91	16.88	976.46	17.30	976.01	17.71	975.57	18.12
976.90	16.90	976.45	17.31	976.00	17.72	975.56	18.13
976.88	16.91	976.44	17.32	975.99	17.73	975.55	18.15
976.87	16.92	976.42	17.33	975.98	17.75	975.53	18.16
976.86	16.93	976.41	17.35	975.97	17.76	975.52	18.17
976.84	16.94	976.40	17.36	975.95	17.77	975.51	18.18
976.83	16.96	976.38	17.37	975.94	17.78	975.50	18.19
976.82	16.97	976.37	17.38	975.93	17.79	975.48	18.21
976.81	16.98	976.36	17.39	975.91	17.81	975.47	18.22
976.79	16.99	976.35	17.41	975.90	17.82	975.46	18.23
976.78	17.01	976.33	17.42	975.89	17.83	975.44	18.24
976.77	17.02	976.32	17.43	975.87	17.84	975.43	18.25
976.75	17.03	976.31	17.44	975.86	17.85	975.42	18.27
976.74	17.04	976.29	17.45	975.85	17.87	975.40	18.28
976.73	17.05	976.28	17.47	975.84	17.88	975.39	18.29
976.71	17.07	976.27	17.48	975.82	17.89	975.38	18.30
976.70	17.08	976.25	17.49	975.81	17.90	975.37	18.32
976.69	17.09	976.24	17.50	975.80	17.92	975.35	18.33
976.67	17.10	976.23	17.52	975.78	17.93	975.34	18.34
976.66	17.11	976.21	17.53	975.77	17.94	975.33	18.35
976.65	17.13	976.20	17.54	975.76	17.95	975.31	18.36
976.63	17.14	976.19	17.55	975.74	17.96	975.30	18.38
976.62	17.15	976.18	17.56	975.73	17.98	975.29	18.39
976.61	17.16	976.16	17.58	975.72	17.99	975.27	18.40
976.59	17.18	976.15	17.59	975.70	18.00	975.26	18.41
976.58	17.19	976.14	17.60	975.69	18.01	975.25	18.42
976.57	17.20	976.12	17.61	975.68	18.02	975.24	18.44
976.56	17.21	976.10	17.62	975.67	18.04	975.22	18.45
976.54	17.22	976.08	17.64	975.65	18.05	975.21	18.46
976.53	17.24	976.07	17.65	975.64	18.06	975.20	18.47
976.52	17.25	976.06	17.66	975.63	18.07	975.18	18.48

续表

密度/(g/L)	酒精度/%vol	密度/(g/L)	酒精度/%vol	密度/(g/L)	酒精度/%vol	密度/(g/L)	酒精度/%vol
975. 17	18. 50	974. 73	18. 91	974. 29	19. 32	973. 85	19. 73
975. 16	18. 51	974. 71	18. 92	974. 27	19. 33	973. 83	19. 74
975. 14	18. 52	974. 70	18. 93	974. 26	19. 34	973. 82	19. 75
975. 13	18. 53	974. 69	18. 94	974. 25	19. 36	973. 81	19. 77
975. 12	18. 55	974. 68	18. 96	974. 23	19. 37	973. 79	19. 78
975. 11	18. 56	974. 66	18. 97	974. 22	19. 38	973. 78	19. 79
975. 09	18. 57	974. 65	18. 98	974. 21	19. 39	973. 77	19. 80
975. 08	18. 58	974. 64	18. 99	974. 20	19. 40	973. 75	19. 81
975. 07	18. 59	974. 62	19. 01	974. 18	19. 42	973. 74	19. 83
975. 05	18. 61	974. 61	19. 02	974. 17	19. 43	973. 73	19. 84
975. 04	18. 62	974. 60	19. 03	974. 16	19. 44	973. 72	19. 85
975. 03	18. 63	974. 59	19. 04	974. 14	19. 45	973. 70	19. 86
975. 01	18. 64	974. 57	19. 05	974. 13	19. 46	973. 69	19. 88
975. 00	18. 65	974. 56	19. 07	974. 12	19. 48	973. 68	19. 89
974. 99	18. 67	974. 55	19. 08	974. 10	19. 49	973. 66	19. 90
974. 97	18. 68	974. 53	19. 09	974. 09	19. 50	973. 65	19. 91
974. 96	18. 69	974. 52	19. 10	974. 08	19. 51	973. 64	19. 92
974. 95	18. 70	974. 51	19. 11	974. 07	19. 53	973. 62	19. 94
974. 94	18. 71	974. 49	19. 13	974. 05	19. 54	973. 61	19. 95
974. 92	18. 73	974. 48	19. 14	974. 04	19. 55	973. 60	19. 96
974. 91	18. 74	974. 47	19. 15	974. 03	19. 56	973. 59	19. 97
974. 90	18. 75	974. 46	19. 16	974. 01	19. 57	973. 57	19. 98
974. 88	18. 76	974. 44	19. 17	974. 00	19. 59	973. 56	20. 00
974. 87	18. 78	974. 43	19. 19	973. 99	19. 60	973. 55	20. 01
974. 86	18. 79	974. 42	19. 20	973. 98	19. 61	973. 53	20. 02
974. 84	18. 80	974. 40	19. 21	973. 96	19. 62	973. 52	20. 03
974. 83	18. 81	974. 39	19. 22	973. 95	19. 63	973. 51	20. 04
974. 82	18. 82	974. 38	19. 23	973. 94	19. 65	973. 50	20. 06
974. 81	18. 84	974. 36	19. 25	973. 92	19. 66	973. 48	20. 07
974. 79	18. 85	974. 35	19. 26	973. 91	19. 67	973. 47	20. 08
974. 78	18. 86	974. 34	19. 27	973. 90	19. 68	973. 46	20. 09
974. 77	18. 87	974. 33	19. 28	973. 88	19. 69	973. 44	20. 10
974. 75	18. 88	974. 31	19. 30	973. 87	19. 71	973. 43	20. 12
974. 74	18. 90	974. 30	19. 31	973. 86	19. 72	973. 42	20. 13

续表

密度/(g/L)	酒精度/%vol	密度/(g/L)	酒精度/%vol	密度/(g/L)	酒精度/%vol	密度/(g/L)	酒精度/%vol
973.40	20.14	972.96	20.55	972.52	20.96	972.08	21.37
976.39	20.15	972.95	20.56	972.51	20.97	972.07	21.38
973.38	20.16	972.94	20.57	972.50	20.98	972.05	21.39
973.37	20.18	972.92	20.59	972.48	21.00	972.04	21.41
973.35	20.19	972.91	20.60	972.47	21.01	972.03	21.42
973.34	20.20	972.90	20.61	972.46	21.02	972.02	21.43
973.33	20.21	972.89	20.62	972.45	21.03	972.00	21.44
973.31	20.23	972.87	20.64	972.43	21.04	971.99	21.45
973.30	20.24	972.86	20.65	972.42	21.06	971.98	21.47
973.29	20.25	972.85	20.66	972.41	21.07	971.96	21.48
973.28	20.26	972.83	20.67	972.39	21.08	971.95	21.49
973.26	20.27	972.82	20.68	972.38	21.09	971.94	21.50
973.25	20.29	972.81	20.70	972.37	21.10	971.93	21.51
973.24	20.30	972.80	20.71	972.35	21.12	971.91	21.53
973.22	20.31	972.78	20.72	972.34	21.13	971.90	21.54
973.21	20.32	972.77	20.73	972.33	21.14	971.89	21.55
973.20	20.33	972.76	20.74	972.32	21.15	971.87	21.56
973.18	20.35	972.74	20.76	972.30	21.17	971.86	21.57
973.17	20.36	972.73	20.77	972.29	21.18	971.85	21.59
973.16	20.37	972.72	20.78	972.28	21.19	971.83	21.60
973.15	20.38	972.70	20.79	972.26	21.20	971.82	21.61
973.13	20.39	972.69	20.80	972.25	21.21	971.81	21.62
973.12	20.41	972.68	20.82	972.24	21.23	971.80	21.63
973.11	20.42	972.67	20.83	972.22	21.24	971.78	21.65
973.09	20.43	972.65	20.84	972.21	21.25	971.77	21.66
973.08	20.44	972.64	20.85	972.20	21.26	971.76	21.67
973.07	20.45	972.63	20.86	972.19	21.27	971.74	21.68
973.05	20.47	972.61	20.88	972.17	21.29	971.73	21.69
973.04	20.48	972.60	20.89	972.16	21.30	971.72	21.71
973.03	20.49	972.59	20.90	972.15	21.31	971.70	21.72
973.02	20.50	972.57	20.91	972.13	21.32	971.69	21.73
973.00	20.51	972.56	20.92	972.12	21.33	971.68	21.74
972.99	20.53	972.55	20.94	972.11	21.35	971.67	21.75
972.98	20.54	972.54	20.95	972.09	21.36	971.65	21.77

续表

密度/(g/L)	酒精度/%vol	密度/(g/L)	酒精度/%vol	密度/(g/L)	酒精度/%vol	密度/(g/L)	酒精度/%vol
971.64	21.78	971.20	22.19	970.75	22.60	970.31	23.00
971.63	21.79	971.18	22.20	970.74	22.61	970.29	23.01
971.61	21.80	971.17	22.21	970.73	22.62	970.28	23.03
971.60	21.81	971.16	22.22	970.71	22.63	970.27	23.04
971.59	21.83	974.14	22.24	970.70	22.64	970.26	23.05
971.57	21.84	971.13	22.25	970.69	22.66	970.24	23.06
971.56	21.85	971.12	22.26	970.67	22.67	970.23	23.07
971.55	21.86	971.11	22.27	970.66	22.68	970.22	23.09
971.54	21.87	971.09	22.28	970.65	22.69	970.20	23.10
971.52	21.89	971.08	22.30	970.64	22.70	970.19	23.11
971.51	21.90	971.07	22.31	970.62	22.72	970.18	23.12
971.50	21.91	971.05	22.32	970.61	22.73	970.16	23.13
971.48	21.92	971.04	22.33	970.60	22.74	970.15	23.15
971.47	21.93	971.03	22.34	970.58	22.75	970.14	23.16
971.46	21.95	971.01	22.36	970.57	22.76	970.12	23.17
971.44	21.96	971.00	22.37	970.56	22.78	970.11	23.18
971.43	21.97	970.99	22.38	970.54	22.79	970.10	23.19
971.42	21.98	970.98	22.39	970.53	22.80	970.09	23.21
971.41	21.99	970.96	22.40	970.52	22.81	970.07	32.22
971.39	22.01	970.95	22.42	970.50	22.82	970.06	23.23
971.38	22.02	970.94	22.43	970.49	22.83	970.05	23.24
971.37	22.03	970.92	22.44	970.48	22.85	970.03	32.25
971.35	22.04	970.91	22.45	970.47	22.86	970.02	23.27
971.34	22.05	970.90	22.46	970.45	22.87	970.01	23.28
971.33	22.07	970.88	22.48	970.44	22.88	969.99	23.29
971.31	22.08	970.87	22.49	970.43	22.89	969.98	23.30
971.30	22.09	970.86	22.50	970.41	22.91	969.97	23.31
971.29	22.10	970.84	22.51	970.40	22.92	969.95	23.33
971.28	22.11	970.83	22.52	970.39	22.93	969.94	23.34
971.26	22.13	970.82	22.54	970.37	22.94	969.93	23.35
971.25	22.14	970.81	22.55	970.36	22.95	969.91	23.36
971.24	22.15	970.79	22.56	970.35	22.97	969.90	23.37
971.22	22.16	970.78	22.57	970.33	22.98	969.89	23.39
971.21	22.18	970.77	22.58	970.32	22.99	969.87	23.40

续表

密度/(g/L)	酒精度/%vol	密度/(g/L)	酒精度/%vol	密度/(g/L)	酒精度/%vol	密度/(g/L)	酒精度/%vol
969.86	23.41	969.41	23.82	968.96	24.22	968.51	24.63
969.85	23.42	969.40	23.83	968.95	24.24	968.50	24.64
969.84	23.43	969.39	23.84	968.94	24.25	968.49	24.65
969.82	23.45	969.37	23.85	968.92	24.26	968.47	24.66
969.81	23.46	969.36	23.86	968.91	24.27	968.46	24.68
969.80	23.47	969.35	23.88	968.90	24.28	968.45	24.69
969.78	23.48	969.33	23.89	968.88	24.29	968.43	24.70
969.77	23.49	969.32	32.90	968.87	24.31	968.42	24.71
969.76	23.51	969.31	23.91	968.86	24.32	968.41	24.72
969.74	23.52	969.29	23.92	968.84	24.33	968.39	24.74
969.73	23.53	969.28	23.94	968.83	24.34	968.38	24.75
969.72	23.54	969.27	23.95	968.82	24.35	968.37	24.76
969.70	23.55	969.25	23.96	968.80	24.37	968.35	24.77
969.69	23.57	969.24	23.97	968.79	24.38	968.34	24.78
969.68	23.58	969.23	23.98	968.78	24.39	968.32	24.80
969.66	23.59	969.22	24.00	968.76	24.40	968.31	24.81
969.65	23.60	969.20	24.01	968.75	24.41	968.30	24.82
969.64	23.61	969.19	24.02	968.74	24.42	968.28	24.83
969.62	23.63	969.18	24.03	968.72	24.44	968.27	24.84
969.61	23.64	969.16	24.04	968.71	24.45	968.26	24.86
969.60	23.65	969.15	24.06	968.70	24.46	968.24	24.87
969.59	23.66	969.14	24.07	968.68	24.47	968.23	24.88
969.57	23.67	969.12	24.08	968.67	24.49	968.22	24.89
969.56	23.69	969.11	24.09	968.66	24.50	968.20	24.90
969.55	23.70	969.10	24.10	968.64	24.51	968.19	24.92
969.53	23.71	969.08	24.12	968.63	24.52	968.18	24.93
969.52	23.72	969.07	24.13	968.62	24.53	968.16	24.94
969.51	23.73	969.06	24.14	968.60	24.55	968.15	24.95
969.49	23.75	969.04	24.15	968.59	24.56	968.14	24.96
969.48	23.76	969.03	24.16	968.58	24.57	968.12	24.97
969.47	23.77	969.02	24.18	968.56	24.58	968.11	24.99
969.45	23.78	969.00	24.19	968.55	24.59	968.10	25.00
969.44	23.79	968.99	24.20	968.54	24.61	968.08	25.01
969.43	23.80	968.98	24.21	968.53	24.62	968.07	25.02

续表

密度/(g/L)	酒精度/%vol	密度/(g/L)	酒精度/%vol	密度/(g/L)	酒精度/%vol	密度/(g/L)	酒精度/%vol
968.06	25.03	967.60	25.44	967.14	25.84	966.68	26.25
968.04	25.05	967.59	25.45	967.13	25.86	966.67	26.26
968.03	25.06	967.57	25.46	967.12	25.87	966.65	26.27
968.02	25.07	967.56	25.48	967.10	25.88	966.64	26.28
968.00	25.08	967.55	25.49	967.09	25.89	966.63	26.30
967.99	25.09	967.53	25.50	967.07	25.90	966.61	26.31
967.98	25.11	967.52	25.51	967.06	25.92	966.60	26.32
967.96	25.12	967.51	25.52	967.05	25.93	966.59	26.33
967.95	25.13	967.49	25.53	967.03	25.94	966.57	26.34
967.94	25.14	967.48	25.55	967.02	25.95	966.56	26.36
967.92	25.15	967.47	25.56	967.01	25.96	966.54	26.37
967.91	25.17	967.45	25.57	966.99	25.98	966.53	26.38
967.90	25.18	967.44	25.58	966.98	25.99	966.52	26.39
967.88	25.19	967.43	25.59	966.97	26.00	966.50	26.40
967.87	25.20	967.41	25.61	966.95	26.01	966.49	26.41
967.86	25.21	967.40	25.62	966.94	26.02	966.48	26.43
967.84	25.23	967.39	25.63	966.93	26.03	966.46	26.44
967.83	25.24	967.37	25.64	966.91	26.05	966.45	26.45
967.82	25.25	967.36	25.65	966.90	26.06	966.43	26.46
967.80	25.26	967.34	25.67	966.88	26.07	966.42	26.47
967.79	25.27	967.33	25.68	966.87	26.08	966.41	26.49
967.78	25.28	967.32	25.69	966.86	26.09	966.39	26.50
967.76	25.30	967.30	25.70	966.84	26.11	966.38	26.51
967.75	25.31	967.29	25.71	966.83	26.12	966.37	26.52
967.74	25.32	967.28	25.73	966.82	26.13	966.35	26.53
967.72	25.33	967.26	25.74	966.80	26.14	966.34	26.55
967.71	25.34	967.25	25.75	966.79	26.15	966.33	26.56
967.70	25.36	967.24	25.76	966.78	26.17	966.31	26.57
967.68	25.37	967.22	25.77	966.76	26.18	966.30	26.58
967.67	25.38	967.21	25.78	966.75	26.19	966.28	26.59
967.65	25.39	967.20	25.80	966.73	26.20	966.27	26.60
967.64	25.40	967.18	25.81	966.72	26.21	966.26	26.62
967.63	25.42	967.18	25.82	966.71	26.22	966.24	26.63
967.61	25.43	967.16	25.83	966.69	26.24	966.23	26.64

续表

密度/(g/L)	酒精度/%vol	密度/(g/L)	酒精度/%vol	密度/(g/L)	酒精度/%vol	密度/(g/L)	酒精度/%vol
966.22	26.65	965.75	27.06	965.28	27.46	964.80	27.86
966.20	26.66	965.73	27.07	965.26	27.47	964.79	27.87
966.19	26.68	965.72	27.08	965.25	27.48	964.78	27.88
966.17	26.69	965.71	27.09	965.24	27.49	964.76	27.90
966.16	26.70	965.69	27.10	965.22	27.51	964.75	27.91
966.15	26.71	965.68	27.11	965.21	27.52	964.73	27.92
966.13	26.72	965.67	27.13	965.19	27.53	964.72	27.93
966.12	26.73	965.65	27.14	965.18	27.54	964.71	27.94
966.11	26.75	965.64	27.15	965.17	27.55	964.69	27.95
966.09	26.76	965.62	27.16	965.15	27.56	964.68	27.97
966.08	26.77	965.21	27.17	965.14	27.58	964.66	27.98
966.06	26.78	965.60	27.19	965.12	27.59	964.65	27.99
966.05	26.79	965.58	27.20	965.11	27.60	964.62	28.00
966.04	26.81	965.57	27.21	965.10	27.61	964.61	28.01
966.02	26.82	965.55	27.22	965.08	27.62	964.59	28.03
966.01	26.83	965.54	27.23	965.07	27.64	964.58	28.04
966.00	26.84	965.53	27.24	965.05	27.65	964.57	28.05
965.98	26.85	965.51	27.26	965.04	27.66	964.55	28.06
965.97	26.87	965.50	27.27	965.03	27.67	964.54	28.07
965.95	26.88	965.49	27.28	965.01	27.68	964.52	28.08
965.94	26.89	965.47	27.29	965.00	27.69	964.51	28.10
965.93	26.90	965.46	27.30	964.99	27.71	964.49	28.11
965.91	26.91	965.44	27.32	964.97	27.72	964.48	28.12
965.90	26.92	965.43	27.33	964.96	27.73	964.47	28.13
965.89	26.94	965.42	27.34	964.94	27.74	964.45	28.14
965.87	26.95	965.40	27.35	964.93	27.75	964.44	28.16
965.86	26.96	965.39	27.36	964.92	27.77	964.42	28.17
965.84	26.97	965.37	27.37	964.90	27.78	964.41	28.18
965.83	26.98	965.36	27.39	964.89	27.79	964.40	28.19
965.82	27.00	965.35	27.40	964.87	27.80	964.38	28.20
965.80	27.01	965.33	27.41	964.86	27.81	964.37	28.21
965.79	27.02	965.32	27.42	964.85	27.82	964.35	28.23
965.78	27.03	965.31	27.43	964.83	27.84	964.34	28.24
965.76	27.04	965.29	27.45	964.82	27.85	964.33	28.25

续表

密度/(g/L)	酒精度/%vol	密度/(g/L)	酒精度/%vol	密度/(g/L)	酒精度/%vol	密度/(g/L)	酒精度/%vol
964.32	28.26	963.79	28.71	963.25	29.16	962.70	29.60
964.31	28.27	963.77	28.72	963.23	29.17	962.68	29.62
964.30	28.29	963.76	28.73	963.22	29.18	962.67	29.63
964.28	28.30	963.75	28.75	963.20	29.19	962.65	29.64
964.27	28.31	963.73	28.76	963.19	29.20	962.64	29.65
964.26	28.32	963.72	28.77	963.17	29.22	962.63	29.66
964.24	28.33	963.70	28.78	963.16	29.23	962.61	29.67
964.23	28.34	963.69	28.79	963.14	29.24	962.60	29.69
964.21	28.36	963.67	28.80	963.13	29.25	962.58	29.70
964.20	28.37	963.66	28.82	963.12	29.26	962.57	29.71
964.18	28.38	963.65	28.83	963.10	29.28	962.55	29.72
964.17	28.39	963.63	28.84	963.09	29.29	962.54	29.73
964.16	28.40	963.62	28.85	963.07	29.30	962.52	29.75
964.14	28.41	963.60	28.86	963.06	29.31	962.51	29.76
964.13	28.43	963.59	28.87	963.04	29.32	962.49	29.77
964.12	28.44	963.57	28.89	963.03	29.33	962.48	29.78
964.10	28.45	963.56	28.90	963.02	29.35	962.47	29.79
964.09	28.46	963.55	28.91	963.00	29.36	962.45	29.80
964.07	28.47	963.53	28.92	962.99	29.37	962.44	29.82
964.06	28.49	963.52	28.93	962.97	29.38	962.42	29.83
964.04	28.50	963.50	28.95	962.96	29.39	962.41	29.84
964.03	28.51	963.49	28.96	962.64	29.40	962.39	29.85
964.01	28.52	963.47	28.97	962.93	29.42	962.38	29.86
964.00	28.53	963.46	28.98	962.91	29.43	962.36	29.87
963.99	28.54	963.45	28.99	962.90	29.44	962.35	29.89
963.97	28.56	963.43	29.00	962.89	29.45	962.34	29.90
963.97	28.57	963.42	29.02	962.87	29.46	962.32	29.91
963.94	28.58	963.40	29.03	962.86	29.48	962.31	29.92
963.93	28.59	963.39	29.04	962.84	29.49	962.29	29.93
963.92	28.60	963.37	29.05	962.83	29.50	962.28	29.95
963.90	28.62	963.36	29.06	961.81	29.51	962.26	29.96
963.89	28.63	963.35	29.08	962.80	29.52	962.25	29.97
963.87	28.64	963.33	29.09	962.78	29.53	962.23	29.98
963.86	28.65	963.32	29.10	962.77	29.55	962.22	29.99
963.84	28.66	963.30	29.11	962.76	29.56	962.20	30.00
963.83	28.67	963.29	29.12	962.74	29.57	962.19	30.02
963.82	28.69	963.27	29.13	962.73	29.58	962.17	30.03
963.80	28.70	963.26	29.15	962.71	29.59	962.16	30.04

附录 2-4

酒精浓度与温度校正表

溶液温度/℃	酒精计示值																				
	0	0.5	1.0	1.5	2.0	2.5	3.0	3.5	4.0	4.5	5.0	5.5	6.0	6.5	7.0	7.5	8.0	8.5	9.0	9.5	10.0
	温度 20℃时用体积分数表示的酒精浓度/%																				
0	0.8	1.3	1.8	2.3	2.8	3.3	3.9	4.4	4.9	5.5	6.0	6.6	7.2	7.8	8.4	9.0	9.6	10.2	10.8	11.4	12.0
1	0.8	1.3	1.8	2.4	2.9	3.4	3.9	4.4	5.0	5.5	6.1	6.6	7.2	7.8	8.4	9.0	9.6	10.2	10.8	11.4	12.0
2	0.8	1.4	1.9	2.4	2.9	3.4	4.0	4.5	5.0	5.6	6.1	6.7	7.2	7.8	8.4	9.0	9.6	10.2	10.8	11.4	12.0
3	0.9	1.4	1.9	2.4	3.0	3.5	4.0	4.5	5.0	5.6	6.1	6.7	7.3	7.8	8.4	9.0	9.6	10.2	10.8	11.4	12.0
4	0.9	1.4	1.9	2.4	3.0	3.5	4.0	4.5	5.1	5.6	6.2	6.7	7.3	7.8	8.4	9.0	9.6	10.2	10.7	11.3	11.9
5	0.9	1.4	2.0	2.5	3.0	3.5	4.0	4.6	5.1	5.6	6.2	6.7	7.3	7.8	8.4	9.0	9.6	10.1	10.7	11.3	11.8
6	0.9	1.4	2.0	2.5	3.0	3.5	4.0	4.6	5.1	5.6	6.2	6.7	7.3	7.8	8.4	8.9	9.5	10.1	10.6	11.2	11.8
7	0.9	1.4	1.9	2.4	3.0	3.5	4.0	4.5	5.1	5.6	6.1	6.7	7.2	7.8	8.4	8.9	9.5	10.0	10.6	11.2	11.7
8	0.9	1.4	1.9	2.4	2.9	3.4	4.0	4.5	5.0	5.6	6.1	6.6	7.2	7.7	8.3	8.8	9.4	10.0	10.5	11.1	11.6
9	0.9	1.4	1.9	2.4	2.9	3.4	4.0	4.5	5.0	5.5	6.0	6.6	7.1	7.7	8.2	8.8	9.3	9.9	10.4	11.0	11.5
10	0.8	1.3	1.8	2.4	2.9	3.4	3.9	4.4	5.0	5.5	6.0	6.5	7.1	7.6	8.2	8.7	9.3	9.8	10.3	10.9	11.4
11	0.8	1.3	1.8	2.3	2.8	3.3	3.9	4.4	4.9	5.4	6.0	6.5	7.0	7.6	8.1	8.6	9.2	9.7	10.2	10.8	11.3
12	0.7	1.2	1.7	2.2	2.8	3.3	3.8	4.3	4.8	5.4	5.9	6.4	6.9	7.5	8.0	8.5	9.1	9.6	10.1	10.7	11.2
13	0.7	1.2	1.7	2.2	2.7	3.2	3.7	4.2	4.8	5.3	5.8	6.3	6.8	7.4	7.9	8.4	9.0	9.5	10.0	10.6	11.1
14	0.6	1.1	1.6	2.1	2.6	3.1	3.6	4.2	4.7	5.2	5.7	6.2	6.7	7.3	7.8	8.3	8.9	9.4	9.9	10.4	11.0
15	0.5	1.0	1.5	2.0	2.5	3.0	3.6	4.1	4.6	5.1	5.6	6.1	6.6	7.2	7.7	8.2	8.8	9.3	9.8	10.3	10.8
16	0.4	0.9	1.4	1.9	2.4	2.9	3.4	4.0	4.5	5.0	5.5	6.0	6.5	7.0	7.6	8.1	8.6	9.1	9.6	10.2	10.7
17	0.3	0.8	1.3	1.8	2.3	2.8	3.4	3.9	4.4	4.9	5.4	5.9	6.4	6.9	7.4	8.0	8.5	9.0	9.5	10.0	10.5
18	0.2	0.7	1.2	1.7	2.2	2.7	3.2	3.7	4.2	4.8	5.3	5.8	6.3	6.8	7.3	7.8	8.3	8.8	9.3	9.8	10.4
19	0.1	0.6	1.1	1.6	2.1	2.6	3.1	3.6	4.1	4.6	5.1	5.6	6.1	6.6	7.2	7.6	8.2	8.7	9.2	9.7	10.2
20	0.0	0.5	1.0	1.5	2.0	2.5	3.0	3.5	4.0	4.5	5.0	5.5	6.0	6.5	7.0	7.5	8.0	8.5	9.0	9.5	10.0
21	—	0.4	0.9	1.4	1.9	2.4	2.9	3.4	3.9	4.4	4.3	5.4	5.8	6.3	6.8	7.3	7.8	8.3	8.8	9.3	9.8
22	—	0.2	0.7	1.2	1.7	2.2	2.7	3.2	3.7	4.2	4.7	5.2	5.7	6.2	6.7	7.2	7.7	8.2	8.6	9.1	9.6
23	—	0.1	0.6	1.1	1.6	2.1	2.6	3.1	3.6	4.1	4.5	5.0	5.5	6.0	6.5	7.0	7.5	8.0	8.4	8.9	9.4
24	—	0.0	0.4	0.9	1.4	1.9	2.4	2.9	3.4	3.9	4.4	4.9	5.4	5.8	6.3	6.8	7.3	7.8	8.3	8.8	9.2
25	—	—	0.2	0.8	1.3	1.8	2.3	2.8	3.2	3.7	4.2	4.7	5.2	5.7	6.2	6.6	7.1	7.6	8.1	8.6	9.0
26	—	—	0.1	0.6	1.1	1.6	2.1	2.6	3.1	3.6	4.0	4.5	5.0	5.5	6.0	6.4	6.9	7.4	7.9	8.3	8.8
27	—	—	0.0	0.4	1.0	1.4	1.9	2.4	2.9	3.4	3.9	4.3	4.8	5.3	5.8	6.3	6.7	7.2	7.7	8.1	8.6
28	—	—	—	0.3	0.8	1.3	1.8	2.2	2.7	3.2	3.7	4.2	4.6	5.1	5.6	6.1	6.5	7.0	7.5	7.9	8.4
29	—	—	—	0.2	0.6	1.1	1.6	2.1	2.5	3.0	3.6	4.0	4.4	4.9	5.4	5.8	6.3	6.8	7.2	7.7	8.2
30	—	—	—	0.1	0.4	0.9	1.4	1.9	2.4	2.8	3.3	3.8	4.2	4.7	5.2	5.6	6.1	6.6	7.0	7.5	7.9
31	—	—	—	—	0.2	0.7	1.2	1.7	2.2	2.6	3.1	3.6	4.0	4.5	5.0	5.4	5.9	6.4	6.8	7.2	7.7
32	—	—	—	—	0.1	0.6	1.1	1.6	2.1	2.6	3.0	3.4	3.8	4.3	4.8	5.2	5.7	6.2	6.6	7.0	7.5
33	—	—	—	—	—	—	0.9	1.4	1.9	2.4	2.8	3.2	3.7	4.2	4.7	5.1	5.5	6.0	6.4	6.8	7.3
34	—	—	—	—	—	—	0.8	1.3	1.8	2.2	2.6	[illegible]	3.5	4.0	4.5	4.9	5.3	5.8	6.2	6.6	7.1
35	—	—	—	—	—	—	0.6	1.1	1.6	2.0	2.4	[illegible]	3.3	3.8	4.3	4.8	5.2	5.6	6.0	6.4	6.8

续表

溶液温度/℃	酒精计示值																			
	10.5	11.0	11.5	12.0	12.5	13.0	13.5	14.0	14.5	15.0	15.5	16.0	16.5	17.0	17.5	18.0	18.5	19.0	19.5	20.0
	温度 20℃时用体积分数表示的酒精浓度/%																			
0	12.7	13.3	14.0	14.6	15.3	16.0	16.7	17.5	18.2	19.0	19.7	20.5	21.3	22.0	22.8	23.6	24.3	25.1	25.8	26.5
1	12.6	13.3	13.9	14.6	15.3	15.9	16.6	17.3	18.1	18.8	19.6	20.3	21.1	21.8	22.6	23.3	24.0	24.7	25.4	26.1
2	12.6	13.2	13.9	14.5	15.2	15.9	16.6	17.2	17.9	18.6	19.4	20.1	20.8	21.6	22.3	23.0	23.7	24.4	25.1	25.8
3	12.6	13.2	13.8	14.5	15.1	15.8	16.4	17.1	17.8	18.5	19.2	19.9	20.6	21.4	22.0	22.7	23.4	24.1	24.8	25.5
4	12.5	13.1	13.8	14.4	15.0	15.7	16.3	17.0	17.7	18.3	19.0	19.7	20.4	21.1	21.8	22.5	23.1	23.8	24.4	25.1
5	12.4	13.0	13.7	14.3	14.9	15.6	16.2	16.8	17.5	18.2	18.8	19.5	20.2	20.9	21.5	22.2	22.8	23.4	24.1	24.7
6	12.4	13.0	13.6	14.2	14.8	15.4	16.1	16.7	17.3	18.0	18.6	19.3	19.9	20.6	21.2	21.9	22.5	23.2	23.8	24.4
7	12.3	12.9	13.5	14.1	14.7	15.3	15.9	16.5	17.2	17.8	18.4	19.1	19.7	20.4	21.0	21.6	22.2	22.8	23.4	24.1
8	12.2	12.8	13.4	14.0	14.6	15.2	15.8	16.4	17.0	17.6	18.2	18.9	19.5	20.1	20.7	21.3	21.9	22.6	23.2	23.8
9	12.1	12.7	13.2	13.8	14.4	15.0	15.6	16.2	16.8	17.4	18.0	18.6	19.2	19.9	20.5	21.1	21.7	22.3	22.8	23.4
10	12.0	12.6	13.1	13.7	14.3	14.9	15.4	16.0	16.6	17.2	17.8	18.4	19.0	19.6	20.2	20.8	21.4	22.0	22.5	23.1
11	11.9	12.4	13.0	13.6	14.1	14.7	15.3	15.8	16.4	17.0	17.6	18.2	18.8	19.4	20.0	20.5	21.1	21.7	22.2	22.8
12	11.8	12.3	12.8	13.4	14.0	14.5	15.1	15.7	16.2	16.8	17.4	18.0	18.5	19.1	19.7	20.2	20.8	21.4	21.9	22.5
13	11.6	12.2	12.7	13.2	13.8	14.4	14.9	15.5	16.0	16.6	17.2	17.7	18.3	18.8	19.4	20.0	20.5	21.1	21.6	22.2
14	11.5	12.0	12.5	13.1	13.6	14.2	14.7	15.3	15.8	16.4	16.9	17.5	18.0	18.6	19.1	19.7	20.2	20.8	21.3	21.9
15	11.3	11.9	12.4	12.9	13.5	14.0	14.5	15.1	15.6	16.2	16.7	17.2	17.8	18.3	18.9	19.4	20.2	20.5	21.0	21.6
16	11.2	11.7	12.2	12.8	13.3	13.8	14.3	14.9	15.4	15.9	16.5	17.0	17.5	18.1	18.6	19.2	19.7	20.2	20.7	21.2
17	11.0	11.5	12.1	12.6	13.1	13.6	14.1	14.7	15.2	15.7	16.2	16.8	17.3	17.8	18.3	18.9	19.4	19.9	20.4	20.9
18	10.9	11.4	11.9	12.4	12.9	13.4	13.9	14.4	15.0	15.5	16.0	16.5	17.0	17.6	18.1	18.6	19.1	19.6	20.1	20.6
19	10.7	11.2	11.7	12.2	12.7	13.2	13.7	14.2	14.7	15.2	15.8	16.3	16.8	17.3	17.8	18.3	18.8	19.3	19.8	20.3
20	10.5	11.0	11.5	12.0	12.5	13.0	13.5	14.0	14.5	15.0	15.5	16.0	16.5	17.0	17.5	18.0	18.5	19.0	19.5	20.0
21	10.3	10.8	11.3	11.8	12.3	12.8	13.3	13.8	14.3	14.8	15.2	15.7	16.2	16.7	17.2	17.7	18.2	18.7	19.2	19.7
22	10.1	10.6	11.1	11.6	12.1	12.6	13.1	13.6	14.0	14.5	15.0	15.5	16.0	16.5	17.0	17.4	17.9	18.4	18.9	19.4
23	9.9	10.4	10.9	11.4	11.8	12.3	12.8	13.3	13.8	14.3	14.7	15.2	15.7	16.2	16.6	17.1	17.6	18.1	18.6	19.0
24	9.7	10.2	10.7	11.2	11.6	12.1	12.6	13.1	13.5	14.0	14.5	15.0	15.4	15.9	16.4	16.9	17.3	17.8	18.3	18.7
25	9.5	10.0	10.4	10.9	11.4	11.9	12.4	12.8	13.3	13.8	14.2	14.7	15.2	15.6	16.1	16.6	17.0	17.5	18.0	18.4
26	9.3	9.8	10.2	10.7	11.2	11.7	12.1	12.6	13.0	13.5	14.0	14.4	14.0	15.4	15.8	16.3	16.7	17.2	17.6	18.1
27	9.1	9.5	10.0	10.5	10.9	11.4	11.9	12.3	12.8	13.2	13.7	14.2	14.6	15.1	15.5	16.0	16.4	16.9	17.3	17.8
28	8.9	9.3	9.8	10.3	10.7	11.2	11.6	12.1	12.6	13.0	13.4	13.9	14.4	14.8	15.2	15.7	16.1	16.6	17.0	17.5
29	8.6	9.1	9.5	10.0	10.5	10.9	11.4	11.8	12.3	12.7	13.2	13.6	14.1	14.5	15.0	15.4	15.8	16.3	16.7	17.2
30	8.4	8.9	9.3	9.8	10.2	10.7	11.1	11.6	12.0	12.5	12.9	13.4	13.8	14.2	14.7	15.1	15.5	16.0	16.4	16.8
31	8.2	8.7	9.2	9.6	10.0	10.5	11.0	11.4	11.8	12.2	12.6	13.1	13.5	13.9	14.4	14.8	15.2	15.7	16.1	16.5
32	8.0	8.5	9.0	9.4	9.8	10.2	10.6	11.0	11.6	12.0	12.4	12.9	13.2	13.6	14.0	14.5	15.0	15.4	15.8	16.2
33	7.8	8.3	8.7	9.1	9.6	10.0	10.4	10.9	11.4	11.8	12.2	12.6	13.0	13.4	13.8	14.2	14.6	15.1	15.4	15.8
34	7.6	8.1	8.5	8.9	9.4	9.8	10.2	10.6	11.0	11.5	12.0	12.4	12.8	13.1	13.5	13.9	14.4	14.8	15.2	15.5
35	7.4	7.9	8.3	8.7	9.2	9.6	10.0	10.4	10.8	11.2	11.6	12.1	12.4	12.8	13.2	13.6	14.0	14.5	14.8	15.2

续表

溶液温度/℃	酒精计示值																			
	20.5	21.0	21.5	22.0	22.5	23.0	23.5	24.0	24.5	25.0	25.5	26.0	26.5	27.0	27.5	28.0	28.5	29.0	29.5	30.0
	温度 20℃时用体积分数表示的酒精浓度/%																			
0	27.2	27.9	28.6	29.2	29.9	30.6	31.2	31.8	32.4	33.0	33.6	34.2	34.7	35.3	35.8	36.3	36.8	37.3	37.8	38.3
1	26.8	27.5	28.2	28.8	29.5	30.1	20.7	31.4	32.0	32.6	33.1	33.7	34.3	34.9	35.3	35.9	36.4	36.9	37.4	37.9
2	26.4	27.1	27.8	28.4	29.0	29.7	30.3	30.9	31.5	32.2	32.7	33.3	33.8	34.4	34.9	35.4	36.0	36.5	37.0	37.6
3	26.1	26.8	27.4	28.0	28.6	29.3	29.9	30.5	31.1	31.7	32.3	32.9	33.4	34.0	34.5	35.0	35.5	36.0	36.6	37.1
4	25.7	26.4	27.0	27.6	28.2	28.9	29.5	30.1	30.7	31.3	31.8	32.4	33.0	33.5	34.0	34.6	35.1	35.6	36.1	36.6
5	25.4	26.0	26.6	27.2	27.8	28.5	29.1	29.7	30.3	30.8	31.4	32.0	32.6	33.1	33.6	34.2	34.7	35.2	35.7	36.2
6	25.0	25.6	26.2	26.9	27.5	28.1	28.7	29.3	29.9	30.4	31.0	31.6	32.1	32.7	33.2	33.7	34.2	34.8	35.3	35.8
7	24.7	25.3	25.9	26.5	27.1	27.7	28.3	28.9	29.4	30.0	30.6	31.1	31.7	32.2	32.8	33.3	33.8	34.4	34.9	35.4
8	24.3	24.9	25.5	26.1	26.7	27.3	27.9	28.5	29.0	29.6	30.2	30.7	31.3	31.8	32.4	32.9	33.4	33.9	34.4	35.0
9	24.0	24.6	25.2	25.8	26.3	26.9	27.5	28.1	28.6	29.2	29.7	30.3	30.8	31.4	31.9	32.5	33.0	33.5	34.0	34.5
10	23.7	24.3	24.8	25.4	26.0	26.6	27.1	27.7	28.2	28.8	29.3	29.9	30.4	31.0	31.5	32.0	32.6	33.1	33.6	34.1
11	23.4	23.9	24.5	25.0	25.6	26.2	26.7	27.3	27.8	28.4	28.9	29.5	30.0	30.6	31.1	31.6	32.1	32.7	33.2	33.7
12	23.0	23.6	24.2	24.7	25.3	25.8	26.4	26.9	27.4	28.0	23.5	29.1	29.6	30.2	30.7	31.2	31.7	32.2	32.8	33.3
13	22.7	23.3	23.8	24.4	24.9	25.4	26.0	26.5	27.1	27.6	23.2	28.7	29.2	29.7	30.3	30.8	31.3	31.8	32.3	32.8
14	22.4	23.0	23.5	24.0	24.6	25.1	25.6	26.2	26.7	27.2	27.8	28.3	28.8	29.3	29.9	30.4	30.9	31.4	31.9	32.4
15	22.1	22.6	23.1	23.7	24.2	24.7	25.3	25.8	26.3	26.8	27.4	27.9	28.4	28.9	29.5	30.0	30.5	31.0	31.5	32.0
16	21.8	22.3	22.8	23.3	23.8	24.4	24.9	25.4	25.9	26.5	27.0	27.5	28.0	28.5	29.0	29.6	30.1	30.6	31.1	31.6
17	21.4	22.0	22.5	23.0	23.5	24.0	24.5	25.1	25.6	26.1	26.6	27.1	27.6	28.1	28.6	29.2	29.7	30.2	30.7	31.2
18	21.1	21.6	22.1	22.6	23.2	23.7	24.2	24.7	25.2	25.7	26.2	26.7	27.2	27.8	28.3	28.8	29.3	29.8	30.3	30.8
19	20.8	21.3	21.8	22.3	22.8	23.3	23.8	24.4	24.8	25.4	25.9	26.4	26.9	27.4	27.9	28.4	28.9	29.4	29.9	30.4
20	20.5	21.0	21.5	22.0	22.5	23.0	23.5	24.0	24.5	25.0	25.5	26.0	26.5	27.0	27.5	28.0	28.5	29.0	29.5	30.0
21	20.2	20.7	21.2	21.7	22.2	22.6	23.1	23.6	24.1	24.6	25.1	25.6	26.1	25.6	27.1	27.6	28.1	28.5	29.1	29.6
22	19.9	20.4	20.8	21.3	21.8	22.3	22.8	23.3	23.8	24.3	24.8	25.3	25.8	26.2	26.7	27.2	27.7	28.2	28.7	29.2
23	19.5	20.0	20.5	21.0	21.5	22.0	22.4	22.9	23.4	23.9	24.4	24.9	25.4	25.8	26.3	26.8	27.3	27.8	28.3	28.8
24	19.2	19.7	20.2	20.7	21.1	21.6	22.1	22.6	23.1	23.5	24.0	24.5	25.0	25.5	26.0	26.4	26.9	27.4	27.9	28.4
25	18.9	19.4	19.8	20.3	20.8	21.3	21.8	22.2	22.7	23.2	23.7	24.1	24.6	25.1	25.6	26.1	26.6	27.0	27.5	28.0
26	18.6	19.0	19.5	20.0	20.5	20.9	21.4	21.9	22.4	22.8	23.3	23.8	24.2	24.7	25.2	25.7	26.2	26.6	27.1	27.6
27	18.2	18.7	19.2	19.6	20.1	20.6	21.0	21.5	22.0	22.5	22.9	23.4	23.9	24.4	24.8	25.3	25.8	26.3	26.7	27.2
28	17.9	18.4	18.8	19.3	19.8	20.2	20.7	21.2	21.6	22.1	22.6	23.0	23.5	24.0	24.4	24.9	25.4	25.9	26.4	26.8
29	17.6	18.0	18.5	19.0	19.4	19.9	20.4	20.8	21.3	21.8	22.2	22.7	23.2	23.6	24.1	24.6	25.0	25.5	26.0	26.4
30	17.3	17.7	18.2	18.6	19.1	19.6	20.0	20.5	20.9	21.4	21.9	22.3	22.8	23.2	23.7	24.2	24.6	25.1	25.6	26.1
31	17.0	17.4	17.8	18.3	18.8	19.3	19.8	20.2	20.6	21.0	21.4	21.9	22.4	22.8	23.3	23.8	24.2	24.7	25.2	25.7
32	16.6	17.0	17.4	17.9	18.4	18.9	19.4	19.8	20.2	20.7	21.2	21.6	22.0	22.4	22.9	23.4	23.8	24.2	24.8	25.3
33	16.2	16.7	17.2	17.6	18.1	18.6	19.0	19.4	19.8	20.3	20.8	21.2	21.6	22.0	22.6	23.1	23.5	23.9	24.4	24.9
34	16.0	16.4	16.8	17.2	17.7	18.2	18.6	19.1	19.6	20.0	20.4	20.8	21.2	21.7	22.2	22.7	23.1	23.5	24.0	24.5
35	15.6	16.0	16.4	16.9	17.4	17.9	18.4	18.8	19.2	19.6	20.0	20.4	20.8	21.3	21.8	22.3	22.8	23.2	23.7	24.2

续表

溶液温度/℃	酒精计示值																			
	30.5	31.0	31.5	32.0	32.5	33.0	33.5	34.0	34.5	35.0	35.5	36.0	36.5	37.0	37.5	38.0	38.5	39.0	39.5	40.0
	温度20℃时用体积分数表示的酒精浓度/%																			
0	38.8	39.3	39.7	40.2	40.7	41.2	41.6	42.1	42.6	43.1	43.6	44.0	44.5	45.0	45.5	46.0	46.4	46.9	47.4	47.8
1	38.4	38.9	39.3	39.8	40.3	40.8	41.3	41.7	42.2	42.7	43.2	43.7	44.1	44.6	45.1	45.6	46.0	46.5	47.0	47.5
2	38.0	38.4	38.9	39.4	39.9	40.4	40.8	41.3	41.8	42.3	42.8	43.3	43.7	44.2	44.7	45.2	45.7	46.1	46.6	47.1
3	37.6	38.0	38.5	39.0	39.5	40.0	40.4	40.9	41.4	41.9	42.4	42.9	43.4	43.8	44.3	44.8	45.3	45.8	46.2	46.7
4	37.1	37.6	38.1	38.5	39.1	39.6	40.0	40.5	41.0	41.5	42.0	42.5	43.0	43.4	43.9	44.4	44.9	45.4	45.9	46.3
5	36.7	37.2	37.7	38.2	38.7	39.2	39.6	40.1	40.6	41.1	41.6	42.1	42.6	43.1	43.6	44.0	44.5	45.0	45.5	46.0
6	36.3	36.8	37.3	37.8	38.2	38.8	39.2	39.7	40.2	40.7	41.6	41.7	42.2	42.7	43.2	43.6	44.1	44.6	45.1	45.6
7	35.9	36.4	36.8	37.3	37.8	38.3	38.8	39.3	39.8	40.3	41.2	41.3	41.8	42.3	42.8	43.2	43.7	44.2	44.7	45.2
8	35.4	36.0	36.4	36.9	37.4	37.9	38.4	38.9	39.4	39.9	40.8	40.9	41.4	41.9	42.4	42.8	43.3	43.8	44.3	44.8
9	35.0	35.5	36.0	36.5	37.0	37.5	38.0	38.5	39.0	39.5	40.4	40.5	41.0	41.5	42.0	42.4	42.9	43.4	43.9	44.4
10	34.6	35.1	35.6	36.1	36.6	37.1	37.6	38.1	38.6	39.1	40.0	40.1	40.6	41.0	41.6	42.0	42.5	43.0	43.5	44.0
11	34.2	34.7	35.2	35.7	36.2	36.7	37.2	37.7	38.2	38.7	39.6	39.6	40.2	40.6	41.2	41.6	42.1	42.6	43.1	43.6
12	33.8	34.3	34.8	35.3	35.8	36.3	36.8	37.3	37.8	38.2	39.2	39.2	39.7	40.2	40.7	41.2	41.7	42.2	42.7	43.2
13	33.4	33.9	34.4	34.9	35.4	35.9	36.4	36.8	37.3	37.8	38.7	38.8	39.3	39.8	40.3	40.8	41.3	41.8	42.3	42.8
14	33.0	33.5	34.0	34.4	35.0	35.4	35.9	36.4	36.9	37.4	38.3	38.4	38.9	39.4	39.9	40.4	40.9	41.4	41.9	42.4
15	32.6	33.0	33.5	34.0	34.5	35.0	35.5	36.0	36.5	37.0	37.9	38.0	38.5	39.0	39.5	40.0	40.5	41.0	41.5	42.0
16	32.1	32.6	33.1	33.6	34.1	34.6	35.1	35.6	36.1	36.6	37.5	37.6	38.1	38.6	39.1	39.6	40.1	40.6	41.1	41.6
17	31.7	32.2	32.7	33.2	33.7	34.2	34.7	35.2	35.7	36.2	37.1	37.2	37.7	38.2	38.7	39.2	39.7	40.2	40.7	41.2
18	31.3	31.8	32.3	32.8	33.3	33.8	34.3	34.8	35.3	35.8	36.7	36.8	37.3	37.8	38.3	38.8	39.3	39.8	40.3	40.8
19	30.9	31.4	31.9	32.4	32.9	33.4	33.9	34.4	34.9	35.4	36.3	36.4	36.9	37.4	37.9	38.4	38.9	39.4	39.9	40.4
20	30.5	31.0	31.5	32.0	32.5	33.0	33.5	34.0	34.5	35.0	35.5	36.0	36.5	37.0	37.5	38.0	38.5	39.0	39.5	40.0
21	30.1	30.6	31.1	31.6	32.0	32.6	33.1	33.6	34.1	34.6	35.1	35.6	36.1	36.6	37.1	37.6	38.1	38.6	39.1	39.6
22	29.7	30.2	30.7	31.2	31.7	32.2	32.7	33.2	33.7	34.2	34.7	35.2	35.7	36.2	36.7	37.2	37.7	38.2	38.7	39.2
23	29.3	29.8	30.3	30.8	31.3	31.8	32.3	32.8	33.3	33.8	34.3	34.8	35.3	35.8	36.3	36.8	37.3	37.8	38.3	38.8
24	28.9	29.4	29.9	30.4	30.9	31.4	31.9	32.4	32.9	33.4	33.9	34.4	34.9	35.4	35.9	36.4	36.9	37.4	37.9	38.4
25	28.5	29.0	29.5	30.0	30.5	31.0	31.5	32.0	32.5	33.0	33.5	34.0	34.5	35.0	35.5	36.0	39.5	37.0	37.5	38.0
26	28.1	28.6	29.1	29.6	30.0	30.6	31.0	31.6	32.0	32.6	33.1	33.6	34.1	34.6	35.1	35.6	39.1	36.6	37.1	37.6
27	27.7	28.2	28.7	29.2	29.6	30.2	30.6	31.2	31.6	32.2	32.7	33.2	33.7	34.2	34.7	35.2	35.7	36.2	36.7	37.2
28	27.3	27.8	28.3	28.8	29.2	29.7	30.2	30.7	31.2	31.7	32.2	32.8	33.2	33.8	34.3	34.8	35.3	35.8	36.3	36.8
29	26.9	27.4	27.9	28.4	28.8	29.4	29.8	30.3	30.8	31.3	31.8	32.3	32.8	33.4	33.9	34.4	34.9	35.4	35.9	36.4
30	26.5	27.0	27.5	28.0	28.4	28.9	29.4	29.9	30.4	30.9	31.4	32.0	32.4	33.0	33.5	34.0	34.5	35.0	35.5	36.0
31	26.2	26.6	27.1	27.6	28.0	28.5	29.0	29.5	30.0	30.5	31.0	31.5	32.0	32.5	33.0	33.5	34.0	34.6	35.1	35.6
32	25.8	26.2	26.7	27.2	27.6	28.1	28.6	29.1	29.6	30.1	30.6	31.1	31.6	32.1	32.6	33.1	33.6	34.2	34.7	35.2
33	25.4	25.8	26.3	26.8	27.2	27.7	28.2	28.7	29.2	29.7	30.2	30.7	31.2	31.7	32.2	32.7	33.2	33.7	34.3	34.8
34	25.0	25.4	25.9	26.4	26.8	27.3	27.8	28.3	28.8	29.3	29.8	30.3	30.8	31.3	31.8	32.3	32.8	33.3	33.8	34.4
35	24.6	25.0	25.5	26.0	26.4	26.8	27.3	27.8	28.2	28.8	29.4	29.9	30.4	30.9	31.4	31.9	32.4	32.9	33.4	34.0

续表

溶液温度/℃	酒精计示值																			
	40.5	41.0	41.5	42.0	42.5	43.0	43.5	44.0	44.5	45.0	45.5	46.0	46.5	47.0	47.5	48.0	48.5	49.0	49.5	50.0
	温度 20℃时用体积分数表示的酒精浓度/%																			
0	48.3	48.8	49.3	49.7	50.2	50.7	51.1	51.6	52.1	52.6	53.0	53.5	54.0	54.5	54.9	55.4	55.9	56.4	56.8	57.3
1	47.9	48.4	48.9	49.4	49.8	50.3	50.8	51.3	51.7	52.2	52.7	53.2	53.6	54.1	54.6	55.0	55.5	56.0	56.5	57.0
2	47.6	48.0	48.5	49.0	49.5	49.9	50.4	50.9	51.4	51.8	52.3	52.8	53.3	53.8	54.2	54.7	55.2	55.6	56.1	56.6
3	47.2	47.7	48.1	48.6	49.1	49.6	50.0	50.5	51.0	51.5	52.0	52.4	52.9	53.4	53.9	54.3	54.8	55.3	55.8	56.2
4	46.8	47.3	47.8	48.2	48.7	49.2	49.7	50.2	50.6	51.1	51.6	52.1	52.6	53.0	53.5	54.0	54.4	54.9	55.4	55.9
5	46.4	46.9	47.4	47.9	48.3	48.8	49.3	49.8	50.3	50.8	51.2	51.7	52.2	52.7	53.1	53.6	54.1	54.6	55.0	55.5
6	46.0	46.5	47.0	47.5	48.0	48.4	48.9	49.4	49.9	50.4	50.8	51.3	51.8	52.3	52.8	53.2	53.7	54.2	54.7	55.2
7	45.7	46.2	46.6	47.1	47.6	48.1	48.5	49.0	49.5	50.0	50.5	51.0	51.4	51.9	52.4	52.9	53.4	53.9	54.3	54.8
8	45.3	45.8	46.2	46.7	47.2	47.7	48.2	48.6	49.1	49.6	50.1	50.6	51.1	51.6	52.0	52.5	53.0	53.5	54.0	54.5
9	44.9	45.4	45.8	46.3	46.8	47.3	47.8	48.3	48.8	49.2	49.7	50.2	50.7	51.2	51.7	52.2	52.6	53.1	53.6	54.1
10	44.6	45.0	45.5	46.0	46.4	46.9	47.4	47.9	48.4	48.9	49.4	49.8	50.3	50.8	51.3	51.8	52.3	52.8	53.2	53.7
11	44.1	44.6	45.1	45.6	46.0	46.5	47.0	47.5	48.0	48.5	49.0	49.5	50.0	50.4	50.9	51.4	51.9	52.4	52.9	53.4
12	43.7	44.2	44.7	45.2	45.6	46.1	46.6	47.1	47.6	48.1	48.6	49.1	49.6	50.1	50.6	51.0	51.5	52.0	52.5	53.0
13	43.3	43.8	44.3	44.8	45.3	45.8	46.3	46.7	47.2	47.7	48.2	48.7	49.2	49.7	50.2	50.7	51.2	51.6	52.1	52.6
14	42.9	43.4	43.9	44.4	44.9	45.4	45.8	46.4	46.8	47.3	47.9	48.3	48.8	49.3	49.8	50.3	50.8	51.3	51.8	52.2
15	42.5	43.0	43.5	44.0	44.5	45.0	45.5	46.0	46.4	47.0	47.4	47.9	48.4	48.9	49.4	49.9	50.4	50.9	51.4	51.9
16	42.1	42.6	43.1	43.6	44.1	44.6	45.2	45.6	46.1	46.6	47.1	47.6	48.0	48.6	49.0	49.5	50.0	50.5	51.0	51.5
17	41.7	42.2	42.7	43.2	43.7	44.2	44.8	45.2	45.7	46.2	46.7	47.2	47.7	48.2	48.7	49.2	49.6	50.1	50.6	51.1
18	41.3	41.8	42.3	42.8	43.3	43.8	44.4	44.8	45.3	45.8	46.3	46.8	47.3	47.8	48.3	48.8	49.3	49.8	50.2	50.7
19	40.9	41.4	41.9	42.4	42.9	43.4	44.0	44.4	44.9	45.4	45.9	46.4	46.9	47.4	47.9	48.4	48.9	49.4	49.9	50.4
20	40.5	41.0	41.5	42.0	42.5	43.0	43.6	44.0	44.5	45.0	45.4	46.0	46.5	47.0	47.5	48.0	48.5	49.0	49.5	50.0
21	40.1	40.6	41.1	41.6	42.1	42.6	43.1	43.6	44.1	44.6	45.1	45.6	46.1	46.6	47.1	47.6	48.1	48.6	49.1	49.6
22	39.7	40.2	40.7	41.2	41.7	42.2	42.7	43.2	43.7	44.2	44.7	45.2	45.7	46.2	46.7	47.2	47.7	48.2	48.7	49.2
23	39.3	39.8	40.3	40.8	41.3	41.8	42.3	42.8	43.3	43.8	44.3	44.8	45.3	45.8	46.3	46.8	47.3	47.8	48.4	48.9
24	38.9	39.4	39.9	40.4	40.9	41.4	41.9	42.4	42.9	43.4	43.9	44.4	44.9	45.4	46.0	46.4	47.0	47.5	48.0	48.5
25	38.5	39.0	39.5	40.0	40.5	41.0	41.5	42.0	42.5	43.0	43.6	44.1	44.6	45.1	45.6	46.1	46.6	47.1	47.6	48.1
26	38.1	38.6	39.1	39.6	40.1	40.6	41.1	41.6	42.2	42.7	43.2	43.7	44.2	44.7	45.2	45.7	46.2	46.7	47.2	47.7
27	37.7	38.2	38.7	39.2	39.7	40.2	40.7	41.2	41.8	42.3	42.8	43.3	43.8	44.3	44.8	45.3	45.8	46.3	46.8	47.3
28	37.3	37.8	38.3	38.8	39.3	39.8	40.3	40.8	41.4	41.9	42.4	42.9	43.4	43.9	44.4	44.9	45.4	45.9	46.4	47.0
29	36.9	37.4	37.9	38.4	38.9	39.4	39.9	40.4	41.0	41.5	42.0	42.5	43.0	43.5	44.0	44.5	45.0	45.6	46.1	46.6
30	36.5	37.0	37.5	38.0	38.5	39.0	39.5	40.0	40.6	41.1	41.6	42.1	42.6	43.1	43.6	44.2	44.7	45.2	45.7	46.2
31	36.1	36.6	37.1	37.6	38.1	38.6	39.1	39.7	40.2	40.7	41.2	41.7	42.2	42.8	43.3	43.8	44.3	44.8	45.3	45.8
32	35.7	36.2	36.7	37.2	37.7	38.2	38.8	39.3	40.0	40.3	40.8	41.3	41.8	42.4	42.9	43.4	43.9	44.4	44.9	455.0
33	35.3	36.8	36.3	36.8	37.3	37.8	38.4	38.9	39.4	40.0	40.4	40.9	41.5	42.0	42.5	43.0	43.5	44.0	44.6	45.1
34	34.9	35.4	35.9	36.4	36.9	37.4	38.0	38.5	39.0	39.5	40.0	40.5	41.1	41.6	42.1	42.6	43.1	43.6	44.2	44.7
35	34.5	35.0	35.5	36.0	36.5	37.0	37.6	38.1	38.6	39.1	39.6	40.1	40.7	41.2	41.7	42.2	42.7	43.2	43.8	44.3

续表

溶液温度/℃	酒精计示值																			
	50.5	51.0	51.5	52.0	52.5	53.0	53.5	54.0	54.5	55.0	55.5	56.0	56.5	57.0	57.5	58.0	58.5	59.0	59.5	60.0
	温度 20℃时用体积分数表示的酒精浓度/%																			
0	57.8	58.2	58.7	59.2	59.7	60.1	60.6	61.1	61.6	62.0	62.5	63.0	63.4	63.9	64.4	64.9	65.4	65.8	66.3	66.8
1	57.4	57.9	58.4	58.8	59.3	59.8	60.3	60.7	61.2	61.7	62.2	62.6	63.1	63.6	64.1	64.6	65.0	65.5	66.0	66.4
2	57.1	57.5	58.0	58.5	59.0	59.4	59.9	60.4	60.9	61.4	61.8	62.3	62.8	63.3	63.7	64.2	64.7	65.2	65.6	66.1
3	56.7	57.2	57.7	58.2	58.6	59.1	59.6	60.1	60.5	61.0	61.5	62.0	62.4	62.9	63.4	63.9	64.4	64.8	65.3	65.8
4	56.4	56.8	57.3	57.8	58.3	58.8	59.2	59.7	60.2	60.7	61.2	61.6	62.1	62.6	63.1	63.6	64.0	64.5	65.0	65.5
5	56.0	56.5	57.0	57.4	57.9	58.4	58.9	59.4	59.8	60.3	60.8	61.3	61.8	62.3	62.7	63.2	63.7	64.2	64.7	65.1
6	55.6	56.1	56.6	57.1	57.6	58.1	58.5	59.0	59.5	60.0	60.5	61.0	61.4	61.9	62.4	62.9	63.4	63.8	64.3	64.8
7	55.3	55.8	56.3	56.8	57.2	57.7	58.2	58.7	59.2	59.6	60.1	60.6	61.1	61.6	62.1	62.6	63.0	63.5	64.0	64.5
8	54.9	55.4	55.9	56.4	56.9	57.4	57.8	58.3	58.8	59.3	59.8	60.3	60.8	61.2	61.7	62.2	62.7	63.2	63.7	64.1
9	54.6	55.1	55.6	56.0	56.5	57.0	57.5	58.0	58.4	58.9	59.4	59.9	60.4	60.9	61.4	61.9	62.3	62.8	63.3	63.8
10	54.2	54.7	55.2	55.7	56.2	56.6	57.1	57.6	58.1	58.6	59.1	59.6	60.0	60.5	61.0	61.5	62.0	62.5	63.0	63.5
11	53.8	54.3	54.8	55.3	55.8	56.3	46.8	57.2	57.7	58.2	58.7	59.2	59.7	60.2	60.7	61.2	61.6	62.1	62.6	63.1
12	53.5	54.0	54.5	55.0	55.4	55.9	46.4	56.9	57.4	57.9	58.4	58.9	59.4	59.8	60.3	60.8	61.3	61.8	62.3	62.8
13	53.1	53.6	54.1	54.6	55.1	55.6	46.0	56.5	57.0	57.5	58.0	58.5	59.0	59.5	60.0	60.5	61.0	61.4	61.9	62.4
14	52.7	53.2	53.7	54.2	54.8	55.2	55.7	56.2	56.7	57.2	57.7	58.2	58.6	59.1	59.6	60.1	60.6	61.1	61.6	62.1
15	52.4	52.9	53.4	53.9	54.4	54.8	55.3	55.8	56.3	56.8	57.3	57.8	58.3	58.8	59.3	59.8	60.2	60.8	61.2	61.7
16	52.0	52.5	53.0	53.5	54.0	54.5	55.0	55.5	56.0	56.4	56.9	57.4	57.9	58.4	58.9	59.5	59.9	60.4	60.9	61.4
17	51.6	52.1	52.6	53.1	53.6	54.1	54.6	55.1	55.6	56.1	56.6	57.1	57.6	58.1	58.6	59.1	59.6	60.0	60.5	61.0
18	51.2	51.7	52.2	52.7	53.2	53.7	54.2	54.7	55.2	55.7	56.2	56.7	57.2	57.7	58.2	58.7	59.2	59.7	60.2	60.7
19	50.9	51.4	51.9	52.4	52.9	53.4	53.9	54.4	54.9	55.4	55.9	56.4	56.9	57.4	57.8	58.4	58.8	59.4	59.8	60.4
20	50.5	51.0	51.5	52.0	52.5	53.0	53.5	54.0	54.5	55.0	55.5	56.0	56.5	57.0	57.5	58.0	58.5	59.0	59.5	60.0
21	50.1	50.6	51.1	51.6	52.1	52.6	53.1	53.6	54.1	54.6	55.1	55.6	56.1	56.6	57.1	57.6	58.1	58.6	59.1	59.6
22	49.7	50.2	50.7	51.2	51.8	52.2	52.8	53.3	53.8	54.3	54.8	55.3	55.8	56.3	56.8	57.3	57.8	58.3	58.8	59.3
23	49.4	49.9	50.4	50.9	51.4	51.9	52.4	52.9	53.4	53.9	54.4	54.9	55.4	55.9	56.4	56.9	57.4	57.9	58.4	58.9
24	49.0	49.5	50.0	50.5	51.0	51.5	52.0	52.5	53.0	53.5	54.0	54.5	55.0	55.6	56.1	56.6	57.1	57.6	58.1	58.6
25	48.6	49.1	49.6	50.1	50.6	51.1	51.6	52.2	52.6	53.2	53.7	54.2	54.7	55.2	55.7	56.2	56.7	57.2	57.7	58.2
26	48.2	48.7	49.2	49.7	50.2	50.8	51.3	51.8	52.3	52.8	53.3	53.8	54.3	54.8	55.3	55.8	56.4	56.9	57.4	57.9
27	47.8	48.3	48.8	49.4	49.9	50.4	50.9	51.4	51.9	52.4	52.9	53.4	54.0	54.5	55.0	55.5	56.0	56.5	57.0	57.5
28	47.5	48.0	48.5	49.0	49.5	50.0	50.5	51.0	51.5	52.1	52.6	53.1	53.6	54.1	54.6	55.1	55.6	56.1	56.6	57.2
29	47.1	47.6	48.1	48.6	49.1	49.6	50.2	50.7	51.2	51.7	52.2	52.7	53.2	53.7	54.2	54.8	55.3	55.8	56.3	56.8
30	46.7	47.2	47.7	48.2	48.8	49.3	49.8	50.3	50.8	51.3	51.8	52.3	52.9	53.4	53.9	54.4	54.9	55.4	55.9	56.4
31	46.4	46.9	47.4	47.9	48.4	48.9	49.4	49.9	50.5	51.0	51.5	52.0	52.5	53.0	53.5	54.0	54.6	55.1	55.6	56.1
32	46.0	46.5	47.0	47.5	48.0	48.5	49.1	49.6	50.1	50.6	51.1	51.6	52.1	52.7	53.2	53.7	54.2	54.7	55.2	55.7
33	45.6	46.1	46.6	47.1	47.7	48.2	48.7	49.2	49.7	50.2	50.7	51.3	51.8	52.3	52.8	53.3	53.8	54.3	54.9	55.4
34	45.2	45.7	46.2	46.8	47.3	47.8	48.3	48.8	49.3	49.9	50.4	50.9	51.4	51.9	52.4	52.9	53.5	54.0	54.5	55.0
35	44.8	45.3	45.9	46.4	46.9	47.4	47.9	48.4	49.0	49.5	50.0	50.5	51.0	51.5	52.1	52.6	53.1	53.6	54.1	54.6

续表

溶液温度/℃	酒精计示值																			
	60.5	61.0	61.5	62.0	62.5	63.0	63.5	64.0	64.5	65.0	65.5	66.0	66.5	67.0	67.5	68.0	68.5	69.0	69.5	70.0
	温度20℃时用体积分数表示的酒精浓度/%																			
0	67.2	67.7	68.2	68.7	69.2	69.6	70.1	70.6	71.1	71.5	72.0	72.5	73.0	73.4	73.9	74.4	74.9	75.4	75.8	76.3
1	66.9	67.4	67.9	68.4	68.8	69.3	69.8	70.3	70.8	71.2	71.7	72.2	72.7	73.1	73.6	74.1	74.6	75.0	75.5	76.0
2	66.6	67.1	67.6	68.0	68.5	69.0	69.5	70.0	70.4	70.9	71.4	71.9	72.4	72.8	73.3	73.8	74.3	74.7	75.2	75.7
3	66.3	66.8	67.2	67.7	68.2	68.7	69.2	69.6	70.1	70.6	71.1	71.6	72.0	72.5	73.0	73.5	74.0	74.4	74.9	75.4
4	65.9	66.4	66.9	67.4	67.9	68.4	68.8	69.3	69.8	70.3	70.8	71.2	71.7	72.2	72.7	73.2	73.6	74.1	74.6	75.1
5	65.6	66.1	66.6	67.1	67.5	68.0	68.5	69.0	69.5	70.0	70.4	70.9	71.4	71.9	72.4	72.9	73.3	73.8	74.3	74.8
6	65.3	65.8	66.2	66.7	67.2	67.7	68.2	68.7	69.2	69.6	70.1	70.6	71.1	71.6	72.1	72.5	73.0	73.5	74.0	74.5
7	65.0	65.4	65.9	66.4	66.9	67.4	67.9	68.4	68.8	69.3	69.8	70.3	70.8	71.3	71.8	72.2	72.7	73.2	73.7	74.2
8	64.6	65.1	65.6	66.1	66.6	67.0	67.5	68.0	68.5	69.0	69.5	70.0	70.4	70.9	71.4	71.9	72.4	72.9	73.4	73.8
9	64.3	64.8	65.2	65.7	66.2	66.7	67.2	67.7	68.2	68.7	69.2	69.6	70.1	70.6	71.1	71.6	72.1	72.6	73.0	73.5
10	63.9	64.4	64.9	65.4	65.9	66.4	66.9	67.4	67.8	68.3	68.8	69.3	69.8	70.3	70.8	71.3	71.8	72.2	72.7	73.2
11	63.6	64.1	64.6	65.1	65.6	66.0	66.5	67.0	67.5	68.0	68.5	69.0	69.5	70.0	70.5	71.0	71.4	71.9	72.4	72.9
12	63.3	63.8	64.2	64.7	65.2	65.7	66.2	66.7	67.2	67.7	68.2	68.7	69.2	69.6	70.1	70.6	71.1	71.6	72.1	72.6
13	62.9	63.4	63.9	64.4	64.9	65.4	65.9	66.4	66.8	67.4	67.8	68.3	68.8	69.3	69.8	70.3	70.8	71.3	71.8	72.3
14	62.6	63.1	63.6	64.1	64.6	65.0	65.5	66.0	66.5	67.0	67.5	68.0	68.5	69.0	69.5	70.0	70.5	71.0	71.4	72.0
15	62.2	62.7	63.2	63.7	64.2	64.7	65.2	65.7	66.2	66.7	67.2	67.7	68.2	68.6	69.1	69.6	70.1	70.6	71.1	71.6
16	61.9	62.4	62.9	63.4	63.9	64.4	64.8	65.4	65.8	66.3	66.8	67.3	67.8	68.3	68.8	69.3	69.8	70.3	70.8	71.3
17	61.5	62.0	62.5	63.0	63.5	64.0	64.5	65.0	65.5	66.0	66.5	67.0	67.5	68.0	68.5	69.0	69.5	70.0	70.5	71.0
18	61.2	61.7	62.2	62.7	63.2	63.7	64.2	64.7	65.2	65.7	66.2	66.7	67.2	67.7	68.2	68.7	69.2	69.6	70.2	70.6
19	60.8	61.3	61.8	62.3	62.8	63.3	63.8	64.3	64.8	65.3	65.8	66.3	66.8	67.3	67.8	68.3	68.8	69.3	69.8	70.3
20	60.5	61.0	61.5	62.0	62.5	63.0	63.5	64.0	64.5	65.0	65.5	66.0	66.5	67.0	67.5	68.0	68.5	69.0	69.5	70.0
21	60.1	60.6	61.2	61.6	62.2	62.6	63.2	63.6	64.2	64.6	65.2	65.7	66.2	66.7	67.2	67.7	68.2	68.7	69.2	69.7
22	59.8	60.3	60.8	61.3	61.8	62.3	62.8	63.3	63.8	64.3	64.8	65.3	65.8	66.3	66.8	67.3	67.9	68.3	68.8	69.3
23	59.4	60.0	60.4	61.0	61.5	62.0	62.5	63.0	63.5	64.0	64.5	65.0	65.5	66.0	66.5	67.0	67.5	68.0	68.5	69.0
24	59.1	59.6	60.1	60.6	61.1	61.6	62.1	62.6	63.1	63.6	64.1	64.6	65.1	65.5	66.2	66.7	67.2	67.7	68.2	68.7
25	58.7	59.2	59.8	60.3	60.8	61.3	61.8	62.3	62.8	63.3	63.8	64.3	64.8	65.3	65.8	66.3	66.8	67.3	67.8	68.4
26	58.4	58.9	59.4	59.9	60.4	60.9	61.4	61.9	62.4	63.0	63.5	64.0	64.5	65.0	65.5	66.0	66.5	67.0	67.5	68.0
27	58.0	58.5	59.0	59.6	60.1	60.6	61.1	61.6	62.1	62.5	63.1	63.6	64.1	64.6	65.2	65.7	66.2	66.7	67.2	67.7
28	57.7	58.2	58.7	59.2	59.7	60.2	60.7	61.2	61.8	62.3	62.8	63.3	63.8	64.3	64.8	65.3	65.8	66.3	66.8	67.4
29	57.3	57.8	58.3	58.8	59.4	59.9	60.4	60.9	61.4	61.9	62.4	62.9	63.4	64.0	64.5	65.0	65.5	66.0	66.5	67.0
30	57.0	57.5	58.0	58.5	59.0	59.5	60.0	60.6	61.1	61.6	62.1	62.6	63.1	63.6	64.1	64.6	65.2	65.7	66.2	66.7
31	56.6	57.1	57.6	58.1	58.6	59.2	59.7	60.2	60.7	61.2	61.7	62.2	62.7	63.2	63.8	64.3	64.8	65.3	65.8	66.4
32	56.2	56.8	57.3	57.8	58.3	58.8	59.3	59.8	60.3	60.9	61.4	61.9	62.4	62.9	63.4	63.9	64.4	65.0	65.5	66.0
33	55.9	56.4	56.9	57.4	57.9	58.4	59.0	59.5	60.0	60.5	61.0	61.5	62.0	62.6	63.1	63.6	64.1	64.6	65.1	65.7
34	55.5	56.0	56.5	57.1	57.6	58.1	58.6	59.1	59.6	60.1	60.7	61.2	61.7	62.2	62.7	63.2	63.8	64.3	64.8	65.3
35	55.2	55.7	56.2	56.7	57.2	57.7	58.2	58.8	59.3	59.8	60.3	60.8	61.3	61.9	62.4	62.9	63.4	63.9	64.4	65.0

附录 2-5 糖溶液的相对密度与浸出物的质量含量对照表（20℃）

相对密度	浸出物含量/(g/100g)	相对密度	浸出物含量/(g/100g)	相对密度	浸出物含量/(g/100g)	相对密度	浸出物含量/(g/100g)	相对密度	浸出物含量/(g/100g)
1.00000	0.000	1.00145	0.373	1.00290	0.745	1.00435	1.116	1.00580	1.488
1.00005	0.013	1.00150	0.386	1.00295	0.757	1.00440	1.129	1.00585	1.501
1.00010	0.026	1.00155	0398	1.00300	0.770	1.00445	1.142	1.00590	1.514
1.00015	0.039	1.00160	0.411	1.00305	0.783	1.00450	1.155	1.00595	1.526
1.00020	0.052	1.00165	0.424	1.00310	0.796	1.00455	1.168	1.00600	1.539
1.00025	0.064	1.00170	0.437	1.00315	0.808	1.00460	1.180	1.00605	1.552
1.00030	0.077	1.00175	0.450	1.00320	0.821	1.00465	1.193	1.00610	1.565
1.00035	0.090	1.00180	0.463	1.00325	0.834	1.00470	1.206	1.00615	1.578
1.00040	0.103	1.00185	0.476	1.00330	0.847	1.00475	1.219	1.00620	1.590
1.00045	0.116	1.00190	0.488	1.00335	0.859	1.00480	1.232	1.00625	1.603
1.00050	0.129	1.00195	0.501	1.00340	0.872	1.00485	1.244	1.00630	1.616
1.00055	0.141	1.00200	0.514	1.00345	0.885	1.00490	1.257	1.00635	1.629
1.00060	0.154	1.00205	0.527	1.00350	0.898	1.00495	1.270	1.00640	1.641
1.00065	0.167	1.00210	0.540	1.00355	0.911	1.00500	1.283	1.00645	1.654
1.00070	0.180	1.00215	0.552	1.00360	0.924	1.00505	1.296	1.00650	1.667
1.00075	0.193	1.00220	0.565	1.00365	0.937	1.00510	1.308	1.00655	1.680
1.00080	0.206	1.00225	0.579	1.00370	0.949	1.00515	1.321	1.00660	1.693
1.00085	0.219	1.00230	0.591	1.00375	0.962	1.00520	1.334	1.00665	1.705
1.00090	0.231	1.00235	0.604	1.00380	0.975	1.00525	1.347	1.00670	1.718
1.00095	0.244	1.00240	0.616	1.00385	0.988	1.00530	1.360	1.00675	1.731
1.00100	0.257	1.00245	0.629	1.00390	1.001	1.00535	1.372	1.00680	1.744
1.00105	0.270	1.00250	0.642	1.00395	1.014	1.00540	1.385	1.00685	1.757
1.00110	0.283	1.00255	0.655	1.00400	1.026	1.00545	1.398	1.00690	1.769
1.00115	0.296	1.00260	0.668	1.00405	1.039	1.00550	1.411	1.00695	1.782
1.00120	0.309	1.00265	0.680	1.00410	1.052	1.00555	1.424	1.00700	1.795
1.00125	0.321	1.00270	0.693	1.00415	1.065	1.00560	1.437	1.00705	1.807
1.00130	0.334	1.00275	0.706	1.00420	1.078	1.00565	1.450	1.00710	1.820
1.00135	0.347	1.00280	0.719	1.00425	1.090	1.00570	1.462	1.00715	1.833
1.00140	0.360	1.00285	0.732	1.00430	1.103	1.00575	1.475	1.00720	1.846

续表

相对密度	浸出物含量/(g/100g)	相对密度	浸出物含量/(g/100g)	相对密度	浸出物含量/(g/100g)	相对密度	浸出物含量/(g/100g)	相对密度	浸出物含量/(g/100g)
1.00725	1.859	1.00895	2.292	1.01065	2.725	1.01235	3.156	1.01405	3.586
1.00730	1.872	1.00900	2.305	1.01070	2.738	1.01240	3.169	1.01410	3.598
1.00735	1.884	1.00905	2.317	1.01075	2.750	1.01245	3.181	1.01415	3.611
1.00740	1.897	1.00910	2.330	1.01080	2.763	1.01250	3.194	1.01420	3.624
1.00745	1.910	1.00915	2.343	1.01085	2.776	1.01255	3.207	1.01425	3.636
1.00750	1.923	1.00920	2.356	1.01090	2.788	1.01260	3.219	1.01430	3.649
1.00755	1.935	1.00925	2.369	1.01095	2.801	1.01265	3.232	1.01435	3.662
1.00760	1.948	1.00930	2.381	1.01100	2.814	1.01270	3.245	1.01440	3.674
1.00765	1.961	1.00935	2.394	1.01105	2.826	1.01275	3.257	1.01445	3.687
1.00770	1.973	1.00940	2.407	1.01110	2.839	1.01280	3.270	1.01450	3.699
1.00775	1.986	1.00945	2.419	1.01115	2.852	1.01285	3.282	1.01455	3.712
1.00780	1.999	1.00950	2.432	1.01120	2.864	1.01290	3.295	1.01460	3.725
1.00785	2.012	1.00955	2.445	1.01125	2.877	1.01295	3.308	1.01465	3.737
1.00790	2.025	1.00960	2.458	1.01130	2.890	1.01300	3.321	1.01470	3.750
1.00795	2.038	1.00965	2.470	1.01135	2.903	1.01305	3.333	1.01475	3.762
1.00800	2.051	1.00970	2.483	1.01140	2.915	1.01310	3.346	1.01480	3.775
1.00805	2.065	1.00975	2.496	1.01145	2.928	1.01315	3.358	1.01485	3.788
1.00810	2.078	1.00980	2.508	1.01150	2.940	1.01320	3.371	1.01490	3.800
1.00815	2.090	1.00985	2.251	1.01155	2.953	1.01325	3.384	1.01495	3.813
1.00820	2.102	1.00990	2.534	1.01160	2.966	1.01330	3.396	1.01500	3.826
1.00825	2.114	1.00995	2.547	1.01165	2.979	1.01335	3.409	1.01505	3.838
1.00830	2.127	1.01000	2.560	1.01170	2.991	1.01340	3.421	1.01510	3.851
1.00835	2.139	1.01005	2.572	1.01175	3.004	1.01345	3.434	1.01515	3.863
1.00840	2.152	1.01010	2.585	1.01180	3.017	1.01350	3.447	1.01520	3.876
1.00845	2.165	1.01015	2.598	1.01185	3.029	1.01355	3.459	1.01525	3.888
1.00850	2.178	1.01020	2.610	1.01190	3.042	1.01360	3.472	1.01530	3.901
1.00855	2.191	1.01025	2.623	1.01195	3.055	1.01365	3.485	1.01535	3.914
1.00860	2.203	1.01030	2.636	1.01200	3.067	1.01370	3.497	1.01540	3.926
1.00865	2.216	1.01035	2.649	1.01205	3.080	1.01375	3.510	1.01545	3.939
1.00870	2.229	1.01040	2.661	1.01210	3.093	1.01380	3.523	1.01550	3.951
1.00875	2.241	1.01045	2.674	1.01215	3.105	1.01385	3.535	1.01555	3.964
1.00880	2.254	1.01050	2.687	1.01220	3.118	1.01390	3.548	1.01560	3.977
1.00885	2.267	1.01055	2.699	1.01225	3.131	1.01395	3.561	1.01565	3.989
1.00890	2.280	1.01060	2.712	1.01230	3.143	1.01400	3.573	1.01570	4.002

续表

相对密度	浸出物含量/(g/100g)	相对密度	浸出物含量/(g/100g)	相对密度	浸出物含量/(g/100g)	相对密度	浸出物含量/(g/100g)	相对密度	浸出物含量/(g/100g)
1. 01575	4. 014	1. 01745	4. 442	1. 01915	4. 868	1. 02085	5. 593	1. 02255	5. 716
1. 01580	4. 027	1. 01750	4. 454	1. 01920	4. 880	1. 02090	5. 305	1. 02260	5. 729
1. 01585	4. 039	1. 01755	4. 467	1. 01925	4. 893	1. 02095	5. 318	1. 02265	5. 741
1. 01590	4. 052	1. 01760	4. 479	1. 01930	4. 905	1. 02100	5. 330	1. 02270	5. 754
1. 01595	4. 065	1. 01765	4. 492	1. 01935	4. 918	1. 02105	5. 343	1. 02275	5. 766
1. 01600	4. 077	1. 01770	4. 505	1. 01940	4. 930	1. 02110	5. 355	1. 02280	5. 779
1. 01605	4. 090	1. 01775	4. 517	1. 01945	4. 943	1. 02115	5. 367	1. 02285	5. 791
1. 01610	4. 102	1. 01780	4. 529	1. 01950	4. 955	1. 02120	5. 380	1. 02290	5. 803
1. 01615	4. 115	1. 01785	4. 542	1. 01955	4. 968	1. 02125	5. 392	1. 02295	5. 816
1. 01620	4. 128	1. 01790	4. 555	1. 01960	4. 980	1. 02130	5. 405	1. 02300	5. 828
1. 01625	4. 140	1. 01795	4. 567	1. 01965	4. 993	1. 02135	5. 418	1. 02305	5. 841
1. 01630	4. 153	1. 01800	4. 580	1. 01970	5. 006	1. 02140	5. 430	1. 02310	5. 853
1. 01635	4. 165	1. 01805	4. 592	1. 01975	5. 018	1. 02145	5. 443	1. 02315	5. 865
1. 01640	4. 178	1. 01810	4. 605	1. 01980	5. 030	1. 02150	5. 455	1. 02320	5. 878
1. 01645	4. 190	1. 01815	4. 617	1. 01985	5. 043	1. 02155	5. 467	1. 02325	5. 890
1. 01650	4. 203	1. 01820	4. 630	1. 01990	5. 055	1. 02160	5. 480	1. 02330	5. 903
1. 01655	4. 216	1. 01825	4. 642	1. 01995	5. 068	1. 02165	5. 492	1. 02335	5. 915
1. 01660	4. 228	1. 01830	4. 655	1. 02000	5. 080	1. 02170	5. 505	1. 02340	5. 928
1. 01665	4. 241	1. 01835	4. 668	1. 02005	5. 093	1. 02175	5. 517	1. 02345	5. 940
1. 01670	4. 253	1. 01840	4. 680	1. 02010	5. 106	1. 02180	5. 530	1. 02350	5. 952
1. 01675	4. 266	1. 01845	4. 692	1. 02015	5. 118	1. 02185	5. 542	1. 02355	5. 965
1. 01680	4. 278	1. 01850	4. 705	1. 02020	5. 130	1. 02190	5. 555	1. 02360	5. 977
1. 01685	4. 291	1. 01855	4. 718	1. 02025	5. 143	1. 02195	5. 567	1. 02365	5. 990
1. 01690	4. 304	1. 01860	4. 730	1. 02030	5. 155	1. 02200	5. 580	1. 02370	6. 002
1. 01695	4. 316	1. 01865	4. 743	1. 02035	5. 168	1. 02205	5. 592	1. 02375	6. 015
1. 01700	4. 329	1. 01870	4. 755	1. 02040	5. 180	1. 02210	5. 605	1. 02380	6. 027
1. 01705	4. 341	1. 01875	4. 768	1. 02045	5. 193	1. 02215	5. 617	1. 02385	6. 039
1. 01710	4. 354	1. 01880	4. 780	1. 02050	5. 205	1. 02220	5. 629	1. 02390	6. 052
1. 01715	4. 366	1. 01885	4. 792	1. 02055	5. 218	1. 02225	5. 642	1. 02395	6. 064
1. 01720	4. 379	1. 01890	4. 805	1. 02060	5. 230	1. 02230	5. 654	1. 02400	6. 077
1. 01725	4. 391	1. 01895	4. 818	1. 02065	5. 243	1. 02235	5. 667	1. 02405	6. 089
1. 01730	4. 404	1. 01900	4. 830	1. 02070	2. 255	1. 02340	5. 679	1. 02410	6. 101
1. 01735	4. 417	1. 01905	40843	1. 02075	5. 268	1. 02245	5. 692	1. 02415	6. 114
1. 01740	4. 429	1. 01910	4. 855	1. 02080	5. 280	1. 02250	5. 704	1. 02420	6. 126

续表

相对密度	浸出物含量/(g/100g)	相对密度	浸出物含量/(g/100g)	相对密度	浸出物含量/(g/100g)	相对密度	浸出物含量/(g/100g)	相对密度	浸出物含量/(g/100g)
1.02425	6.139	1.02595	6.560	1.02765	6.979	1.02935	7.398	1.03105	7.816
1.02430	6.151	1.02600	6.572	1.02770	6.992	1.02940	7.411	1.03110	7.828
1.02435	6.163	1.02605	6.584	1.02775	7.004	1.02945	7.423	1.03115	7.840
1.02440	6.176	1.02610	6.597	1.02780	7.017	1.02950	7.435	1.03120	7.853
1.02445	6.188	1.02615	6.609	1.02785	7.029	1.02955	7.447	1.03125	7.865
1.02450	6.200	1.02620	6.621	1.02790	7.041	1.02960	7.460	1.03130	7.877
1.02455	6.213	1.02625	6.634	1.02795	7.053	1.02965	7.472	1.03135	7.889
1.02460	6.225	1.02630	6.6464	1.02800	7.066	1.02970	7.484	1.03140	7.901
1.02465	6.238	1.02635	6.659	1.02805	7.078	1.02975	7.497	1.03145	7.914
1.02470	6.250	1.02640	6.671	1.02810	7.091	1.02980	7.509	1.03150	7.926
1.02475	6.263	1.02645	6.683	1.02815	7.103	1.02985	7.521	1.03155	7.938
1.02480	6.275	1.02650	6.696	1.02820	7.115	1.02990	7.533	1.03160	7.950
1.02485	6.287	1.02655	6.708	1.02825	7.127	1.02995	7.546	1.03165	7.963
1.02490	6.300	1.02660	6.720	1.02830	7.140	1.03000	7.558	1.03170	7.975
1.02495	6.312	1.02665	6.733	1.02835	7.152	1.03005	7.570	1.03175	7.987
1.02500	6.325	1.02670	6.745	1.02840	7.164	1.03010	7.583	1.03780	8.000
1.02505	6.337	1.02675	6.757	1.02845	7.177	1.03015	7.595	1.03185	8.012
1.02510	6.350	1.02680	6.770	1.02850	7.189	1.03020	7.607	1.03190	8.024
1.02515	6.362	1.02685	6.782	1.02855	7.201	1.03025	7.619	1.03195	8.036
1.02520	6.374	1.02690	6.794	1.02860	7.214	1.03030	7.632	1.03200	8.048
1.02525	6.387	1.02695	6.807	1.02865	7.226	1.03035	7.644	1.03205	8.061
1.02530	6.399	1.02700	6.819	1.02870	7.238	1.03040	7.656	1.03210	8.073
1.02535	6.411	1.02705	6.831	1.02875	7.251	1.03045	7.668	1.03215	8.085
1.02540	6.424	1.02710	6.844	1.02880	7.263	1.03050	7.681	1.03220	8.098
1.02545	6.436	1.02715	6.856	1.02885	7.275	1.03055	7.693	1.03225	8.110
1.02550	6.449	1.02720	6.868	1.02890	7.287	1.03060	7.705	1.03230	8.122
1.02555	6.461	1.02725	6.881	1.02895	7.300	1.03065	7.717	1.03235	8.134
1.02560	6.473	1.02730	6.893	1.02900	7.312	1.03070	7.730	1.03340	8.146
1.02565	6.485	1.02735	6.905	1.02905	7.324	1.03075	7.742	1.03245	8.159
1.02570	6.498	1.02740	6.918	1.02910	7.337	1.03080	7.754	1.03250	8.171
1.02575	6.510	1.02745	6.930	1.02915	7.349	1.03085	7.767	1.03255	8.183
1.02580	6.523	1.02750	6.943	1.02920	7.361	1.03090	7.779	1.03260	8.195
1.02585	6.535	1.02755	6.955	1.02925	7.374	1.03095	7.791	1.03265	8.207
1.02590	6.547	1.02760	6.967	1.02930	7.386	1.03100	7.803	1.03270	8.220

续表

相对密度	浸出物含量/(g/100g)	相对密度	浸出物含量/(g/100g)	相对密度	浸出物含量/(g/100g)	相对密度	浸出物含量/(g/100g)	相对密度	浸出物含量/(g/100g)
1.03275	8.232	1.03445	8.647	1.03615	9.060	1.03785	9.473	1.03955	9.885
1.03280	8.244	1.03450	8.659	1.03620	9.073	1.03790	9.485	1.03960	9.897
1.03285	8.256	1.03455	8.671	1.03625	9.085	1.03795	9.498	1.03965	9.909
1.03290	8.269	1.03460	8.683	1.03630	9.097	1.03800	9.509	1.03970	9.921
1.03295	8.281	1.03465	8.695	1.03635	9.109	1.03805	9.522	1.03975	9.933
1.03300	8.293	1.03470	8.708	1.03640	9.121	1.03810	9.534	1.03980	9.945
1.03305	8.305	1.03475	8.720	1.03645	9.133	1.03815	9.546	1.03985	9.957
1.03310	8.317	1.03480	8.732	1.03650	9.145	1.03820	9.558	1.03990	9.969
1.03315	8.330	1.03485	8.744	1.03655	9.158	1.03825	9.570	1.03995	9.981
1.03320	8.342	1.03490	8.756	1.03660	9.170	1.03830	9.582	1.04000	9.993
1.03325	8.354	1.03495	8.768	1.03665	9.182	1.03835	9.594	1.04005	10.005
1.03330	8.366	1.03500	8.781	1.03670	9.194	1.03840	9.606	1.04010	10.017
1.03335	8.378	1.03505	8.793	1.03675	9.206	1.03845	9.618	1.04015	10.030
1.03340	8.391	1.03510	8.805	1.03680	9.218	1.03850	9.631	1.04020	10.042
1.03345	8.403	1.03515	8.817	1.03685	9.230	1.03855	9.643	1.04025	10.054
1.03350	8.415	1.03520	8.830	1.03690	9.243	1.03860	9.655	1.04030	10.066
1.03355	8.427	1.03525	8.842	1.03695	9.255	1.03865	9.667	1.04035	10.078
1.03360	8.439	1.03530	8.854	1.03700	9.267	1.03870	9.679	1.04040	10.090
1.03365	8.452	1.03535	8.866	1.03705	9.279	1.03875	9.691	1.04045	10.102
1.03370	8.464	1.03540	8.878	1.03710	9.291	1.03880	9.703	1.04050	10.114
1.03375	8.476	1.03545	8.890	1.03715	9.303	1.03885	9.715	1.04055	10.126
1.03380	8.488	1.03550	8.902	1.03720	9.316	1.03890	9.727	1.04060	10.138
1.03385	8.500	1.03555	8.915	1.03725	9.328	1.03895	9.740	1.04065	10.150
1.03390	8.513	1.03560	8.927	1.03730	9.340	1.03900	9.751	1.04070	10.162
1.03395	8.525	1.03565	8.939	1.03735	9.352	1.03905	9.764	1.04075	10.174
1.03400	8.537	1.03570	8.951	1.03740	9.364	1.03910	9.776	1.04080	10.186
1.03405	8.549	1.03575	8.963	1.03745	9.376	1.03915	9.788	1.04085	10.198
1.03410	8.561	1.03580	8.975	1.03750	9.388	1.03920	9.800	1.04090	10.210
1.03415	8.574	1.03585	8.988	1.03755	9.400	1.03925	9.812	1.04095	10.223
1.03420	8.586	1.03590	9.000	1.03760	9.413	1.03930	9.824	1.04100	10.234
1.03425	8.598	1.03595	9.012	1.03765	9.425	1.03935	9.836	1.04105	10.246
1.03430	8.610	1.03600	9.024	1.03770	9.437	1.03940	9.848	1.04110	10.259
1.03435	8.622	1.03605	9.036	1.03775	9.449	1.03945	9.860	1.04115	10.271
1.03440	8.634	1.03610	9.048	1.03780	9.461	1.03950	9.873	1.04120	10.283

续表

相对密度	浸出物含量/(g/100g)	相对密度	浸出物含量/(g/100g)	相对密度	浸出物含量/(g/100g)	相对密度	浸出物含量/(g/100g)	相对密度	浸出物含量/(g/100g)
1.04125	10.295	1.04295	10.704	1.04465	11.112	1.04635	11.518	1.04805	11.923
1.04130	10.307	1.04300	10.716	1.04470	11.123	1.04640	11.530	1.04810	11.935
1.04135	10.319	1.04305	10.728	1.04475	11.135	1.04645	11.542	1.04815	11.947
1.04140	10.331	1.04310	10.740	1.04480	11.147	1.04650	11.554	1.04820	11.959
1.04145	10.343	1.04315	10.752	1.04485	11.159	1.04655	11.566	1.04825	11.971
1.04150	10.355	1.04320	10.764	1.04490	11.171	1.04660	11.578	1.04830	11.983
1.04155	10.367	1.04325	10.776	1.04495	11.183	1.04665	11.590	1.04835	11.995
1.04160	10.379	1.04330	10.788	1.04500	11.195	1.04670	11.602	1.04840	12.007
1.04165	10.391	1.04335	10.800	1.04505	11.207	1.04675	11.614	1.04845	12.019
1.04170	10.403	1.04340	10.812	1.04510	11.219	1.04680	11.626	1.04850	12.031
1.04175	10.415	1.04345	10.824	1.04515	11.231	1.04685	11.638	1.04855	12.042
1.04180	10.427	1.04350	10.836	1.04520	11.243	1.04690	11.650	1.04860	12.054
1.04185	10.439	1.04355	10.848	1.04525	11.255	1.04695	11.661	1.04865	12.066
1.04190	10.451	1.04360	10.860	1.04530	11.267	1.04700	11.673	1.04870	12.078
1.04195	10.463	1.04365	10.872	1.04535	11.279	1.04705	11.685	1.04875	12.090
1.04200	10.475	1.04370	10.884	1.04540	11.291	1.04710	11.697	1.04880	12.102
1.04205	10.487	1.04375	10.896	1.04545	11.303	1.04715	11.709	1.04885	12.114
1.04210	10.499	1.04380	10.908	1.04550	11.315	1.04720	11.721	1.04890	12.126
1.04215	10.511	1.04385	10.920	1.04555	11.327	1.04725	11.733	1.04895	12.138
1.04220	10.523	1.04390	10.932	1.04560	11.339	1.04730	11.745	1.04900	12.150
1.04225	10.536	1.04395	10.944	1.04565	11.351	1.04735	11.757	1.04905	12.162
1.04230	10.548	1.04400	10.956	1.04570	11.363	1.04740	11.768	1.04910	12.173
1.04235	10.559	1.04405	10.968	1.04575	11.375	1.04745	11.780	1.04915	12.185
1.04240	10.571	1.04410	10.980	1.04580	11.337	1.04750	11.792	1.04920	12.197
1.04245	10.584	1.04415	10.992	1.04585	11.399	1.04755	11.804	1.04925	12.209
1.04250	10.596	1.04420	11.004	1.04590	11.411	1.04760	11.816	1.04930	12.221
1.04255	10.608	1.04425	11.016	1.04595	11.423	1.04765	11.828	1.04935	12.233
1.04260	10.620	1.04430	11.027	1.04600	11.435	1.04770	11.840	1.04940	12.245
1.04265	10.632	1.04435	11.039	1.04605	11.446	1.04775	11.852	1.04945	12.256
1.04270	10.644	1.04440	11.051	1.04610	11.458	1.04780	11.864	1.04950	12.268
1.04275	10.656	1.04445	11.063	1.04615	11.470	1.04785	11.876	1.04955	12.280
1.04280	10.668	1.04450	11.075	1.04620	11.482	1.04790	11.888	1.04960	12.292
1.04285	10.680	1.04455	11.087	1.04625	11.494	1.04795	11.900	1.04965	12.304
1.04290	10.692	1.04460	11.100	1.04630	11.506	1.04800	11.912	1.04970	12.316

续表

相对密度	浸出物含量/(g/100g)	相对密度	浸出物含量/(g/100g)	相对密度	浸出物含量/(g/100g)	相对密度	浸出物含量/(g/100g)	相对密度	浸出物含量/(g/100g)
1.04975	12.328	1.05145	12.731	1.05315	13.133	1.05485	13.534	1.05655	13.933
1.04980	12.340	1.05150	12.743	1.05320	13.145	1.05490	13.546	1.05660	13.945
1.04985	12.351	1.05155	12.755	1.05325	13.157	1.05495	13.557	1.05665	13.957
1.04990	12.363	1.05160	12.767	1.05330	13.168	1.05500	13.569	1.05670	13.968
1.04995	12.375	1.05165	12.778	1.05335	13.180	1.05505	13.581	1.05675	13.980
1.05000	12.387	1.05170	12.790	1.05340	13.192	1.05510	13.593	1.05680	13.992
1.05005	12.399	1.05175	12.802	1.05345	13.204	1.05515	13.604	1.05685	14.004
1.05010	12.411	1.05180	12.814	1.05350	13.215	1.05520	13.616	1.05690	14.015
1.05015	12.423	1.05185	12.826	1.05355	13.227	1.05525	13.628	1.05695	14.027
1.05020	12.435	1.05190	12.838	1.05360	13.239	1.05530	13.640	1.05700	14.039
1.05025	12.447	1.05195	12.849	1.05365	13.251	1.05535	13.651	1.05705	14.051
1.05030	12.458	1.05200	12.861	1.05370	13.263	1.05540	13.663	1.05710	14.062
1.05035	12.470	1.05205	12.873	1.05375	13.274	1.05545	13.675	1.05715	14.074
1.05040	12.482	1.05210	12.885	1.05380	13.296	1.05550	13.687	1.05720	14.086
1.05045	12.494	1.05215	12.897	1.05385	13.298	1.05555	13.698	1.05725	14.097
1.05050	12.506	1.05220	12.909	1.05390	13.310	1.05560	13.710	1.05730	14.109
1.05055	12.518	1.05225	12.920	1.05395	13.322	1.05565	13.722	1.05735	14.121
1.05060	12.530	1.05230	12.932	1.05400	13.333	1.05570	13.734	1.05740	14.133
1.05065	12.542	1.05235	12.944	1.05405	13.345	1.05575	13.746	1.05745	14.144
1.05070	12.553	1.05240	12.956	1.05410	13.357	1.05580	13.757	1.05750	14.156
1.05075	12.565	1.05245	12.968	1.05415	13.369	1.05585	13.769	1.05755	14.168
1.05080	12.577	1.05250	12.979	1.05420	13.380	1.05590	13.781	1.05760	14.179
1.05085	12.589	1.05255	12.991	1.05425	13.392	1.05595	13.792	1.05765	14.191
1.05090	12.601	1.05260	13.003	1.05430	13.404	1.05600	13.804	1.05770	14.203
1.05095	12.613	1.05265	13.015	1.05435	13.416	1.05605	13.816	1.05775	14.215
1.05100	12.624	1.05270	13.027	1.05440	13.428	1.05610	13.828	1.05780	14.226
1.05105	12.636	1.05275	13.039	1.05445	13.439	1.05615	13.839	1.05785	14.238
1.05110	12.648	1.05280	13.050	1.05450	13.451	1.05620	13.851	1.05790	14.250
1.05115	12.660	1.05285	13.062	1.05455	13.463	1.05625	13.863	1.05795	14.261
1.05120	12.672	1.05290	13.074	1.05460	13.475	1.05630	13.875	1.05800	14.273
1.05125	12.684	1.05295	13.086	1.05465	13.487	1.05635	13.886	1.05805	14.285
1.05130	12.695	1.05300	13.098	1.05470	13.499	1.05640	13.898	1.05810	14.297
1.05135	12.707	1.05305	13.109	1.05475	13.510	1.06645	13.910	1.05815	14.308
1.05140	12.719	1.05310	13.121	1.05480	13.522	1.05650	13.921	1.05820	14.320

续表

相对密度	浸出物含量/(g/100g)	相对密度	浸出物含量/(g/100g)	相对密度	浸出物含量/(g/100g)	相对密度	浸出物含量/(g/100g)	相对密度	浸出物含量/(g/100g)
1. 05825	14. 332	1. 05995	14. 729	1. 06165	15. 125	1. 06335	15. 520	1. 06505	15. 914
1. 05830	14. 343	1. 06000	14. 741	1. 06170	15. 137	1. 06340	15. 532	1. 06510	15. 926
1. 05835	14. 355	1. 06005	14. 752	1. 06175	15. 148	1. 06345	15. 544	1. 06515	15. 938
1. 05840	14. 367	1. 06010	14. 764	1. 06180	15. 160	1. 06350	15. 555	1. 06520	15. 949
1. 05845	14. 379	1. 06015	14. 776	1. 06185	15. 172	1. 06355	15. 567	1. 06525	15. 961
1. 05850	14. 390	1. 06020	14. 787	1. 06190	15. 183	1. 06360	15. 578	1. 06530	15. 972
1. 05855	14. 402	1. 06025	14. 799	1. 06195	15. 195	1. 06365	15. 590	1. 06535	15. 984
1. 05860	14. 414	1. 06030	14. 811	1. 06200	15. 207	1. 06370	15. 602	1. 06540	15. 995
1. 05865	14. 425	1. 06035	14. 822	1. 06205	15. 218	1. 06375	15. 613	1. 06545	16. 007
1. 05870	14. 437	1. 06040	14. 834	1. 06210	15. 230	1. 06380	15. 625	1. 06550	16. 019
1. 05875	14. 449	1. 06045	14. 846	1. 06215	15. 241	1. 06385	15. 637	1. 06555	16. 030
1. 05880	14. 460	1. 06050	14. 857	1. 06220	15. 253	1. 06390	15. 648	1. 06560	16. 041
1. 05885	14. 472	1. 06055	14. 869	1. 06225	15. 265	1. 06395	15. 660	1. 06565	16. 053
1. 05890	14. 484	1. 06060	14. 881	1. 06230	15. 276	1. 06400	15. 671	1. 06570	16. 065
1. 05895	14. 495	1. 06065	14. 892	1. 06235	15. 288	1. 06405	15. 688	1. 06575	16. 076
1. 05900	14. 507	1. 06070	14. 904	1. 06240	15. 300	1. 06410	15. 694	1. 06580	16. 088
1. 05905	14. 519	1. 06075	14. 916	1. 06245	15. 311	1. 06415	15. 706	1. 06585	16. 099
1. 05910	14. 531	1. 06080	14. 927	1. 06250	15. 323	1. 06420	15. 717	1. 06590	16. 111
1. 05915	14. 532	1. 06085	14. 939	1. 06255	15. 334	1. 06425	15. 729	1. 06595	16. 122
1. 05920	14. 554	1. 06090	14. 950	1. 06260	15. 346	1. 06430	15. 741	1. 06600	16. 134
1. 05925	14. 565	1. 06095	14. 962	1. 06265	15. 358	1. 06435	15. 752	1. 06605	16. 145
1. 05930	14. 577	1. 06100	14. 974	1. 06270	15. 369	1. 06440	15. 764	1. 06610	16. 157
1. 05935	14. 589	1. 06105	14. 986	1. 06275	15. 381	1. 06445	15. 776	1. 06615	16. 169
1. 05940	14. 601	1. 06110	14. 997	1. 06280	15. 393	1. 06450	15. 787	1. 06620	16. 180
1. 05945	14. 612	1. 06115	15. 009	1. 06285	15. 404	1. 06455	15. 799	1. 06625	16. 191
1. 05950	14. 624	1. 06120	14. 020	1. 06290	15. 416	1. 06460	15. 810	1. 06630	16. 203
1. 05955	14. 636	1. 06125	15. 032	1. 06295	15. 427	1. 06465	15. 822	1. 06635	16. 215
1. 05960	14. 647	1. 06130	15. 044	1. 06300	15. 439	1. 06470	15. 833	1. 06640	16. 226
1. 05965	14. 659	1. 06135	15. 055	1. 06305	15. 451	1. 06475	15. 845	1. 06645	16. 238
1. 05970	14. 671	1. 06140	15. 067	1. 06310	15. 462	1. 06480	15. 857	1. 06650	16. 249
1. 05975	14. 682	1. 06145	15. 079	1. 06315	15. 474	1. 06485	15. 868	1. 06655	16. 261
1. 05980	14. 694	1. 06150	15. 090	1. 06320	15. 486	1. 06490	15. 880	1. 06660	16. 272
1. 05985	14. 706	1. 06155	15. 102	1. 06325	15. 497	1. 06495	15. 891	1. 06665	16. 284
1. 05990	14. 717	1. 06160	15. 114	1. 06330	15. 509	1. 06500	15. 903	1. 06670	16. 295

续表

相对密度	浸出物含量/(g/100g)	相对密度	浸出物含量/(g/100g)	相对密度	浸出物含量/(g/100g)	相对密度	浸出物含量/(g/100g)	相对密度	浸出物含量/(g/100g)
1.06675	16.307	1.06845	16.699	1.07015	17.089	1.07185	17.479	1.07355	17.867
1.06680	16.319	1.06850	16.710	1.07020	17.101	1.07190	17.490	1.07360	17.878
1.06685	16.330	1.06855	16.722	1.07025	17.112	1.07195	17.501	1.07365	17.890
1.06690	16.341	1.06860	16.733	1.07030	17.123	1.07200	17.513	1.07370	17.901
1.06695	16.353	1.06865	16.744	1.07035	17.135	1.07205	17.524	1.07375	17.913
1.06700	16.365	1.06870	16.756	1.07040	17.146	1.07210	17.536	1.07380	17.824
1.06705	16.376	1.06875	16.768	1.07045	17.158	1.07215	17.547	1.07385	17.935
1.06710	16.388	1.06880	16.779	1.07050	17.169	1.07220	17.559	1.07390	17.947
1.06715	16.399	1.06885	16.791	1.07055	17.181	1.07225	17.570	1.07395	17.958
1.06720	16.411	1.06890	16.802	1.07060	17.192	1.07230	17.581	1.07400	17.970
1.06725	16.422	1.06895	16.813	1.07065	17.204	1.07235	17.593	1.07405	17.981
1.06730	16.434	1.06900	16.825	1.07070	17.215	1.07240	17.604	1.07410	17.992
1.06735	16.445	1.06905	16.836	1.07075	17.227	1.07245	17.616	1.07415	18.004
1.06740	16.457	1.06910	16.848	1.07080	17.238	1.07250	17.627	1.07420	18.015
1.06745	16.468	1.06915	16.859	1.07085	17.250	1.07255	17.639	1.07425	18.027
1.06750	16.480	1.06920	16.871	1.07090	17.261	1.07260	17.650	1.07430	18.038
1.06755	16.491	1.06925	16.882	1.07095	17.272	1.07265	17.661	1.07435	18.049
1.06760	16.503	1.09930	16.894	1.07100	17.284	1.07270	17.673	1.07440	18.061
1.06765	16.514	1.06935	16.905	1.07105	17.295	1.07275	17.684	1.07445	18.072
1.06770	16.526	1.06940	16.917	1.07110	17.307	1.07280	17.696	1.07450	18.084
1.06775	16.537	1.06945	16.928	1.07115	17.318	1.07285	17.707	1.07455	18.095
1.06780	16.549	1.06950	16.940	1.07120	17.330	1.07290	17.719	1.07460	18.106
1.06785	16.561	1.06955	16.951	1.07125	17.341	1.07295	17.730	1.07465	18.118
1.06790	16.572	1.06960	16.963	1.07130	17.353	1.07300	17.741	1.07470	18.129
1.06795	16.583	1.06965	16.974	1.07135	17.364	1.07305	17.753	1.07475	18.140
1.06800	16.595	1.06970	16.986	1.07140	17.375	1.07310	17.764	1.07480	18.152
1.06805	16.606	1.06975	16.997	1.07145	17.387	1.07315	17.776	1.07485	18.163
1.06810	16.618	1.06980	17.009	1.07150	17.398	1.07320	17.787	1.07490	18.175
1.06815	16.630	1.06985	17.020	1.07155	17.410	1.07325	17.799	1.07495	18.186
1.06820	16.641	1.06990	17.032	1.07160	17.421	1.07330	17.810	1.07500	18.197
1.06825	16.652	1.06995	17.043	1.07165	17.433	1.07335	17.821	1.07505	18.209
1.06830	16.664	1.07000	17.055	1.07170	17.444	1.07340	17.833	1.07510	18.220
1.06835	16.676	1.07005	17.066	1.07175	17.456	1.07345	17.844	1.07515	18.232
1.06840	16.687	1.07010	17.078	1.07180	17.467	1.07350	17.856	1.07520	18.243

续表

相对密度	浸出物含量/(g/100g)	相对密度	浸出物含量/(g/100g)	相对密度	浸出物含量/(g/100g)	相对密度	浸出物含量/(g/100g)	相对密度	浸出物含量/(g/100g)
1.07525	18.254	1.07685	18.618	1.07845	18.980	1.08005	19.342	1.08065	19.703
1.07530	18.266	1.07690	18.629	1.07850	19.992	1.08010	19.353	1.08170	19.714
1.07535	18.277	1.07695	18.641	1.07855	19.003	1.08015	19.365	1.08175	19.725
1.07540	18.288	1.07700	18.652	1.07860	19.015	1.08020	19.376	1.08180	19.737
1.07545	18.300	1.07705	18.663	1.07865	19.026	1.08025	19.387	1.08185	19.748
1.07550	18.311	1.07710	18.675	1.07870	19.037	1.08030	19.399	1.08190	19.759
1.07555	18.323	1.07715	18.686	1.07875	19.048	1.08035	19.410	1.08195	19.770
1.07560	18.334	1.07720	18.697	1.07880	19.060	1.08040	19.421	1.08200	19.782
1.07565	18.345	1.07725	18.709	1.07885	19.071	1.08045	19.432	1.08205	19.793
1.07570	18.356	1.07730	18.720	1.07890	19.082	1.08050	19.444	1.08210	19.804
1.07575	18.368	1.07735	18.731	1.07895	19.094	1.08055	19.455	1.08215	19.815
1.07580	18.379	1.07740	18.742	1.07900	19.105	1.08060	19.466	1.08220	19.827
1.07585	18.391	1.07745	18.754	1.07905	19.116	1.08065	19.478	1.08225	19.838
1.07590	18.402	1.07750	18.765	1.07910	19.127	1.08070	19.489	1.08230	19.849
1.07595	18.413	1.07755	18.777	1.07915	19.139	1.08075	19.500	1.08235	19.860
1.07600	18.425	1.07760	18.788	1.07920	19.150	1.08080	19.511	1.08240	19.872
1.07605	18.436	1.07765	18.799	1.07925	19.161	1.08085	19.523	1.08245	19.883
1.07610	18.447	1.07770	18.810	1.07930	19.173	1.08090	19.534	1.08250	19.894
1.07615	18.459	1.07775	18.822	1.07935	19.184	1.08095	19.545	1.08255	19.905
1.07620	18.470	1.07780	18.833	1.07940	19.195	1.08100	19.556	1.08260	19.917
1.07625	18.482	1.07785	18.845	1.07945	19.207	1.08105	19.567	1.08265	19.928
1.07630	18.493	1.07790	18.856	1.07950	19.213	1.08110	19.579	1.08270	19.939
1.07635	18.504	1.07795	18.867	1.07955	19.229	1.08115	19.590	1.08275	19.950
1.07640	18.516	1.07800	18.878	1.07960	19.241	1.08120	19.601	1.08280	19.961
1.07645	18.527	1.07805	18.890	1.07965	19.252	1.08125	19.613	1.08285	19.973
1.07650	18.538	1.07810	18.901	1.07970	19.263	1.08130	19.624	1.08290	19.984
1.07655	18.550	1.07815	18.912	1.07975	19.274	1.08135	19.635	1.08295	19.995
1.07660	18.561	1.07820	18.924	1.07980	19.286	1.08140	19.646	1.08300	20.007
1.07665	18.572	1.07825	18.935	1.07985	19.297	1.08145	19.658		
1.07670	18.584	1.07830	18.947	1.07990	19.308	1.08150	19.669		
1.07675	18.595	1.07835	18.958	1.07995	19.320	1.08155	19.680		
1.07680	18.607	1.07840	18.969	1.08000	19.331	1.08160	19.692		

附录 2-6　　　　计算原麦汁浓度经验公式校正表

原麦汁浓度/(2A+E)	酒精度/%mass																
	2.8	3.0	3.2	3.4	3.6	3.8	4.0	4.2	4.4	4.6	4.8	5.0	5.2	5.4	5.6	5.8	6.0
8	0.05	0.06	0.06	0.06	0.07	0.07											
9	0.08	0.09	0.09	0.10	0.10	0.11	0.11										
10	0.11	0.12	0.12	0.13	0.14	0.15	0.15	0.16	0.17	0.18	0.18						
11	0.14	0.15	0.16	0.17	0.18	0.19	0.20	0.20	0.21	0.22	0.23	0.24	0.25	0.26			
12	0.17	0.18	0.19	0.20	0.21	0.22	0.23	0.25	0.26	0.27	0.28	0.29	0.30	0.31	0.32	0.33	
13	0.20	0.21	0.22	0.24	0.25	0.26	0.28	0.29	0.30	0.31	0.33	0.34	0.35	0.37	0.38	0.39	0.41
14	0.22	0.24	0.25	0.27	0.29	0.30	0.32	0.33	0.35	0.36	0.38	0.39	0.40	0.42	0.43	0.45	0.46
15	0.25	0.27	0.29	0.30	0.32	0.34	0.36	0.37	0.39	0.41	0.42	0.44	0.46	0.47	0.49	0.51	0.52
16	0.28	0.30	0.32	0.34	0.36	0.38	0.40	0.42	0.44	0.45	0.47	0.49	0.51	0.53	0.55	0.56	0.58
17	0.31	0.33	0.36	0.38	0.40	0.42	0.44	0.46	0.48	0.50	0.52	0.54	0.56	0.58	0.60	0.62	0.64
18	0.34	0.36	0.39	0.41	0.43	0.46	0.48	0.50	0.53	0.55	0.57	0.59	0.62	0.64	0.66	0.68	0.71
19	0.37	0.40	0.42	0.45	0.47	0.50	0.52	0.55	0.57	0.59	0.62	0.64	0.67	0.69	0.72	0.74	0.76
20	0.40	0.43	0.45	0.48	0.51	0.54	0.56	0.59	0.62	0.64	0.67	0.70	0.72	0.75	0.77	0.80	0.82

附录 2-7　　　　密度-总浸出物含量对照表

密度(20℃)	总浸出物/(g/L)									
	密度的第四位整数									
	0	1	2	3	4	5	6	7	8	9
100	0.0	2.6	5.1	7.7	10.3	12.9	15.4	18.0	20.6	23.2
101	25.8	28.4	31.0	33.6	36.2	38.8	41.3	43.9	46.5	49.1
102	51.7	54.3	56.9	59.5	62.1	64.7	67.3	69.9	72.5	75.1
103	77.7	80.3	82.9	85.5	88.1	90.7	93.3	95.6	98.5	101.1
104	103.7	106.3	109.0	111.6	114.2	116.8	119.4	122.0	124.6	127.2
105	129.8	132.4	135.0	137.6	140.3	142.9	145.5	148.1	150.7	153.3
106	155.9	158.6	161.2	163.8	166.4	169.0	171.6	174.3	176.9	179.5
107	182.1	184.8	187.4	190.0	192.6	195.2	197.8	200.5	203.1	205.8
108	208.4	211.0	213.6	216.2	218.9	221.5	224.1	226.8	229.4	232.0
109	234.7	237.3	239.9	242.5	245.2	247.8	250.4	253.1	255.7	258.4
110	261.0	263.6	266.3	268.9	271.5	274.2	276.8	279.5	282.1	274.8
111	287.4	290.0	292.7	259.3	298.0	300.6	303.3	305.9	308.6	311.2
112	313.9	316.5	319.2	321.8	324.5	327.1	329.8	332.4	335.1	337.8
113	340.4	343.0	345.7	348.3	351.0	353.7	356.3	359.0	361.6	364.3
114	366.9	369.6	372.3	375.0	377.6	380.3	382.9	385.6	388.3	390.9
115	393.6	396.2	398.9	401.6	404.3	406.9	409.6	412.3	415.0	417.6
116	420.3	423.0	425.7	428.3	431.0	433.7	436.4	439.0	441.7	444.4
117	447.1	449.8	452.4	455.2	457.8	460.5	463.2	465.9	468.6	471.3
118	473.9	476.6	479.3	482.0	484.7	487.4	490.1	492.8	495.5	498.2
119	500.9	503.5	506.2	508.9	511.6	514.3	517.0	519.7	522.4	525.1
120	527.8	—	—	—	—	—	—	—	—	—

密度的第一位小数	总浸出物/(g/L)	密度的第一位小数	总浸出物/(g/L)	密度的第一位小数	总浸出物/(g/L)
1	0.3	4	1.0	7	1.8
2	0.5	5	1.3	8	2.1
3	0.8	6	1.6	9	2.3

附录 2-8 麦汁黏度与浸出物含量的关系

浸出物/%普拉图	溶解物质的黏度/cP	每增加 0.01%普拉图增加黏度/1/1000cP	麦汁黏度/cP	浸出物/%普拉图	溶解物质的黏度/cP	每增加 0.01%普拉图增加黏度/1/1000cP	麦汁黏度/cP
0. 00	0. 000	0. 0	1. 005	3. 30	0. 137	0. 5	1. 142
0. 10	0. 003	0. 3	1. 008	3. 40	0. 142	0. 5	1. 147
0. 20	0. 006	0. 3	1. 011	3. 50	0. 147	0. 5	1. 152
0. 30	0. 010	0. 4	1. 015	3. 60	0. 152	0. 5	1. 157
0. 40	0. 014	0. 4	1. 019	3. 70	0. 157	0. 5	1. 162
0. 50	0. 018	0. 4	1. 022	3. 80	0. 162	0. 5	1. 167
0. 60	0. 021	0. 3	1. 026	3. 90	0. 167	0. 5	1. 172
0. 70	0. 025	0. 4	1. 030	4. 00	0. 172	0. 5	1. 177
0. 80	0. 029	0. 4	1. 034	4. 10	0. 177	0. 5	1. 182
0. 90	0. 033	0. 4	1. 038	4. 20	0. 182	0. 5	1. 187
1. 00	0. 037	0. 4	1. 042	4. 30	0. 187	0. 5	1. 192
1. 10	0. 041	0. 4	1. 046	4. 40	0. 192	0. 5	1. 197
1. 20	0. 045	0. 4	1. 050	4. 50	0. 198	0. 6	1. 203
1. 30	0. 049	0. 4	1. 054	4. 60	0. 203	0. 5	1. 208
1. 40	0. 053	0. 4	1. 058	4. 70	0. 208	0. 5	1. 213
1. 50	0. 057	0. 4	1. 062	4. 80	0. 213	0. 5	1. 218
1. 60	0. 061	0. 4	1. 066	4. 90	0. 218	0. 5	1. 223
1. 70	0. 065	0. 4	1. 070	5. 00	0. 224	0. 6	1. 229
1. 80	0. 069	0. 4	1. 074	5. 10	0. 229	0. 5	1. 234
1. 90	0. 073	0. 4	1. 078	5. 20	0. 234	0. 5	1. 239
2. 00	0. 078	0. 5	1. 083	5. 30	0. 239	0. 5	1. 244
2. 10	0. 082	0. 4	1. 087	5. 40	0. 245	0. 6	1. 250
2. 20	0. 086	0. 4	1. 091	5. 50	0. 251	0. 6	1. 256
2. 30	0. 090	0. 4	1. 095	5. 60	0. 256	0. 5	1. 261
2. 40	0. 095	0. 5	1. 100	5. 70	0. 262	0. 6	1. 267
2. 50	0. 100	0. 5	1. 105	5. 80	0. 268	0. 6	1. 273
2. 60	0. 104	0. 4	1. 109	5. 90	0. 274	0. 6	1. 279
2. 70	0. 108	0. 4	1. 113	6. 00	0. 280	0. 6	1. 285
2. 80	0. 113	0. 5	1. 118	6. 10	0. 286	0. 6	1. 291
2. 90	0. 118	0. 5	1. 125	6. 20	0. 292	0. 6	1. 297
3. 00	0. 123	0. 5	1. 128	6. 30	0. 298	0. 6	1. 303
3. 10	0. 127	0. 4	1. 132	6. 40	0. 304	0. 6	1. 309
3. 20	0. 132	0. 5	1. 137	6. 50	0. 310	0. 6	1. 315

续表

浸出物/%普拉图	溶解物质的黏度/cP	每增加0.01%普拉图增加黏度/1/1000cP	麦汁黏度/cP	浸出物/%普拉图	溶解物质的黏度/cP	每增加0.01%普拉图增加黏度/1/1000cP	麦汁黏度/cP
6.60	0.316	0.6	1.321	9.90	0.531	0.7	1.536
6.70	0.322	0.6	1.327	10.00	0.538	0.7	1.543
6.80	0.328	0.6	1.333	10.10	0.545	0.7	1.550
6.90	0.334	0.6	1.339	10.20	0.552	0.7	1.557
7.00	0.340	0.6	1.345	10.30	0.559	0.7	1.564
7.10	0.346	0.6	1.351	10.40	0.566	0.7	1.571
7.20	0.352	0.6	1.357	10.50	0.574	0.8	1.579
7.30	0.358	0.6	1.363	10.60	0.581	0.7	1.586
7.40	0.364	0.6	1.369	10.70	0.588	0.7	1.593
7.50	0.371	0.7	1.376	10.80	0.595	0.7	1.600
7.60	0.377	0.6	1.382	10.90	0.602	0.7	1.607
7.70	0.383	0.6	1.388	11.00	0.610	0.8	1.615
7.80	0.389	0.6	1.394	11.10	0.617	0.7	1.622
7.90	0.396	0.7	1.401	11.20	0.624	0.7	1.629
8.00	0.403	0.7	1.408	11.30	0.631	0.7	1.636
8.10	0.409	0.6	1.414	11.40	0.639	0.8	1.644
8.20	0.415	0.6	1.420	11.50	0.647	0.8	1.652
8.30	0.422	0.7	1.427	11.60	0.654	0.7	1.659
8.40	0.429	0.7	1.434	11.70	0.661	0.7	1.666
8.50	0.436	0.7	1.441	11.80	0.669	0.8	1.674
8.60	0.442	0.6	1.447	11.90	0.677	0.8	1.682
8.70	0.448	0.6	1.453	12.00	0.685	0.8	1.690
8.80	0.455	0.7	1.460	12.10	0.692	0.7	1.697
8.90	0.462	0.7	1.467	12.20	0.700	0.8	1.705
9.00	0.469	0.7	1.474	12.30	0.708	0.8	1.713
9.10	0.475	0.6	1.480	12.40	0.716	0.8	1.721
9.20	0.482	0.7	1.487	12.50	0.724	0.8	1.729
9.30	0.489	0.7	1.494	12.60	0.731	0.7	1.736
9.40	0.496	0.7	1.501	12.70	0.739	0.8	1.744
9.50	0.503	0.7	1.508	12.80	0.747	0.8	1.752
9.60	0.510	0.7	1.515	12.90	0.755	0.8	1.760
9.70	0.517	0.7	1.522	13.00	0.763	0.8	1.768
9.80	0.524	0.7	1.529	13.10	0.771	0.8	1.776

续表

浸出物/%普拉图	溶解物质的黏度/cP	每增加0.01%普拉图增加黏度/1/1000cP	麦汁黏度/cP	浸出物/%普拉图	溶解物质的黏度/cP	每增加0.01%普拉图增加黏度/1/1000cP	麦汁黏度/cP
13.20	0.779	0.8	1.784	16.70	1.076	0.9	2.081
13.30	0.787	0.8	1.792	16.80	1.085	0.9	2.090
13.40	0.795	0.8	1.800	16.90	1.094	0.9	2.099
13.50	0.803	0.8	1.808	17.00	1.103	0.9	2.108
13.60	0.811	0.8	1.816	17.10	1.112	0.9	2.117
13.70	0.819	0.8	1.824	17.20	1.121	0.9	2.126
13.80	0.827	0.8	1.832	17.30	1.130	0.9	2.135
13.90	0.835	0.8	1.840	17.40	1.139	0.9	2.144
14.00	0.844	0.9	1.845	17.50	1.149	1.0	2.154
14.10	0.852	0.8	1.857	17.60	1.158	0.9	2.163
14.20	0.860	0.8	1.865	17.70	1.167	0.9	2.172
14.30	0.868	0.8	1.873	17.80	1.176	0.9	2.181
14.40	0.877	0.9	1.882	17.90	1.186	1.0	2.191
14.50	0.886	0.9	1.891	18.00	1.196	1.0	2.201
14.60	0.894	0.8	1.899	18.10	1.205	0.9	2.210
14.70	0.902	0.8	1.907	18.20	1.214	0.9	2.219
14.80	0.910	0.8	1.915	18.30	1.224	1.0	2.229
14.90	0.919	0.9	1.924	18.40	1.234	1.0	2.239
15.00	0.928	0.9	1.933	18.50	1.244	1.0	2.249
15.10	0.936	0.8	1.941	18.60	1.253	0.9	2.259
15.20	0.944	0.8	1.949	18.70	1.263	1.0	2.268
15.30	0.953	0.9	1.958	18.80	1.273	1.0	2.273
15.40	0.962	0.9	1.967	18.90	1.283	1.0	2.288
15.50	0.971	0.9	1.976	19.00	1.293	1.0	2.298
15.60	0.979	0.8	1.984	19.10	1.303	1.0	2.308
15.70	0.987	0.8	1.992	19.20	1.313	1.0	2.318
15.80	0.996	0.9	2.001	19.30	1.323	1.0	2.328
15.90	1.005	0.9	2.010	19.40	1.333	1.0	2.338
16.00	1.014	0.9	2.019	19.50	1.343	1.0	2.348
16.10	1.022	0.8	2.027	19.60	1.353	1.0	2.358
16.20	1.031	0.9	2.036	19.70	1.363	1.0	2.368
16.30	1.040	0.9	2.045	19.80	1.373	1.0	2.378
16.40	1.049	0.9	2.054	19.90	1.383	1.0	2.388
16.50	1.058	0.9	2.063	20.00	1.394	1.1	2.399
16.60	1.067	0.9	2.072				

附录 2-9　　　　　　　　　　啤酒黏度与浸出物含量的关系

原麦汁浓度/%普拉图	溶解物质的黏度/cP	每增加 0.01%普拉图浸出物增加黏度/1/1000cP	啤酒黏度/cP	原麦汁浓度/%普拉图	溶解物质的黏度/cP	每增加 0.01%普拉图浸出物增加黏度/1/1000cP	啤酒黏度/cP
0. 00	0. 000	0. 0	1. 005	3. 30	0. 187	0. 6	1. 192
0. 10	0. 005	0. 5	1. 010	3. 40	0. 193	0. 6	1. 198
0. 20	0. 010	0. 5	1. 015	3. 50	0. 200	0. 6	1. 205
0. 30	0. 015	0. 5	1. 020	3. 60	0. 206	0. 7	1. 211
0. 40	0. 020	0. 5	1. 025	3. 70	0. 213	0. 6	1. 218
0. 50	0. 025	0. 5	1. 030	3. 80	0. 219	0. 6	1. 224
0. 60	0. 031	0. 6	1. 036	3. 90	0. 225	0. 6	1. 230
0. 70	0. 036	0. 5	1. 041	4. 00	0. 232	0. 7	1. 237
0. 80	0. 041	0. 5	1. 046	4. 10	0. 238	0. 6	1. 243
0. 90	0. 047	0. 6	10. 52	4. 20	0. 244	0. 6	1. 249
1. 00	0. 052	0. 5	1. 057	4. 30	0. 251	0. 7	1. 256
1. 10	0. 058	0. 6	1. 063	4. 40	0. 258	0. 7	1. 263
1. 20	0. 063	0. 5	1. 068	4. 50	0. 265	0. 7	1. 270
1. 30	0. 069	0. 6	1. 074	4. 60	0. 271	0. 6	1. 276
1. 40	0. 074	0. 5	1. 079	4. 70	0. 278	0. 7	1. 283
1. 50	0. 080	0. 6	1. 085	4. 80	0. 285	0. 7	1. 290
1. 60	0. 086	0. 5	1. 090	4. 90	0. 292	0. 7	1. 297
1. 70	0. 091	0. 6	1. 096	5. 00	0. 299	0. 7	1. 304
1. 80	0. 097	0. 6	1. 102	5. 10	0. 306	0. 7	1. 311
1. 90	0. 103	0. 6	1. 108	5. 20	0. 313	0. 7	1. 318
2. 00	0. 109	0. 6	1. 114	5. 30	0. 320	0. 7	1. 325
2. 10	0. 115	0. 6	1. 120	5. 40	0. 327	0. 7	1. 332
2. 20	0. 121	0. 6	1. 126	5. 50	0. 334	0. 7	1. 339
2. 30	0. 127	0. 6	1. 132	5. 60	0. 341	0. 7	1. 346
2. 40	0. 133	0. 6	1. 138	5. 70	0. 348	0. 7	1. 353
2. 50	0. 139	0. 6	1. 144	5. 80	0. 355	0. 7	1. 360
2. 60	0. 145	0. 6	1. 150	5. 90	0. 363	0. 8	1. 368
2. 70	0. 151	0. 6	1. 156	6. 00	0. 371	0. 8	1. 376
2. 80	0. 157	0. 6	1. 162	6. 10	0. 378	0. 7	1. 383
2. 90	0. 163	0. 6	1. 168	6. 20	0. 385	0. 7	1. 390
3. 00	0. 169	0. 6	1. 174	6. 30	0. 393	0. 8	1. 398
3. 10	0. 175	0. 6	1. 180	6. 40	0. 401	0. 8	1. 406
3. 20	0. 181	0. 6	1. 186	6. 50	0. 409	0. 8	1. 414

续表

原麦汁浓度/%普拉图	溶解物质的黏度/cP	每增加0.01%普拉图浸出物增加黏度/1/1000cP	啤酒黏度/cP	原麦汁浓度/%普拉图	溶解物质的黏度/cP	每增加0.01%普拉图浸出物增加黏度/1/1000cP	啤酒黏度/cP
6.60	0.416	0.7	1.421	9.90	0.705	1.0	1.710
6.70	0.424	0.8	1.429	10.00	0.715	1.0	1.720
6.80	0.432	0.8	1.437	10.10	0.725	1.0	1.730
6.90	0.440	0.8	1.445	10.20	0.735	1.0	1.740
7.00	0.448	0.8	1.453	10.30	0.745	1.0	1.750
7.10	0.456	0.8	1.461	10.40	0.755	1.0	1.760
7.20	0.464	0.8	1.469	10.50	0.766	1.1	1.771
7.30	0.472	0.8	1.477	10.60	0.776	1.0	1.781
7.40	0.480	0.8	1.485	10.70	0.786	1.0	1.791
7.50	0.488	0.8	1.493	10.80	0.797	1.1	1.802
7.60	0.496	0.8	1.501	10.90	0.808	1.1	1.813
7.70	0.504	0.8	1.509	11.00	0.819	1.1	1.824
7.80	0.512	0.8	1.517	11.10	0.830	1.1	1.835
7.90	0.521	0.8	1.526	11.20	0.841	1.1	1.846
8.00	0.530	0.8	1.535	11.30	0.852	1.1	1.857
8.10	0.538	0.8	1.543	11.40	0.863	1.1	1.868
8.20	0.547	0.9	1.552	11.50	0.874	1.1	1.879
8.30	0.556	0.9	1.561	11.60	0.885	1.1	1.890
8.40	0.565	0.9	1.570	11.70	0.896	1.1	1.901
8.50	0.574	0.9	1.579	11.80	0.908	1.2	1.913
8.60	0.583	0.9	1.588	11.90	0.920	1.2	1.925
8.70	0.592	0.9	1.597	12.00	0.932	1.2	1.937
8.80	0.601	0.9	1.606	12.10	0.944	1.2	1.949
8.90	0.610	0.9	1.615	12.20	0.956	1.2	1.961
9.00	0.619	0.9	1.624	12.30	0.968	1.2	1.973
9.10	0.628	0.9	1.633	12.40	0.980	1.2	1.985
9.20	0.637	0.9	1.642	12.50	0.992	1.2	1.997
9.30	0.646	0.9	1.651	12.60	1.004	1.2	2.009
9.40	0.656	1.0	1.661	12.70	1.016	1.2	2.021
9.50	0.666	1.0	1.671	12.80	1.029	1.3	2.034
9.60	0.675	0.9	1.680	12.90	1.042	1.3	2.047
9.70	0.685	1.0	1.690	13.00	1.055	1.3	2.060
9.80	0.695	1.0	1.700	13.10	1.068	1.3	2.073

续表

原麦汁浓度/%普拉图	溶解物质的黏度/cP	每增加0.01%普拉图浸出物增加黏度/1/1000cP	啤酒黏度/cP	原麦汁浓度/%普拉图	溶解物质的黏度/cP	每增加0.01%普拉图浸出物增加黏度/1/1000cP	啤酒黏度/cP
13.20	1.081	1.3	2.086	16.70	1.610	1.7	2.615
13.30	1.094	1.3	2.099	16.80	1.627	1.7	2.632
13.40	1.107	1.3	2.112	16.90	1.645	1.8	2.650
13.50	1.121	1.4	2.126	17.00	1.663	1.8	2.668
13.60	1.134	1.3	2.139	17.10	1.681	1.8	2.686
13.70	1.147	1.3	2.152	17.20	1.699	1.8	2.704
13.80	1.161	1.4	2.166	17.30	1.717	1.8	2.722
13.90	1.175	1.4	2.180	17.40	1.735	1.8	2.740
14.00	1.189	1.4	2.194	17.50	1.754	1.9	2.759
14.10	1.203	1.4	2.208	17.60	1.773	1.9	2.778
14.20	1.217	1.4	2.222	17.70	1.792	1.9	2.797
14.30	1.231	1.4	2.236	17.80	1.811	1.9	2.810
14.40	1.245	1.4	2.250	17.90	1.830	1.9	2.835
14.50	1.260	1.5	2.265	18.00	1.850	2.0	2.855
14.60	1.274	1.4	2.279	18.10	1.870	2.0	2.875
14.70	1.289	1.5	2.294	18.20	1.890	2.0	2.895
14.80	1.304	1.5	2.309	18.30	1.910	2.0	2.915
14.90	1.319	1.5	2.324	18.40	1.930	2.0	2.935
15.00	1.334	1.5	2.339	18.50	1.951	2.1	2.956
15.10	1.349	1.5	2.354	18.60	1.972	2.1	2.977
15.20	1.364	1.5	2.369	18.70	1.993	2.1	2.998
15.30	1.379	1.5	2.384	18.80	2.014	2.1	3.019
15.40	1.395	1.6	2.400	18.90	2.035	2.1	3.040
15.50	1.411	1.6	2.416	19.00	2.057	2.2	3.062
15.60	1.427	1.6	2.432	19.10	2.079	2.2	3.084
15.70	1.443	1.6	2.448	19.20	2.101	2.2	3.106
15.80	1.459	1.6	2.464	19.30	2.124	2.3	3.129
15.90	1.475	1.6	2.480	19.40	2.147	2.3	3.152
16.00	1.492	1.7	2.497	19.50	2.170	2.3	3.175
16.10	1.508	1.6	2.513	19.60	2.194	2.4	3.199
16.20	1.525	1.7	2.530	19.70	2.218	2.4	3.223
16.30	1.542	1.7	2.547	19.80	2.242	2.4	3.247
16.40	1.559	1.7	2.564	19.90	2.266	2.4	3.271
16.50	1.576	1.7	2.581	20.00	2.290	2.4	3295
16.60	1.593	1.7	2.593				

附录 3-1　相当于氧化亚铜的葡萄糖、果糖、乳糖、转化糖质量表/mg

氧化亚铜	葡萄糖	果糖	乳糖（含水）	转化糖	氧化亚铜	葡萄糖	果糖	乳糖（含水）	转化糖
11. 3	4. 6	5. 1	7. 1	5. 2	49. 5	21. 1	23. 3	33. 7	22. 4
12. 4	5. 1	5. 6	8. 5	5. 7	50. 7	21. 6	23. 8	34. 5	22. 9
13. 5	5. 6	6. 1	9. 3	6. 2	51. 8	22. 1	24. 4	35. 2	23. 5
14. 6	6. 0	6. 7	10. 0	6. 7	52. 9	22. 6	24. 9	36. 0	24. 0
15. 8	6. 5	7. 2	10. 8	7. 2	54. 0	23. 1	25. 4	36. 8	24. 5
16. 9	7. 0	7. 7	11. 5	7. 7	55. 2	23. 6	26. 0	37. 5	25. 0
18. 0	7. 5	8. 3	12. 3	8. 2	56. 3	24. 1	26. 5	38. 3	25. 5
19. 1	8. 0	8. 8	13. 1	8. 7	57. 4	24. 6	27. 1	39. 1	26. 0
20. 3	8. 5	9. 3	13. 8	9. 2	58. 5	25. 1	27. 6	39. 8	26. 5
21. 4	8. 9	9. 9	14. 6	9. 7	59. 7	25. 6	28. 2	40. 6	27. 0
22. 5	9. 4	10. 4	15. 4	10. 2	60. 8	26. 1	28. 7	41. 4	27. 6
23. 6	9. 9	10. 9	16. 1	10. 7	61. 9	26. 5	29. 2	42. 1	28. 1
24. 8	10. 4	11. 5	16. 9	11. 2	63. 0	27. 0	29. 8	42. 9	28. 6
25. 9	10. 9	12. 0	17. 7	11. 7	64. 2	27. 5	30. 3	43. 7	29. 1
27. 0	11. 4	12. 5	18. 4	12. 3	65. 3	28. 0	30. 9	44. 4	29. 6
28. 1	11. 9	13. 1	19. 2	12. 8	66. 4	28. 5	31. 4	45. 2	30. 1
29. 3	12. 3	13. 6	19. 9	13. 3	67. 6	29. 0	31. 9	46. 0	30. 6
30. 4	12. 8	14. 2	20. 7	13. 8	68. 7	29. 5	32. 5	46. 7	31. 2
31. 5	13. 3	14. 7	21. 5	14. 3	69. 8	30. 0	33. 0	47. 5	31. 7
32. 6	13. 8	15. 2	22. 2	14. 8	70. 9	30. 5	33. 6	48. 3	32. 2
33. 8	14. 3	15. 8	23. 0	15. 3	72. 1	31. 0	34. 1	49. 0	32. 7
34. 9	14. 8	16. 3	23. 8	15. 8	73. 2	31. 5	34. 7	49. 8	33. 2
36. 0	15. 3	16. 8	24. 5	16. 3	74. 3	32. 0	35. 2	50. 6	33. 7
37. 2	15. 7	17. 4	25. 3	16. 8	75. 4	32. 5	35. 8	51. 3	34. 3
38. 3	16. 2	17. 9	26. 1	17. 3	76. 6	33. 0	36. 3	52. 1	34. 8
39. 4	16. 7	18. 4	26. 8	17. 8	77. 7	33. 5	36. 8	52. 9	35. 3
40. 5	17. 2	19. 0	27. 6	18. 3	78. 8	34. 0	37. 4	53. 6	35. 8
41. 7	17. 7	19. 5	28. 4	18. 9	79. 9	34. 5	37. 9	54. 4	36. 3
42. 8	18. 2	20. 1	29. 1	19. 4	81. 1	35. 0	38. 5	55. 2	36. 8
43. 9	18. 7	20. 6	29. 9	19. 9	82. 2	35. 5	39. 0	55. 9	37. 4
45. 0	19. 2	21. 1	30. 6	20. 4	83. 3	36. 0	39. 6	56. 7	37. 9
46. 2	19. 7	21. 7	31. 4	20. 9	84. 4	36. 5	40. 1	57. 5	38. 4
47. 3	20. 1	22. 2	32. 2	21. 4	85. 6	37. 0	40. 7	58. 2	38. 9
48. 4	20. 6	22. 8	32. 9	21. 9	86. 7	37. 5	41. 2	59. 0	39. 4

续表

氧化亚铜	葡萄糖	果糖	乳糖（含水）	转化糖	氧化亚铜	葡萄糖	果糖	乳糖（含水）	转化糖
87.8	38.0	41.7	59.8	40.0	126.1	55.1	60.4	85.9	57.8
88.9	38.5	42.3	60.5	40.5	127.2	55.6	61.0	86.7	58.3
90.1	39.0	42.8	61.3	41.0	128.3	56.1	61.6	87.4	58.9
91.2	39.5	43.4	62.1	41.5	129.5	56.7	62.1	88.2	59.4
92.3	40.0	43.9	62.8	42.0	130.6	57.2	62.7	89.0	59.9
93.4	40.5	44.5	63.6	42.6	131.7	57.5	63.2	89.8	60.4
94.6	41.0	45.0	64.4	43.1	132.8	58.2	63.8	90.5	61.0
95.7	41.5	45.6	65.1	43.6	134.0	58.7	64.3	91.3	61.5
96.8	42.0	46.1	65.9	44.1	135.1	59.2	64.9	92.1	62.0
97.9	42.5	46.7	66.7	44.7	136.2	59.7	65.4	92.8	62.6
99.1	43.0	47.2	67.4	45.2	137.4	60.2	66.0	93.6	63.1
100.2	43.5	47.8	68.2	45.7	138.5	60.7	66.5	94.4	63.6
101.3	44.0	48.3	69.0	46.2	139.6	61.3	67.1	95.2	64.2
102.5	44.5	48.9	69.7	46.7	140.7	61.8	67.7	95.9	64.7
103.6	45.0	49.4	70.5	47.3	141.9	62.3	68.2	96.7	65.2
104.7	45.5	50.0	71.3	47.8	143.0	62.8	68.8	97.5	65.8
105.8	46.0	50.5	72.1	48.3	144.1	63.3	69.3	98.2	66.3
107.0	46.5	51.5	72.8	48.8	145.2	63.8	69.9	99.0	66.8
108.1	47.0	51.6	73.6	49.4	146.4	64.3	70.4	99.8	67.4
109.2	47.5	52.2	74.4	49.9	147.5	64.9	71.0	100.6	67.9
110.3	48.0	52.7	75.1	50.4	148.6	65.4	71.6	101.3	68.4
111.5	48.5	53.3	75.9	50.9	149.7	65.9	72.1	102.1	69.0
112.6	49.0	53.8	76.7	51.5	150.9	66.4	72.7	102.9	69.5
113.7	49.5	54.4	77.4	52.0	152.0	66.9	73.2	103.6	70.0
114.8	50.0	54.9	78.2	52.5	153.1	67.4	73.8	104.4	70.6
116.0	50.6	55.5	79.0	53.0	154.2	68.0	74.3	105.2	71.1
117.1	51.1	56.0	79.7	53.6	155.4	68.5	74.9	106.0	71.6
118.2	51.6	56.6	80.5	54.1	156.5	69.0	75.5	106.7	72.2
119.3	52.1	57.1	81.3	54.6	157.6	69.5	76.0	107.5	72.7
120.5	52.6	57.7	82.1	55.2	158.7	70.0	76.6	108.3	73.2
121.6	53.1	58.2	82.8	55.7	159.9	70.5	77.1	109.0	73.8
122.7	53.6	58.8	83.6	56.2	161.0	71.1	77.7	109.8	74.3
123.8	54.1	59.3	84.4	56.7	162.1	71.6	78.3	110.6	74.9
125.0	54.6	59.9	85.1	57.3	163.2	72.1	78.8	111.4	75.4

续表

氧化亚铜	葡萄糖	果糖	乳糖（含水）	转化糖	氧化亚铜	葡萄糖	果糖	乳糖（含水）	转化糖
164.4	72.6	79.4	112.1	75.9	202.7	90.4	98.6	138.4	94.4
165.5	73.1	80.0	112.9	76.5	203.8	91.0	99.2	139.2	94.9
166.6	73.7	80.5	113.7	77.0	204.9	91.5	99.7	140.0	95.5
167.8	74.2	81.1	114.4	77.6	206.0	92.0	100.3	140.8	96.0
168.9	74.7	81.6	115.2	78.1	207.2	92.6	100.9	141.5	96.6
170.0	75.2	82.2	116.0	78.6	208.3	93.1	101.4	142.3	97.1
171.1	75.7	82.8	116.8	79.2	209.4	93.6	102.0	143.1	97.7
172.3	76.3	83.8	117.5	79.7	210.5	94.2	102.6	143.9	98.2
173.4	76.8	83.9	118.3	80.3	211.7	94.7	103.1	144.6	98.8
174.5	77.3	84.4	119.1	80.8	212.8	95.2	103.7	145.4	99.3
175.6	77.8	85.0	119.9	81.3	213.9	95.7	104.3	146.2	99.9
176.8	78.3	85.6	120.6	81.9	215.0	96.3	104.8	147.0	100.4
177.9	78.9	86.1	121.4	82.4	216.2	96.8	105.4	147.7	101.0
179.0	79.4	86.7	122.2	83.0	217.3	97.3	106.0	148.5	101.5
180.1	79.9	87.3	122.9	83.5	218.4	97.9	106.6	149.3	102.1
181.3	80.4	87.8	123.7	84.0	219.5	98.4	107.1	150.1	102.6
182.4	81.0	88.4	124.5	84.6	220.7	98.9	107.7	150.8	103.2
183.5	81.5	89.0	125.3	85.1	221.8	99.5	108.3	151.6	103.7
184.5	82.0	89.5	126.0	85.7	222.9	100.0	108.8	152.4	104.3
185.8	82.5	90.1	126.8	86.2	224.0	100.5	109.4	153.2	104.8
186.9	83.1	90.6	127.6	86.8	225.2	101.1	110.0	153.9	105.4
188.0	83.6	91.2	128.4	87.3	226.3	101.6	110.6	154.7	106.0
189.1	84.1	91.8	129.1	87.8	227.4	102.2	111.1	155.5	106.5
190.3	84.6	92.3	129.9	88.4	228.5	102.7	111.7	156.3	107.1
191.4	85.2	92.2	130.7	88.9	229.7	103.2	112.3	157.0	107.6
192.5	85.7	93.5	131.5	89.5	230.8	103.8	112.9	157.8	108.2
193.6	86.2	94.0	132.2	90.9	231.9	104.3	113.4	158.6	108.7
194.8	86.7	94.6	133.0	90.6	233.[illegible]	104.8	114.0	159.4	109.3
195.9	87.3	95.2	133.8	91.1	234.2	105.4	114.6	160.2	109.8
197.0	87.8	95.7	134.6	91.7	235.3	105.9	115.2	160.9	110.4
198.1	88.3	96.3	135.3	92.2	236.4	106.5	115.7	161.7	110.9
199.3	88.9	96.9	136.1	92.8	237.6	107.0	116.3	162.5	111.5
200.4	89.4	97.4	136.9	93.3	238.7	107.5	116.9	163.3	112.1
201.5	89.9	98.0	137.7	93.8	239.8	108.1	117.5	164.0	112.6

续表

氧化亚铜	葡萄糖	果糖	乳糖（含水）	转化糖	氧化亚铜	葡萄糖	果糖	乳糖（含水）	转化糖
240.9	108.6	118.0	164.8	113.2	279.2	127.1	137.7	191.3	132.3
242.1	109.2	118.6	165.6	113.7	280.3	127.7	138.3	192.1	132.9
243.1	109.7	119.2	166.4	114.3	281.5	128.2	138.9	192.9	133.4
244.3	110.2	119.8	167.1	114.9	282.6	128.8	139.5	193.6	134.0
245.4	110.8	120.3	167.9	115.4	283.7	129.3	140.1	194.4	134.6
246.6	111.3	120.9	168.7	116.0	284.8	129.9	140.7	195.2	135.1
247.7	111.9	121.5	169.5	116.5	286.0	130.4	141.3	196.0	135.7
248.8	112.4	122.1	170.3	117.1	287.1	131.0	141.8	196.8	136.3
249.9	112.9	122.6	171.0	117.6	288.2	131.6	142.4	197.5	136.8
251.1	113.5	123.2	171.8	118.2	289.3	132.1	143.0	198.3	137.4
252.2	114.0	123.8	172.6	118.8	290.5	132.7	143.6	199.1	138.0
253.3	114.6	124.4	173.4	119.3	291.6	133.2	144.2	199.9	138.6
254.4	115.1	125.0	174.2	119.9	292.7	133.8	144.8	200.7	139.1
255.6	115.7	125.5	174.9	120.4	293.8	134.3	145.4	201.4	139.7
256.7	116.2	126.1	175.7	121.0	295.0	134.9	145.9	202.2	140.3
257.8	116.7	126.7	176.5	121.6	296.1	135.4	146.5	203.0	140.8
258.9	117.3	127.3	177.3	122.1	297.2	136.0	147.1	203.8	141.4
260.1	117.8	127.9	178.1	122.7	298.3	136.5	147.7	204.6	142.0
261.2	118.4	128.4	178.8	123.3	299.5	137.1	148.3	205.3	142.6
262.3	118.9	129.0	179.6	123.8	300.6	137.7	148.9	206.1	143.1
263.4	119.5	129.6	180.4	124.4	301.7	138.2	149.5	206.9	143.7
264.6	120.0	130.2	181.2	124.9	302.9	138.8	150.1	207.7	144.3
265.7	120.6	130.8	181.9	125.5	304.0	139.3	150.6	208.5	144.8
266.8	121.1	131.3	182.7	126.1	305.1	139.9	151.2	209.2	145.4
268.0	121.7	131.9	183.5	126.6	306.2	140.4	151.8	210.0	146.0
269.1	122.2	132.5	184.3	127.2	307.4	141.0	152.4	210.8	146.6
270.2	122.7	133.1	185.1	127.8	308.5	141.6	153.0	211.6	147.1
271.3	123.3	133.7	185.8	128.3	309.6	142.1	153.6	212.4	147.7
272.5	123.8	134.2	186.6	128.9	310.7	142.7	154.2	213.2	148.3
273.6	124.4	134.8	187.4	129.5	311.9	143.2	154.8	214.0	148.9
274.7	124.9	135.4	188.2	130.0	313.0	143.8	155.4	214.7	149.4
275.8	125.5	136.0	189.0	130.6	314.1	144.4	156.0	215.5	150.0
277.0	126.0	136.6	189.7	131.2	315.2	144.9	156.5	216.3	150.6
278.1	126.6	137.2	190.5	131.7	316.4	145.5	157.1	217.1	151.2

续表

氧化亚铜	葡萄糖	果糖	乳糖（含水）	转化糖	氧化亚铜	葡萄糖	果糖	乳糖（含水）	转化糖
317.5	146.0	157.7	217.9	151.8	355.8	165.3	178.0	244.5	171.6
318.6	146.6	158.3	218.7	152.3	356.9	165.9	178.6	245.3	172.2
319.7	147.2	158.9	219.4	152.9	358.0	166.5	179.2	246.1	172.8
320.9	147.7	159.5	220.2	153.5	359.1	167.0	179.8	246.9	173.3
322.0	148.3	160.1	221.0	154.1	360.3	167.6	180.4	247.7	173.9
323.1	148.8	160.7	221.8	154.6	361.4	168.2	181.0	248.5	174.5
324.3	149.4	161.3	222.6	155.2	362.5	168.8	181.6	249.2	175.1
325.4	150.5	161.9	223.3	155.8	363.6	169.3	182.2	250.0	175.7
326.5	150.5	162.5	224.1	156.4	364.8	169.9	182.8	250.8	176.3
327.6	151.1	163.1	224.9	157.0	365.9	170.5	183.4	251.6	176.9
328.7	151.7	163.7	225.7	157.5	367.0	171.1	184.0	252.4	177.5
329.9	152.2	164.3	226.5	158.1	368.2	171.6	184.6	253.2	178.1
331.0	152.8	164.9	227.3	158.7	369.5	172.2	185.2	253.9	178.7
332.1	153.4	165.4	228.0	159.3	370.4	172.8	185.8	254.7	179.2
333.3	153.9	166.0	228.8	159.9	371.5	173.4	186.4	255.5	179.8
334.4	154.5	166.6	229.6	160.5	372.7	173.9	187.0	256.3	180.4
335.5	155.1	167.2	230.4	161.0	373.8	174.5	187.6	257.1	181.0
336.6	155.6	167.8	231.2	161.6	374.9	175.1	188.2	257.9	181.6
337.8	156.2	168.4	232.0	162.2	376.0	175.7	188.8	258.7	182.2
338.9	156.8	169.0	232.7	162.8	377.2	176.3	189.4	259.4	182.8
340.0	157.3	169.6	233.5	163.4	378.3	176.8	190.1	260.2	183.4
341.1	157.9	170.2	234.3	164.0	379.4	177.4	190.7	261.0	184.0
342.3	158.2	170.8	235.1	164.5	380.5	178.0	191.3	261.8	184.6
343.4	159.0	171.4	235.9	165.1	381.7	178.5	191.9	262.6	185.2
344.5	159.6	172.0	236.7	165.7	382.8	179.2	192.5	263.4	185.8
345.6	160.2	172.6	237.4	166.3	383.9	179.7	193.1	264.2	186.4
346.8	160.7	173.2	238.2	166.9	385.0	180.3	193.7	265.0	187.0
347.9	161.3	173.8	239.0	167.5	386.2	180.9	194.3	265.8	187.6
349.0	161.9	174.4	239.8	168.0	387.3	181.5	194.9	266.6	188.2
350.1	162.5	175.0	240.6	168.6	388.4	182.1	195.5	267.4	188.8
351.3	163.0	175.6	241.4	169.2	389.5	182.7	196.1	268.1	189.4
352.4	163.6	176.2	242.2	169.8	390.7	183.2	196.7	268.9	190.0
353.5	164.2	176.8	243.0	170.4	391.8	183.8	197.3	269.7	190.6
354.6	164.7	177.4	243.7	171.0	392.9	184.4	197.9	270.5	191.2

续表

氧化亚铜	葡萄糖	果糖	乳糖（含水）	转化糖	氧化亚铜	葡萄糖	果糖	乳糖（含水）	转化糖
394. 0	185. 0	198. 5	271. 3	191. 8	432. 3	205. 1	219. 5	298. 2	212. 4
395. 2	185. 6	199. 2	272. 1	192. 4	433. 5	205. 7	220. 1	299. 0	213. 0
396. 3	186. 2	199. 8	272. 9	193. 0	434. 6	206. 3	220. 7	299. 8	213. 6
397. 4	186. 8	200. 4	273. 7	193. 6	435. 7	206. 9	221. 3	300. 6	214. 2
398. 5	187. 3	201. 0	274. 4	194. 2	436. 8	207. 5	221. 9	301. 4	214. 8
399. 7	187. 9	201. 6	275. 2	194. 8	438. 0	208. 1	222. 6	302. 2	215. 1
400. 8	188. 5	202. 2	276. 0	195. 4	439. 1	208. 7	232. 2	303. 0	216. 0
401. 9	189. 1	202. 8	276. 8	196. 0	440. 2	209. 3	223. 8	303. 8	216. 7
403. 1	189. 7	203. 4	277. 6	196. 6	441. 3	209. 9	224. 4	304. 6	217. 3
404. 2	190. 3	204. 0	278. 4	197. 2	442. 5	210. 5	225. 1	305. 4	217. 9
405. 3	190. 9	204. 7	279. 2	197. 8	443. 6	211. 1	225. 7	306. 2	218. 5
406. 4	191. 5	205. 3	280. 0	198. 4	444. 7	211. 7	226. 3	307. 0	219. 1
407. 6	192. 0	205. 9	280. 8	199. 0	445. 8	212. 3	226. 9	307. 8	219. 8
408. 7	192. 6	206. 5	281. 6	199. 6	447. 0	212. 9	227. 6	308. 6	220. 4
409. 8	193. 2	207. 1	282. 4	200. 2	448. 1	213. 5	228. 2	309. 4	221. 0
410. 9	193. 8	207. 7	283. 2	200. 8	449. 2	214. 1	228. 8	310. 2	221. 6
412. 1	194. 4	208. 3	284. 0	201. 4	450. 3	214. 7	229. 4	311. 0	222. 2
413. 2	195. 0	209. 0	284. 8	202. 0	451. 5	215. 3	230. 1	311. 8	222. 9
414. 3	195. 6	209. 6	285. 6	202. 6	452. 6	215. 9	230. 1	312. 6	223. 5
415. 4	196. 2	210. 2	286. 3	203. 2	453. 7	216. 5	231. 3	313. 4	224. 1
416. 6	196. 8	210. 8	287. 1	203. 8	454. 8	217. 1	232. 0	314. 2	224. 7
417. 7	197. 4	211. 4	287. 9	204. 4	456. 0	217. 8	232. 6	315. 0	225. 4
418. 8	198. 0	212. 0	288. 7	205. 0	457. 1	218. 4	233. 2	315. 9	226. 0
419. 9	198. 5	212. 6	289. 5	205. 7	458. 2	219. 0	233. 9	316. 7	226. 6
421. 1	199. 1	213. 3	290. 3	206. 3	459. 3	219. 6	234. 5	317. 5	227. 2
422. 2	199. 7	213. 9	291. 1	206. 9	460. 5	220. 2	235. 1	318. 3	227. 9
423. 3	200. 3	214. 5	291. 9	207. 5	461. 6	220. 8	235. 8	319. 1	228. 5
424. 4	200. 9	215. 1	292. 7	208. 1	462. 7	221. 4	236. 4	319. 9	229. 1
425. 6	201. 5	215. 7	293. 5	208. 7	463. 8	222. 0	237. 1	320. 7	229. 7
426. 7	202. 1	216. 3	294. 3	209. 3	465. 0	222. 6	237. 7	321. 6	230. 4
427. 8	202. 7	217. 0	295. 0	209. 9	466. 1	223. 3	238. 4	322. 4	231. 0
428. 9	203. 3	217. 6	295. 8	210. 5	467. 2	223. 9	239. 0	323. 2	231. 7
430. 1	203. 9	218. 2	296. 6	211. 1	468. 4	224. 5	239. 7	324. 0	232. 3
431. 2	204. 5	218. 8	297. 4	211. 8	469. 5	225. 1	240. 3	324. 9	232. 9

附录 6-1 吸光度 A 与测试 α-淀粉酶酶浓度 c 对照表

吸光度 A	酶浓度/（U/mL）	吸光度 A	酶浓度/（U/mL）	吸光度 A	酶浓度/（U/mL）	吸光度 A	酶浓度/（U/mL）
0.100	4.694	0.140	4.492	0.180	4.301	0.220	4.132
0.101	4.689	0.141	4.487	0.181	4.297	0.221	4.128
0.102	4.694	0.142	4.482	0.182	4.292	0.222	4.124
0.103	4.679	0.143	4.477	0.183	4.288	0.223	4.120
0.104	4.674	0.144	4.472	0.184	4.283	0.224	4.116
0.105	4.669	0.145	4.467	0.185	4.279	0.225	4.112
0.106	4.664	0.146	4.462	0.186	4.275	0.226	4.108
0.107	4.659	0.147	4.457	0.187	4.270	0.227	4.105
0.108	4.654	0.148	4.452	0.188	4.266	0.228	4.101
0.109	4.649	0.149	4.447	0.189	4.261	0.229	4.097
0.110	4.644	0.150	4.442	0.190	4.257	0.230	4.093
0.111	4.639	0.151	4.438	0.191	4.253	0.231	4.089
0.112	4.634	0.152	4.433	0.192	4.248	0.232	4.085
0.113	4.629	0.153	4.428	0.193	4.244	0.233	4.082
0.114	4.624	0.154	4.423	0.194	4.240	0.234	4.078
0.115	4.619	0.155	4.418	0.195	4.235	0.235	4.074
0.116	4.614	0.156	4.413	0.196	4.231	0.236	4.070
0.117	4.609	0.157	4.408	0.197	4.227	0.237	4.067
0.118	4.604	0.158	4.404	0.198	4.222	0.238	4.063
0.119	4.599	0.159	4.399	0.199	4.218	0.239	4.059
0.120	4.594	0.160	4.394	0.200	4.214	0.240	4.056
0.121	4.589	0.161	4.389	0.201	4.210	0.241	4.052
0.122	4.584	0.162	4.385	0.202	4.205	0.242	4.048
0.123	4.579	0.163	4.380	0.203	4.201	0.243	4.045
0.124	4.574	0.164	4.375	0.204	4.197	0.244	4.041
0.125	4.569	0.165	4.370	0.205	4.193	0.245	4.037
0.126	4.564	0.166	4.366	0.206	4.189	0.246	4.034
0.127	4.559	0.167	4.361	0.207	4.185	0.247	4.030
0.128	4.554	0.168	4.356	0.208	4.181	0.248	4.026
0.129	4.549	0.169	4.352	0.209	4.176	0.249	4.023
0.130	4.544	0.170	4.347	0.210	4.172	0.250	4.019
0.131	4.539	0.171	4.342	0.211	4.168	0.251	4.016
0.132	4.534	0.172	4.338	0.212	4.164	0.252	4.012
0.133	4.529	0.173	4.333	0.213	4.160	0.253	4.009
0.134	4.524	0.174	4.329	0.214	4.156	0.254	4.005
0.135	4.518	0.175	4.324	0.215	4.152	0.255	4.002
0.136	4.513	0.176	4.319	0.216	4.148	0.256	3.998
0.137	4.507	0.177	4.315	0.217	4.144	0.257	3.995
0.138	4.502	0.178	4.310	0.218	4.140	0.258	3.991
0.139	4.497	0.179	4.306	0.219	4.136	0.259	3.988

续表

吸光度 A	酶浓度/（U/mL）	吸光度 A	酶浓度/（U/mL）	吸光度 A	酶浓度/（U/mL）	吸光度 A	酶浓度/（U/mL）
0. 260	3. 984	0. 300	3. 869	0. 340	3. 750	0. 380	3. 637
0. 261	3. 981	0. 301	3. 866	0. 341	3. 747	0. 381	3. 634
0. 262	3. 978	0. 302	3. 863	0. 342	3. 744	0. 382	3. 632
0. 263	3. 974	0. 303	3. 860	0. 343	3. 741	0. 383	3. 629
0. 264	3. 971	0. 304	3. 857	0. 344	3. 739	0. 384	3. 626
0. 265	3. 968	0. 305	3. 854	0. 345	3. 736	0. 385	3. 623
0. 266	3. 964	0. 306	3. 851	0. 346	3. 733	0. 386	3. 621
0. 267	3. 961	0. 307	3. 848	0. 347	3. 730	0. 387	3. 618
0. 268	3. 958	0. 308	3. 845	0. 348	3. 727	0. 388	3. 615
0. 269	3. 954	0. 309	3. 842	0. 349	3. 724	0. 389	3. 612
0. 270	3. 951	0. 310	3. 839	0. 350	3. 721	0. 390	3. 610
0. 271	3. 948	0. 311	3. 836	0. 351	3. 718	0. 391	3. 607
0. 272	3. 944	0. 312	3. 833	0. 352	3. 716	0. 392	3. 604
0. 273	3. 941	0. 313	3. 830	0. 353	3. 713	0. 393	3. 602
0. 274	3. 938	0. 314	3. 827	0. 354	3. 710	0. 394	3. 599
0. 275	3. 935	0. 315	3. 824	0. 355	3. 707	0. 395	3. 596
0. 276	3. 932	0. 316	3. 821	0. 356	3. 704	0. 396	3. 594
0. 277	3. 928	0. 317	3. 818	0. 357	3. 701	0. 397	3. 591
0. 278	3. 925	0. 318	3. 815	0. 358	3. 699	0. 398	3. 588
0. 279	3. 922	0. 319	3. 812	0. 359	3. 696	0. 399	3. 585
0. 280	3. 919	0. 320	3. 809	0. 360	3. 693	0. 400	3. 583
0. 281	3. 916	0. 321	3. 806	0. 361	3. 690	0. 401	3. 580
0. 282	3. 913	0. 322	3. 803	0. 362	3. 687	0. 402	3. 577
0. 283	3. 922	0. 323	3. 800	0. 363	3. 684	0. 403	3. 575
0. 284	3. 919	0. 324	3. 797	0. 364	3. 682	0. 404	3. 572
0. 285	3. 915	0. 325	3. 794	0. 365	3. 679	0. 405	3. 569
0. 286	3. 912	0. 326	3. 791	0. 366	3. 676	0. 406	3. 567
0. 287	3. 909	0. 327	3. 788	0. 367	3. 673	0. 407	3. 564
0. 288	3. 906	0. 328	3. 785	0. 368	3. 670	0. 408	3. 559
0. 289	3. 903	0. 329	3. 782	0. 369	3. 668	0. 409	3. 556
0. 290	3. 900	0. 330	3. 779	0. 370	3. 665	0. 410	3. 554
0. 291	3. 897	0. 331	3. 776	0. 371	3. 662	0. 411	3. 551
0. 292	3. 894	0. 332	3. 774	0. 372	3. 659	0. 412	3. 548
0. 293	3. 891	0. 333	3. 771	0. 373	3. 656	0. 413	3. 546
0. 294	3. 888	0. 334	3. 768	0. 374	3. 654	0. 414	3. 543
0. 295	3. 885	0. 335	3. 765	0. 375	3. 651	0. 415	3. 541
0. 296	3. 881	0. 336	3. 762	0. 376	3. 648	0. 416	3. 538
0. 297	3. 878	0. 337	3. 759	0. 377	3. 645	0. 417	3. 535
0. 298	3. 875	0. 338	3. 756	0. 378	3. 643	0. 418	3. 533
0. 299	3. 872	0. 339	3. 753	0. 379	3. 640	0. 419	3. 530

续表

吸光度 *A*	酶浓度/（U/mL）	吸光度 *A*	酶浓度/（U/mL）	吸光度 *A*	酶浓度/（U/mL）	吸光度 *A*	酶浓度/（U/mL）
0.420	3.528	0.460	3.427	0.500	3.335	0.540	3.249
0.421	3.525	0.461	3.425	0.501	3.333	0.541	3.247
0.422	3.522	0.462	3.423	0.502	3.330	0.542	3.245
0.423	3.520	0.463	3.420	0.503	3.328	0.543	3.243
0.424	3.517	0.464	3.418	0.504	3.326	0.544	3.241
0.425	3.515	0.465	3.415	0.505	3.324	0.545	3.239
0.426	3.512	0.466	3.413	0.506	3.321	0.546	3.237
0.427	3.509	0.467	3.411	0.507	3.319	0.547	3.235
0.428	3.507	0.468	3.408	0.508	3.317	0.548	3.233
0.429	3.504	0.469	3.406	0.509	3.315	0.549	3.231
0.430	3.502	0.470	3.404	0.510	3.313	0.550	3.229
0.431	3.499	0.471	3.401	0.511	3.311	0.551	3.227
0.432	3.497	0.472	3.399	0.512	3.308	0.552	3.225
0.433	3.494	0.473	3.397	0.513	3.306	0.553	3.223
0.434	3.492	0.474	3.394	0.514	3.304	0.554	3.221
0.435	3.489	0.475	3.392	0.515	3.302	0.555	3.219
0.436	3.487	0.476	3.389	0.516	3.300	0.556	3.217
0.437	3.484	0.477	3.387	0.517	3.298	0.557	3.215
0.438	3.482	0.478	3.385	0.518	3.295	0.558	3.213
0.439	3.479	0.479	3.383	0.519	3.293	0.559	3.211
0.440	3.477	0.480	3.380	0.520	3.291	0.560	3.209
0.441	3.474	0.481	3.378	0.521	3.289	0.561	3.207
0.442	3.472	0.482	3.376	0.522	3.287	0.562	3.205
0.443	3.469	0.483	3.373	0.523	3.285	0.563	3.204
0.444	3.467	0.484	3.371	0.524	3.283	0.564	3.202
0.445	3.464	0.485	3.369	0.525	3.280	0.565	3.200
0.446	3.462	0.486	3.366	0.526	3.278	0.566	3.198
0.447	3.459	0.487	3.364	0.527	3.276	0.567	3.196
0.448	3.457	0.488	3.362	0.528	3.274	0.568	3.194
0.449	3.454	0.489	3.359	0.529	3.272	0.569	3.192
0.450	3.452	0.490	3.357	0.530	3.270	0.570	3.190
0.451	3.449	0.491	3.355	0.531	3.268	0.571	3.188
0.452	3.447	0.492	3.353	0.532	3.266	0.572	3.186
0.453	3.444	0.493	3.350	0.533	3.264	0.573	3.184
0.454	3.442	0.494	3.348	0.534	3.262	0.574	3.183
0.455	3.440	0.495	3.346	0.535	3.260	0.575	3.181
0.456	3.437	0.496	3.344	0.536	3.258	0.576	3.179
0.457	3.435	0.497	3.341	0.537	3.255	0.577	3.177
0.458	3.432	0.498	3.339	0.538	3.253	0.578	3.175
0.459	3.430	0.499	3.337	0.539	3.251	0.579	3.173

续表

吸光度 A	酶浓度/（U/mL）	吸光度 A	酶浓度/（U/mL）	吸光度 A	酶浓度/（U/mL）	吸光度 A	酶浓度/（U/mL）
0.580	3.171	0.620	3.101	0.660	3.037	0.700	2.981
0.581	3.169	0.621	3.099	0.661	3.036	0.701	2.980
0.582	3.168	0.622	3.097	0.662	3.034	0.702	2.978
0.583	3.166	0.623	3.096	0.663	3.033	0.703	2.977
0.584	3.164	0.624	3.095	0.664	3.031	0.704	2.976
0.585	3.162	0.625	3.094	0.665	3.030	0.705	2.975
0.586	3.160	0.626	3.092	0.666	3.028	0.706	2.973
0.587	3.158	0.627	3.089	0.667	3.027	0.707	2.972
0.588	3.157	0.628	3.087	0.668	3.025	0.708	2.971
0.589	3.155	0.629	3.086	0.669	3.024	0.709	2.969
0.590	3.153	0.630	3.084	0.670	3.022	0.710	2.968
0.591	3.151	0.631	3.082	0.671	3.021	0.711	2.967
0.592	3.149	0.632	3.081	0.672	3.020	0.712	2.966
0.593	3.147	0.633	3.079	0.673	3.018	0.713	2.964
0.594	3.146	0.634	3.078	0.674	3.017	0.714	2.963
0.595	3.144	0.635	3.076	0.675	3.015	0.715	2.962
0.596	3.142	0.636	3.074	0.676	3.014	0.716	2.961
0.597	3.140	0.637	3.073	0.677	3.012	0.717	2.959
0.598	3.139	0.638	3.071	0.678	3.011	0.718	2.958
0.599	3.137	0.639	3.070	0.679	3.010	0.719	2.957
0.600	3.135	0.640	3.068	0.680	3.008	0.720	2.956
0.601	3.133	0.641	3.066	0.681	3.007	0.721	2.955
0.602	3.131	0.642	3.065	0.682	3.005	0.722	2.953
0.603	3.130	0.643	3.063	0.683	3.004	0.723	2.952
0.604	3.128	0.644	3.062	0.684	3.003	0.724	2.951
0.605	3.126	0.645	3.060	0.685	3.001	0.725	2.950
0.606	3.124	0.646	3.058	0.686	3.000	0.726	2.949
0.607	3.123	0.647	3.057	0.687	2.998	0.727	2.947
0.608	3.121	0.648	3.055	0.688	2.997	0.728	2.946
0.609	3.119	0.649	3.054	0.689	2.996	0.729	2.945
0.610	3.118	0.650	3.052	0.690	2.994	0.730	2.944
0.611	3.116	0.651	3.051	0.691	2.993	0.731	2.943
0.612	3.114	0.652	3.049	0.692	2.992	0.732	2.941
0.613	3.112	0.653	3.048	0.693	2.990	0.733	2.940
0.614	3.111	0.654	3.016	0.694	2.989	0.734	2.939
0.615	3.109	0.655	3.045	0.695	2.988	0.735	2.938
0.616	3.107	0.656	3.043	0.696	2.986	0.736	2.937
0.617	3.106	0.657	3.042	0.697	2.985	0.737	2.936
0.618	3.104	0.658	3.040	0.698	2.984	0.738	2.935
0.619	3.102	0.659	3.039	0.699	2.982	0.739	2.933

续表

吸光度 A	酶浓度/（U/mL）	吸光度 A	酶浓度/（U/mL）	吸光度 A	酶浓度/（U/mL）	吸光度 A	酶浓度/（U/mL）
0.740	2.932	0.747	2.925	0.754	2.917	0.761	2.910
0.741	2.931	0.748	2.923	0.755	2.916	0.762	2.909
0.742	2.930	0.749	2.922	0.756	2.915	0.763	2.908
0.743	2.929	0.750	2.921	0.757	2.914	0.764	2.907
0.744	2.928	0.751	2.920	0.758	2.913	0.765	2.906
0.745	2.927	0.752	2.919	0.759	2.912	0.766	2.905
0.746	2.926	0.753	2.918	0.760	2.911		

参考文献

1. 周广田．啤酒生物化学（第一版）．北京：化学工业出版社，2008.

2. 蔡定域．酿酒工业分析手册（第一版）．北京：轻工业出版社，1988.

3. 王福荣．酿酒分析与检测（第二版）．北京：化学工业出版社，2012.

4. 梁宗余．白酒酿造技术（第二版）．北京：中国轻工业出版社，2015.

5. 中华人民共和国国家标准．GB/T 15038—2006. 葡萄酒、果酒通用分析方法．中华人民共和国国家质量监督检验检疫总局、中国国家标准化管理委员会．2006-12-11 发布．2008-01-01 实施．

6. 中华人民共和国国家标准．GB/T 4928—2008. 啤酒分析方法．中华人民共和国国家质量监督检验检疫总局、中国国家标准化管理委员会．2008．

7. 中华人民共和国国家标准．GB/T 10345—2007. 白酒分析方法 中华人民共和国国家质量监督检验检疫总局、中国国家标准化管理委员会．2007.

8. 中华人民共和国国家标准．GB 5009. 3—2010. 食品安全国家标准．食品中水分的测定．中华人民共和国卫生部．2010.

9. 中华人民共和国国家标准．GB/T 13662—2008. 黄酒．中华人民共和国国家质量监督检验检疫总局、中国国家标准化管理委员会．2008．

10. 天津轻工业学院，大连轻工业学院，无锡轻工业学院，华南理工学院．工业发酵分析（第一版）．北京：中国轻工业出版社．1980.

11. 沈怡芳．白酒生产技术全书（第一版）．北京：中国轻工业出版社．1998.

12. 蔡定域．实用白酒分析（第一版）．成都．成都科技大学出版社．1994.

13. 胡嗣明，张天杭．酒精生产分析检验（第一版）．北京：中国轻工业出版社．1983.

14. 管敦仪．啤酒工业手册（中）（第一版）．北京：中国轻工业出版社．1982.

15. 张永华．食品分析（第一版）．北京：中国轻工业出版社．2004.

16. 中华人民共和国标准 GB 5009. 7—2016 食品中还原糖的测定．国家卫生和计划生育委员会发布，2016.

17. 姜淑荣．发酵分析检验技术（第一版）．北京：化学工业出版社，2008.

18. 中华人民共和国标准 GB 5009. 9—2016 食品中淀粉的测定．国家食品药品监督管理总局发布，2016.

19. 中华人民共和国标准 GB/T 5009. 10—2003 植物类食品中粗纤维的测定．中国国家标准化管理委员会发布，2003.

20. 中华人民共和国标准 GB 5009. 235—2016 食品中氨基酸态氮的测定．国家卫生和计划生育委员会发布，2016.

21. 中华人民共和国标准 GB/T 12456—2008 食品中总酸的测定．国家质量监督检验检疫总局发布，2008.

22. 国家环境保护总局水和废水监测分析方法编委会．水和废水监测分析方法（第四版）．北京：中国环境科学出版社，2002.

23. 先元华，李雪梅．白酒分析与检测技术（第一版）．北京：中国轻工业出版社，2015.

24. 泸州老窖集团有限责任公司．泸型酒技艺大全（第一版）．北京：中国轻工业出版社，2011.

25. 周薇，羊语梅，张军峨．品红-亚硫酸比色法测定酒中甲醇的方法改进．中国卫生检验杂志，2004，14（5）：647.

26. 苏明伟，张蕾，李洁，等．亚硫酸法测定白酒中甲醇的优化研究．湖北第二师范学院学报，2013，30（8）：35-37.

27. 周坚勇．多标点加入法测定酒中甲醇．中国公共卫生学报，1994，13（4）：255.

28. 李虹，李清波．用品红亚硫酸分组控温法测定酒中甲醇．预防医学文献信息，1997，32：147-148.

29. 王清江，程圭芳，李辉，等．乙酰丙酮吸光光度法测定白酒中甲醇含量．理化检验化学分册，2000，36（12）：541-542.

30. 路纯明，赵二伟，李沛清．2，4-二硝基苯肼法测定白酒中甲醇的研究．郑州工程学院学报，2004，25：129-136.

31. 丁卓丽．食用酒中甲醇分析方法概述．计量与测试技术，2009，36（8）：30-31.

32. 翟艳燕．白酒中甲醇含量化验检测的问题分析．科技创新与应用，2014，6：289.

33. 朱梦旭，范文来，徐岩．我国白酒蒸馏过程以及不同年份产原酒和成品酒中甲醛的研究．食品与发酵工业，2015，41（9）：153-157.

34. 张明赞，何腊平，张义明．白酒中甲醇、甲醛、氰化物和金属离子的研究进展．食品安全质量检测学报，2015，6（9）：3563-3568.

35. 张淑霞，王晓文，高亚辉，等．甲醛检测方法研究进展．食品工程，2011，26（3）：141-145.

36. 李源栋，樊林，钱海燕．酒中氰化物测定方法的研究进展．酿酒，2009，36（6）：16-19.

37. 崔战友，钟其顶，李国辉．酒醅中氰化物的测定方法研究．酿酒科技，2015，5：101-106.

38. 黄锋，曹建国，祝正辉．异烟酸-吡唑啉酮光度法测定酒中微量氰化物的研究．化工技术与开发，2016，45（4）：49-50.

39. 林杰，刘立，史潜玉，等．异烟酸-吡唑啉酮分光光度法测定白酒中氰化物的含量．食品与发酵工业，2015，41（7）：182-184.

40. 王慧，张静，武瑾瑜，等．白酒中氰化物测定方法的改进．酿酒科技，2013，9：59-60.

41. 王艳春，王宝旺，魏玉霞．白酒中氰化物的流动注射分光光度测定法．中国医学装备，2014，11：146-148.

42. 王建全．双乙酰及其测定．啤酒科技，2003，8：43.

43. 柴平海，李爽，吴海平，等．啤酒中风味物质双乙酰含量的测定．工业微生物，2001，31（4）：31-33.

44. 孔鲁裔．紫外分光光度计法测定啤酒中的双乙酰．酿酒，2007，34（4）：105-106.

45. 马永花，肖小年，易醒，等．啤酒花中酸类物质的研究进展．时珍国医国药，2007，18（5）：1093-1094.

46. 晓文，张海容．HPLC 测定啤酒花中 α-酸的研究进展．食品研究与开发，2011，32（9）：141-145.

47. 王焕君，张瑛．黄酒中氧化钙含量的测定方法．中国酿造，1996，4：41-42

48. 周晓萍．火焰原子吸收光谱法直接测定黄酒中氧化钙．浙江预防医学，1999，6：62-63.

49. 马丽辉．原子吸收光谱法测定黄酒中氧化钙的研究．酿酒，2007，34（4）：91-92.

50. 上官苗苗，曹骁．在线增敏-原子吸收技术快速测定黄酒中氧化钙的含量．浙江化工，2012，43（7）：36-38.

51. 金旭忠，何良兴，谢灵燕，等．FAAS 直接进样测定黄酒中的氧化钙．光谱实验室，2012，29（3）：1908-1911.

52. 张予林，郑建梅，魏冬梅，等．国标中葡萄酒铁测定方法试验影响因素的探讨．酿酒，2002，29（5）：39-41.

53. 姜忠军，王永杰．原子吸收分光光度计测定葡萄酒中铁含量的两种方法比较．酿酒科技，2004，2：89-90.

54. 周荣荣，曹爱华，李若诗，等．原子吸收分光光度计测定葡萄酒中铁含量的两种方法比较．预防医学论坛，2005，11（2）：204-205.

55. 胡晓江．微波消解-电感耦合等离子体发射光谱法测定葡萄酒中铁、铜含量．食品工程，2010，4：55-57.

56. 张荣莉，欧阳明，王岚岚．微波消解-原子吸收光谱法测定葡萄酒中铁含量．光谱实验室，2012，29（4）：2075-2077.

57. 夏拥军，张慧．ICP-AES 法同时测定葡萄酒中的铁、锰、铅和铜．食品科技，2007，8：230-232.

58. 邢荣花，王魁，史方，等．ICP-AES 微波消解法测定进口葡萄酒中的铁和铜离子．安阳师范学院学报，2014，2：29-31.

59. 樊继鹏，陈军，钱强，等．应用 ICP-MS 测定葡萄酒中 6 种金属元素方法研究．包装与食品机械，2014，32（6）：62-65.

60. 于趁，姚春毅，马育松，等．微波等离子体-原子发射光谱仪（MP-AES）测定葡萄酒中 10 种金属元素方法．食品科技，2016，41（3）：306-310.

61. 郭金英，李丽，李彤辉，等．浊点萃取-火焰原子吸收检测红葡萄酒中铜、锌、镉．中国食品学报，2016，16（7）：252-258.

62. 梅灿辉，吴海丽．石墨炉原子吸收测定白酒中锰的方法研究．2014 年广东省食品学会年会论文集，2014，235-240.

63. 吴文铭．紫外可见分光光度计及其应用．生命科学仪器，2009，7：61-63.

64. 中华人民共和国国家标准 GB 2757—2012. 安全国家标准蒸馏酒及其配制酒．中华人民共和国国家质量监督检验检疫总局，2012.

65. 中华人民共和国国家标准 GB 10343—2008. 食用酒精．中华人民共和国国家质量监督检验检疫总局，2008.

66. 中华人民共和国国家标准 GB/T 5009. 48—2003. 蒸馏酒与配制酒卫生标准的分析方法 . 中华人民共和国国家质量监督检验检疫总局，2003.

67. 中华人民共和国国家标准 GB 18186—2000. 酿造酱油（含第 1 号和第 2 号修改单）. 中华人民共和国国家质量监督检验检疫总局，2000.

68. 中华人民共和国国家标准 GB 15037—2006. 葡萄酒 . 中华人民共和国国家质量监督检验检疫总局，2006.

69. 中华人民共和国国家标准 GB/T 26760—2011. 酱香型白酒 . 中华人民共和国国家质量监督检验检疫总局，2011.

70. 中华人民共和国国家标准 GB/T 23545—2009. 白酒中锰的测定电感耦合等离子体原子发射光谱法 . 中华人民共和国国家质量监督检验检疫总局，2009.

71. 中华人民共和国国家标准 GB/T 5009. 49—2008. 发酵酒及其配制酒卫生标准的分析方法 . 中华人民共和国国家质量监督检验检疫总局，2008.

72. 傅若农，顾峻岭 . 近代色谱分析 . 北京：国防工业出版社，1998.

73. 张祥民 . 现代色谱分析 . 上海：复旦大学出版社，2004.

74. 武杰，庞增 . 气相色谱仪器系统 . 北京：化学工业出版社，2006.

75. 李琦，刘春凤 . ASBC 分析法 . 北京：中国轻工业出版社，2012.

76. 高文俊，范文来，徐岩 . 西北高原青稞酒重要挥发性香气成分 . 食品工业科技，2013，34（23）：49-53+57.

77. 陈双，罗涛，徐岩，等 . 我国黄酒酵母和酿酒原料对黄酒中 β-苯乙醇含量的影响 . 中国酿造，2009，23-26.

78. Kodama，S.，Yamamoto，A.，Matsunaga，A.，et al. Behaviors of D- and L-lactic acids during the brewing process of sake（Japanese rice wine）. J. Agri. Food. Chem. 2002，50，767-770.

79. 周恒刚 . 关于乳酸与乳酸菌（上）. 酿酒科技，1995，71：11-14.

80. 冯向东 . 高效液相色谱法测定白酒中乳酸和乙酸含量 . 酿酒科技，2009，115-116.

81. 程劲松，胡国栋 . 填充柱气相色谱法直接进样分析白酒中的乳酸和脂肪酸含量 . 酿酒科技，2002，110：77-78.

82. 郎定常 . 对苄酯法测白酒中有机酸的改进 . 酿酒科技，1991，55-56.

83. 吴飞燕，贾之慎，朱岩 . 离子色谱电导检测法测定酒中的有机酸和无机阴离子 . 浙江大学学报（理学版），2006，33：312.

84. Mato，I.，Suárez-Luque，S.，Huidobro，J. F. A review of the analytical methods to determine organic acids in grape juices and wines. Food Res. Int. 2005，38：1175-1188.

85. Jackson，R. S. Wine Science. Principles and Applications. Third ed.；Academic Press：Burlington，MA，USA，2008.

86. García Romero，E.，Sánchez Muñoz，G.，Martín Alvarez，P. J.，et al. Determination of organic acids in grape musts，wines and vinegars by high-performance liquid chromatography. J. Chromatogr. A，1993，655：111-117.

87. Regmi, U. , Palma, M. , Barroso, C. G. Direct determination of organic acids in wine and wine-derived products by Fourier transform infrared (FT - IR) spectroscopy and chemometric techniques. Anal. Chim. Acta, 2012, 732: 137-144.

88. Lamuela-Raventos, R. M. , Romero-Perez, A. I. , Waterhouse, A. L. , et al. Direct HPLC analysis of *cis*- and *trans*-resveratrol and piceid isomers in Spanish red *Vitis vinifera* wines. J. Agri. Food. Chem. 1995, 43: 281-283.

89. Bernard, E. , Britz - Mckibbin, P. , Gernigon, N. Resveratrol photoisomerization: An integrative guided-inquiry experiment. J. Chem. Educ. 2007, 84: 1159-1161.

90. Kolouchová-Hanzlíková, Melzoch, K. , Filip, V. Rapid method for resveratrol determination by HPLC with electrochemical and UV detections in wines. Food Chem. 2004, 87: 151-158.

91. Domı'nguez, C. , Guillén, D. A. , Barroso, C. G. Automated solid-phase extraction for sample preparation followed by high-performance liquid chromatography with diode array and mass spectrometric detection for the analysis of resveratrol derivatives in wine. J. Chromatogr. A, 2001, 918: 303-310.

92. Mattivi, F. Solid phase extraction oftrans - resveratrol from wines for HPLC analysis. Z. Lebensm. Unters. Forsch. 1993, 196: 522-525.

93. Sahebkar, A. , Serban, C. , Ursoniu, S. , et al. Lack of efficacy of resveratrol on C-reactive protein and selected cardiovascular risk factors-Results from a systematic review and meta-analysis of randomized controlled trials. Int. J. Cardiol. 2015, 189: 47-55.

94. Vang, O. , Ahmad, N. , Baile, C. A. et al. What is new for an old molecule? Systematic review and recommendations on the use of resveratrol. PLoS ONE, 2011, 6: e19881.

95. Tomé-Carneiro, J. , Gonzálvez, M. , Larrosa, M. , et al. Resveratrol in primary and secondary prevention of cardiovascular disease: a dietary and clinical perspective. Ann. NY Acad. Sci. 2013, 1290: 37-51.

96. Liu, Y. , Ma, W. , Zhang, P. , et al. Effect of resveratrol on blood pressure: A meta-analysis of randomized controlled trials. Clin. Nutri. 2015, 34: 27-34.

97. Creasy, L. L. , Coffee, M. Phytoalexin production potential of grape berries. J. Am. Soc. Hortic. Sci. 1988, 113: 230-234.

98. LeBlanc, M. R. Cultivar, Juice Extraction, Ultra Violet Irradiation and Storage Influence the Stilbene Content of Muscadine Grapes (*Vitis Rotundifolia* Michx.) . Louisiana State University, 2006.

99. Siemann, E. H. ; Creasy, L. L. Concentration of the phytoalexin resveratrol in wine. Am. J. Eno. Vitic. 1992, 43: 49-52.

100. Gu, X. , Creasy, L. , Kester, A, et al. Capillary electrophoretic determination of resveratrol in wines. J. Agri. Food. Chem. 1999, 47: 3223-3227.

101. Mattivi, F. , Reniero, F. , Korhammer, S. , Isolation, characterization, and evolution in red wine vinification of resveratrol monomers. J. Agri. Food. Chem. 1995, 43, 1820-1823.

102. 王华，尉亚辉．葡萄酒中白藜芦醇的 HPLC 测定．西北农业大学学报，1999，27：83-86.

103. Casella, I. G. , Gatta, M. Determination of aliphatic organic acids by high-performance liquid chromatography with pulsed electrochemical detection. J. Agri. Food. Chem. 2002, 50: 23-28.

104. Kerem, Z., Bravdo, B. -a., Shoseyov, O., et al. Rapid liquid chromatography-ultraviolet determination of organic acids and phenolic compounds in red wine and must. J. Chromatogr. A, 2004, 1052: 211-215.

105. 朱明华. 色谱分析. 北京: 高等教育出版社, 2008.

106. Belardi, R., Pawliszyn, J. The application of chemically modified fused silica fibers in extraction of organics from water matrix samples, and their rapid transfer to capillary column. Water Pollut. Res. J. Can. 1989, 24: 179-191.

107. Ebeler, S. E. Analytical chemistry: unlocking the secrets of wine flavor. Food Rev. Int. 2001, 17: 45-64.

108. L. Pillonel, J. O. B., Tabacchi, R. Rapid preconcentration and enrichment techniques for the analysis of food vola tile. A review. Lebensm. -Wiss. u. -Technol. 2002, 35: 1-14.

109. Wettasinghe, M., Vasanthan, T., Temelli, F., et al. Volatile flavour composition of cooked by-product blends of chicken, beef and pork: a quantitative GC-MS investigation. Food Res. Int. 2001, 34: 149-158.

110. 郑校先, 俞剑燊, 冉宇舟. 白酒"塑化剂"食品安全风波分析及白酒包装材料问题. 酿酒科技 2013, 62-64.

111. Debonneville, C., Orsier, B., Flament, I., et al. Improved hardware and software for quick gas chromatography-olfactometry using CHARM and GC-"SNIF" analysis. Anal. Chem. 2002, 74: 2345-2351.

112. Acree, T. E. Bioassys for flavor. In *Flavor Science. Sensible Principles and Techniques*, Acree, T. E.; Teranishi, R., Eds. American Chemical Society: Washington DC, 1993; Vol. ACS professional reference book, pp 1-20.

113. Grosch, W. Detection of potent odorants in foods by aroma extract dilution analysis. Trends Food Sci. Tech. 1993, 4, 68-73.

114. Grosch, W. Evaluation of the key odorants of foods by dilution experiments, aroma models and omission. Ch em. Senses, 2001, 26: 533-545.

115. Schieberle, P., Grosch, W., Evaluation of the flavour of wheat and rye bread crusts by aroma extract dilution analysis. Z. Lebensm. Unters. Forsch. 1987, 185: 111-113.

116. Fan, W. and Qian, M. C. Characterization of aroma compounds of Chinese "Wuliangye" and "Jiannanchun" liquors by aroma extraction dilution analysis. J. Agri. Food. Chem. 2006, 54: 2695-2704.

117. McDaniel, M. R., Miranda-Lopez, R., Waston, B. T., et al. Pinot noir aroma: A sensory/gas chromatographic approach. In *Flavors Off-Flavors'*89, Charalambous, G., Ed. Elsevier Publ.: Amsterdam, 1990, 23.

118. Pollien, P., Ott, A., Montigon, F., Baumgartner, M., Hyphenated headspace-gas chromatography-sniffing technique: Screening of impact odorants and quantitative aromagram comparisons. J. Agri. Food. Chem. 1997, 45: 2630-2637.

119. Hinterholzer, A. and Schieberle, P. Identification of the most odour-active volatiles in fresh, hand-extracted juice of Valencia late oranges by odour dilution techniques. Flav. Fragr. J. 1998, 13: 49-55.

120. 肖冬光，赵树欣，陈叶福，等．白酒生产技术（第二版）．北京：化学工业出版社，2011.

121. 中华人民共和国轻工行业标准 QB/T 4257—2011. 酿酒大曲通用分析方法．中华人民共和国工业和信息化部，2011.

122. 中华人民共和国轻工行业标准 QB/T 1686—2008. 啤酒麦芽．中华人民共和国工业和信息化部，2008.

123. 中华人民共和国轻工行业标准 QB/T 4577—2013. 甜酒曲．中华人民共和国工业和信息化部，2013.

124. 杨静静，贺立东，刘月琴，等．HPLC 法检测纯生啤酒蔗糖转化酶活性的研究．啤酒科技，2012（1）：19-21.